第一作者简介

王松桂，北京工业大学教授、博士生导师．1965年毕业于中国科技大学并留校执教，曾任数学系副主任．1993年调入北京工业大学，曾任应用数学系主任和应用数理学院院长．长期从事线性模型和多元统计分析等方面的科学研究．

曾先后应邀赴美国、加拿大、日本、瑞典、瑞士、芬兰、波兰等国家和中国香港地区的20余所大学讲学和合作研究．曾获得第三世界科学院研究基金、瑞士国家基金和芬兰科学院研究基金．曾任中国数学会理事、中国概率统计会常务理事，现任中国工业与应用数学会常务理事、美国统计刊物“Journal of Statistical Planning and Inferences”副主编以及美国“Mathematics Review”特约评论员．曾获中国科学院重大科技成果二等奖和两项北京市科技进步二等奖，所著教材《概率论与数理统计》获教育部优秀教材二等奖．

在《中国科学》、《科学通报》、《数学学报》、《数学进展》、美国“Linear Algebra and Its Applications”、“Annals of Statistics”、“Journal of Multivariate Analysis”等国内外刊物发表论文100余篇．出版的学术专著有“Advanced Linear Models”（英文版，美国Marcel Dekker公司出版，1994）、《线性模型的理论及其应用》、《近代回归分析》、《实用多元统计分析》、《矩阵论中的不等式》、《广义逆矩阵及其应用》、《线性统计模型》、《概率论与数理统计》等9部．

大学数学科学丛书　3

线性模型引论

王松桂　史建红
尹素菊　吴密霞　编著

科学出版社

北　京

内 容 简 介

本书系统阐述线性模型的基本理论、方法及其应用，其中包括理论与应用的近期发展. 全书共分九章. 第一章通过实例引进各种线性模型. 第二章讨论矩阵论方面的补充知识. 第三章讨论多元正态及有关分布. 从第四章起，系统讨论线性模型统计推断的基本理论与方法，包括：最小二乘估计、假设检验、置信区域、预测、线性回归模型、方差分析模型、协方差分析模型和线性混合效应模型.

本书可作为高等院校数学科学系、数理统计或统计系、生物统计系，计量经济系等有关学科的高年级本科生、硕士生或博士生的学位课或选修课教材，以及数学、生物、医学、工程、经济、金融等领域的教师或科技工作者的参考书.

图书在版编目（CIP）数据

线性模型引论/王松桂等编著. —北京：科学出版社，2004
(大学数学科学丛书；3)
ISBN 978-7-03-012772-3

Ⅰ.线… Ⅱ.王… Ⅲ.线性模型-教材 Ⅳ.O212

中国版本图书馆 CIP 数据核字（2004）第 005441 号

责任编辑：吕 虹 李 欣／责任校对：钟 洋
责任印制：赵 博／封面设计：王 浩

科学出版社 出版
北京东黄城根北街 16 号
邮政编码：100717
http://www.sciencep.com
北京天宇星印刷厂印刷
科学出版社发行 各地新华书店经销
*
2004 年 5 月第 一 版 开本：720×1000 1/16
2024 年 7 月第十五次印刷 印张：19 1/4
字数：350 000
定价：78.00 元
(如有印装质量问题，我社负责调换)

《大学数学科学丛书》序

按照恩格斯的说法，数学是研究现实世界中数量关系和空间形式的科学.从恩格斯那时到现在，尽管数学的内涵已经大大拓展了，人们对现实世界中的数量关系和空间形式的认识和理解已今非昔比，数学科学已构成包括纯粹数学及应用数学内含的众多分支学科和许多新兴交叉学科的庞大的科学体系，但恩格斯的这一说法仍然是对数学的一个中肯而又相对来说易于为公众了解和接受的概括，科学地反映了数学这一学科的内涵. 正由于忽略了物质的具体型态和属性、纯粹从数量关系和空间形式的角度来研究现实世界，数学表现出高度抽象性和应用广泛性的特点，具有特殊的公共基础地位，其重要性得到普遍的认同.

整个数学的发展史是和人类物质文明和精神文明的发展史交融在一起的. 作为一种先进的文化，数学不仅在人类文明的进程中一直起着积极的推动作用，而且是人类文明的一个重要的支柱. 数学教育对于启迪心智、增进素质、提高全人类文明程度的必要性和重要性已得到空前普遍的重视. 数学教育本质是一种素质教育；学习数学，不仅要学到许多重要的数学概念、方法和结论，更要着重领会到数学的精神实质和思想方法. 在大学学习高等数学的阶段，更应该自觉地去意识并努力体现这一点.

作为面向大学本科生和研究生以及有关教师的教材，教学参考书或课外读物的系列，本丛书将努力贯彻加强基础、面向前沿、突出思想、关注应用和方便阅读的原则，力求为各专业的大学本科生或研究生（包括硕士生及博士生）走近数学科学、理解数学科学以及应用数学科学提供必要的指引和有力的帮助，并欢迎其中相当一些能被广大学校选用为教材，相信并希望在各方面的支持及帮助下，本丛书将会愈出愈好.

李大潜

2003 年 12 月 27 日

前　言

线性模型是现代统计学中理论丰富、应用广泛的一个重要分支，随着高速电子计算机的日益普及，在生物、医学、经济、管理、农业、工业、工程技术等领域的应用获得长足发展．因此，在国内外很多高等院校已将线性模型列入数学科学系、数理统计系或统计系、生物统计系、计量经济系等高年级本科生、硕士生或博士生的学位课或选修课．本书是为适应上述需要而编写的教材或教学参考书．

全书共分九章．第一章通过实例引进各种线性模型，使读者对模型的丰富实际背景有一些了解，这将有助于对后面引进的统计概念和方法的理解．第二章讨论矩阵论方面的补充知识．第三章讨论多元正态及有关分布．从第四章起，系统讨论线性模型统计推断的基本理论与方法．本书的第一作者先后在中国科学技术大学、北京工业大学、复旦大学、安徽大学、云南大学等国内院校以及芬兰的坦佩雷大学和美国的科罗拉多州立大学讲授过本书的部分内容．

借本书出版之际，我们要向我们的老师陈希孺院士表示衷心的感谢，感谢他对我们多年来的研究给予的热情鼓励和指导．

本书的出版得到科学出版社和吕虹先生的支持和关心，樊亚莉小姐为本书部分章节打字，另外，本书的写作得到国家自然科学基金和北京市自然科学基金资助，编者愿借此机会向他们表示诚挚的谢意．

本书由王松桂等编著．第一至四章由王松桂执笔，第五、六章由史建红执笔，第七、八章由尹素菊执笔，第九章由吴密霞执笔，最后由王松桂统一修改定稿．由于编者水平所限，书中错误或不当之处在所难免，恳请国内同行及广大读者不吝赐教．

编　者

2003 年 6 月 30 日

符 号 表

$\triangleq$	"定义为"或"记为"
$A \geq 0$	A 为对称半正定方阵
$A > 0$	A 为对称正定方阵
$A \geq B$	$A \geq 0, B \geq 0$ 且 $A - B \geq 0$
A^-	矩阵 A 的广义逆
A^+	矩阵 A 的 Moore-Penrose 广义逆
$A^\perp$	满足 $A'A^\perp = 0$ 且具有最大秩的矩阵
$\mathrm{rk}(A)$	矩阵 A 的秩
$\mid A \mid$	矩阵 A 的行列式
$\Vert A \Vert$	矩阵 A 的范数
$\mathrm{tr}(A)$	方阵 A 的迹
$\lambda_i(A)$	A 的第 i 个顺序特征根
$\mathcal{M}(\mathrm{A})$	矩阵 A 的列向量张成的子空间
P_A	向 $\mathcal{M}(\mathrm{A})$ 的正交投影变换阵
$\mathbf{1}' = (1, \cdots, 1)$	分量皆为 1 的列向量 ①
$\mathrm{Vec}(A)$	将 A 的列向量依次排成的列向量
$A \otimes B$	A 与 B 的 Kronecher 乘积
$E(X)$	随机变量或向量 X 的均值
$\mathrm{Var}(X)$	随机变量 X 的方差
$\mathrm{Cov}(X, Y)$	随机变量或向量 X, Y 的协方差
$u \sim (\mu, \Sigma)$	均值为 μ, 协方差阵为 Σ 的随机向量
$u \sim N_p(\mu, \Sigma)$	均值为 μ, 协方差阵为 Σ 的 p 维正态向量
LS 估计	最小二乘估计
BLU 估计	最佳线性无偏估计
MVU 估计	最小方差无偏估计
MINQUE	最小范数二次无偏估计
RSS	回归平方和
SS_e	残差平方和
MSE	均方误差
MSEM	均方误差矩阵
GMSE	广义均方误差

---

① 在不致引起混淆的情况下，本书向量除分量为 1 的向量 $\mathbf{1}$ 用黑体表示外，其余均用白体英文小写字母表示，如 $a, b, \cdots$

目　　录

第一章 模型概论

线性模型是一类统计模型的总称，它包括了线性回归模型、方差分析模型、协方差分析模型和线性混合效应模型 (或称方差分量模型) 等. 许多生物、医学、经济、管理、地质、气象、农业、工业、工程技术等领域的现象都可以用线性模型来近似描述. 因此线性模型成为现代统计学中应用最为广泛的模型之一. 本书将系统讨论线性模型统计推断的基本理论与方法.

本章将通过实例引进各种线性模型，使读者对模型的丰富实际背景有一些了解，这将有助于对后面引进的统计概念和方法的理解. 我们先从线性回归模型谈起.

§1.1 线性回归模型

在现实世界中，存在着大量的这样的情况：两个变量例如 X 和 Y 有一些依赖关系. 由 X 可以部分地决定 Y 的值，但这种决定往往不很确切. 常常用来说明这种依赖关系的最简单、直观的例子是体重与身高. 若用 X 表示某人的身高，用 Y 表示他的体重. 众所周知，一般来说，当 X 大时， Y 也倾向于大，但由 X 不能严格地决定 Y. 又如，城市生活用电量 Y 与气温 X 有很大的关系，在夏天气温很高或冬天气温很低时，由于空调、冰箱等家用电器的使用，用电量就高. 相反，在春秋季节气温不高也不低，用电量就相对少. 但我们不能由气温 X 准确地决定用电量 Y. 类似的例子还很多. 变量之间的这种关系称为“相关关系”，回归模型就是研究相关关系的一个有力工具.

在以上诸例中，Y 通常称为因变量或响应变量, X 称为自变量或预报变量. 我们可以设想, Y 的值由两部分组成：一部分是由 X 能够决定的部分，它是 X 的函数，记为 $f(X)$. 在许多情况下，这个函数关系或者是线性的或者是近似线性的，即

$$f(X) = \beta_0 + \beta_1 X, \tag{1.1.1}$$

这里 β_0 和 β_1 是未知参数. 而另一部分则由其它众多未加考虑的因素 (包括随机因素) 所产生的影响，它被看作随机误差，记为 e. 这里 e 作为随机误差，我们有理由要求它的均值 $E(e) = 0$, 其中 $E(\cdot)$ 表示随机变量的均值. 于是，我们得到

$$Y = \beta_0 + \beta_1 X + e. \tag{1.1.2}$$

在这个模型中，若忽略掉 e, 它就是一个通常的直线方程. 因此，我们称 (1.1.2) 为线性回归模型或线性回归方程. 关于“回归”一词的由来，我们留在后面作解释.

常数项 β_0 是直线的截距，β_1 是直线的斜率，也称为回归系数. 在实际应用中，β_0 和 β_1 皆是未知的，需要通过观测数据来估计.

假设自变量 X 分别取值为 x_1, x_2, $\cdots$, x_n 时，因变量 Y 对应的观测值分别为 y_1, y_2, $\cdots$, y_n. 于是我们有 n 组观测值 (x_i, y_i), $i=1,\cdots,n$. 如果 Y 与 X 有回归关系 (1.1.2), 则这些 (x_i, y_i) 应该满足

$$y_i = \beta_0 + \beta_1 x_i + e_i, \qquad i=1,\cdots,n, \tag{1.1.3}$$

这里 e_i 为对应的随机误差. 基于 (1.1.3), 应用适当的统计方法 (这将在第四章讨论) 可以得到 β_0 和 β_1 的估计值 $\hat{\beta}_0, \hat{\beta}_1$, 将它们代入 (1.1.2), 再略去误差项 e_i 得到

$$Y = \hat{\beta}_0 + \hat{\beta}_1 X, \tag{1.1.4}$$

称之为经验回归直线，也称为经验回归方程. 这里“经验”两字表示这个回归直线是基于前面的 n 次观测数据 (x_i, y_i), $i=1,\cdots,n$ 而获得的.

例 1.1.1 肥胖是现代社会人们普遍关注的一个重要问题，那么体重多少才算是肥胖呢？这当然跟每个人的身高有关，于是许多学者应用直线回归方法研究人的体重与身高的关系. 假设 X 表示身高 (cm), Y 表示体重 (kg). 我们假设 Y 与 X 之间具有回归关系 (1.1.2). 在这里误差 e 表示除了身高 X 之外，所有影响体重 Y 的其它因素，例如遗传因素、饮食习惯、体育锻炼多少等. 为了估计其中的参数 β_0 和 β_1, 研究者测量了很多人的身高 x_i 和体重 y_i, $i=1,\cdots,n$ 得到关系 (1.1.3). 从而应用统计方法可以估计出 β_0 和 β_1. 一种研究结果是，若用 $X-150$ 作自变量，则得到 $\hat{\beta}_0=50$, $\hat{\beta}_1=0.6$, 也就是说我们有经验回归直线

$$Y = 50 + (X-150)\times 0.6.$$

我们可以把它改写成如下形式:

$$Y = -40 + 0.6X, \tag{1.1.5}$$

这个经验回归方程在一定程度上描述了体重与身高的相关关系. 给定 X 的一个具体值 x_0, 我们可以算出对应的 Y 值 $y_0=-40+0.6x_0$. 例如某甲身高 $x_0=160$(cm), 代入 (1.1.5) 可以算出对应 $y_0=56$(kg). 我们称 56kg 为身高是 160cm 的人的体重的预测. 这就是说，对于一个身高 160cm 的人，我们预测它的体重大致为 56kg, 但实际上，它的体重不可能恰为 56kg. 可能比 56kg 多，也可能比 56kg 少.

例 1.1.2 我们知道，一个公司的商品销售量与其广告费有密切关系，一般说来在其它因素 (如产品质量等) 保持不变的情况下，用在广告上的费用愈高，它的商品销售量也就会愈多. 但这也只是一种相关关系. 某公司为了进一步研究这

种关系，用 X 表示在某地区的年度广告费，Y 表示年度商品销售量. 根据过去一段时间的销售记录 (x_i, y_i), $i = 1, \cdots, n$, 采用线性回归模型 (1.1.3)，假定计算出 $\hat{\beta}_0 = 1608.5$, $\hat{\beta}_1 = 20.1$, 于是得到经验回归直线

$$Y = 1608.5 + 20.1X.$$

这个经验回归直线告诉我们，广告费 X 每增加一个单位，该公司销售收入就增加 20.1 个单位. 如果某地区人口增加很快，那么很可能人口总数也是影响销售量的一个重要因素. 若记 X_1 为年度广告费，X_2 为某地区人口总数. 我们可以考虑如下含两个自变量的线性回归模型：

$$Y = \beta_0 + \beta_1 X_1 + \beta_2 X_2 + e.$$

同样，根据记录的历史数据，应用适当统计方法可以估计出 β_i, $i = 0, 1, 2$. 假定估计出的

$$\hat{\beta}_0 = 320.3, \quad \hat{\beta}_1 = 18.4, \quad \hat{\beta}_2 = 0.2,$$

则我们得到经验回归方程

$$Y = 320.3 + 18.4X_1 + 0.2X_2.$$

从这个经验回归方程我们可以看出，当广告费 X_1 增加或人口总数 X_2 增加时，商品销售量都增加，且当人口总数保持不变时，广告费每增加 1 个单位，销售量增加 18.4 个单位. 而当广告费保持不变，该地区人口总数每增加一个单位，该公司销售量增达 0.2 个单位. 当然，在实际应用中，并不是每个经验回归方程都能描述变量之间的客观存在的真正的关系. 关于这一点，将在第五章详细讨论.

在实际问题中，影响因变量的主要因素往往很多，这就需要考虑含多个自变量的回归问题. 假设因变量 Y 和 $p-1$ 个自变量 X_1, $\cdots$, X_{p-1} 之间有如下关系：

$$Y = \beta_0 + \beta_1 X_1 + \cdots + \beta_{p-1} X_{p-1} + e, \tag{1.1.6}$$

这是多元线性回归模型，其中 β_0 为常数项，β_1, $\cdots$, β_{p-1} 为回归系数，e 为随机误差.

假设我们对 Y, X_1, $\cdots$, X_{p-1} 进行了 n 次观测，得到 n 组观测值

$$x_{i1}, \cdots, x_{i,p-1}, y_i, \qquad i = 1, \cdots, n,$$

它们满足关系式

$$y_i = \beta_0 + x_{i1}\beta_1 + \cdots + x_{i,p-1}\beta_{p-1} + e_i, \qquad i = 1, \cdots, n, \tag{1.1.7}$$

这里 e_i 为对应的随机误差. 引进矩阵记号

$$y=\begin{pmatrix} y_1 \\ y_2 \\ \vdots \\ y_n \end{pmatrix}, \quad X=\begin{pmatrix} 1 & x_{11} & \cdots & x_{1,p-1} \\ 1 & x_{21} & \cdots & x_{2,p-1} \\ \vdots & \vdots & & \vdots \\ 1 & x_{n1} & \cdots & x_{n,p-1} \end{pmatrix},$$

$$\beta=\begin{pmatrix} \beta_0 \\ \beta_1 \\ \vdots \\ \beta_{p-1} \end{pmatrix}, \quad e=\begin{pmatrix} e_1 \\ e_2 \\ \vdots \\ e_n \end{pmatrix},$$

(1.1.7) 就写为如下简洁形式:

$$y=X\beta+e, \tag{1.1.8}$$

这里 y 为 $n\times 1$ 的观测向量. X 为 $n\times p$ 已知矩阵, 通常称为设计矩阵. 对于线性回归模型, 术语 "设计矩阵" 中的 "设计" 两字并不蕴含任何真正设计的含义, 只是习惯用法而已. 几年来, 有一些学者建议改用 "模型矩阵". 但就目前来讲, 沿用 "设计矩阵" 者居多. β 为未知参数向量, 其中 β_0 称为常数项, 而 $\beta_1,\cdots,\beta_{p-1}$ 为回归系数. 而 e 为 $n\times 1$ 随机误差向量, 其均值为零, 即 $E(e_i)=0$. 关于 e 最常用的假设是:

(a) 误差项具有等方差, 即

$$\mathrm{Var}(e_i)=\sigma^2, \qquad i=1,\cdots,n,$$

(b) 误差是彼此不相关的, 即

$$\mathrm{Cov}(e_i,e_j)=0, \qquad i\neq j, \quad i,j=1,\cdots,n.$$

通常称以上两条为 Gauss-Markov 假设. 我们知道, 一个随机变量的方差刻画了该随机变量取值散布程度的大小, 因此假设 (a) 要求 e_i 等方差, 也就是要求不同次的观测 y_i 在其均值附近波动程度是一样的. 这个要求有时显得严厉些. 在一些情况下, 我们不得不放松为 $\mathrm{Var}(e_i)=\sigma_i^2$, $i=1,\cdots,n$. 假设 (b) 等价于要求不同次的观测是不相关的. 在实际应用中这个假设比较容易满足.

模型 (1.1.8) 和 Gauss-Markov 假设合在一起, 可简洁地表示为

$$y=X\beta+e, \qquad E(e)=0, \qquad \mathrm{Cov}(e)=\sigma^2 I, \tag{1.1.9}$$

这里 Cov(e) 表示随机向量 e 的协方差阵. (1.1.9) 就是我们以后要讨论的最基本的线性回归模型.

在一些实际问题中, $\mathrm{Var}(e_i)=\sigma_i^2,\ i=1,\cdots,n$. 这里 σ_i^2 可能不全相等. 这时观测向量或误差向量的协方差阵形为

$$\mathrm{Cov}(e)=\begin{pmatrix}\sigma_1^2 & 0 & \cdots & 0\\ 0 & \sigma_2^2 & \cdots & 0\\ \vdots & \vdots & & \vdots\\ 0 & 0 & \cdots & \sigma_n^2\end{pmatrix}. \tag{1.1.10}$$

在经济问题中, $y_1,y_2,\cdots,y_n$ 表示某经济指标在 n 个不同时刻的观测值, 它们往往是相关的. 这种相关性反应在误差项上, 就是误差项的自相关性. 一种最简单的自相关关系是误差为一阶自回归形式, 即

$$e_i=\varphi e_{i-1}+\varepsilon_i,\qquad |\varphi|<1,$$

其中 $\varepsilon_i,\ i=1,\cdots,n$ 是独立同分布的随机变量, $E(\varepsilon_i)=0,\ \mathrm{Var}(\varepsilon_i)=\sigma_\varepsilon^2$. 这时

$$\mathrm{Cov}(e)=\frac{\sigma_\varepsilon^2}{1-\varphi^2}\begin{pmatrix}1 & \varphi & \cdots & \varphi^{n-1}\\ \varphi & 1 & \cdots & \varphi^{n-2}\\ \vdots & \vdots & & \vdots\\ \varphi^{n-1} & \varphi^{n-2} & \cdots & 1\end{pmatrix}. \tag{1.1.11}$$

上面我们讨论的都是线性回归模型. 有一些模型虽然是非线性的, 但经过适当变换, 可以化为线性模型.

例 1.1.3 在经济学中, 著名的 Cobb-Douglas 生产函数为

$$Q_t=aL_t^bK_t^c,$$

这里 Q_t, L_t 和 K_t 分别为 t 年的产值、劳力投入量和资金投入量, a, b 和 c 为参数, 在上式两边取自然对数, 得到

$$\ln(Q_t)=\ln(a)+b\ln(L_t)+c\ln(K_t)\,.$$

若令

$$y_t=\ln(Q_t),\ x_{t1}=\ln(L_t),\ x_{t2}=\ln(K_t)\,,$$

$$\beta_0=\ln(a),\quad \beta_1=b,\quad \beta_2=c\,,$$

再加上误差项，便得到线性关系

$$y_t = \beta_0 + \beta_1 x_{t1} + \beta_2 x_{t2} + e_t \,,$$

因此我们把原来的非线性模型化成了线性模型.

例 1.1.4 多个自变量的多项式

我们知道，任何光滑函数都可以用足够高阶的多项式来逼近. 因此，当因变量 Y 和诸自变量之间的关系不是线性关系时，我们可以用多元多项式来近似，有时可能还要添加若干自变量的交叉积. 例如

$$Y = \beta_0 + \beta_1 X_1 + \beta_2 X_2 + \beta_{11} X_1^2 + \beta_{22} X_2^2 + \beta_{12} X_1 X_2 + e \,.$$

这样的模型往往出现在化学工程领域的研究之中，其目的是求诸自变量的一个组合，使得因变量 Y 达到最大或最小. 这类问题称为响应曲面设计.

引进新变量 $X_3 = X_1^2, X_4 = X_2^2, X_5 = X_1 X_2$, 上述模型变成了一个线性模型. 从这里我们可以看出，线性模型中“线性”二字实质上是指 Y 关于未知参数 β_i 的关系是线性的.

最后，我们解释一下“回归”一词的由来. “回归”英文为“ regression ”，是由英国著名生物学家兼统计学家 Galton(高尔顿) 在研究人类遗传问题时提出的. 为了研究父代与子代身高的关系，Galton 收集了 1078 对父亲及其一子的身高数据. 用 X 表示父亲身高， Y 表示儿子身高. 单位为英寸 (1 英寸为 2.54cm). 将这 1078 对 (x_i, y_i) 标在直角坐标纸上，他发现散点图大致呈直线状. 也就是说，总的趋势是父亲的身高 X 增加时，儿子的身高 Y 也倾向于增加，这与我们的常识是一致的. 但是， Galton 对数据的深入分析，发现了一个很有趣的现象 —— 回归效应.

因为这 1078 个 x_i 值的算术平均值 $\bar{x} = 68$ 英寸，而 1078 个 y_i 值的平均值为 $\bar{y} = 69$ 英寸，这就是说，子代身高平均增加了 1 英寸. 人们自然会这样推想，若父亲身高为 x, 他儿子的平均身高大致应为 $x + 1$, 但 Galton 的仔细研究所得结论与此大相径庭. 他发现，当父亲身高为 72 英寸时 (请注意，比平均身高 $\bar{x} = 68$ 要高)，他们的儿子平均身高仅为 71 英寸. 不但达不到预期的 72+1=73 英寸，反而比父亲身高低了 1 英寸. 反过来，若父亲身高为 64 英寸 (请注意，比平均身高 $\bar{x} = 68$ 要矮)，他们儿子平均身高为 67 英寸，竟比预期的 64+1=65 英寸高出了 2 英寸. 这个现象不是个别的，它反映了一个一般规律：即身高超过平均值 $\bar{x} = 68$ 英寸的父亲，他们儿子的平均身高将低于父亲的平均身高. 反之，身高低于平均身高 $\bar{x} = 68$ 英寸的父亲，他们儿子的平均身高将高于父亲的平均身高. Galton 对这个一般结论的解释是：大自然具有一种约束力，使人类身高的分布在一定时期内相对稳定而不产生两极分化，这就是所谓的回归效应. 通过这个例子， Galton 引进了“回归”

一词. 用他的数据, 可以计算出儿子身高 Y 与父亲身高 X 的经验关系

$$Y = 35 + 0.5X,$$

它代表一条直线, 人们也就把这条直线称为回归直线. 当然, 这个经验回归直线只反映了父子身高这两个变量相关关系中具有回归效应的一种特殊情况, 对更多的相关关系, 并非都是如此. 特别是涉及多个自变量的情况中, 回归效应便不复存在. 因此将 (1.1.6) 或 (1.1.8) 或 (1.1.9) 称为线性回归模型, 并把对应的统计分析称为回归分析, 不一定恰当. 但 "回归" 这个词沿用已久, 实无改变之必要与可能.

§1.2 方差分析模型

在上节引进的线性回归模型中, 所涉及的自变量一般来说都可以是连续变量, 研究的基本目的则是寻求因变量与自变量之间客观存在的依赖关系. 而本节所要引进的模型则不同, 它的自变量是示性变量, 这种变量往往表示某种效应的存在与否, 因而只能取 0, 1 两个值. 这种模型是比较两个或多个因素效应大小的一种有力工具. 因为比较因素效应的统计分析在统计学上叫做方差分析, 所以对应地, 人们将这种模型称为方差分析模型. 在一些文献中, 也把这种模型称为试验设计模型, 这是因为它所分析的数据往往跟一个预先安排的实验相联系.

例 1.2.1 单向分类 (one-way classification) 模型

现在我们要比较三种药治疗某种疾病的效果, 药效度量指标为 Y. 假设我们采用双盲实验法. 即病人不知道自己服用三种药中哪一种, 医生也不知道哪个病人服用哪种药, 只有实验设计和分析者掌握真实情况. 假设现在对每种药各有 n 个人服用, 记 y_{ij} 为服用第 i 种药的第 j 个病人的药效测量值, 则 y_{ij} 可表示为

$$y_{ij} = \mu + \alpha_i + e_{ij}, \qquad i = 1, 2, 3, \quad j = 1, \cdots, n, \tag{1.2.1}$$

这里 μ 称为总平均, α_i 表示第 i 种药的效应, e_{ij} 表示随机误差, 其均值为 0, 方差都相等, 彼此互不相关.

在这个问题中, 我们感兴趣的因素 (或称因子) 只有一个, 即药品, 它有三个不同的品种, 称这三个品种为因子的水平或 "处理", 模型 (1.2.1) 称为单向分类模型 (或单因素方差分析模型), 这是因为我们只有 "药品" 这一个因素. 若用矩阵记号, 模型 (1.2.1) 可写为

$$\begin{pmatrix} y_{11} \\ \vdots \\ y_{1n} \\ y_{21} \\ \vdots \\ y_{2n} \\ y_{31} \\ \vdots \\ y_{3n} \end{pmatrix} = \begin{pmatrix} 1 & 1 & 0 & 0 \\ \vdots & \vdots & \vdots & \vdots \\ 1 & 1 & 0 & 0 \\ 1 & 0 & 1 & 0 \\ \vdots & \vdots & \vdots & \vdots \\ 1 & 0 & 1 & 0 \\ 1 & 0 & 0 & 1 \\ \vdots & \vdots & \vdots & \vdots \\ 1 & 0 & 0 & 1 \end{pmatrix} \begin{pmatrix} \mu \\ \alpha_1 \\ \alpha_2 \\ \alpha_3 \end{pmatrix} + \begin{pmatrix} e_{11} \\ \vdots \\ e_{1n} \\ e_{21} \\ \vdots \\ e_{2n} \\ e_{31} \\ \vdots \\ e_{3n} \end{pmatrix}.$$

用 y, X, β 和 e 分别表示上式中的四个向量或矩阵，则上述模型具有形式

$$y = X\beta + e. \tag{1.2.2}$$

这和上节引进的线性回归模型 (1.1.8) 形式上完全一样，所不同的是，对现在情形，设计阵 X 的元素只能取 1 和 0 两个值. 除第一列外，设计阵 X 的每一列对应一种药品，若某列中某个位置是 1 或是 0，则表示对应的这个病人服用了或没服用该列对应的那种药. 也就是说，设计阵 X 中的元素 $x_{ij}(j>1)$ 只表示了对应的实验中某个处理效应的存在与否. 容易看出，在 (1.2.2) 中，设计阵的秩 $\text{rk}(X)=3$，它小于 X 的列数 4，我们称设计阵 X 是列降秩的，这是方差分析模型的一个特点.

例 1.2.2　两向分类 (two-way classification) 模型

假设在一次生产实验中，影响产品质量指标 Y 的有两个因素 A 和 B. 设因素 A 有 a 个水平，因素 B 有 b 个水平. 记 y_{ij} 表示在因素 A 的第 i 个水平，因素 B 的第 j 个水平时生产的产品质量测量值. 则 y_{ij} 可分解为

$$y_{ij} = \mu + \alpha_i + \beta_j + e_{ij}, \qquad i=1,\cdots,a, \quad j=1,\cdots,b, \tag{1.2.3}$$

这里 μ 仍为总平均，α_i 为因素 A 的第 i 个水平的效应，β_j 为因素 B 的第 j 个水平的效应，e_{ij} 为随机误差. 仿照例 1.2.1，引进适当矩阵记号，模型 (1.2.3) 也可以写成 (1.2.2) 的形式. 这个留给读者作练习.

随机区组设计模型也具有形式 (1.2.3). 为了便于理解我们采用农业实验的例子. 假设一农业实验中心从外地引进三种优良麦种，在大面积种植之前，先进行小范围试验以便选出适合本地气候条件的麦种. 我们可以把这三种小麦种植的施肥、浇水等条件控制在相同的状态，但是很难保证用于实验的土地肥沃程度都一样. 为

了克服这一缺陷，我们先把实验用的土地分成若干小块，譬如 5 块，使每一小块土地肥沃程度基本上一样. 在实验设计中，把这种小块称为区组 (block). 然后再把每一区组分成若干更小的块，称为试验单元. 现有三种小麦品种要比较，不妨就把每个区组分成三个试验单元. 随机区组设计要求，在每个区组中，每种小麦种在哪一个单元完全是随机的. 若用 y_{ij} 表示第 j 个区组种第 i 种小麦的那个试验单元的小麦产量，则 y_{ij} 就有 (1.2.3) 分解式. 这时 α_i 就是第 i 种小麦 (即处理, treatment) 的效应. β_j 是第 j 个区组的效应. 因此随机区组设计模型就是一个两向分类模型.

在试验设计中，区组是一个很重要的概念. 为了更清楚的掌握它的本质，我们再举一个例子. 假设我们用 a 种工艺加工一些产品，现在要比较这 a 种工艺的优劣. 用 y_{ij} 表示第 i 种工艺加工的第 j 件产品质量, α_i 为第 i 种工艺的效应. 那么 y_{ij} 可分解为: $y_{ij} = \mu + \alpha_i + e_{ij}$, $i = 1, \cdots, a, j = 1, \cdots, b$. 这是一个单向分类模型. 但是，如果我们是用 b 台设备去检测它们的质量，那么就应该把这 b 台设备的差异考虑进去. 这样 b 台设备就成了区组，这时 y_{ij} 就可表示为 (1.2.3) 的形式，其中 β_j 是第 j 台设备的效应.

正是由于上述原因，往往我们也把模型 (1.2.3) 称为随机区组设计模型，并把 α_i 和 β_j 分别泛称为处理效应和区组效应. 在一般情况下，这两种效应不是同等看待的. 我们主要兴趣放在处理效应上，而区组这个因素的引入，往往是为了缩小分析误差. 当然，也有例外，在一些问题中，区组效应也可能是我们所关心的.

例 1.2.3 具有交互效应的两向分类模型

在例 1.2.2 中，因素 A 和因素 B 的效应具有可加性. 因为在分解式 $y_{ij} = \mu + \alpha_i + \beta_j + e_{ij}$ 中，因素 A 的第 i 个水平和因素 B 的第 j 个水平对 y_{ij} 的贡献是 $\alpha_i + \beta_j$, 它是各自水平效应之和. 但是，在一些实际问题中，这种情况不总是成立的. 例如在化工试验中，若因素 A 表示化学反应的温度，因素 B 表示化学反应的压力，两者对化学反应的质量或产量 Y 的贡献一般不具有可加性. 如果对每一个水平组合 (i, j) 重复 c 次试验，这时一个合理模型是

$$y_{ijk} = \mu + \alpha_i + \beta_j + \gamma_{ij} + e_{ijk}, \quad i = 1, \cdots, a, \quad j = 1, \cdots, b, \quad k = 1, \cdots, c, \quad (1.2.4)$$

这里 γ_{ij} 称为因素 A 的第 i 个水平和因素 B 的第 j 个水平的交互效应. 它的出现表明了因素 A 的第 i 个水平和因素 B 的第 j 个水平对 y_{ij} 的联合贡献，并不是 α_i 和 β_j 的简单相加，而是多出了一个部分. 为了叙述方便起见，我们把 α_i 称为因素 A 的第 i 个水平的主效应，同理称 β_j 为因素 B 的第 j 个水平的主效应.

在模型 (1.2.4) 中，对因素 A 和 B 的每种水平组合 (i, j), 重复观测次数都是 c, 这样的模型称为平衡模型 (balanced model). 在实际试验中，由于种种客观原因，例如试验者退出试验，试验个体 (动物) 死亡，或生产事故而导致对每种水平组合所获得的观测数据个数不相等，这时称对应模型为非平衡的 (unbalanced model).

例 1.2.4　三向分类 (three-way classification) 模型

读者不难想象，如果试验中有 A, B, C 三个因素，它们的水平数分别为 a, b, c. 如果它们之间都没有交互效应，那么因变量的观测值可分解为

$$y_{ijkl} = \mu+\alpha_i+\beta_j+\gamma_k+e_{ijkl}, \quad i=1,\cdots,a, \quad j=1,\cdots,b, \quad k=1,\cdots,c, \quad l=1,\cdots,d,$$

这里 α_i, β_j 和 γ_k 分别是因素 A 的第 i 个水平，因素 B 的第 j 个水平和因素 C 的第 k 个水平的主效应，对于每种水平组合 (i,j,k), 试验重复次数都是 d, 即模型是平衡的. 如果对水平组合 (i,j,k) 试验重复次数为 n_{ijk}, 它们不必相等，则模型就是非平衡的.

在试验设计中，有一种设计叫拉丁方设计 (latin square design), 它可以表示为三向分类模型. 所谓拉丁方，乃是用 n 个字母 (或数字) 排成的一个方块. 它的每行每列包含 n 个字母中每个字母恰好一次. 由于当初是用拉丁字母排列这种方块的，于是，称其为拉丁方. 用来排拉丁方的不同字母的个数，称为拉丁方的阶. 例如，

$$\begin{matrix} A & B & C \\ B & C & A \\ C & A & B \end{matrix} \qquad \begin{matrix} A & B & C & D \\ B & C & D & A \\ C & D & A & B \\ D & A & B & C \end{matrix}$$

分别是三阶和四阶拉丁方.

表 1.2.1

		因素乙		
		1	2	3
因	1	$A^{(1)}$	$B^{(2)}$	$C^{(3)}$
素	2	$B^{(4)}$	$C^{(5)}$	$A^{(6)}$
甲	3	$C^{(7)}$	$A^{(8)}$	$B^{(9)}$

用三阶拉丁方可以安排三因素的试验. 例如，把第 i 行对应于因素甲的第 i 水平，第 j 列对应于因子乙的第 j 水平，中间的字母 A, B, C 分别对应于因子丙的三个水平. 这样，我们就排出 9 个试验，如表 1.2.1. 令 $k_{ij}=k(i,j)$ 表示由表 1.2.1 惟一确定的由集合 $\{(i,j): i,\ j=1,2,3\}$ 到集合 $\{A,B,C\}$ 的一一映射，例如 $k_{23}=k(2,3)=A$. 若用 $y_{ijk_{ij}}$ 表示因素甲、乙、丙的第 i,j,k_{ij} 水平下的观测值，用 α_i, β_j 和 $\gamma_{k_{ij}}$ 分别表示因素甲、乙、丙的第 i,j,k_{ij} 水平下的效应，在不存在交

互效应的情况下，我们有模型

$$y_{ijk_{ij}}=\mu+\alpha_i+\beta_j+\gamma_{k_{ij}}+e_{ijk_{ij}},\qquad i=1,2,3,\quad j=1,2,3,$$

这是一个三向分类模型.

对于后三个例子，仿照例 1.2.1 引进适当的矩阵记号，这些模型都可以写成 $y=X\beta+e$ 的形式. 我们建议读者去做这件事. 当你完成这种表示之后，就会发现，设计阵 X 与例 1.2.1 一样，它的元素 x_{ij} 只取 0 和 1 两个值，并且秩 $\mathrm{rk}(X)$ 小于 X 的列数，即 X 是列降秩的.

§1.3 协方差分析模型

我们已经知道，线性回归模型所涉及的自变量一般是取连续值的数量因子. 设计阵 X 的元素 x_{ij} 可取连续值. 而在方差分析模型中，自变量是属性因子，设计阵 X 的元素 x_{ij} 只能取 0 、1 两个值. 现在我们要介绍的协方差分析模型则是上述两种模型的混合. 模型中的自变量既有属性因子又有数量因子. 设计矩阵由两部分组成，一部分以 0 、1 两个数为元素，而另一部分的元素可取连续值. 它可以看作由方差分析模型和线性回归模型的设计矩阵组拼而成.

我们用一个经典的例子来引进这种模型. 假定试验者用几种饲料喂养小猪，并以小猪的生长速度 (用小猪体重增加量来度量) 来比较饲料的催肥效果，这是一个单向分类问题. 如前所述在试验中我们要求除饲料外，其余因素应该尽量控制在相同条件之下. 但是，在这里参与试验的小猪初始体重不同，可能对生长速度有一定影响. 为了消除这种影响，可以采取两种方法：其一是选择体重都一样的小猪来做试验. 但这个条件很苛刻，在实际中真正做起来困难很大. 另一种方法是，设法把小猪初始体重的影响消除掉，这正是协方差分析所要解决的问题. 在这个例子里，猪的饲料分几个品种，是属性因子，称为方差分量. 小猪的初始体重是因为试验者难以很好的控制而进入试验的，称为协变量 (或伴随变量)，它是连续变量.

例 1.3.1 试验者欲比较两种饲料的催肥效果，用每种饲料喂养三头猪. 要考虑的协变量是小猪的初始体重，记 y_{ij} 为喂第 i 种饲料的第 j 头猪的体重增加量，则 y_{ij} 可分解为

$$y_{ij}=\mu+\alpha_i+\gamma x_{ij}+e_{ij},\qquad i=1,2,\quad j=1,2,3,\tag{1.3.1}$$

这里和单向分类模型一样，μ 为总平均，α_i 为第 i 种饲料的效应，x_{ij} 为喂第 i 种饲料的第 j 头猪的初始体重，γ 为协变量的系数，即回归系数. e_{ij} 的假设同单向分

类模型. 若记

$$y=\begin{pmatrix} y_{11} \\ y_{12} \\ y_{13} \\ y_{21} \\ y_{22} \\ y_{23} \end{pmatrix}, \quad X=\begin{pmatrix} 1 & 1 & 0 & x_{11} \\ 1 & 1 & 0 & x_{12} \\ 1 & 1 & 0 & x_{13} \\ 1 & 0 & 1 & x_{21} \\ 1 & 0 & 1 & x_{22} \\ 1 & 0 & 1 & x_{23} \end{pmatrix}, \quad \beta=\begin{pmatrix} \mu \\ \alpha_1 \\ \alpha_2 \\ \gamma \end{pmatrix}, \quad e=\begin{pmatrix} e_{11} \\ e_{12} \\ e_{13} \\ e_{21} \\ e_{22} \\ e_{23} \end{pmatrix},$$

则模型 (1.3.1) 具有形式

$$y = X\beta + e, \tag{1.3.2}$$

这和前两节引进的线性回归模型 (1.1.8) 和方差分析模型 (1.2.2) 在形式上完全一样. 它的特点是: 设计阵 X 的部分列的元素只取 0 或 1, 剩余列的元素则取连续值, 我们把此类模型称为协方差分析模型, 它也是一种特殊的线性模型.

协方差分析模型虽然是线性回归模型和方差分析模型的一种 "混合", 但是我们对这两部分并不同等看待. 像例子中所看到的, 回归部分只是因为某些量不能完全人为控制而不得已引入的. 虽然对回归系数的估计与检验也有一定的实际意义, 但总的说起来, 对协方差分析模型我们最关心的还是方差分析部分. 因而这种模型的统计分析 — 协方差分析, 基本上具有方差分析的特色, 即有关效应存在性的检验占有突出地位, 与方差分析比较起来, 在协方差分析中并没有引进任何新的概念, 实际上它只是一种计算方法, 旨在利用一般方差分析的结果很简便地作协方差分析模型的统计分析. 详细的讨论将留在第八章进行.

§1.4 混合效应模型

混合效应模型的最一般形式为

$$y = X\beta + U_1\xi_1 + U_2\xi_2 + \cdots + U_k\xi_k, \tag{1.4.1}$$

其中 y 为 $n\times 1$ 观测向量, X 为 $n\times p$ 已知设计阵, β 为 $p\times 1$ 非随机的参数向量, 称为固定效应, U_i 为 $n\times q_i$ 已知设计阵, ξ_i 为 $q_i\times 1$ 随机向量, 称为随机效应, 一般我们假设

$$E(\xi_i)=0, \qquad \mathrm{Cov}(\xi_i)=\sigma_i^2 I_{q_i}, \qquad \mathrm{Cov}(\xi_i,\xi_j)=0, \qquad i\neq j,$$

于是

$$E(y)=X\beta, \qquad \mathrm{Cov}(y)=\sum_{i=1}^{k}\sigma_i^2 U_i U_i', \tag{1.4.2}$$

σ_i^2 称为方差分量，因此，往往也称 (1.4.1) 为方差分量模型.

在模型 (1.4.1) 中，最后一个随机效应向量 ξ_k 是通常的随机误差向量 e, 而 $U_k = I_n$. 对于混合效应模型，我们的问题是对两类参数：固定效应和方差分量作估计和检验，并对随机效应 ξ_k 进行预测.

例 1.4.1 两向分类混合模型

研究人的血压在一天内的变化规律. 在一天内选择 a 个时间点测量被观测者的血压，假设观测了 b 个人，用 y_{ij} 表示第 i 个时间点的第 j 个人的血压，则 y_{ij} 可表为

$$y_{ij} = \mu + \alpha_i + \beta_j + e_{ij}, \qquad i = 1, \cdots, a, \quad j = 1, \cdots, b, \tag{1.4.3}$$

这里 α_i 为第 i 个时间点的效应，它是非随机的，是固定效应. β_j 为第 j 个人的个体效应. 如果这 b 个人是我们感兴趣的特定的 b 个人. 那么 β_j 也是非随机的，是固定效应. 这时模型 (1.4.3) 就是固定效应模型，这是在 §1.2 我们讨论过的两向分类模型. 但是，如果我们要研究的兴趣只是放在比较不同时间点人的血压高低上，被观测的 b 个人是随机抽取的，这时 β_j 就是随机变量，于是在这种情况下，它就是随机效应. 相应的，模型 (1.4.3) 就是混合效应模型.

Thompson 曾经研究了用几台设备同时测量炮弹速度问题. 假设试验所用的炮弹都是从某厂生产的同种炮弹的总体中随机抽取的. 记 y_{ij} 可分解成模型 (1.4.3) 的形式，对现在的情况，α_i 是第 i 台设备的效应，它是固定效应. β_j 是第 j 发炮弹的效应. 因为炮弹是随机抽取的，所以它是随机的. 于是 β_j 是随机效应.

从上面的讨论我们可以看出，一个效应究竟看作随机的还是固定的，这取决于研究的目的和样品取得的方法. 如果观测的个体是随机抽取来的，那么它们的效应就是随机的，否则就是固定的.

引进适当的矩阵记号，模型 (1.4.3) 可以写成 (1.4.1) 的形式. 记

$$y = (y_{11}, \cdots, y_{1b}, \cdots, y_{a1}, \cdots, y_{ab})',$$

这是 $ab \times 1$ 的向量.

$$X = (\mathbf{1}_{ab} \,\vdots\, I_a \otimes \mathbf{1}_b), \qquad U = \mathbf{1}_a \otimes I_b, \qquad \gamma = (\mu, \alpha_1, \cdots, \alpha_a)',$$

$$\beta = (\beta_1, \cdots, \beta_b)', \qquad e = (e_{11}, \cdots, e_{1b}, \cdots, e_{a1}, \cdots, e_{ab})',$$

其中 $\otimes$ 表示矩阵的 Kronecker 乘积 (见第二章), $\mathbf{1}_n$ 表示 $n \times 1$ 向量，它的所有元素均为 1. 此时，模型 (1.4.3) 变形为

$$y = X\gamma + U\beta + e.$$

一般我们总是假设所有随机效应都是不相关的，$\mathrm{Var}(\beta_i)=\sigma_\beta^2, \mathrm{Var}(e_{ij})=\sigma^2$. 则观测向量的协方差阵为

$$\mathrm{Cov}(y)=\sigma_\beta^2 UU'+\sigma^2 I_{ab}=\sigma_\beta^2(J_a\otimes I_b)+\sigma^2 I_{ab},$$

其中 $J_n=\mathbf{1}_n\mathbf{1}_n'$. σ_β^2 和 σ^2 是方差分量.

例 1.4.2　Panel 数据模型

这个模型常常出现在计量经济学中. 假设我们对 N 个个体 (如个人，家庭，公司，城市，国家或区域等) 进行了 T 个时刻的观测，观测数据可写为

$$y_{it}=x_{it}'\beta+\xi_i+\varepsilon_{it},\qquad i=1,\cdots,N,\quad t=1,\cdots,T, \tag{1.4.4}$$

其中 y_{it} 表示第 i 个个体第 t 个时刻的某项经济指标，x_{it} 是 $p\times 1$ 已知向量，它刻画了第 i 个个体在时刻 t 的一些自身特征，ξ_i 是第 i 个个体的个体效应，ε_{it} 是随机误差项.

如果我们的目的是研究整个市场的运行规律，而不是关心这特定的 N 个个体，这 N 个个体只不过是从总体中抽取的随机样本，这时个体效应就是随机的，记

$$y=(y_{11},\cdots,y_{1T},y_{21},\cdots,y_{NT})',\qquad X=(x_{11},\cdots,x_{1T},x_{21},\cdots,x_{NT})',$$
$$U_1=I_N\otimes\mathbf{1}_T,\qquad \xi=(\xi_1,\cdots,\xi_N)',\qquad \varepsilon=(\varepsilon_{11},\cdots,\varepsilon_{1T},\varepsilon_{21},\cdots,\varepsilon_{NT})'.$$

则模型 (1.4.4) 可表为

$$y=X\beta+U_1\xi+\varepsilon.$$

如果假设 $\mathrm{Var}(\xi_i)=\sigma_\xi^2, \mathrm{Var}(\varepsilon_{it})=\sigma_\varepsilon^2$, 所有 ξ_i 和 ε_{it} 都不相关，则

$$\mathrm{Cov}(y)=\sigma_\xi^2 U_1U_1'+\sigma_\varepsilon^2 I_{NT}=\sigma_\xi^2(I_N\otimes J_T)+\sigma_\varepsilon^2 I_{NT},$$

σ_ξ^2 和 σ_ε^2 就是方差分量.

模型 (1.4.4) 也称为具有套误差结构 (nested error structure) 的线性模型. 它也常出现在试验设计、抽样调查等类问题中.

在上述问题中，如果我们把时间效应也考虑进来，则模型 (1.4.4) 可以改写为

$$y_{it}=x_{it}'\beta+\xi_i+\lambda_t+\varepsilon_{it},\qquad i=1,\cdots,N,\quad t=1,\cdots,T. \tag{1.4.5}$$

如果时间效应 λ_t 也看成随机的，并且假设 $\mathrm{Var}(\lambda_t)=\sigma_\lambda^2$, λ_t 与所有的 ξ_i 和 ε_{it} 不相关，记 $U_2=\mathbf{1}_N\otimes I_T, \lambda=(\lambda_1,\cdots,\lambda_T)'$, 则我们得到如下模型

$$y=X\beta+U_1\xi+U_2\lambda+\varepsilon.$$

此时，观测向量的协方差阵为

$$\mathrm{Cov}(y)=\sigma_\xi^2(I_N\otimes J_T)+\sigma_\lambda^2(J_N\otimes I_T)+\sigma_\varepsilon^2 I_{NT},$$

$\sigma_\xi^2, \sigma_\lambda^2$ 和 σ_ε^2 为方差分量.

习 题 一

1.1 假设一物体真实长度为 μ, μ 是未知的，我们欲估计它，于是将其测量了 n 次，得到测量值为 $y_1,y_2,\cdots,y_n$. 如果测量过程没有系统误差，我们可以认为 y_i, $i=1,2,\cdots,n$ 为来自于正态总体 $N(\mu,\sigma^2)$ 的一组随机样本. 试将这些观测数据表成线性模型的形式.

1.2 某公司采用一项新技术试验以求提高产品质量. 设在试验前，随机抽取的 n_1 件产品的质量指标值为 $y_1,y_2,\cdots,y_{n_1}$, 它们可看成是来自正态总体 $N(\mu_1,\sigma^2)$ 的一组样本. 而试验后，随机抽取的 n_2 件产品的质量指标值为 $z_1,z_2,\cdots,z_{n_2}$, 它们可看成是来自正态总体 $N(\mu_2,\sigma^2)$ 的一组样本，为了考察这项新技术的效果，需要比较 μ_1 和 μ_2, 因此需要先估计它们.

(1) 试将这些数据表成线性模型的形式;

(2) 在实际问题中，如果 $z_1,z_2,\cdots,z_{n_2}$ 的值相比 $y_1,y_2,\cdots,y_{n_1}$ 有很大不同，往往认为它们的变异程度也就不同. 于是我们不能再假定这两个正态总体有公共的方差. 这时认为它们分别来自正态总体 $N(\mu_1,\sigma_1^2)$ 和 $N(\mu_2,\sigma_2^2)$ 比较适宜，试问这时 (1) 中所表示的线性模型应该有怎样的修正？

1.3 用两台仪器测量同一批材料的各 3 件样品的某种成分的含量. 记测量值分别为 y_{11},y_{12},y_{13} 和 y_{21},y_{22},y_{23}, 由于两台仪器可能存在着性能上的差异，在表示这些数据时需要考虑仪器的效应，记之为 α_1 和 α_2, 试将这些测量数据表成某成分含量 μ 和 α_1,α_2 的线性模型.

1.4 下面模型是否表示一般线性模型？如果不是，能否通过适当的变换使之成为线性模型？

(1) $y_i=\beta_0+\beta_1x_{i_1}+\beta_2x_{i_1}^2+\beta_3\ln x_{i_2}+e_i$;

(2) $y_i=e_i\exp(\beta_0+\beta_1x_{i1}+\beta_2x_{i1}^2)$;

(3) $y_i=[1+\exp(\beta_0+\beta_1x_{i1}+e_i)]^{-1/2}$;

(4) $y_i=\beta_0+\beta_1(x_{i1}+x_{i2})+\beta_2e^{x_{i1}}+\beta_3\ln(x_{i1}^2)+e_i$.

1.5 考虑如下两因素设计模型

$$y_{ij}=\mu+\alpha_i+\beta_j+e_{ij},\qquad i=1,2,\cdots,a,\qquad j=1,2,\cdots,b,$$

其中 μ,α_i,β_j 为未知参数，试将其表示为矩阵形式的线性模型 $y=X\beta+e$, 并写出其设计阵 X.

1.6 (判别分析问题也可纳入线性模型) 设有两个 p 元总体 π_1 和 π_2. 现有从这两个总体中抽取的随机样本 $x_1^{(1)}$, $x_2^{(1)}$, $\cdots$, $x_{n_1}^{(1)}$ 和 $x_1^{(2)}$, $x_2^{(2)}$, $\cdots$, $x_{n_2}^{(2)}$, 称为训练样本. 判别分析

的任务是，用这些训练样本建立 p 元判别函数 $f(x_1,\cdots,x_p)$ 和临界值. 对于一个归属未知的新样本，根据它的判别函数 $f(x_1,\cdots,x_p)$ 的值是否大于临界值来推断该样本是来自 π_1 还是来自 π_2.

引进假变量 Y 作为因变量，规定 Y 的取值为

$$y_j^{(i)}=\begin{cases}\lambda_1, & \text{对应自变量为 } x_j^{(1)}, \quad j=1,2,\cdots,n_1,\\ \lambda_2, & \text{对应自变量为 } x_j^{(2)}, \quad j=1,2,\cdots,n_2,\end{cases}$$

这里 λ_1，λ_2 为任意两个不等的实数，例如可取 $\lambda_1=1,\lambda_2=0$. 试把这个问题写成线性回归模型的形式. (于是，判别分析问题可以按线性模型回归问题去处理. 可以证明，这样建立的判别函数与经典的 Fisher 判别等价.)

第二章 矩阵论的预备知识

在第一章，我们引进了线性模型. 从线性模型的表达式，读者不难想象，在线性模型的统计推断中，矩阵将是一个十分重要的工具. 为了适应后续章节的需要，本章将讨论有关矩阵论的一些预备知识.

我们用大写字母 $A, B, \cdots$, 表示矩阵. m 行 n 列的矩阵 A 称为 $m\times n$ 矩阵 A, 记为 $A_{m\times n}$ 或 A. 用 A' 表示 A 的转置矩阵. $m\times 1$ 矩阵称为列向量，$1\times n$ 矩阵称为行向量. 在不会混淆的情况下，以后总用小写字母 $a, b, \cdots$ 表示列向量，$a', b', \cdots$ 就是行向量. 矩阵 A 的秩记为 $\mathrm{rk}(A)$. 称方阵 $A_{n\times n}$ 的对角线元素之和 $\sum_{i=1}^{n} a_{ii}$ 为 A 的迹，记为 $\mathrm{tr}(A)$. 若 A 为正定对称方阵，则记为 $A>0$. 若 A 为半正定对称方阵，则记为 $A\geq 0$. 记号 $A\geq B$, 表示 $A-B\geq 0$. 而 $A>B$, 表示 $A-B>0$. 无特殊声明，本书所讨论的矩阵皆为实矩阵.

本章的安排是这样的: §2.1 用线性空间的矩阵表示，简略地叙述线性空间的一些性质. §2.2 ~ §2.3 讨论矩阵的广义逆、幂等阵和投影阵. §2.4 阐述特征根的极值性质和一些重要的不等式. 最后两节，讨论矩阵的 Kronecker 乘积、矩阵的向量化运算以及矩阵微商.

§2.1 线性空间

为了适应后面讨论的需要，本节用线性空间的矩阵表示，简要叙述线性空间的一些基本结果，并引进一些记号. 我们仅限于讨论 $n\times 1$ 实数向量组成的线性空间，它是直观的二、三维向量空间的自然推广.

所谓线性空间 S 乃是向量的一个集合，它对向量加法和数乘两种运算具有封闭性，即 S 中任意两个向量之和皆仍在 S 中，S 中任一向量与任一实数的乘积也仍在 S 中，且满足加法结合律和交换律，数乘结合律和分配律等基本性质. 记全体 $n\times 1$ 实向量组成的集合为 R_n, 它是一个线性空间. 考虑 R_n 中向量组 $a_1, a_2, \cdots, a_k$ 的一切可能的线性组合构成的集合

$$S_0=\left\{x=\sum_{i=1}^{k}\alpha_i a_i,\quad \alpha_1,\cdots,\alpha_k\text{均为实数}\right\},$$

容易验证，S_0 也是线性空间，称为 R_n 的子空间. 若将 $a_1, a_2, \cdots, a_k$ 排成 $n\times k$ 矩阵 $A=(a_1, a_2, \cdots, a_k)$, 则 S_0 可表为 $S_0=\{x=At,\ t\in R_k\}$, 它是 A 的列向量张成的子空间，记为 $S_0=\mathcal{M}(A)$. 容易证明，R_n 的任一子空间都是某一矩阵的列向量张成的子空间. 设 $a_1, a_2, \cdots, a_k$ 为 R_n 中的一组向量，若存在不全为零的实

数 $\alpha_1, \alpha_2, \cdots, \alpha_k$, 使得 $\alpha_1 a_1 + \cdots + \alpha_k a_k = 0$, 则称向量组 $a_1, a_2, \cdots, a_k$ 是线性相关的; 否则称它们是线性无关的. 如果子空间 S_0 由一组线性无关的向量 $a_1, a_2, \cdots, a_k$ 张成, 则称 $a_1, a_2, \cdots, a_k$ 为 S_0 的一组基, k 称为 S_0 的维数, 记作 $k = \dim(S_0)$. 对 R_n 而言, 向量组 $e_i' = (0, \cdots, 0, 1, 0, \cdots, 0)$, $i = 1, 2, \cdots, n$ 为一组基, 这里, 在 e_i 中, 1 位于第 i 个位置. 所以, R_n 的维数为 n. 记 $I_n = (e_1, \cdots, e_n)$ 为 n 阶单位阵, 则 $R_n = \mathcal{M}(I_n)$. 设 $A = (a_1, a_2, \cdots, a_k), B = (b_1, b_2, \cdots, b_l)$, 则容易证明

(1) $\dim\mathcal{M}(A) = \mathrm{rk}(A)$;

(2) $\mathcal{M}(A) \subset \mathcal{M}(A \vdots B)$, 特别若 $b_j, j = 1, 2, \cdots, l$ 可表为 $a_1, a_2, \cdots, a_k$ 的线性组合, 则 $\mathcal{M}(A) = \mathcal{M}(A \vdots B)$.

对 R_n 中的任意两个向量 $a' = (a_1, a_2, \cdots, a_n)$, $b' = (b_1, b_2, \cdots, b_n)$, 定义它们的内积为 $(a, b) = a'b = \sum_{i=}^{n} a_i b_i$. 若 $(a, b) = 0$, 则称 a 与 b 正交, 记为 $a \perp b$. 若 a 与子空间 S 中的每一个向量正交, 则称 a 正交于 S, 记为 $a \perp S$. 称 $(a'a)^{1/2} = (\sum_{i=1}^{n} a_i^2)^{1/2}$ 为向量 a 的长度, 记为 $\|a\|$. 设 S 为一子空间, 容易证明

$$S^{\perp} = \{x \colon x \perp S\}$$

也是线性空间, 称为 S 的正交补空间. 设 A 为 $n \times k$ 矩阵, 记 $A^{\perp}$ 为满足条件 $A'A^{\perp} = 0$ 且具有最大秩的矩阵, 则

$$\mathcal{M}(A^{\perp}) = \mathcal{M}(A)^{\perp}. \tag{2.1.1}$$

对于一个线性空间 S, 如果存在 k 个子空间 $S_1, \cdots, S_k$, 使得对任意 $a \in S$, 可惟一分解为

$$a = a_1 + \cdots + a_k, \qquad a_i \in S_i, \quad i = 1, 2, \cdots, k,$$

则称 S 为 $S_1, \cdots, S_k$ 的直和, 记为 $S = S_1 \oplus \cdots \oplus S_k$. 若进一步假设, 对任意的 $a_i \in S_i$, $a_j \in S_j$, $i \neq j$ 有 $a_i \perp a_j$, 则称 S 为 $S_1, \cdots, S_k$ 的正交直和, 记为 $S = S_1 \dotplus \cdots \dotplus S_k$, 特别 $R_n = S \dotplus S^{\perp}$, 对 R_n 的任一子空间 S 成立. 设 $A = (A_1 \vdots \cdots \vdots A_k)$, $\mathcal{M}(A_i) \cap \mathcal{M}(A_j) = \{0\}$, $i \neq j$, 则

$$\mathcal{M}(A) = \mathcal{M}(A_1) \oplus \cdots \oplus \mathcal{M}(A_k).$$

若进一步假设 $A_i' A_j = 0$, $i \neq j$, 则

$$\mathcal{M}(A) = \mathcal{M}(A_1) \dotplus \cdots \dotplus \mathcal{M}(A_k).$$

这些事实的证明留给读者作练习.

下面几个事实, 在后面的讨论中会经常用到.

定理 2.1.1　对任意矩阵 A, 恒有 $\mathcal{M}(A) = \mathcal{M}(AA')$.

证明 显然 $\mathcal{M}(AA') \subset \mathcal{M}(A)$, 故只需证 $\mathcal{M}(A) \subset \mathcal{M}(AA')$. 事实上, 对任给 $x \perp \mathcal{M}(AA')$, 有 $x'AA' = 0$. 右乘 x, 得 $x'AA'x = \|A'x\|^2 = 0$, 故 $A'x = 0$. 于是 $x \perp \mathcal{M}(A)$. 明所欲证.

定理 2.1.2 设 $A_{n\times m}$, $H_{k\times m}$, 则

(1) $S = \{Ax : Hx = 0\}$ 是 $\mathcal{M}(A)$ 的子空间,

(2) $\dim(S) = \operatorname{rk}\begin{pmatrix} A \\ H \end{pmatrix} - \operatorname{rk}(H)$.

证明 第一结论的证明是简单的, 现证 (2). 不妨设 $\operatorname{rk}(H) = k$, 则存在 $m \times m$ 可逆阵 Q, 使得 $HQ = (I_k \vdots\ 0)$. 于是

$$
\begin{aligned}
\dim(S) &= \dim\left\{\begin{pmatrix} A \\ H \end{pmatrix} x\colon Hx = 0\right\} = \dim\left\{\begin{pmatrix} A \\ H \end{pmatrix} Qx\colon HQx = 0\right\} \\
&= \dim\left\{\begin{pmatrix} U_1 & U_2 \\ I_k & 0 \end{pmatrix} x\colon (I_k \ \vdots\ 0)x = 0\right\} = \dim\{U_2 x_{(2)}\colon x_{(2)}\text{任意}\} \\
&= \operatorname{rk}(U_2) = \operatorname{rk}\begin{pmatrix} U_1 & U_2 \\ I_k & 0 \end{pmatrix} - \operatorname{rk}(I_k) = \operatorname{rk}\begin{pmatrix} A \\ H \end{pmatrix} - \operatorname{rk}(H),
\end{aligned}
$$

其中 $(U_1 \vdots\ U_2) = AQ$, $x = \begin{pmatrix} x_{(1)} \\ x_{(2)} \end{pmatrix}$, $x_{(1)}$ 为 $k \times 1$ 向量, $x_{(2)}$ 为 $(m-k) \times 1$ 向量. 定理证毕.

推论 2.1.1 设 $\mathcal{M}(A) \cap \mathcal{M}(B) = \{0\}$, 则 $\mathcal{M}(A'B^{\perp}) = \mathcal{M}(A')$.

证明 因为

$$\mathcal{M}(A'B^{\perp}) = \{A'x, x = B^{\perp}t, t\text{任意}\} = \{A'x, B'x = 0\},$$

依定理 2.1.2 及假设条件, 有

$$\dim\mathcal{M}(A'B^{\perp}) = \operatorname{rk}\begin{pmatrix} A' \\ B' \end{pmatrix} - \operatorname{rk}(B') = \operatorname{rk}(A \vdots\ B) - \operatorname{rk}(B) = \operatorname{rk}(A) = \dim(\mathcal{M}(A')).$$

但

$$\mathcal{M}(A'B^{\perp}) \subset \mathcal{M}(A'),$$

于是

$$\mathcal{M}(A'B^{\perp}) = \mathcal{M}(A').$$

定理证毕.

§2.2 广义逆矩阵

广义逆矩阵的研究可以追溯到 1935 年的 Moore 的著名论文 [83]. 对任意一个矩阵 A, Moore 用如下四个条件:

$$AXA = A,$$
$$XAX = X,$$
$$(AX)' = AX,$$
$$(XA)' = XA,$$

定义了 A 的广义逆 X. 但是, 在此后的 20 年中, 这种广义逆几乎没有引起人们的多少注意. 直到 1955 年, Penrose[87] 证明了满足上述条件的广义逆具有惟一性之后, 广义逆的研究才真正为人们所重视. 基于这个原因, 人们把满足上述四个条件的广义逆称为 Moore-Penrose 广义逆. Penrose 还首先注意到了广义逆和线性方程组的解之间的关系.

对于相容线性方程组

$$Ax = b, \tag{2.2.1}$$

这里 A 是 $m \times n$ 矩阵, 其秩 $\mathrm{rk}(A) = r \leq \min(m, n)$. 众所周知, 当 $r = m = n$ 时, 方程组 (2.2.1) 有惟一解 $x = A^{-1}b$. 然而, 当 A 不可逆或根本不是方阵时, 若 (2.2.1) 有无穷多解, 如何用 A 和 b 通过简单的形式表征 (2.2.1) 的全体解是很困难的. Penrose[87] 指出, 在研究 (2.2.1) 的解时, 所要用的广义逆只需要满足上面的第一个条件. 从这以后, 20 世纪 50 年代后期到 60 年代初期, 关于这种广义逆的研究出现了大量的文献, 并且用这种广义逆彻底解决了相容线性方程组 (2.2.1) 的解的表征问题. 我们把这种广义逆记作 A^-. 本段讨论这种广义逆的性质及其在线性方程组理论中的应用. 关于广义逆矩阵的深入讨论读者可参阅文献 [16].

2.2.1 广义逆 A^-

定义 2.2.1 对矩阵 $A_{m\times n}$, 一切满足方程组

$$AXA = A \tag{2.2.2}$$

的矩阵 X, 称为矩阵 A 的广义逆, 记为 A^-.

下面的定理解决了 A^- 的存在性和构造性问题.

定理 2.2.1 设 A 为 $m \times n$ 矩阵, $\mathrm{rk}(A) = r$. 若

$$A = P \begin{pmatrix} I_r & 0 \\ 0 & 0 \end{pmatrix} Q,$$

这里 P 和 Q 分别为 $m \times m, n \times n$ 的可逆阵, 则

$$A^- = Q^{-1} \begin{pmatrix} I_r & B \\ C & D \end{pmatrix} P^{-1},$$

这里 B, C 和 D 为适当阶数的任意矩阵.

证明 设 X 为 A 的广义逆, 则有

$$AXA = A \Longleftrightarrow P \begin{pmatrix} I_r & 0 \\ 0 & 0 \end{pmatrix} QXP \begin{pmatrix} I_r & 0 \\ 0 & 0 \end{pmatrix} Q = P \begin{pmatrix} I_r & 0 \\ 0 & 0 \end{pmatrix} Q$$

$$\Longleftrightarrow \begin{pmatrix} I_r & 0 \\ 0 & 0 \end{pmatrix} QXP \begin{pmatrix} I_r & 0 \\ 0 & 0 \end{pmatrix} = \begin{pmatrix} I_r & 0 \\ 0 & 0 \end{pmatrix}.$$

若记

$$QXP = \begin{pmatrix} B_{11} & B_{12} \\ B_{21} & B_{22} \end{pmatrix},$$

则上式

$$\Longleftrightarrow \begin{pmatrix} B_{11} & 0 \\ 0 & 0 \end{pmatrix} = \begin{pmatrix} I_r & 0 \\ 0 & 0 \end{pmatrix} \Longleftrightarrow B_{11} = I_r\,.$$

于是, $AXA = A \Longleftrightarrow X = Q^{-1} \begin{pmatrix} I_r & B_{12} \\ B_{21} & B_{22} \end{pmatrix} P^{-1}$, 其中 B_{12}, B_{21} 和 B_{22} 任意.

证毕.

推论 2.2.1 (1) 对任意矩阵 A, A^- 总是存在的;

(2) A^- 惟一 $\Longleftrightarrow A$ 为可逆方阵. 此时 $A^- = A^{-1}$;

(3) $\mathrm{rk}(A^-) \geq \mathrm{rk}(A) = \mathrm{rk}(A^- A) = \mathrm{rk}(AA^-)$;

(4) 若 $\mathcal{M}(B) \subset \mathcal{M}(A), \mathcal{M}(C) \subset \mathcal{M}(A')$, 则 $C'A^-B$ 与 A^- 的选择无关.

证明 前三条结论不难从定理 2.2.1 及广义逆的定义得到. 第四条只要注意到, 假设条件 $\mathcal{M}(B) \subset \mathcal{M}(A), \mathcal{M}(C) \subset \mathcal{M}(A')$ 蕴涵着, 存在矩阵 T_1, T_2 使得 $B = AT_1, C = A'T_2$, 就可证明所要结论. 证毕.

推论 2.2.2 对任一矩阵 A,

(1) $A(A'A)^-A'$ 与广义逆 $(A'A)^-$ 的选择无关;

(2) $A(A'A)^-A'A = A, \quad A'A(A'A)^-A' = A'$.

证明 (1) 由定理 2.1.1 知 $\mathcal{M}(A') = \mathcal{M}(A'A)$, 故存在矩阵 B, 使得 $A' = A'AB$. 于是, $A(A'A)^-A' = B'A'A(A'A)^-A'AB = B'A'AB$, 与 $(A'A)^-$ 无关.

(2) 记 $F = A(A'A)^-A'A - A$, 利用广义逆的定义, 可以验证: $F'F = 0$. 于是 $F = 0$. 第一式得证. 同法可证第二式.

推论 2.2.2 的结论非常重要, 以后我们要反复用到.

下面的两个定理圆满地解决了用广义逆矩阵表示相容线性方程组解集的问题.

定理 2.2.2 设 $Ax = b$ 为一相容方程组, 则

(1) 对任一广义逆 A^-, $x = A^-b$ 必为解;

(2) 齐次方程组 $Ax = 0$ 的通解为 $x = (I - A^-A)z$, 这里 z 为任意的向量, A^- 为任意固定的一个广义逆;

(3) $Ax = b$ 的通解为

$$x = A^-b + (I - A^-A)z, \tag{2.2.3}$$

其中 A^- 为任一固定的广义逆, z 为任意向量.

证明 (1) 由相容性假设知, 存在 x_0, 使 $Ax_0 = b$. 故对任一 A^-, $A(A^-b) = AA^-Ax_0 = Ax_0 = b$. 即 A^-b 为解.

(2) 设 x_0 为 $Ax = 0$ 的任一解, 即 $Ax_0 = 0$, 那么

$$x_0 = (I - A^-A)x_0 + A^-Ax_0 = (I - A^-A)x_0,$$

即任一解都取 $(I - A^-A)z$ 的形式. 反过来, 对任一的 z, 因 $A(I - A^-A)z = (A - AA^-A)z = 0$, 故 $(I - A^-A)z$ 必为解.

(3) 任取定一个广义逆 A^-, 由 (1) 知 $x_1 = A^-b$ 为方程组 $Ax = b$ 的一个特解. 由 (2) 知 $x_2 = (I - A^-A)z$ 为齐次方程组 $Ax = 0$ 的通解. 依非齐次线性方程组的解结构定理知, $x_1 + x_2$ 为 $Ax = b$ 的通解. 证毕.

定理 2.2.3 设 $Ax = b$ 为相容线性方程组, 且 $b \neq 0$, 那么, 当 A^- 取遍 A 的所有广义逆时, $x = A^-b$ 构成了该方程组的全部解.

证明 证明由两部分组成. 其一, 要证对每一个 A^-, $x = A^-b$ 为 $Ax = b$ 的解, 这已在前一定理中证明过了. 其二, 要证对 $Ax = b$ 的任一解 x_0, 必存在一个 A^-, 使 $x_0 = A^-b$. 由 (2.2.3) 知, 存在 A 的一个广义逆 G 及 z_0, 使得

$$x_0 = Gb + (I - GA)z_0.$$

因 $b \neq 0$, 故总存在矩阵 U, 使得 $z_0 = Ub$. 例如，可取 $U = z_0(b'b)^{-1}b'$. 于是

$$x_0 = Gb + (I - GA)Ub = (G + (I - GA)U)b \triangleq Hb,$$

其中 $H = G + (I - GA)U$. 易验证 H 为一个 A^-. 定理得证.

这个定理是由 Urquart 于 1969 年提出的. 定理 2.2.2 的 (3) 和定理 2.2.3 给出了相容线性方程组解集的两种表示. 在 (2.2.3) 中， A^- 是固定的， $(I - A^-A)z$ 为任意项. 而在定理 2.2.3 中， A^- 是变的, 是任意的. 这两种表示各有其方便之处, 在以后的讨论中我们要经常用到它们.

下面我们讨论分块矩阵的广义逆. 首先研究逆矩阵存在的情况, 然后把同样的思想和处理技巧直接应用到不可逆的情况. 就得到分块广义逆的结果.

定理 2.2.4 设

$$A = \begin{pmatrix} A_{11} & A_{12} \\ A_{21} & A_{22} \end{pmatrix}$$

可逆. 若 $|A_{11}| \neq 0$, 则

$$A^{-1} = \begin{pmatrix} A_{11} & A_{12} \\ A_{21} & A_{22} \end{pmatrix}^{-1} = \begin{pmatrix} A_{11}^{-1} + A_{11}^{-1}A_{12}A_{22.1}^{-1}A_{21}A_{11}^{-1} & -A_{11}^{-1}A_{12}A_{22.1}^{-1} \\ -A_{22.1}^{-1}A_{21}A_{11}^{-1} & A_{22.1}^{-1} \end{pmatrix}. \tag{2.2.4}$$

若 $|A_{22}| \neq 0$, 则

$$A^{-1} = \begin{pmatrix} A_{11.2}^{-1} & -A_{11.2}^{-1}A_{12}A_{22}^{-1} \\ -A_{22}^{-1}A_{21}A_{11.2}^{-1} & A_{22}^{-1} + A_{22}^{-1}A_{21}A_{11.2}^{-1}A_{12}A_{22}^{-1} \end{pmatrix}, \tag{2.2.5}$$

其中 $A_{22.1} = A_{22} - A_{21}A_{11}^{-1}A_{12}$, $A_{11.2} = A_{11} - A_{12}A_{22}^{-1}A_{21}$.

证明 若 $|A_{11}| \neq 0$, 则有

$$\begin{pmatrix} I & 0 \\ -A_{21}A_{11}^{-1} & I \end{pmatrix} \begin{pmatrix} A_{11} & A_{12} \\ A_{21} & A_{22} \end{pmatrix} \begin{pmatrix} I & -A_{11}^{-1}A_{12} \\ 0 & I \end{pmatrix} = \begin{pmatrix} A_{11} & 0 \\ 0 & A_{22.1} \end{pmatrix}. \tag{2.2.6}$$

此式证明了 $A_{22.1}$ 的可逆性. 两边求逆矩阵，容易得到

$$\begin{aligned} \begin{pmatrix} A_{11} & A_{12} \\ A_{21} & A_{22} \end{pmatrix}^{-1} &= \begin{pmatrix} I & -A_{11}^{-1}A_{12} \\ 0 & I \end{pmatrix} \begin{pmatrix} A_{11}^{-1} & 0 \\ 0 & A_{22.1}^{-1} \end{pmatrix} \begin{pmatrix} I & 0 \\ -A_{21}A_{11}^{-1} & I \end{pmatrix} \\ &= \begin{pmatrix} A_{11}^{-1} + A_{11}^{-1}A_{12}A_{22.1}^{-1}A_{21}A_{11}^{-1} & -A_{11}^{-1}A_{12}A_{22.1}^{-1} \\ -A_{22.1}^{-1}A_{21}A_{11}^{-1} & A_{22.1}^{-1} \end{pmatrix}. \end{aligned}$$

用完全同样的方法可以证明定理的后半部分.

如果 A^{-1} 不存在，自然考虑它的广义逆. 对此，我们有如下结果.

定理 2.2.5 (分块矩阵的广义逆) (1) 若 A_{11}^{-1} 存在，则

$$\begin{pmatrix} A_{11} & A_{12} \\ A_{21} & A_{22} \end{pmatrix}^{-} = \begin{pmatrix} A_{11}^{-1} + A_{11}^{-1}A_{12}A_{22.1}^{-}A_{21}A_{11}^{-1} & -A_{11}^{-1}A_{12}A_{22.1}^{-} \\ -A_{22.1}^{-}A_{21}A_{11}^{-1} & A_{22.1}^{-} \end{pmatrix}. \quad (2.2.7)$$

(2) 若 A_{22}^{-1} 存在，则

$$\begin{pmatrix} A_{11} & A_{12} \\ A_{21} & A_{22} \end{pmatrix}^{-} = \begin{pmatrix} A_{11.2}^{-} & -A_{11.2}^{-}A_{12}A_{22}^{-1} \\ -A_{22}^{-1}A_{21}A_{11.2}^{-} & A_{22}^{-1} + A_{22}^{-1}A_{21}A_{11.2}^{-}A_{12}A_{22}^{-1} \end{pmatrix}. \quad (2.2.8)$$

(3) 若

$$A = \begin{pmatrix} A_{11} & A_{12} \\ A_{21} & A_{22} \end{pmatrix} \geq 0,$$

则

$$A^{-} = \begin{pmatrix} A_{11}^{-} + A_{11}^{-}A_{12}A_{22.1}^{-}A_{21}A_{11}^{-} & -A_{11}^{-}A_{12}A_{22.1}^{-} \\ -A_{22.1}^{-}A_{21}A_{11}^{-} & A_{22.1}^{-} \end{pmatrix} \quad (2.2.9)$$

或

$$A^{-} = \begin{pmatrix} A_{11.2}^{-} & -A_{11.2}^{-}A_{12}A_{22}^{-} \\ -A_{22}^{-}A_{21}A_{11.2}^{-} & A_{22}^{-} + A_{22}^{-}A_{21}A_{11.2}^{-}A_{12}A_{22}^{-} \end{pmatrix}, \quad (2.2.10)$$

其中 $A_{22.1} = A_{22} - A_{21}A_{11}^{-}A_{12}, A_{11.2} = A_{11} - A_{12}A_{22}^{-}A_{21}$.

证明 我们只证明 (1) 和 (3),(2) 的证明与 (1) 类似.

先证 (1). 当 A_{11}^{-1} 存在时，(2.2.6) 式仍成立. 于是根据事实: $B = PCQ$, P、Q 可逆，则 $B^{-} = Q^{-1}C^{-}P^{-1}$(证明留作习题), 有

$$\begin{aligned}\begin{pmatrix} A_{11} & A_{12} \\ A_{21} & A_{22} \end{pmatrix}^{-} &= \begin{pmatrix} I & -A_{11}^{-1}A_{12} \\ 0 & I \end{pmatrix}\begin{pmatrix} A_{11} & 0 \\ 0 & A_{22.1} \end{pmatrix}^{-}\begin{pmatrix} I & 0 \\ -A_{21}A_{11}^{-1} & I \end{pmatrix} \\ &= \begin{pmatrix} I & -A_{11}^{-1}A_{12} \\ 0 & I \end{pmatrix}\begin{pmatrix} A_{11}^{-1} & 0 \\ 0 & A_{22.1}^{-} \end{pmatrix}\begin{pmatrix} I & 0 \\ -A_{21}A_{11}^{-1} & I \end{pmatrix},\end{aligned}$$

这里，我们利用了事实：

$$\begin{pmatrix} A_{11}^{-1} & 0 \\ 0 & A_{22.1}^{-} \end{pmatrix}$$

是准对角阵

$$\begin{pmatrix} A_{11} & 0 \\ 0 & A_{22.1} \end{pmatrix}$$

的广义逆. 把上面三个矩阵乘开来，即得所证.

再证 (3). 因 $A \geq 0$, 故存在矩阵 $B = (B_1 \vdots \ B_2)$, 使得

$$A = B'B = \begin{pmatrix} B_1'B_1 & B_1'B_2 \\ B_2'B_1 & B_2'B_2 \end{pmatrix} = \begin{pmatrix} A_{11} & A_{12} \\ A_{21} & A_{22} \end{pmatrix},$$

由推论 2.2.2 的 (2), 有

$$A_{21}A_{11}^{-}A_{11} = B_2'B_1(B_1'B_1)^{-}B_1'B_1 = B_2'B_1 = A_{21}, \tag{2.2.11}$$

$$A_{11}A_{11}^{-}A_{12} = B_1'B_1(B_1'B_1)^{-}B_1'B_2 = B_1'B_2 = A_{12}. \tag{2.2.12}$$

于是，和 (2.2.6) 相类似，有

$$\begin{pmatrix} I & 0 \\ -A_{21}A_{11}^{-} & I \end{pmatrix} \begin{pmatrix} A_{11} & A_{12} \\ A_{21} & A_{22} \end{pmatrix} \begin{pmatrix} I & -A_{11}^{-}A_{12} \\ 0 & I \end{pmatrix} = \begin{pmatrix} A_{11} & 0 \\ 0 & A_{22.1} \end{pmatrix}. \tag{2.2.13}$$

依此事实及用与前面完全相同的方法，可得

$$\begin{pmatrix} A_{11} & A_{12} \\ A_{21} & A_{22} \end{pmatrix}^{-} = \begin{pmatrix} I & -A_{11}^{-}A_{12} \\ 0 & I \end{pmatrix} \begin{pmatrix} A_{11}^{-} & 0 \\ 0 & A_{22.1}^{-} \end{pmatrix} \begin{pmatrix} I & 0 \\ -A_{21}A_{11}^{-} & I \end{pmatrix}.$$

将此三矩阵相乘，即得所证. 用类似方法可证第二种表达式. 定理证毕.

从定理证明过程可以看出，我们所求到的广义逆只是 A^{-} 的一部分. 因此，定理中的 A^{-} 表达式 (2.2.7)~(2.2.10), 应理解为右端是 A 的广义逆. 这一点并不影响我们后面的应用. 因为在线性模型估计理论中，我们所关心的量都与 A^{-} 的选择无关.

定理的条件 A_{11}^{-1} 或 A_{22}^{-1} 存在或 $A \geq 0$ 还可以进一步减弱. 因为, 由 $\mathcal{M}(A_{12}) \subset \mathcal{M}(A_{11})$ 和 $\mathcal{M}(A_{21}') \subset \mathcal{M}(A_{11}')$ 可推出 $A_{11}A_{11}^{-}A_{12} = A_{12}$ 和 $A_{21}A_{11}^{-}A_{11} = A_{21}$, 于是， (2.2.13) 成立. 因此， (2.2.9) 和 (2.2.10) 也成立. 故得

推论 2.2.3　对矩阵

$$A=\begin{pmatrix} A_{11} & A_{12} \\ A_{21} & A_{22} \end{pmatrix},$$

若 $\mathcal{M}(A_{12})\subset\mathcal{M}(A_{11})$, $\mathcal{M}(A'_{21})\subset\mathcal{M}(A'_{11})$, 则 (2.2.9) 和 (2.2.10) 成立.

2.2.2　广义逆 A^+

从上段的讨论知，一般说来广义逆 A^- 有无穷多个．在这无穷多个 A^- 中，有一个 A^- 占有特殊的地位，它就是本节一开始提到的 Moore-Penrose 广义逆．现在我们给出正式的定义，然后讨论它的一些性质.

定义 2.2.2　设 A 为任一矩阵，若 X 满足下述四个条件：

$$AXA=A,\ XAX=X,\ (AX)'=AX,\ (XA)'=XA, \tag{2.2.14}$$

则称矩阵 X 为 A 的 Moore-Penrose 广义逆, 记为 A^+．有时称 (2.2.14) 为 Penrose 方程.

引理 2.2.1(奇异值分解)　设矩阵 $A_{m\times n}$ 的秩为 r, 记为 $\mathrm{rk}(A)=r$, 则存在两个正交方阵 $P_{m\times m}$ 、 $Q_{n\times n}$, 使

$$A=P\begin{pmatrix} \Lambda_r & 0 \\ 0 & 0 \end{pmatrix}Q', \tag{2.2.15}$$

其中 $\Lambda_r=\mathrm{diag}(\lambda_1,\cdots,\lambda_r), \lambda_i>0, i=1,2,\cdots,r. \lambda_1^2,\cdots,\lambda_r^2$ 为 $A'A$ 的非零特征根.

证明　因为 $A'A$ 为对称阵，故存在正交方阵 $Q_{n\times n}$, 致

$$Q'A'AQ=\begin{pmatrix} \Lambda_r^2 & 0 \\ 0 & 0 \end{pmatrix}.$$

记 $B=AQ$, 上式即为

$$B'B=\begin{pmatrix} \Lambda_r^2 & 0 \\ 0 & 0 \end{pmatrix}.$$

这说明 B 的列向量互相正交，且前 r 个列向量长度分别为 $\lambda_1,\cdots,\lambda_r$, 后 $n-r$ 个列向量为零向量．于是，存在一正交方阵 $P_{m\times m}$, 使得

$$B=P\begin{pmatrix} \Lambda_r & 0 \\ 0 & 0 \end{pmatrix}.$$

再由 $B=AQ$, 立得 (2.2.15). 证毕.

通常称 $\lambda_1,\cdots,\lambda_r$ 为 A 的奇异值.

利用这个引理, 可以构造性地给出 A^+.

定理 2.2.6 (1) 设 A 有分解式 (2.2.15), 则

$$A^+=Q\begin{pmatrix}\Lambda_r^{-1} & 0\\ 0 & 0\end{pmatrix}P'. \tag{2.2.16}$$

(2) 对任何矩阵 A,A^+ 惟一.

证明 (1) 很容易直接验证, (2.2.16) 的右端满足 (2.2.14).

(2) 设 X 和 Y 都是 A^+, 由 (2.2.14) 的四个条件知

$$X=XAX=X(AX)'=XX'A'=XX'(AYA)'=X(AX)'(AY)'=(XAX)AY$$

$$=XAY=(XA)'YAY=A'X'A'Y'Y=A'Y'Y=(YA)'Y=YAY=Y.$$

这就证明了惟一性.

因为 A^+ 是一个特殊的 A^-, 因此, 它除了具有 A^- 的全部性质外, 还有下列性质.

推论 2.2.4 (1) $(A^+)^+=A$;

(2) $(A^+)'=(A')^+$;

(3) $I\geq A^+A$;

(4) $\text{rk}(A^+)=\text{rk}(A)$;

(5) $A^+=(A'A)^+A'=A'(AA')^+$;

(6) $(A'A)^+=A^+(A')^+$;

(7) 设 a 为一非零向量, 则 $a^+=a'/\|a\|^2$;

(8) 若 A 为对称方阵, 它可表为

$$A=P\begin{pmatrix}\Lambda_r & 0\\ 0 & 0\end{pmatrix}P',$$

这里 P 为正交阵, $\Lambda_r=\text{diag}(\lambda_1,\cdots,\lambda_r), r=\text{rk}(A)$, 则

$$A^+=P\begin{pmatrix}\Lambda_r^{-1} & 0\\ 0 & 0\end{pmatrix}P'.$$

这些事实的证明都基于 (2.2.16), 细节留给读者.

从定理 2.2.2 或 2.2.3 知，对相容线性方程组 $Ax = b, x_0 = A^+b$ 必为解. 下面的定理刻画了这个解的性质.

定理 2.2.7　在相容线性方程组 $Ax = b$ 的解集中， $x_0 = A^+b$ 为长度最小者.

证明　由 (2.2.3),$Ax = b$ 的通解可表为

$$x = A^+b + (I - A^+A)z.$$

于是

$$\begin{aligned}
\|x\|^2 &= (A^+b + (I - A^+A)z)'(A^+b + (I - A^+A)z) \\
&= \|x_0\|^2 + z'(I - A^+A)^2z + 2b'(A^+)'(I - A^+A)z \\
&= \|x_0\|^2 + z'(I - A^+A)^2z \geq \|x_0\|^2.
\end{aligned} \tag{2.2.17}$$

因此 $(A^+)'(I - A^+A) = (A^+)' - (A^+)'A^+A = 0$ 和 $z'(I - A^+A)^2z \geq 0$ 对任意的 z 成立. 在 (2.2.17) 中，等号成立 $\Longleftrightarrow (I - A^+A)z = 0 \Longleftrightarrow x = A^+b$. 证毕.

上面我们所讨论的广义逆 A^- 和 A^+, 是满足 (2.2.14) 第一条和全部四条的两个极端情况. 自然我们还可以定义满足四个条件中任一个、任两个或任三个的广义逆. 由于这些广义逆在线性模型的研究中应用不十分广泛, 此处就不再做进一步的讨论了. 读者可参阅文献 [16].

§2.3　幂等方阵

因为幂等方阵和 χ^2 分布有很密切的关系, 因而在线性模型乃至数理统计的其它一些分支中, 幂等方阵都有一定的应用. 鉴于此, 我们在这一节专门讨论幂等方阵的一些重要性质.

定义 2.3.1　若方阵 $A_{n\times n}$ 满足 $A^2 = A$, 则称 A 为幂等阵 (idempotent matrix).

定理 2.3.1　幂等阵的特征根只能为 0 或 1.

这个事实的证明很容易，从略.

定理 2.3.2　对任意的矩阵 A,

(1) $A^-A, AA^-, I - A^-A$, 和 $I - AA^-$ 都是幂等阵. 特别， $A^+A, AA^+, I - A^+A$, 和 $I - AA^+$ 都是幂等阵;

(2) 若 A 为对称幂等阵，则 $A^+ = A$.

证明　从定义容易验证 (1), 利用定理 2.3.1 和推论 2.2.4 之 (8), 立得 (2).

定理 2.3.3　(1) 若 $A_{n\times n}$ 幂等，则 $\mathrm{tr}(A) = \mathrm{rk}(A)$.

(2) $A_{n\times n}$ 幂等 $\Longleftrightarrow \mathrm{rk}(A) + \mathrm{rk}(I - A) = n$.

证明 (1) 设 $\mathrm{rk}(A)=r$, 则存在可逆方阵 P, Q, 使

$$A=P\begin{pmatrix} I_r & 0 \\ 0 & 0 \end{pmatrix}Q.$$

将 P, Q 分块: $P=(P_1 \vdots P_2)$, 其中 P_1 为 $n\times r$ 的矩阵, $Q=\begin{pmatrix} Q_1 \\ Q_2 \end{pmatrix}$, 其中 Q_1 为 $r\times n$ 的矩阵, 于是 $A=P_1Q_1$. 另一方面, 由 $A^2=A$, 得到

$$\begin{pmatrix} I_r & 0 \\ 0 & 0 \end{pmatrix}QP\begin{pmatrix} I_r & 0 \\ 0 & 0 \end{pmatrix}=\begin{pmatrix} I_r & 0 \\ 0 & 0 \end{pmatrix},$$

故 $Q_1P_1=I_r$. 所以 $\mathrm{tr}(A)=\mathrm{tr}(P_1Q_1)=\mathrm{tr}(Q_1P_1)=\mathrm{tr}(I_r)=r=\mathrm{rk}(A)$.(1) 得证.

(2) 必要性是显然的. 事实上, 由 A 的幂等性知, $I-A$ 也幂等. 利用刚证过的性质, 有

$$n=\mathrm{tr}(I_n)=\mathrm{tr}(I_n-A+A)=\mathrm{tr}(I_n-A)+\mathrm{tr}(A)=\mathrm{rk}(I_n-A)+\mathrm{rk}(A).$$

反过来, 设 $\mathrm{rk}(A)=r$, 则 $Ax=0$ 有 $n-r$ 个线性无关的解, 它们是对应于特征根零的 $n-r$ 个线性无关的特征向量. 由 $\mathrm{rk}(I-A)=n-r$ 知, $Ax=x$ 有 r 个线性无关的解, 它们是对应于特征根 1 的 r 个线性无关的特征向量. 因为这 n 个特征向量线性无关, 于是 A 相似于

$$\begin{pmatrix} I_r & 0 \\ 0 & 0 \end{pmatrix},$$

即存在可逆阵 P, 使

$$A=P\begin{pmatrix} I_r & 0 \\ 0 & 0 \end{pmatrix}P^{-1}.$$

故 $A^2=A$. 证毕.

定理 2.3.4 设 $P_{n\times n}$ 为对称幂等阵, $\mathrm{rk}(P)=r$, 则存在秩为 r 的 $A_{n\times r}$, 使 $P=A(A'A)^{-1}A'$.

证明 因 P 为对称幂等阵, 故存在正交阵 $R=(R_1 \vdots R_2)$, 使得

$$P=R\begin{pmatrix} I_r & 0 \\ 0 & 0 \end{pmatrix}R'=(R_1 \quad R_2)\begin{pmatrix} I_r & 0 \\ 0 & 0 \end{pmatrix}\begin{pmatrix} R_1' \\ R_2' \end{pmatrix}=R_1R_1'=R_1(R_1'R_1)^{-1}R_1',$$

这里用到了 $R_1'R_1 = I_r$. 再令 $A = R_1$, 定理得证.

现在我们讨论正交投影和正交投影阵. 设 $x \in R_n$,S 为 R_n 的一个线性子空间. 对 x 作分解

$$x = y + z, \quad y \in S, \ z \in S^{\perp}, \tag{2.3.1}$$

则称 y 为 x 在 S 上的正交投影. 若 P 为 n 阶方阵, 使得对一切 $x \in R_n$,(2.3.1) 定义的 y 满足 $y = Px$, 则称 P 为向 S 的正交投影阵.

我们知道, 对 R_n 的任一子空间 S, 都可以找到矩阵 $A_{n\times m}$, 使得 $S = \mathcal{M}(A)$. 所以, 下面的定理给出了正交投影阵的表示.

定理 2.3.5 设 A 为 $n \times m$ 矩阵, P_A 为向 $\mathcal{M}(A)$ 的正交投影阵, 则 $P_A = A(A'A)^- A'$.

证明 记 B 为一矩阵, 使得 $\mathcal{M}(B) = \mathcal{M}(A)^{\perp}$, 则对任一 $x \in R_n$, 有分解 $x = A\alpha + B\beta$, 这里 α, β 为适当维数的列向量. 依定义, $P_A x = P_A A\alpha + P_A B\beta = A\alpha$, 对一切 α, β 都成立. 故正交投影阵 P_A 满足矩阵方程组

$$\begin{cases} P_A A = A, \\ P_A B = 0. \end{cases} \tag{2.3.2}$$

由第二方程推得, $\mathcal{M}(P_A') \subset \mathcal{M}(B)^{\perp} = \mathcal{M}(A)$. 于是, 存在矩阵 $U, P_A' = AU$. 代入第一方程, 得 $U'A'A = A$. 此方程组是相容的, 由定理 2.2.3 ,$U = (A'A)^- A'$. 于是

$$P_A = U'A' = A((A'A)^-)'A' = A(A'A)^- A'.$$

这里应用了推论 2.2.2 之 (1) 及 $((A'A)^-)'$ 仍为一个 $(A'A)^-$. 定理证毕.

因为 $P_A = A(A'A)^- A'$ 与广义逆选择无关, 所以正交投影阵是惟一的.

定理 2.3.6 P 为正交投影阵 $\Longleftrightarrow$ P 为对称幂等阵.

证明 设 P 为向 $\mathcal{M}(A)$ 的正交投影阵, 由上一定理, $P = A(A'A)^- A' = A(A'A)^+ A'$, 对称性得证. 利用推论 2.2.2 之 (2), 有

$$P^2 = A(A'A)^- A'A(A'A)^- A' = A(A'A)^- A' = P.$$

必要性得证. 充分性即定理 2.3.4. 证毕.

定理 2.3.7 n 阶方阵 P 为正交投影阵 $\Longleftrightarrow$ 对任给 $x \in R_n$,

$$\| x - Px \| = \inf \| x - u \|, \quad u \in \mathcal{M}(P). \tag{2.3.3}$$

证明 先证必要性. 任取 $u \in \mathcal{M}(P), v \in \mathcal{M}(P)^{\perp}$, 记 $y = u + v$, 则 $u = Py$.

$$\| x - u \|^2 \ = \ \| x - Py \|^2 = \| x - Px + Px - Py \|^2$$

$$
\begin{aligned}
&= \| (x-Px)+P(x-y) \|^2 \\
&= \| x-Px \|^2 + \| P(x-y) \|^2 + 2x'(I-P)P(x-y) \\
&= \| x-Px \|^2 + \| P(x-y) \|^2 \\
&\geq \| x-Px \|^2
\end{aligned}
\tag{2.3.4}
$$

等号成立 $\Longleftrightarrow Px=Py$, 即 $u=Px$. 必要性得证.

充分性. 若 (2.3.3) 成立，我们首先证明

$$
x'(I-P)'P(x-y)=0,\quad \text{对一切}x,y\text{成立}. \tag{2.3.5}
$$

用反证法. 假设存在 x_0 和 y_0, 使得

$$
x_0'(I-P)'P(x_0-y_0)=c\neq 0,
$$

可以假定 $c<0$. 因为若 $c>0$, 则取满足 $x_0-y_1=-(x_0-y_0)$ 的 y_1 代替 y_0, 便化为 $c<0$ 的情形. 取 y 满足 $x_0-y=\varepsilon(x_0-y_0)$, 并记 $u=Py$, 则

$$
\begin{aligned}
\| x_0-u \|^2 &= \| x_0-Py \|^2 \\
&= \| x_0-Px_0 \|^2 + \| P(x_0-y) \|^2 + 2x_0'(I-P)P(x_0-y) \\
&= \| x_0-Px_0 \|^2 + \varepsilon^2 \| P(x_0-y_0) \|^2 + 2\varepsilon x_0'(I-P)P(x_0-y_0) \\
&= \| x_0-Px_0 \|^2 + \varepsilon^2 \| P(x_0-y_0) \|^2 + 2\varepsilon c.
\end{aligned}
$$

因 $c<0$, 故取 $\varepsilon>0$ 充分小，可使上式后两项小于零．于是

$$
\| x_0-u \|^2 < \| x_0-Px_0 \|^2 .
$$

这与 (2.3.3) 矛盾，这就证明了 (2.3.4). 因 (2.3.5) 对一切 x 和 y 成立，故 $\mathcal{M}(P)$ 与 $\mathcal{M}(I-P)$ 正交. 据此易推知， $\mathrm{rk}(P)+\mathrm{rk}(I-P)=n$. 所以，对任意 $x\in R_n$ ，有分解式

$$
x=Px+(I-P)x,\quad Px\in\mathcal{M}(P),\quad (I-P)x\in\mathcal{M}(P)^{\perp}.
$$

依定义， P 为向 $\mathcal{M}(P)$ 的正交投影阵. 定理证毕.

这个定理刻画了正交投影阵的距离最短性，即在线性子空间 $\mathcal{M}(P)$ 的所有向量中，只有 x 的正交投影阵 Px 到 x 的距离 $\| x-Px \|$ 最短. 这个结果在最小二乘估计理论中有重要应用.

在一定的条件下，正交投影阵的和，差，积仍为正交投影阵，这些结果概括在如下三个定理中.

定理 2.3.8 设 P_1 和 P_2 为两个正交投影阵，则

(1) $P = P_1 + P_2$ 为正交投影 $\Longleftrightarrow P_1P_2 = P_2P_1 = 0$;

(2) 当 $P_1P_2 = P_2P_1 = 0$ 时, $P = P_1 + P_2$ 为向 $\mathcal{M}(P_1) \oplus \mathcal{M}(P_2)$ 上的正交投影.

证明 (1) 充分性易证, 下证必要性. 假设 P 是一个正交投影阵, 根据定理 2.3.6 知 $P^2 = P$. 于是

$$P_1P_2 + P_2P_1 = 0, \tag{2.3.6}$$

用 P_1 分别左乘和右乘 (2.3.6) 得到

$$P_1P_2 + P_1P_2P_1 = 0, \tag{2.3.7}$$

$$P_2P_1 + P_1P_2P_1 = 0. \tag{2.3.8}$$

把上两式相加, 并利用 (2.3.6), 得到

$$P_1P_2P_1 = 0. \tag{2.3.9}$$

再由 (2.3.7) 和 (2.3.8), 便得到 $P_1P_2 = P_2P_1 = 0$.

(2) 我们只需证明

$$\mathcal{M}(P) = \mathcal{M}(P_1) \oplus \mathcal{M}(P_2). \tag{2.3.10}$$

对任一 $y \in \mathcal{M}(P)$, 存在 $x \in R^n$, 使得 $y = Px$, 于是

$$y = Px = P_1x + P_2x = y_1 + y_2,$$

这里 $y_i = P_ix \in \mathcal{M}(P_i)$, $i = 1, 2$, 且从 $P_1P_2 = 0$ 可推知 $y_1 \perp y_2$. 定理证毕.

定理 2.3.9 设 P_1 和 P_2 为两个正交投影阵, 则

(1) $P = P_1P_2$ 也为正交投影阵 $\Longleftrightarrow P_1P_2 = P_2P_1$;

(2) 当 $P_1P_2 = P_2P_1$ 时, $P = P_1P_2$ 为向 $\mathcal{M}(P_1) \cap \mathcal{M}(P_2)$ 上的正交投影阵.

此定理易证, 留给读者作练习.

定理 2.3.10 设 P_1 和 P_2 为两个正交投影阵, 则

(1) $P = P_1 - P_2$ 为正交投影阵 $\Longleftrightarrow P_1P_2 = P_2P_1 = P_2$;

(2) 当 $P = P_1 - P_2$ 为正交投影阵时, P 为向 $\mathcal{M}(P_1) \cap \mathcal{M}(P_2)^{\perp}$ 上的正交投影.

此定理的证明类似于定理 2.3.8, 留给读者作练习.

§2.4 特征值的极值性质与不等式

本节讨论实对称阵的特征值的极值性质与几个重要不等式. 设 A 为 $n\times n$ 实对称阵, 我们用 $\lambda_1(A),\cdots,\lambda_n(A)$ 表示 A 的特征值. 在不致引起混淆时, 也简记为 $\lambda_1,\cdots,\lambda_n$. 记 $\varphi_1,\cdots,\varphi_n$ 为对应的标准正交化特征向量. 我们总假定 $\lambda_1(A)\geq\cdots\geq\lambda_n(A)$, 并称 $\lambda_i(A)$ 为 A 的第 i 个顺序特征值.

下面的定理刻画了特征值的极值性质.

定理 2.4.1 (Rayleigh-Ritz) 设 A 为 $n\times n$ 对称阵, 则

(1) $\sup\limits_{x\neq 0}\frac{x'Ax}{x'x}=\varphi_1'A\varphi_1=\lambda_1$,

(2) $\inf\limits_{x\neq 0}\frac{x'Ax}{x'x}=\varphi_n'A\varphi_n=\lambda_n$.

证明 记 $\Phi=(\varphi_1,\cdots,\varphi_n)$, $\Lambda=\operatorname{diag}(\lambda_1,\cdots,\lambda_n)$. 对任意 $x\in R_n$, 存在向量 t, 使 $x=\Phi t$. 故

$$\frac{x'Ax}{x'x}=\frac{t'\Lambda t}{t't}=\sum_{i=1}^{n}\lambda_i\omega_i\leq\lambda_1\sum_{i=1}^{n}\omega_i=\lambda_1,$$

这里 $\omega_i=t_i^2/\sum t_j^2\geq 0$, $\sum_{i=1}^n\omega_i=1$, 并且等号成立 $\Longleftrightarrow\omega_1=1,\ \omega_i=0,i>1\Longleftrightarrow x=a\varphi_1$, 其中 a 为数. (1) 得证.

同理可证 (2).

推论 2.4.1 对任一 n 阶对称方阵 $A=(a_{ij})$, 总有 $\lambda_n\leq a_{ii}\leq\lambda_1, i=1,\cdots,n$.

推论 2.4.2 设 A 为 $n\times n$ 对称阵, 则

(1) $\sup\limits_{\substack{\varphi_i'x=0\\ i=1,\cdots,k}}\frac{x'Ax}{x'x}=\varphi_{k+1}'A\varphi_{k+1}=\lambda_{k+1}$,

(2) $\inf\limits_{\substack{\varphi_i'x=0\\ i=1,\cdots,k}}\frac{x'Ax}{x'x}=\varphi_n'A\varphi_n=\lambda_n$,

(3) $\sup\limits_{\substack{\varphi_i'x=0\\ i=k+1,\cdots,n}}\frac{x'Ax}{x'x}=\varphi_1'A\varphi_1=\lambda_1$,

(4) $\inf\limits_{\substack{\varphi_i'x=0\\ i=k+1,\cdots,n}}\frac{x'Ax}{x'x}=\varphi_k'A\varphi_k=\lambda_k$.

定理 2.4.2 设 A 为 $n\times n$ 对称阵, B 为 $n\times k$ 对称阵, 则

(1) $\inf\limits_{B}\sup\limits_{B'x=0}\frac{x'Ax}{x'x}=\sup\limits_{\Phi_k'x=0}\frac{x'Ax}{x'x}=\varphi_{k+1}'A\varphi_{k+1}=\lambda_{k+1}$,

(2) $\sup\limits_{B}\inf\limits_{B'x=0}\frac{x'Ax}{x'x}=\inf\limits_{\Phi_{(k)}'x=0}\frac{x'Ax}{x'x}=\varphi_{n-k}'A\varphi_{n-k}=\lambda_{n-k}$,

其中 $\Phi_k,\Phi_{(k)}$ 分别表示 $\Phi=(\varphi_1,\cdots,\varphi_n)$ 的前 k 列和后 k 列.

证明 (1) 记 $x=\Phi y$, 则

$$\sup_{B'x=0}\frac{x'Ax}{x'x}=\sup_{H'y=0}\frac{y'\Lambda y}{y'y}\geq\sup_{H'(y_1'\quad 0)'=0}\frac{y_1'\Lambda_1y_1}{y_1'y_1}$$

$$\geq \inf_{H'(y_1' \quad 0)'=0} \frac{y_1'\Lambda_1 y_1}{y_1'y_1} \geq \inf_{y_1\neq 0} \frac{y_1'\Lambda_1 y_1}{y_1'y_1} = \lambda_{k+1},$$

其中 $\Lambda = \text{diag}(\lambda_1, \cdots, \lambda_n)$, $H = \Phi' B$, $\Lambda_1 = \text{diag}(\lambda_1, \cdots, \lambda_{k+1})$, $y' = (y_1' \quad y_2')$, y_1: $(k+1) \times 1$, 于是

$$\inf_B \sup_{B'x=0} \frac{x'Ax}{x'x} \geq \lambda_{k+1}.$$

再由推论 2.4.2 之 (1) 知,

$$\sup_{\Phi'x=0} \frac{x'Ax}{x'x} = \varphi_{k+1}' A \varphi_{k+1} = \lambda_{k+1}.$$

明所欲证.

(2) 用与 (1) 同样的记号

$$\inf_{B'x=0} \frac{x'Ax}{x'x} = \inf_{H'y=0} \frac{y'\Lambda y}{y'y} \leq \inf_{H'(0 \quad y_2')'=0} \frac{y_2'\Lambda_2 y_2}{y_2'y_2}$$

$$\leq \sup_{H'(0 \quad y_2')'=0} \frac{y_2'\Lambda_2 y_2}{y_2'y_2} \leq \sup_{y_2} \frac{y_2'\Lambda_2 y_2}{y_2'y_2} = \lambda_{n-k},$$

其中 $\Lambda_2 = \text{diag}(\lambda_{n-k}, \cdots, \lambda_n)$, $y' = (y_1', y_2')$, y_2: $(n-k) \times 1$. 那么

$$\sup_B \inf_{B'x=0} \frac{x'Ax}{x'x} \leq \lambda_{n-k}.$$

由推论 2.4.2 之 (4) 知

$$\inf_{\Phi_{(k)}'x=0} \frac{x'Ax}{x'x} = \varphi_{n-k}' A \varphi_{n-k} = \lambda_{n-k}.$$

这就完成了定理的证明.

下面的几个定理给出了有关对称阵的特征根的一些重要不等式.

定理 2.4.3(Sturm 分离定理) 设 A 为 $n \times n$ 对称阵, 记

$$A_r = \begin{pmatrix} a_{11} & \cdots & a_{1r} \\ \vdots & & \vdots \\ a_{r1} & \cdots & a_{rr} \end{pmatrix}, \qquad r = 1, \cdots, n$$

为 A 的顺序主子式, 则

$$\lambda_{i+1}(A_{r+1}) \leq \lambda_i(A_r) \leq \lambda_i(A_{r+1}), \quad i = 1, 2, \cdots, r.$$

证明 先证第一不等式, 记 g_i 为 A_r 对应于特征根 $\lambda_i(A_r)$ 的标准正交化特征向量, $i=1,\cdots,r$, 依推论 2.4.2 之 (1), 得

$$\lambda_i(A_r)=\sup_{\substack{g_j'x=0\\ j=1,\cdots,i-1}}\frac{x'A_rx}{x'x}=\sup_{\substack{y_{r+1}=0\\ (g_j',0)y=0\\ j=1,\cdots,i-1}}\frac{y'A_{r+1}y}{y'y}\geq\inf_B\sup_{B'y=0}\frac{y'A_{r+1}y}{y'y}=\lambda_{i+1}(A_{r+1}),$$

其中 y: $(r+1)\times 1$, $B:(r+1)\times i$, 这里应用了定理 2.4.2.

再证第二个不等式. 记 ψ_i, $i=1,\cdots,r+1$ 为 A_{r+1} 对应特征根 $\lambda_i(A_{r+1}), i=1,\cdots,r+1$, 的标准正交化特征向量, 类似地, 有

$$\lambda_i(A_{r+1})=\sup_{\substack{\psi_j'y=0\\ j=1,\cdots,i-1}}\frac{y'A_{r+1}y}{y'y}\geq\sup_{\substack{y_{r+1}=0\\ \psi_j'y=0\\ j=1,\cdots,i-1}}\frac{y'A_{r+1}y}{y'y}$$

$$=\sup_{\substack{\tilde{\psi}_j{}'x=0\\ j=1,\cdots,i-1}}\frac{x'A_rx}{x'x}\geq\inf_B\sup_{B'x=0}\frac{x'A_rx}{x'x}=\lambda_i(A_r),$$

其中 $\psi_j=(\tilde{\psi}_{j_{r\times 1}}'\quad *)'$, $B:r\times(i-1)$. 定理得证.

定理 2.4.4(Weyl 定理) 设 A 和 B 皆为 $n\times n$ 的对称阵, 则

$$\lambda_i(A)+\lambda_n(B)\leq\lambda_i(A+B)\leq\lambda_i(A)+\lambda_1(B),\quad i=1,\cdots,n.$$

证明 设 $x'x=1$, 显然有

$$x'Ax+\min(x'Bx)\leq x(A+B)x\leq x'Ax+\max(x'Bx),$$

根据定理 2.4.1 有

$$\lambda_i(A)+\lambda_n(B)\leq\lambda_i(A+B)\leq\lambda_i(A)+\lambda_1(B).$$

证毕.

Weyl 定理给出了 $A+B$ 特征根的上、下界.

定理 2.4.5(Poincare 分离定理) 设 $A_{n\times n}$ 为对称阵, P 为 $n\times k$ 的列正交阵, 即 $P'P=I_k$, 则

$$\lambda_{n-k+i}(A)\leq\lambda_i(P'AP)\leq\lambda_i(A),\quad i=1,\cdots,k.$$

证明 将 P 扩充为正交方阵 $\tilde{P}=(P\,\vdots\,Q)$, 记

$$H=\tilde{P}'A\tilde{P}=\begin{pmatrix}P'AP & P'AQ\\ Q'AP & Q'AQ,\end{pmatrix},$$

H_k 为 H 的 k 阶顺序主子阵. 注意到 $H_k = P'AP, H_n = \tilde{P}'A\tilde{P}$, 利用 sturm 定理, 有

$$\lambda_i(A) = \lambda_i(\tilde{P}'A\tilde{P}) \geq \lambda_i(P'AP) = \lambda_i(H_k) \geq \lambda_{i+1}(H_{k+1}) \geq \cdots$$

$$\geq \lambda_{i+(n-k)}(H_n) = \lambda_{i+n-k}(\tilde{P}'A\tilde{P}) = \lambda_{n-k+i}(A),$$

即 $\lambda_i(A) \geq \lambda_i(P'AP)$ 和 $\lambda_i(P'AP) \geq \lambda_{n-k+i}(A)$. 证毕.

从这个定理的证明过程可以看出, Poincare 定理只不过是 Sturm 定理的一个简单应用, 但是, 由于 Poincare 定理刻画了矩阵积的特征根的性质, 因此在应用上显得更重要些.

定理 2.4.6(Kantorovich 不等式) 设 $A_{n\times n}$ 为正定阵, $\lambda_1 \geq \lambda_2 \geq \cdots \geq \lambda_n$ 为 A 的特征根, 则

$$1 \leq \frac{x'Ax \cdot x'A^{-1}x}{(x'x)^2} \leq \frac{1}{4}\frac{(\lambda_1+\lambda_n)^2}{\lambda_1\lambda_n}.$$

证明 左边的不等式容易从 Cauchy-Schwarz 不等式 (见本章末习题) 得到. 现证右边不等式, 首先

$$\frac{x'Ax \cdot x'A^{-1}x}{(x'x)^2} \leq \frac{1}{4}\frac{(\lambda_1+\lambda_n)^2}{\lambda_1\lambda_n} \Longleftrightarrow x'Ax \cdot x'A^{-1}x \leq \frac{\lambda_1+\lambda_n}{2} \cdot \frac{\lambda_1^{-1}+\lambda_n^{-1}}{2},$$

其中 $x'x = 1$. 设 Q 为正交方阵, 致 $A = Q\Lambda Q'$, $\Lambda = \mathrm{diag}(\lambda_1 \geq \lambda_2 \geq \cdots \geq \lambda_n)$. 记 $u = Q'x$, 上式 $\Longleftrightarrow$

$$u'\Lambda u \cdot u'\Lambda^{-1}u \leq \frac{\lambda_1+\lambda_n}{2} \cdot \frac{\lambda_1^{-1}+\lambda_n^{-1}}{2} \Longleftrightarrow u'\left(\frac{2}{\lambda_1+\lambda_n}\Lambda\right)u \cdot u'\left(\frac{2}{\lambda_1^{-1}+\lambda_n^{-1}}\Lambda^{-1}\right)u \leq 1,$$

其中 $u'u = 1$. 利用几何平均小于算术平均, 则上式的一个充分条件为, 对一切 u

$$u'\left(\frac{\wedge}{\lambda_1+\lambda_n} + \frac{\wedge^{-1}}{\lambda_1^{-1}+\lambda_n^{-1}}\right)u \leq u'u,$$

而此式又

$$\Longleftrightarrow \frac{\lambda_i}{\lambda_1+\lambda_n} + \frac{\lambda_i^{-1}}{\lambda_1^{-1}+\lambda_n^{-1}} \leq 1, \quad i = 1, \cdots, n.$$

$$\Longleftrightarrow (\lambda_i - \lambda_1)(\lambda_i - \lambda_n) \leq 0, \quad i = 1, \cdots, n.$$

明所欲证.

定理 2.4.7(Wielandt) 设 A 为 $n \times n$ 正定对称阵, $\lambda_1 \geq \cdots \geq \lambda_n > 0$ 为 A 的特征值, 则对任意一对正交向量 x 和 y, 有

$$|\, x'Ay \,|^2 \leq \left(\frac{\lambda_1-\lambda_n}{\lambda_1+\lambda_n}\right)^2 x'Ax \cdot y'Ay, \tag{2.4.1}$$

且存在正交向量 x 和 y, 使 (2.4.1) 的等号成立.

证明 显然我们只需对 $\| x \|= 1, \| y \|= 1$ 的正交向量证明 (2.4.1). 设 x 和 y 为任一对标准正交向量，定义

$$B = (x, y)'A(x, y),$$

这里 B 是一个 2×2 正定对称阵，记其特征值为 $\mu_1 \geq \mu_2 > 0$. 根据 Poincare 定理，我们有

$$\lambda_1 \geq \mu_1 \geq \mu_2 \geq \lambda_n. \tag{2.4.2}$$

另一方面

$$\begin{aligned} 1 - \frac{| x'Ay |^2}{x'Ax \cdot y'Ay} &= 4\frac{x'Ax \cdot y'Ay - | x'Ay |^2}{(x'Ax + y'Ay)^2 - (x'Ax - y'Ay)^2} = \frac{4 \det B}{\mathrm{tr}(B)^2 - (x'Ax - y'Ay)^2} \\ &= \frac{4\mu_1\mu_2}{(\mu_1 + \mu_2)^2 - (x'Ax - y'Ay)^2} \geq \frac{4\mu_1\mu_2}{(\mu_1 + \mu_2)^2}. \end{aligned} \tag{2.4.3}$$

这里等号成立当且仅当 $x'Ax = y'Ay$, 且 x, y 为一对标准正交向量. (2.4.3) 可以改写为

$$\frac{| x'Ay |^2}{x'Ax \cdot y'Ay} \leq 1 - \frac{4\mu_1\mu_2}{(\mu_1 + \mu_2)^2} = \left(\frac{\mu_1 - \mu_2}{\mu_1 + \mu_2}\right)^2 = \left(\frac{\mu_1/\mu_2 - 1}{\mu_1/\mu_2 + 1}\right)^2,$$

因为右端是 μ_1/μ_2 的单调函数，结合 (2.4.3), 得

$$\frac{| x'Ay |^2}{x'Ax \cdot y'Ay} \leq \left(\frac{\lambda_1/\lambda_n - 1}{\lambda_1/\lambda_n + 1}\right)^2 = \left(\frac{\lambda_1 - \lambda_n}{\lambda_1 + \lambda_n}\right)^2,$$

(2.4.1) 得证. 若记 φ_1 和 φ_n 分别为对应于 λ_1 和 λ_n 的 A 的标准正交化特征向量，则容易验证，当 $x = (\varphi_1 + \varphi_n)/\sqrt{2}, y = (\varphi_1 - \varphi_n)/\sqrt{2}$, 等号成立. 定理证毕.

Wang (王松桂) 和 Ip[106] 把 Wielandt 不等式推广到 x 和 y 为矩阵的情形，并给出了许多统计应用.

§2.5 偏 序

设 A, B 为两个 n 阶对称阵，若 $B - A \geq 0$, 即 $B - A$ 为半正定阵，则称 A 低于 B, 记为 $B \geq A$ 或 $A \leq B$. 类似， $A > B$ 表明 $A - B$ 为正定阵. 容易验证，对称阵的这种关系满足下列性质:

(1) 自反性: $A \geq A$;

(2) 传递性: 若 $A \geq B, B \geq C$, 则 $A \geq C$;

(3) 若 $A \geq B, B \geq A$, 则 $A = B$.

这种关系被称为 Lowner 偏序. 因为并非任意两个对称阵都有这种关系，所以称其为偏序. Lowner 偏序在统计中有广泛应用.

定理 2.5.1(单调性)　设 A, B 为两个 n 阶对称阵.

(1) 若 $A \geq B$, 则 $\lambda_i(A) \geq \lambda_i(B), i = 1, \cdots, n$;

(2) 若 $A > B$, 则 $\lambda_i(A) > \lambda_i(B), i = 1, \cdots, n$.

此结果可由 Weyl 定理直接得到. 但注意定理 2.5.1 的逆定理未必成立. 例如, 设 $A = \begin{pmatrix} 4 & 0 \\ 0 & 2 \end{pmatrix}, B = \begin{pmatrix} 2 & 0 \\ 0 & 3 \end{pmatrix}$. 由此立即可得如下推论:

推论 2.5.1　设 $A \geq B \geq 0$, 则

(1) $\mathrm{tr}(A) \geq \mathrm{tr}(B)$,

(2) $|A| \geq |B|$,

(3) $\mathrm{rk}(A) \geq \mathrm{rk}(B)$.

定理 2.5.2　设 A 和 B 为两个 n 阶对称阵, P 为 $n \times k$ 矩阵.

(1) 若 $A \geq B$, 则 $P'AP \geq P'BP$;

(2) 若 $\mathrm{rk}(P) = k$, $A > B$, 则 $P'AP > P'BP$.

证明　(1) 由 $A \geq B$ 的定义知, 对任意 $x \in R_n$, 有 $x'(A-B)x \geq 0$, 于是, 对任意 $x \in R_n$,

$$x'(P'AP - P'BP)x = (Px)'(A-B)(Px) \geq 0,$$

此即 $P'AP - P'BP \geq 0$.

(2) 设 $A > B, \mathrm{rk}(P) = k$, 则对任意 $x \neq 0$, 我们有 $Px \neq 0$, 因此对任意 $x \in R_k (x \neq 0)$, 有

$$x'(P'AP - P'BP)x = (Px)'(A-B)(Px) > 0,$$

故 $P'AP - P'BP > 0$.

定理 2.5.3　设 $A \geq B \geq 0$, 则

$$\mathcal{M}(B) \subset \mathcal{M}(A).$$

证明　首先从定义知: $A \geq B \Longleftrightarrow$ 对任意 x, $x'Ax \geq x'Bx$. 若 $x \in \mathcal{M}(A)^{\perp}$, 则 $x'Ax = 0$, 进而有 $x'Bx = 0$, 也就是 $x \in \mathcal{M}(B)^{\perp}$, 这就证明了 $\mathcal{M}(A)^{\perp} \subset \mathcal{M}(B)^{\perp}$, 因此 $\mathcal{M}(B) \subset \mathcal{M}(A)$. 证毕.

现在我们引进半正定方阵的平方根阵. 若 $A \geq 0$, 其所有特征根 $\lambda_i \geq 0$, 则算术平方根 $\lambda_i^{1/2}$ 都是实数. Φ 为 λ_i 对应的 n 个标准正交化特征向量为列组成的矩阵, 记

$$\Lambda^{1/2} = (\lambda_1^{1/2}, \cdots, \lambda_n^{1/2}).$$

定义

$$A^{1/2} = \Phi\Lambda^{1/2}\Phi',$$

称 $A^{1/2}$ 为 A 的平方根阵. 因此

$$(A^{1/2})^2 = \Phi\Lambda^{1/2}\Phi'\Phi\Lambda^{1/2}\Phi' = \Phi\Lambda\Phi' = A.$$

显然， $A^{1/2} \geq 0$.

如果 $A > 0$, 则不难证明 $A^{1/2} > 0$. 因此，我们可以求 $A^{1/2}$ 的逆矩阵，记之为 $A^{-1/2}$, 即 $A^{-1/2} = (A^{1/2})^{-1}$. 利用 Φ 为正交阵，可以推出

$$A^{-1/2} = \Phi\Lambda^{-1/2}\Phi',$$

其中

$$\Lambda^{-1/2} = \mathrm{diag}(\lambda_1^{-1/2}, \cdots, \lambda_n^{-1/2}).$$

定理 2.5.4　设 $A \geq 0, B \geq 0$, 则下面的命题等价.

(1) $A \geq B$;

(2) $\mathcal{M}(B) \subseteq \mathcal{M}(A)$, 对任意的 $x \in \mathcal{M}(A), x'(A-B)x \geq 0$;

(3) $\mathcal{M}(B) \subseteq \mathcal{M}(A), \lambda_1(BA^-) \leq 1$, 这里 $\lambda_1(BA^-)$ 与 A^- 的选择无关.

证明　由定理 2.5.3, (1)$\Longrightarrow$(2), 下面证 (2)$\Longrightarrow$(1). 设 $x \in R_n$, 且

$$x = y + z, \quad y \in \mathcal{M}(A), z \in \mathcal{M}(A)^{\perp},$$

则 $Az = 0$, 故 $Bz = 0$. 由于 $y \in \mathcal{M}(A)$, 我们有

$$x'(A-B)x = y'(A-B)y \geq 0,$$

即 $A \geq B$, 因此 (2) $\Longleftrightarrow$ (1). 下面我们证 (1) $\Longleftrightarrow$ (3).

根据定理 2.5.2, 2.5.3, 我们不难证明

$$A \geq B \Longleftrightarrow (A^+)^{1/2}(A-B)(A^+)^{1/2} \geq 0, \quad \mathcal{M}(A) \subseteq \mathcal{M}(B).$$

令

$$M_1 = (A^+)^{1/2}A(A^+)^{1/2},$$

$$M_2 = (A^+)^{1/2}B(A^+)^{1/2}.$$

注意到 $M_1 = M_1^2 = M_1', \mathcal{M}(M_1) = \mathcal{M}(A)$, 因此 M_1 为向 $\mathcal{M}(A)$ 上的正交投影阵. 由于 $(A^+)^{1/2}AA^+ = (A^+)^{1/2}$, 因此 M_1 与 M_2 可交换，即 $M_1M_2 = M_2M_1 = M_2$. 于是 M_1 和 M_2 有相同的正交特征向量 $\varphi_1, \cdots, \varphi_n$. 不失一般性，设 $\varphi_1, \cdots, \varphi_r$ 为 $\mathcal{M}(A)$ 的一组标准正交基，且 $\lambda_1 \geq \lambda_2 \geq \cdots \geq \lambda_r$ 是 M_2 对应的特征根，注意到 M_2

与 BA^- 有相同的特征值，且由于 $\mathcal{M}(B)\subseteq\mathcal{M}(A), BA^-$ 的特征值与 A^- 的选择无关，因此 $\lambda_1,\cdots,\lambda_r$ 也为 BA^- 的特征值. 记 $\phi_1=(\varphi_1,\cdots,\varphi_r), \Lambda=\text{diag}(\lambda_1,\cdots,\lambda_r)$, 故

$$M_1-M_2=\phi_1(I_r-\Lambda)\phi_1'\geq 0 \Longleftrightarrow \lambda_1\leq 1,$$

因此证明了 (1) $\Longleftrightarrow$ (3).

推论 2.5.2 设 $A\geq 0, B\geq 0$, 则

(1) 若 $\text{rk}(A)=\text{rk}(B)$, 则 $A\geq B$ 当且仅当 $B^+\geq A^+$;

(2) 若 $B>0$, 则 $A\geq B$ 当且仅当 $B^{-1}\geq A^{-1}$; $A>B$ 当且仅当 $B^{-1}>A^{-1}$.

证明 从定理 2.5.4 推得

$$A\geq B \Longleftrightarrow \mathcal{M}(B)\subseteq\mathcal{M}(A), \lambda_1(BA^+)\leq 1,$$

$$B^+\geq A^+ \Longleftrightarrow \mathcal{M}(A^+)\subseteq\mathcal{M}(B^+), \lambda_1(BA^+)\leq 1.$$

从 $\text{rk}(A)=\text{rk}(B)$, 得 $\mathcal{M}(B)=\mathcal{M}(A)$, $\mathcal{M}(A^+)=\mathcal{M}(B^+)$. 由于 $\mathcal{M}(A)=\mathcal{M}(A^+)$, $\mathcal{M}(B)=\mathcal{M}(B^+)$, 故 (1) 得证. (2) 可由 (1) 直接得到. 证毕.

对推论 2.5.2 进一步推广到其它广义逆的情况，读者可参见文献 [116].

下面我们考虑 $A>B$ 与 $A^2\geq B^2$ 的关系.

引理 2.5.1 设 A 为 $n\times n$ 实方阵， $\lambda_1(A), \sigma_1(A)$ 分别为它的最大特征根和最大奇异值，则 $|\lambda_1(A)|\leq\sigma_1(A)$.

证明 设 x 为 A 的对立于 $\lambda_1(A)$ 的单位特征向量，则

$$(\lambda_1(A))^2=x'A'Ax\leq\lambda_1(A'A)=\sigma_1^2(A).$$

故引理得证.

定理 2.5.5 设 A, B 为两个半正定阵，则

(1) $A^2\geq B^2 \Longrightarrow A\geq B$;

(2) 若 $AB=BA$, 则 $A\geq B\Longrightarrow A^k\geq B^k\geq 0$, k 为任意正整数.

证明 (1) 应用定理 2.5.4 知

$$A^2\geq B^2 \Longleftrightarrow \mathcal{M}(B^2)\leq\mathcal{M}(A^2), \quad \lambda_1(B^2(A^2)^+)\leq 1.$$

由于 $\mathcal{M}(B^2)=\mathcal{M}(B), \mathcal{M}(A^2)=\mathcal{M}(A), \lambda_1(B^2(A^2)^+)=\lambda_1(B(A^2)^+B)=(\sigma_1(BA^+))^2$, 注意到 $A\geq 0, B\geq 0$, 故 $\sigma_1(BA^+)>0$. 因此 $\mathcal{M}(B)\subseteq\mathcal{M}(A)$, $\sigma_1(BA^+)\leq 1$, 依引理 2.5.1, 有

$$\lambda_1(BA^+)\leq\sigma_1(BA^+).$$

由定理 2.5.4, $A\geq B$.

(2) 因为 $AB = BA$, 故存在正交阵 Q, 使得 A, B 同时对角化，即

$$A = Q\Lambda Q', \qquad \Lambda = \mathrm{diag}(\lambda_1, \cdots, \lambda_n), \lambda_i \geq 0, i = 1, \cdots, n,$$

$$B = Q\Delta Q', \qquad \Delta = \mathrm{diag}(\sigma_1, \cdots, \sigma_n), \sigma_1 \geq 0, i = 1, \cdots, n.$$

据此容易证明 $A^+B = BA^+ = Q\Lambda^+\Delta Q' \geq 0$, $(A^+)^+B^+ = B^+(A^+)^+ = Q[(\Lambda^+)^+\Delta^+]Q' \geq 0$, 故

$$\lambda_1 = ((A^+)^+B^k) = [\lambda_1(A^+B)]^k \leq 1,$$

$$\mathcal{M}(A^k) = \mathcal{M}(A), \mathcal{M}(B^k)\mathcal{M}(A),$$

因此有 $A^k \geq B^k$. 证毕.

定理 2.5.5 中，条件 $AB = BA$ 是必要条件. 总的来说， $A \geq B$ 并不一定有 $A^2 \geq B^2$ 成立.

关于偏序的更多性质和应用，读者可参阅文献 [50].

§2.6 Kronecker 乘积与向量化运算

本节我们要研究矩阵的两种特殊运算： Kronecker 乘积与向量化运算, 它们在线性模型，多元统计分析等分支的参数估计理论中有特别重要的应用.

定义 2.6.1 设 $A = (a_{ij})$ 和 $B = (b_{ij})$ 分别为 $m \times n, p \times q$ 的矩阵，定义矩阵 $C = (a_{ij}B)$. 这是一个 $mp \times nq$ 的矩阵，称为 A 和 B 的 Kronecker 乘积，记为 $C = A \otimes B$, 即

$$A \otimes B = \begin{pmatrix} a_{11}B & a_{12}B & \cdots & a_{1n}B \\ a_{21}B & a_{22}B & \cdots & a_{2n}B \\ \vdots & \vdots & & \vdots \\ a_{m1}B & a_{m2}B & \cdots & a_{mn}B \end{pmatrix}.$$

这种乘积具有下列性质：

(1) $0 \otimes A = A \otimes 0 = 0$,

(2) $(A_1 + A_2) \otimes B = (A_1 \otimes B) + (A_2 \otimes B), A \otimes (B_1 + B_2) = (A \otimes B_1) + (A \otimes B_2)$,

(3) $(\alpha A) \otimes (\beta B) = \alpha\beta(A \otimes B)$,

(4) $(A_1 \otimes B_1)(A_2 \otimes B_2) = (A_1A_2) \otimes (B_1B_2)$,

(5) $(A \otimes B)' = A' \otimes B'$,

(6) $(A \otimes B)^- = A^- \otimes B^-$, 和以前一样，应理解为：$A^- \otimes B^-$ 为 $A \otimes B$ 的广

义逆，但不必是全部广义逆．特别 $(A\otimes B)^+ = A^+\otimes B^+$. 当 A, B 都可逆时，有 $(A\otimes B)^{-1} = A^{-1}\otimes B^{-1}$.

定理 2.6.1 设 A, B 分别为 $n\times n$, $m\times m$ 的方阵，$\lambda_1,\cdots,\lambda_n$ 和 $\mu_1,\cdots,\mu_m$ 分别为 A, B 的特征值，则

(1) $\lambda_i\mu_j, i=1,\cdots,n, j=1,\cdots,m$ 为 $A\otimes B$ 的特征值, 且 $|A\otimes B| = |A|^m |B|^n$;

(2) $\mathrm{tr}(A\otimes B) = \mathrm{tr}(A)\mathrm{tr}(B)$;

(3) $\mathrm{rk}(A\otimes B) = \mathrm{rk}(A)\mathrm{rk}(B)$;

(4) 若 $A\geq 0, B\geq 0$, 则 $A\otimes B\geq 0$.

证明 (1) 记 A, B 的 Jordan 标准形分别为

$$\Lambda = \begin{pmatrix} \lambda_1 & & & \\ 0 & \lambda_2 & * & \\ \vdots & \vdots & & \\ 0 & 0 & \cdots & \lambda_n \end{pmatrix}, \qquad \Delta = \begin{pmatrix} \mu_1 & & & \\ 0 & \mu_2 & * & \\ \vdots & \vdots & & \\ 0 & 0 & \cdots & \mu_m \end{pmatrix}.$$

依 Jordan 分解, 存在可逆阵 P 和 Q, 使得 $A = P\Lambda P^{-1}, B = Q\Delta Q^{-1}$, 利用 Kronecker 乘积的性质，得

$$A\otimes B = (P\Lambda P^{-1})\otimes(Q\Delta Q^{-1}) = (P\otimes Q)(\Lambda\otimes\Delta)(P\otimes Q)^{-1},$$

即 $A\otimes B$ 相似于上三角阵 $\Lambda\otimes\Delta$, 后者的对角元为 $\lambda_i\mu_j, i=1,\cdots,n, j=1,\cdots,m$, 所以，这些 λ_i,μ_i 为 $A\otimes B$ 的全部特征根，又

$$|A\otimes B| = |\Lambda\otimes\Delta| = \prod_{i=1}^n\prod_{j=1}^m \lambda_i\mu_j = \left(\prod_{i=1}^n \lambda_i\right)^m \left(\prod_{j=1}^m \mu_j\right)^n = |A|^m |B|^n .$$

证毕.

由 (1) 立得 (2) 和 (4), (3) 可由秩的定义直接导出.

定义 2.6.2 设 $A_{m\times n} = (a_1, a_2, \cdots, a_n)$, 定义 $mn\times 1$ 的向量

$$\mathrm{Vec}(A) = \begin{pmatrix} a_1 \\ a_2 \\ \vdots \\ a_n \end{pmatrix}.$$

这是把矩阵 A 按列向量依次排成的向量，往往称这个程序为矩阵的向量化.

向量化运算具有下列性质：

(1) $\text{Vec}(A+B)=\text{Vec}(A)+\text{Vec}(B)$;

(2) $\text{Vec}(\alpha A)=\alpha\text{Vec}(A)$, 这里 α 为数;

(3) $\text{tr}(AB)=(\text{Vec}(A'))'\text{Vec}(B)$;

(4) $\text{tr}(A)=\text{tr}(AI)=\text{tr}(IA)=(\text{Vec}(I_n))'\text{Vec}(A)$;

(5) 设 a 和 b 分别为 $n\times 1$, $m\times 1$ 向量，则 $\text{Vec}(ab')=b\otimes a$;

(6) $\text{Vec}(ABC)=(C'\otimes A)\text{Vec}(B)$;

(7) 设 $X_{m\times n}=(x_1,\cdots,x_n)$ 为随机矩阵，且

$$\text{Cov}(x_i,x_j)=E(x_i-Ex_i)(x_j-Ex_j)'=v_{ij}\Sigma.$$

记 $V=(v_{ij})_{n\times n}$, 则

$$\text{Cov}(\text{Vec}(X))=V\otimes\Sigma,$$

$$\text{Cov}(\text{Vec}(X'))=\Sigma\otimes V,$$

$$\text{Cov}(\text{Vec}(TX))=V\otimes(T\Sigma T'),$$

这里 T 为非随机矩阵.

我们只证明 (6), 其余留作练习.

设 $C_{m\times n}=(c_{ij})=(c_1,\cdots,c_n), B=(b_1,\cdots,b_m)$, 依定义

$$(C'\otimes A)\text{Vec}(B)=\begin{pmatrix} c_{11}A & c_{21}A & \cdots & c_{m1}A \\ c_{12}A & c_{22}A & \cdots & c_{m2}A \\ \vdots & \vdots & & \vdots \\ c_{1n}A & c_{2n}A & \cdots & c_{mn}A \end{pmatrix}\begin{pmatrix} b_1 \\ b_2 \\ \vdots \\ b_m \end{pmatrix}$$

$$=\begin{pmatrix} A\Sigma c_{j1}b_j \\ A\Sigma c_{j2}b_j \\ \vdots \\ A\Sigma c_{jn}b_j \end{pmatrix}=\begin{pmatrix} ABc_1 \\ ABc_2 \\ \vdots \\ ABc_n \end{pmatrix}=\text{Vec}(ABC).$$

明所欲证.

§2.7 矩阵微商

在统计学中，为了获得参数的极大似然估计，我们常常需要求似然函数的极值，这就要用到矩阵微商. 本质上讲，矩阵微商就是一般多元函数的微商. 因此，

这里并不需要引进任何新概念. 但是, 在矩阵微商中, 特别注重把自变量和微商结果用简洁的矩阵形式表示出来, 于是, 有一些独特的运算规律. 本节讨论一些常用结果, 更多内容读者可以参阅文献 [82].

假设 X 为 $n\times m$ 矩阵, $y=f(X)$ 为 X 的一个实值函数, 矩阵

$$\frac{\partial y}{\partial X}\triangleq\begin{pmatrix}\frac{\partial y}{\partial x_{11}} & \frac{\partial y}{\partial x_{12}} & \cdots & \frac{\partial y}{\partial x_{1m}}\\ \frac{\partial y}{\partial x_{21}} & \frac{\partial y}{\partial x_{22}} & \cdots & \frac{\partial y}{\partial x_{2m}}\\ \vdots & \vdots & & \vdots\\ \frac{\partial y}{\partial x_{n1}} & \frac{\partial y}{\partial x_{n2}} & \cdots & \frac{\partial y}{\partial x_{nm}}\end{pmatrix}_{n\times m}$$

称为 y 对 X 的微商.

没有特殊声明, 以下都假定矩阵 X 中的 mn 个变量 $x_{ij}, i=1,2,\cdots,n, j=1,\cdots,m$ 都是独立自变量.

例 2.7.1　设 a,x 均为 $n\times 1$ 向量, $y=a'x$, 则 $\frac{\partial y}{\partial x}=a$.

例 2.7.2　设 $A_{n\times n}$ 对称, $x_{n\times 1}$, $y=x'Ax$, 则 $\frac{\partial y}{\partial x}=2Ax$.

例 2.7.3　记矩阵 $X_{m\times m}$ 的元素 x_{ij} 的代数余子式为 X_{ij}, 则

$$\frac{\partial\mid X\mid}{\partial X}=(X_{ij})_{m\times m}=\mid X\mid(X^{-1})'.$$

结果容易从 $\mid X\mid=\sum_{j=1}^m x_{ij}X_{ij}$ 和 X_{ij} 中不包含 x_{ij} 导出.

定理 2.7.1　设 Y 和 X 分别为 $m\times n, p\times q$ 矩阵, Y 的每个元素 y_{ij} 是 X 元素的函数, 又 $u=u(Y)$, 则

$$\frac{\partial u}{\partial X}=\sum_{ij}\left(\frac{\partial u}{\partial Y}\right)_{ij}\frac{\partial(Y)_{ij}}{\partial X},$$

其中 $\left(\frac{\partial u}{\partial Y}\right)_{ij}$ 表示矩阵 $\frac{\partial u}{\partial Y}$ 的 (i,j) 元, $(Y)_{ij}$ 表示矩阵 Y 的 (i,j) 元 y_{ij}.

结论容易从复合函数的求导法则

$$\frac{\partial u}{\partial x_{kl}}=\sum_{ij}\frac{\partial u}{\partial y_{ij}}\frac{\partial y_{ij}}{\partial x_{kl}}=\sum_{ij}\left(\frac{\partial u}{\partial Y}\right)_{ij}\cdot\frac{\partial(Y)_{ij}}{\partial x_{kl}}$$

得到.

例 2.7.4　$\frac{\partial|Y|}{\partial X}=\sum_{ij}\left(\frac{\partial|Y|}{\partial Y}\right)_{ij}\frac{\partial(Y)_{ij}}{\partial X}=\sum_{ij}(Y_{kl})_{ij}\frac{\partial(Y)_{ij}}{\partial X}=\sum_{ij}\mid Y\mid(Y^{-1})'_{ij}\frac{\partial(Y)_{ij}}{\partial X}$, 其中 Y_{kl} 表示矩阵 Y 的元素 y_{kl} 的代数余子式, (Y_{kl}) 表示由这些代数余子式组成的矩阵. 这里利用了例 2.7.3.

例 2.7.5　$\frac{\partial\ln|Y|}{\partial X}=\frac{1}{|Y|}\frac{\partial|Y|}{\partial X}=\sum_{ij}(Y^{-1})'_{ij}\frac{\partial(Y)_{ij}}{\partial X}$.

我们用 $E_{ij}(m\times n)$ 表示 (i,j) 元为 1, 其余元素全为零的矩阵. 在不致引起混淆的情况下, 常常把阶数 $m\times n$ 略去. 利用这个记号, 则有

$$\frac{\partial y}{\partial X_{m\times n}}=\left(\frac{\partial y}{\partial x_{ij}}\right)=\sum_{ij}E_{ij}(m\times n)\frac{\partial y}{\partial x_{ij}}. \tag{2.7.1}$$

例 2.7.6 $\frac{\partial|AXB|}{\partial X}=|AXB|A'((AXB)^{-1})'B'$.

证明 记 $Y=AXB$, 利用例 2.7.4, 有

$$\frac{\partial\mid AXB\mid}{\partial X}=\sum_{ij}\mid Y\mid(Y^{-1})'_{ij}\frac{\partial(Y)_{ij}}{\partial X}=\mid AXB\mid\sum_{ij}((AXB)^{-1})'_{ij}\frac{\partial(AXB)_{ij}}{\partial X}.$$

因为

$$\frac{\partial(AXB)_{ij}}{\partial X}=\left(\frac{\partial(AXB)_{ij}}{\partial x_{kl}}\right)=(a_{ik}b_{lj})=A'E_{ij}B',$$

于是

$$\frac{\partial\mid AXB\mid}{\partial X}=\mid AXB\mid\sum_{ij}((AXB)^{-1})'_{ij}\cdot A'E_{ij}B'$$

$$=\mid AXB\mid A'\Big[\sum_{ij}((AXB)^{-1})'_{ij}E_{ij}\Big]B'=\mid AXB\mid A'((AXB)^{-1})'B'.$$

最后一式利用了

$$\sum_{ij}(A)_{ij}E_{ij}=\sum_{ij}a_{ij}E_{ij}=A.$$

例 2.7.7 $\frac{\partial\ln|AXB|}{\partial X}=A'((AXB)^{-1})'B'$.

这个事实容易从例 2.7.5 和例 2.7.6 推出.

定理 2.7.2(转换定理) 设 X 和 Y 分别为 $n\times m, p\times q$ 矩阵, A,B,C,D 分别为 $p\times m, n\times q, p\times n, m\times q$ 矩阵 (可以是 X 的函数), 则下列两条是等价的

(1) $\frac{\partial Y}{\partial x_{ij}}=AE_{ij}(m\times n)B+CE'_{ij}(m\times n)D,\quad i=1,\cdots,m,\ j=1,\cdots,n;$

(2) $\frac{\partial(Y)_{ij}}{\partial X}=A'E_{ij}(p\times q)B'+DE'_{ij}(p\times q)C,\quad i=1,\cdots,p,\ j=1,\cdots,q.$

这里

$$\frac{\partial Z}{\partial t}=\begin{pmatrix}\frac{\partial z_{11}}{\partial t} & \frac{\partial z_{12}}{\partial t} & \cdots & \frac{\partial z_{1n}}{\partial t}\\ \frac{\partial z_{21}}{\partial t} & \frac{\partial z_{22}}{\partial t} & \cdots & \frac{\partial z_{2n}}{\partial t}\\ \vdots & \vdots & & \vdots\\ \frac{\partial z_{m1}}{\partial t} & \frac{\partial z_{m2}}{\partial t} & \cdots & \frac{\partial z_{mn}}{\partial t}\end{pmatrix}_{m\times n}, \tag{2.7.2}$$

$Z_{m\times n}=(z_{ij}(t))$, 它是矩阵 $Z=(z_{ij}(t))$ 对自变量 t 的微商.

证明　记 $e_i'=(0,\cdots,0,1,0,\cdots,0)$, 即 e_i 是第 i 个元素为 1, 其余元素全为零的向量. 则 $E_{ij}=e_ie_j'$.

首先注意到

$$\begin{aligned} e_k'(AE_{ij}B+CE_{ij}'D)e_l &= e_k'Ae_ie_j'Be_l+e_k'Ce_je_i'De_l \\ &= e_i'Ae_ke_l'Be_j+e_i'De_le_k'Ce_j \\ &= e_i'(Ae_ke_l'B+De_le_k'C)e_j \\ &= e_i'(A'E_{kl}B'+DE_{lk}C)e_j, \end{aligned}$$

若 (1) 成立，则

$$\left(\frac{\partial Y}{\partial x_{ij}}\right)_{kl}=e_i'(AE_{ij}B+CE_{ij}D)e_l=e_i'(A'E_{kl}B'+DE_{lk}C)e_j.$$

但是，由 (2.7.2), 有

$$\left(\frac{\partial Y}{\partial x_{ij}}\right)_{kl}=\left(\frac{\partial y_{kl}}{\partial x_{ij}}\right)=\left(\frac{\partial y_{kl}}{\partial X}\right)_{ij},$$

于是

$$\left(\frac{\partial y_{kl}}{\partial X}\right)_{ij}=e_i'(A'E_{kl}B'+DE_{lk}C)e_j,\quad \text{对一切 } i,\ j,$$

此即 (2). 同法可从 (2)$\Longrightarrow$(1). 证毕.

推论 2.7.1　设 X,Y 分别为 $m\times n,p\times q$ 矩阵，A_k,B_k,C_k,D_k 分别为 $p\times m$, $n\times q,p\times n,m\times q$ 矩阵 (可以是 X 的函数), 则下列两条是等价的.

(1) $\frac{\partial Y}{\partial x_{ij}}=\sum_k A_kE_{ij}(m\times n)B_k+\sum_l C_lE_{ij}'(m\times n)D_l,\quad i=1,\cdots,m,\ j=1,\cdots,n;$

(2) $\frac{\partial (Y)_{ij}}{\partial X}=\sum_k A_k'E_{ij}(p\times q)B_k'+\sum_l D_lE_{ij}'(p\times q)C_l,\quad i=1,\cdots,p,\ j=1,\cdots,q.$

证明与定理 2.7.2 相类似.

转换定理是求矩阵微商的一个重要工具，从定理 2.7.1 我们看到，为求 $\frac{\partial u}{\partial X}$ 需要求 $\frac{\partial (Y)_{ij}}{\partial X}$, 但在很多情况下，这是困难的. 转换定理给出了利用 $\frac{\partial Y}{\partial x_{ij}}$ 求 $\frac{\partial (Y)_{ij}}{\partial X}$ 的途径，前者往往是比较容易的.

例 2.7.8

$$\frac{\partial \ln|X'AX|}{\partial X}=2AX(X'AX)^{-1},\ \text{其中}A\text{对称}.$$

证明　依定理 2.7.1, 及例 2.7.3 和例 2.7.5, 得

$$\begin{aligned} \frac{\partial \ln|X'AX|}{\partial X} &= \sum_{i,\ j}\frac{1}{|X'AX|}|X'AX|((X'AX)^{-1})_{ij}'\cdot\frac{\partial (X'AX)_{ij}}{\partial X} \\ &= \sum_{i,\ j}((X'AX)^{-1})_{ij}'\frac{\partial (X'AX)_{ij}}{\partial X}. \end{aligned} \tag{2.7.3}$$

因为

$$\frac{\partial(X'AX)}{\partial x_{ij}} = \frac{\partial X'}{\partial x_{ij}}(AX) + X' \cdot \frac{\partial AX}{\partial x_{ij}} = E'_{ij}AX + X'AE_{ij}, \tag{2.7.4}$$

由转换定理，应得

$$\frac{\partial(X'AX)_{ij}}{\partial X} = AXE'_{ij} + AXE_{ij},$$

代入 (2.7.3), 得到

$$\begin{aligned}\frac{\partial \ln | X'AX |}{\partial X} &= \sum_{i,\ j}((X'AX)^{-1})'_{ij}(AXE'_{ij} + AXE_{ij}) \\ &= AX\Big[\sum_{i,\ j}((X'AX)^{-1})'_{ij}E'_{ij} + \sum_{i,\ j}((X'AX)^{-1})'_{ij}E_{ij}\Big] \\ &= 2AX(X'AX)^{-1}.\end{aligned}$$

例 2.7.9

$$\frac{\partial \mathrm{tr}(XAX')}{\partial X} = X(A + A').$$

证明

$$\text{左边} = \frac{\partial \mathrm{tr}(XAX')}{\partial X} = \sum_i \frac{\partial(XAX')_{ii}}{\partial X}, \tag{2.7.5}$$

与 (2.7.4) 同样的方法可推得

$$\frac{\partial(XAX')}{\partial x_{ij}} = E_{ij}AX' + XAE'_{ij}.$$

由转化定理，有

$$\frac{\partial(XAX')_{ij}}{\partial X} = E_{ij}XA' + E'_{ij}XA,$$

代入 (2.7.5) 得

$$\frac{\partial \mathrm{tr}(XAX')}{\partial X} = \sum_i (E_{ii}XA' + E'_{ii}XA) = X(A + A').$$

证毕.

用完全同样的方法可以证明以下结果.

例 2.7.10

$$\frac{\partial \mathrm{tr}(AXB)}{\partial X} = A'B', \quad \text{特别} \ \frac{\partial \mathrm{tr}(AX)}{\partial X} = A'.$$

例 2.7.11

$$\frac{\partial \mathrm{tr}(X'AXB)}{\partial X} = AXB + A'XB'.$$

上面的讨论都是假定 X 的分量是独立自变量. 然而, 有时会碰到 X 的分量不独立的情况. 其中较重要的是, X 为对称阵, 这时 $x_{ij}=x_{ji}$. 对这种情况, 矩阵微商公式略显复杂.

以下记 $\mathrm{diag}(A)=\mathrm{diag}(a_{11},\cdots,a_{nn})$.

例 2.7.12 设 X 为 $n\times n$ 对称阵, 则

$$\frac{\partial\mid X\mid}{\partial X}=\mid X\mid(2X^{-1}-\mathrm{diag}(X^{-1})).$$

证明 为求 $\frac{\partial|X|}{\partial x_{11}},\frac{\partial|X|}{\partial x_{1j}}$, 将 $\mid X\mid$ 按第一行展开, 得

$$\mid X\mid=\sum_{j=1}^{n}x_{1j}X_{1j}.$$

于是

$$\begin{aligned}\frac{\partial\mid X\mid}{\partial x_{11}}&=X_{11},\\ \frac{\partial\mid X\mid}{\partial x_{12}}&=X_{12}+x_{12}\frac{\partial X_{12}}{\partial x_{12}}+\frac{\partial}{\partial x_{12}}\Big[x_{13}X_{13}+\cdots+x_{1n}X_{1n}\Big].\end{aligned}\tag{2.7.6}$$

若用 $X_{ij,kl}$ 表示 x_{ij} 的余子式中 (k,l) 元的代数余子式, 将 X_{1j} 按第一行展开, 得

$$\begin{aligned}X_{1j}=&\,x_{21}X_{1j,21}+x_{22}X_{1j,22}+\cdots+x_{2j-1}X_{1j,\ 2j-1}\\&+x_{2j+1}X_{1j,\ 2j+1}+\cdots+x_{2n}X_{1j,2n},\quad j=2,\cdots,n.\end{aligned}$$

因为 $X_{1j,2k},j=2,\cdots,n,k=1,\cdots,n$ 都与 x_{21} 无关, 所以

$$\sum_{j=2}^{n}x_{1j}X_{1j}=x_{21}\sum_{j=2}^{n}x_{1j}X_{1j,21}+(\text{与 }x_{21}\text{ 无关的项}).$$

代入 (2.7.6), 我们得到

$$\frac{\partial\mid X\mid}{\partial x_{12}}=X_{12}+\sum_{j=2}^{n}x_{1j}X_{1j,21}=2X_{12}.$$

同理

$$\frac{\partial\mid X\mid}{\partial x_{ij}}=2X_{ij},\qquad\frac{\partial\mid X\mid}{\partial x_{ii}}=X_{ii}.$$

结论得证.

利用这个结果和例 2.7.5, 立得

例 2.7.13 设 X 为对称阵, 则

$$\frac{\partial\ln\mid X\mid}{\partial X}=2X^{-1}-\mathrm{diag}(X^{-1}).$$

例 2.7.14 设 X 为对称阵，则

$$\frac{\partial \mathrm{tr}(AX)}{\partial X} = A + A' - \mathrm{diag}(A).$$

证明 因对任一矩阵 A, 总有 $A = \sum_{i \cdot j} a_{ij} E_{ij}$, 所以

$$\frac{\partial \mathrm{tr}(AX)}{\partial X} = \sum_{i \cdot j} E_{ij} \frac{\partial \mathrm{tr}(AX)}{\partial x_{ij}} = \sum_{i \cdot j} E_{ij} \mathrm{tr}\left(\frac{\partial AX}{\partial x_{ij}}\right).$$

从 $X = X'$, 有

$$\mathrm{tr}\left(\frac{\partial AX}{\partial x_{ij}}\right) = \begin{cases} a_{ii}, & i = j, \\ a_{ij} + a_{ji}, & i \neq j, \end{cases}$$

代入上式，得

$$\frac{\partial \mathrm{tr}(AX)}{\partial X} = \sum_{i} a_{ii} E_{ii} + \sum_{i \neq j} (a_{ij} + a_{ji}) E_{ij} = A + A' - \mathrm{diag}(A).$$

我们把上面求到的一些微商公式列成下表

一些矩阵微商公式表

$y = f(X)$	$\frac{\partial y}{\partial X}$	
$a'x$	a	
$x'Ax$	$2Ax$	
$\mid X \mid$	$\mid X \mid (X^{-1})'$, $\mid X \mid (2X^{-1} - \mathrm{diag}(X^{-1}))$	 (X对称)
$\mid AXB \mid$	$\mid AXB \mid A'((AXB)^{-1})'B'$	
$\ln \mid AXB \mid$	$A'((AXB)^{-1})'B'$	
$\ln \mid X'AX \mid$	$2AX(X'AX)^{-1}$	(A 对称)
$\mathrm{tr}(XAX')$	$X(A + A')$	
$\mathrm{tr}(AXB)$	$A'B'$	
$\mathrm{tr}(X'AXB)$	$AXB + A'XB'$	
$\ln \mid X \mid$	$2X^{-1} - \mathrm{diag}(X^{-1})$	(X 对称)
$\mathrm{tr}(AX)$	$A + A' - \mathrm{diag}(A)$	(X 对称)

例 2.7.15

$$\frac{\partial}{\partial t} \ln \mid A(t) \mid = \mathrm{tr}\Big(A^{-1}(t) \frac{\partial A(t)}{\partial t}\Big),$$

其中 $A(t)$ 为矩阵, t 为标量.

$$\begin{aligned}
\frac{\partial}{\partial t}\ln|A(t)| &= |A(t)|^{-1}\frac{\partial|A(t)|}{\partial t} = \frac{1}{|A(t)|}\sum\sum_{i\le j}\frac{\partial|A(t)|}{\partial a_{ij}}\frac{\partial a_{ij}}{\partial t} \\
&= \frac{1}{|A(t)|}\sum\sum_{i\le j}(2-\sigma_{ij})|A_{ij}|\frac{\partial a_{ij}}{\partial t} = \frac{1}{|A(t)|}\sum_i\sum_j|A_{ij}|\frac{\partial a_{ij}}{\partial t} \\
&= \sum_i\sum_j\frac{|A_{ij}|}{|A|}\frac{\partial a_{ij}}{\partial t} = \sum_i\sum_j a^{ij}\frac{\partial a_{ij}}{\partial t} \\
&= \mathrm{tr}(A^{-1})'\frac{\partial A}{\partial t} = \mathrm{tr}\Big(A^{-1}\frac{\partial A}{\partial t}\Big),
\end{aligned} \tag{2.7.7}$$

其中 $A^{-1} = (a^{ij})$.

例 2.7.16

$$\frac{\partial A^{-1}(t)}{\partial t} = -A^{-1}(t)\frac{\partial A^{-1}(t)}{\partial t}A^{-1}(t).$$

证明　由于 $A(t)A^{-1}(t) = I$, 故有

$$\frac{\partial A(t)}{\partial t}A^{-1}(t) + A(t)\frac{\partial A^{-1}(t)}{\partial t} = 0.$$

因此

$$\frac{\partial A^{-1}(t)}{\partial t} = -A^{-1}(t)\frac{\partial A^{-1}(t)}{\partial t}A^{-1}(t).$$

最后我们简要提一下矩阵对矩阵的微商.

设 Y 和 X 分别为 $m\times n$, $p\times q$ 矩阵, 且 Y 的元素 y_{ij} 为 X 的函数. 记

$$\frac{\partial Y}{\partial X} = \begin{pmatrix} \dfrac{\partial y_{11}}{\partial x_{11}} & \dfrac{\partial y_{11}}{\partial x_{12}} & \cdots & \dfrac{\partial y_{11}}{\partial x_{pq}} \\ \dfrac{\partial y_{12}}{\partial x_{11}} & \dfrac{\partial y_{12}}{\partial x_{12}} & \cdots & \dfrac{\partial y_{12}}{\partial x_{pq}} \\ \vdots & \vdots & & \vdots \\ \dfrac{\partial y_{mn}}{\partial x_{11}} & \dfrac{\partial y_{mn}}{\partial x_{12}} & \cdots & \dfrac{\partial y_{mn}}{\partial x_{pq}} \end{pmatrix},$$

称为 Y 对 X 的微商. 容易看到

$$\frac{\partial Y}{\partial X} = \left(\mathrm{Vec}\Big(\frac{\partial Y}{\partial x_{11}}\Big)', \mathrm{Vec}\Big(\frac{\partial Y}{\partial x_{12}}\Big)', \cdots, \mathrm{Vec}\Big(\frac{\partial Y}{\partial x_{pq}}\Big)'\right).$$

它把求 $\frac{\partial Y}{\partial X}$ 转化为求 $\frac{\partial Y}{\partial x_{ij}}$, 在一些情况下, 这会带来不少方便.

例 2.7.17　设 $Y = AXB$, 则 $\frac{\partial Y}{\partial X} = A\otimes B'$.

证明 因为 $\frac{\partial Y}{\partial x_{ij}} = AE_{ij}B$, 于是

$$\mathrm{Vec}\Big(\frac{\partial Y}{\partial x_{ij}}\Big)' = \mathrm{Vec}(B'E_{ji}A') = (A\otimes B')\mathrm{Vec}(E_{ji}),$$

所以

$$\frac{\partial Y}{\partial X} = ((A\otimes B')\mathrm{Vec}(E_{11}),\cdots,(A\otimes B')\mathrm{Vec}(E_{pq})) = A\otimes B'.$$

证毕.

若 Y, X, A, B 分别为 $n\times m, n\times m, n\times n, m\times m$ 矩阵，则变换 $Y=AXB$ 的 Jacobi 行列式为

$$\mid \frac{\partial Y}{\partial X} \mid = \mid A\otimes B' \mid = \mid A \mid^m \mid B \mid^n . \tag{2.7.8}$$

习 题 二

2.1 设 $A^{\perp}$ 为满足 $A'A^{\perp}=0$ 且具有最大秩的矩阵，证明：

(1) $I-(A')^{-}A'$ 是一个 $A^{\perp}$, 这里 A^{-} 表示广义逆；

(2) $\mathcal{M}(A^{\perp})=\mathcal{M}(A)^{\perp}$.

2.2 (1) 设 $\mathrm{rk}(AB)=\mathrm{rk}(A)$, 则 $X_1AB=X_2AB \Longleftrightarrow X_1A=X_2A$.

(2) 证明 $ABB'=CBB' \Longleftrightarrow AB=CB$.

2.3 设 S_1, S_2 为 R_n 的两个子空间.

(1) 证明 $S_1\subset S_2 \Longleftrightarrow S_1^{\perp}\supset S_2^{\perp}$,

(2) 设 $S_i=\mathcal{M}(A_i)$, $S_1\subset S_2$, $\mathrm{rk}(A_1)=\mathrm{rk}(A_2)$, 则 $S_1=S_2$.

2.4 若矩阵 $A\geq 0$, 矩阵 B 为对称矩阵，证明 $B\geq BA^{+}B \Longleftrightarrow \lambda_1(BA^{+})\leq 1$, $B\geq 0$.

2.5 证明：对任意矩阵 $A_{n\times n}$, $X_{n\times p}$, $\mathrm{rk}(X)=p$, 若 $\mathcal{M}(X)\subset\mathcal{M}(A)$, 则 $X'AX>0$.

2.6 证明 Cauchy-Schwarz 不等式：

(1) $(x'y)^2\leq x'x\cdot y'y$;

(2) 若 $A>0$, 则 $(x'y)^2\leq x'Ax\cdot y'A^{-1}y$;

(3) 若 $A\geq 0$, 则 $(x'Ay)^2\leq x'Ax\cdot y'Ay$.

2.7 证明 (Minkowski 不等式): 若矩阵 A, B 皆为 $n\times n$ 的正定阵，则

$$|A+B|^{1/n}\geq |A|^{1/n}+|B|^{1/n} .$$

2.8 (1) 证明 (Fischer 不等式): 假设 $A=\begin{bmatrix} A_{11} & A_{12} \\ A_{21} & A_{22}\end{bmatrix}>0$, 其中 A_{11} 是方阵，则

$$|A|\leq |A_{11}|\,|A_{22}| .$$

(2) 对正定阵 A, 有如上分解, 其中 A_{11} 是方阵, 记

$$A^{-1}=\begin{bmatrix} A_{11} & A_{12} \\ A_{21} & A_{22} \end{bmatrix}^{-1}=\begin{bmatrix} B_{11} & B_{12} \\ B_{21} & B_{22} \end{bmatrix}.$$

证明: $B_{11}\geq A_{11}^{-1}$.

2.9　设 P 为对称幂等阵, $Q\geq 0$, $I-P-Q\geq 0$, 则 $PQ=QP=0$.

2.10　证明 $(A-BC)'(A-BC)\geq A'(I-P_B)A$, 并且等号成立 $\Longleftrightarrow BC=P_BA$, 这里 P_B 为向 $\mathcal{M}(B)$ 的正交投影阵.

2.11　(1) 设 A 可逆, x,y 为列向量, 则

$$(A+xy')^{-1}=A^{-1}-\frac{A^{-1}x\cdot y'A^{-1}}{1+y'A^{-1}x} .$$

(2) 设 $x\in\mathcal{M}(A)$, $y\in\mathcal{M}(A')$, 当 $y'A^-x\neq -1$ 时,

$$A^- - \frac{A^-x\cdot y'A^-}{1+y'A^-x}$$

是 $A+xy'$ 的一个广义逆.

2.12　假设下列相应的矩阵可逆, 证明:

(1) $(A\pm B'CB)^{-1}=A^{-1}\mp A^{-1}B'(C^{-1}\pm BA^{-1}B')^{-1}BA^{-1}$;

(2) $(I+AB)^{-1}A=A(I+BA)^{-1}$;

(3) $(A^{-1}-B^{-1})^{-1}=A+A(B-A)^{-1}A$;

(4) 假设 $\mathrm{rk}(A)=1$, 则

$$(I+A)^{-1}=I-\frac{1}{1+\mathrm{tr}(A)}A .$$

2.13　若 $A_i>0$, $i=1,2$, $|A_2|>|A_1|$, 则 $\mathrm{tr}(A_1^{-1}A_2)>m$, 这里 m 为 A_i 的阶数.

2.14　设 A 为 $m\times n$ 阵, P,Q 分别 $m\times m$, $n\times n$ 可逆阵, 证明:

(1) $B^-=(PAQ)^-=Q^{-1}A^-P^{-1}$;

(2) 举例说明: $B^+=(PAQ)^+=Q^{-1}A^+P^{-1}$ 不真, 并证明当 P,Q 为正交阵时, 命题成立.

2.15　设 $A_{n\times n}\geq 0$, $B_{n\times p}$, $Q=I-BB^+$, 证明 $(QAQ)^+P_B=0$.

2.16　(1) B^-A^- 是 $(AB)^-\Longleftrightarrow A^-ABB^-$ 为幂等阵.

(2) $(AB)^+=B^+A^+\Longleftrightarrow A^+ABB'$ 和 $A'ABB^+$ 对称.

(3) 设 $A_{m\times r}$, $\mathrm{rk}(A)=r$. $B_{r\times m}$, $\mathrm{rk}(B)=r$, 则 $(AB)^+=B^+A^+$.

2.17　若 X 满足 Penrose 方程 (即 (2.18)) 中 (1) 和 (2), 则称 X 为 A 的自反广义逆, 记为 $A^{(1,2)}$. 设 A 有分解

$$A=P\begin{pmatrix} I_r & 0 \\ 0 & 0 \end{pmatrix}Q,$$

其中 P,Q 为可逆阵， $r=\text{rk}(A)$, 则

$$A^{(1,2)}=Q^{-1}\begin{pmatrix} I & B \\ C & CB \end{pmatrix}P^{-1},$$

这里 B,C 为适当阶数的任意阵.

2.18　若 X 满足 Penrose 方程 (即 (2.18)) 中 (1) 和 (3), 则称 X 为 A 的最小二乘广义逆，记为 $A^{(1,3)}$.

(1) 证明： $A^{(1,3)}=A^+P_A+(I-A^+A)U$, U 任意.

(2) 对任意方程组 $Ax=b$(可以不相容), 若 x_0 使

$$||Ax_0-b||^2=\inf_x ||Ax-b||^2,$$

则称 x_0 为该方程的最小二乘解，证明 $x_0=Gb$ 为最小二乘解 $\Longleftrightarrow$ G 为 $A^{(1,3)}$.

2.19　若 X 满足 Penrose 方程 (即 (2.18)) 中 (1) 和 (4), 则称 X 为 A 的最小范数广义逆，记为 $A^{(1,4)}$.

(1) 证明： $A^{(1,4)}=A^+P_{A'}+(I-A^+A)U$, U 任意.

(2) 设 $Ax=b$ 为相容线性方程组， $x_0=A^-b$ 为长度最小的解 $\Longleftrightarrow$ A^- 为 $A^{(1,4)}$.

2.20　证明定理 2.3.8 和定理 2.3.9.

2.21　设两个列满秩矩阵 $A_{p\times q}$, $B_{p\times(p-q)}$, 满足 $A'B=0$, 证明对任意的正定阵 S, 有

$$S^{-1}-S^{-1}A(A'S^{-1}A)^{-1}A'S^{-1}=B(B'SB)^{-1}B'\ .$$

2.22　设矩阵 $A>0$, $X_{n\times p}$, $N=I-P_X$, 证明

$$X(X'A^{-1}X)^-X'=A-AN(NAN)^-NA\ .$$

2.23　假设 $\mathcal{M}(A)\cap\mathcal{M}(B)=\{0\}$, $\mathcal{M}(A)\oplus\mathcal{M}(B)=R_n$, 证明：

$$P_{(A\ \ B)}C=C\Longleftrightarrow\mathcal{M}(C)\subset\mathcal{M}(A).$$

2.24　假设 P_1, P_2 皆为 $n\times n$ 的正交投影阵，证明：

(1) $-1\le\lambda_i(P_1-P_2)\le 1,\quad i=1,2,\cdots,n$;

(2) $0\le\lambda_i(P_1P_2)\le 1,\quad i=1,2,\cdots,n$;

(3) $\lambda_1(P_1P_2)<1\Longleftrightarrow\mathcal{M}(P_1)\cap\mathcal{M}(P_2)=\{0\}$;

(4) $\text{tr}(P_1P_2)\le\text{rk}(P_1P_2)$.

2.25　设 A,B 皆为 $n\times n$ 的矩阵， $\text{rk}(B)\le k$, 则

$$\lambda_i(A-B)\ge\lambda_{i+k}(A),\qquad i=1,\cdots,n\ ,$$

这里约定 $\lambda_{i+k}(A)=0$, 对 $i+k>n$.

2.26　设 $A>0$, 证明：

(1) $\max\limits_{X'X=I_k} \operatorname{tr}(X'AX)^{-1}=\sum\limits_{i=1}^{k}\lambda_{n-i+1}^{-1}(A)$;

(2) $\min\limits_{X'X=I_k} \operatorname{tr}(X'AX)^{-1}=\sum\limits_{i=1}^{k}\lambda_{i}^{-1}(A)$.

2.27　假设 A 是 n 阶对称矩阵，$a\in R_n$ 是一已知向量，d 是一已知实数，记

$$M=\begin{bmatrix} A & a \\ a' & d \end{bmatrix}.$$

证明

$$\lambda_1(M)\geq\lambda_1(A)\geq\lambda_2(M)\geq\lambda_2(A)\geq\cdots\geq\lambda_{n-1}(A)\geq\lambda_n(M)\geq\lambda_n(A)\geq\lambda_{n+1}(M)\ .$$

2.28　证明下列结果：

(1) $\operatorname{tr}(ABC)=(\operatorname{Vec}(A'))'(I\otimes B)\operatorname{Vec}(C)$,

(2) $\operatorname{tr}(AX'BXC)=(\operatorname{Vec}(X))'(A'C'\otimes B)\operatorname{Vec}(X)$.

2.29　证明下列事实：

(1) $\dfrac{\partial\operatorname{tr}(X'AX)}{\partial X}=(A+A')X$,

(2) $\dfrac{\partial\operatorname{tr}(XAX)}{\partial X}=A'X'+X'A'$,

(3) $\dfrac{\partial\operatorname{tr}(X'AX')}{\partial X}=AX'+X'A$,

(4) $\dfrac{\partial\operatorname{tr}(X'AX)^2}{\partial X}=4AXX'AX$.

2.30　证明 $\dfrac{\partial X^{-1}}{\partial X}=X^{-1}\otimes X^{-1}$.

第三章　多元正态分布

多元正态分布是数理统计学中最常用的分布之一，它具有许多非常重要而优美的理论性质，从而为线性模型、多元统计分析以及很多统计分支的统计推断奠定了坚实的基础. 本章的目的是系统讨论多元正态分布以及它的二次型、线性型的概率性质.

§3.1　均值向量与协方差阵

在讨论多元正态分布之前，我们先考虑一般随机向量.

设 $X=(X_1,\cdots,X_n)'$ 为 $n\times 1$ 随机向量. 称

$$E(X)=(EX_1,\cdots,EX_n)'$$

为 X 的均值.

定理 3.1.1　设 A 为 $m\times n$ 非随机矩阵， X 和 b 分别为 $n\times 1$ 和 $m\times 1$ 随机向量，记 $Y=AX+b$, 则

$$E(Y)=AE(X)+E(b).$$

证明是容易的，留给读者作练习.

n 维随机向量 X 的协方差阵定义为

$$\mathrm{Cov}(X)=E[(X-EX)(X-EX)'].$$

这是一个 $n\times n$ 对称阵，它的 (i,j) 元为 $\mathrm{Cov}(X_i,X_j)=E[(X_i-EX_i)(X_j-EX_j)]$, 特别当 $i=j$ 时，就是 X_i 的方差 $\mathrm{Var}(X_i)$. 所以 X 的协方差阵的对角元为 X 的分量的方差，而非对角元为相应分量的协方差. 若对某个 i 和 j, $\mathrm{Cov}(X_i,X_j)=0$, 则称 X_i 与 X_j 是不相关的.

易见 $\mathrm{trCov}(X)=\sum_{i=1}^n \mathrm{Var}(X_i)$, 这里 $\mathrm{tr}A$ 表示方阵 A 的迹，即对角元素之和.

定理 3.1.2　设 X 为 $n\times 1$ 随机向量，则它的协方差阵必为半正定的对称阵.

证明　对称性是显然的. 下面证明它是半正定的. 事实上，对任意 $n\times 1$ 非随机向量 c, 考虑随机变量 $Y=c'X$ 的方差. 根据定义，我们有

$$\begin{aligned}\mathrm{Var}(Y) &= \mathrm{Var}(c'X)=E[(c'X-E(c'X))^2]\\ &= E[(c'X-E(c'X))(c'X-E(c'X))]\\ &= c'E[(X-EX)(X-EX)']c\\ &= c'\mathrm{Cov}(X)c.\end{aligned}$$

因为左端总是非负的，于是对一切 c，右端也是非负的．根据定义，这说明矩阵 $\mathrm{Cov}(X)$ 是半正定的．定理证毕．

定理 3.1.3　设 A 为 $m\times n$ 阵，X 为 $n\times 1$ 随机向量，$Y=AX$，则 $\mathrm{Cov}(Y)=A\mathrm{Cov}(X)A'$．

证明：

$$\begin{aligned}\mathrm{Cov}(Y) &= E[(Y-EY)(Y-EY)'] \\ &= E[(AX-E(AX))(AX-E(AX))'] \\ &= AE[(X-EX)(X-EX)']A' \\ &= A\mathrm{Cov}(X)A'.\end{aligned}$$

定理证毕．

设 X 和 Y 分别为 $n\times 1, m\times 1$ 随机向量，它们的协方差阵定义为

$$\mathrm{Cov}(X,Y)=E[(X-EX)(Y-EY)'].$$

定理 3.1.4　设 X 和 Y 分别为 $n\times 1, m\times 1$ 随机向量，A 和 B 分别为 $p\times n, q\times m$ 非随机矩阵，则

$$\mathrm{Cov}(AX,BY)=A\mathrm{Cov}(X,Y)B'.$$

证明

$$\begin{aligned}\mathrm{Cov}(AX,BY) &= E[(AX-E(AX))(BY-E(BY))'] \\ &= AE[(X-EX)(Y-EY)']B' \\ &= A\mathrm{Cov}(X,Y)B'.\end{aligned}$$

定理证毕．

§3.2　随机向量的二次型

假设 $X=(X_1,\cdots,X_n)'$ 为 $n\times 1$ 随机向量， A 为 $n\times n$ 对称阵，则随机变量

$$X'AX=\sum_{i=1}^{n}\sum_{j=1}^{n}a_{ij}X_iX_j$$

称为 X 的二次型．本节只要求 $\mathrm{Cov}(X)$ 存在，在对 X 的分布不做进一步假设的情况下，本节给出它的均值和方差的计算公式．如果 X 服从多元正态分布，那么，$X'AX$ 还有进一步的性质，这将在后面讨论．

定理 3.2.1 设 $E(X)=\mu, \mathrm{Cov}(X)=\Sigma$, 则

$$E(X'AX)=\mu'A\mu+\mathrm{tr}(A\Sigma). \tag{3.2.1}$$

证明 因为

$$\begin{aligned} X'AX &= (X-\mu+\mu)'A(X-\mu+\mu) \\ &= (X-\mu)'A(X-\mu)+\mu'A(X-\mu)+(X-\mu)'A\mu+\mu'A\mu, \end{aligned} \tag{3.2.2}$$

利用定理 3.1.1, 有

$$E[\mu'A(X-\mu)]=E(\mu'AX)-\mu'A\mu=\mu'AE(X)-\mu'A\mu=0,$$

于是 (3.2.2) 式中第二、三两项的均值都等于零. 为了证明 (3.2.1), 只需证明

$$E[(X-\mu)'A(X-\mu)]=\mathrm{tr}(A\Sigma). \tag{3.2.3}$$

注意到

$$E[(X-\mu)'A(X-\mu)]=E[\mathrm{tr}(X-\mu)'A(X-\mu)],$$

利用矩阵迹的性质: $\mathrm{tr}(AB)=\mathrm{tr}(BA)$, 并交换求均值和求迹的次序, 上式变为

$$\begin{aligned} E[(X-\mu)'A(X-\mu)] &= E[\mathrm{tr}(X-\mu)'A(X-\mu)] \\ &= E\mathrm{tr}[A(X-\mu)(X-\mu)'] \\ &= \mathrm{tr}AE[(X-\mu)(X-\mu)'] \\ &= \mathrm{tr}(A\Sigma). \end{aligned}$$

定理证毕.

注 在定理证明中, 我们应用了一个很重要的技巧. 这就是, 首先注意到二次型 $(X-\mu)'A(X-\mu)$ 的迹就是它本身, 然后利用迹的可交换性 $\mathrm{tr}(AB)=\mathrm{tr}(BA)$, 交换 $A(X-\mu)$ 与 $(X-\mu)'$ 的位置, 最后再交换求 $E(\cdot)$ 和 $\mathrm{tr}(\cdot)$ 的次序. 这样一来, 把求 $E[(X-\mu)'A(X-\mu)]$ 的问题归结为求协方差阵 $E[(X-\mu)(X-\mu)']=\Sigma$. 这个技巧在后面的讨论中会多次用到.

推论 3.2.1 在定理 3.2.1 的假设条件下,

(1) 若 $\mu=0$, 则 $E(X'AX)=\mathrm{tr}(A\Sigma)$;

(2) 若 $\Sigma=\sigma^2 I$, 则 $E(X'AX)=\mu'A\mu+\sigma^2\mathrm{tr}(A)$;

(3) 若 $\mu=0, \Sigma=I$, 则 $E(X'AX)=\mathrm{tr}(A)$.

例 3.2.1 假设一维总体的均值为 μ, 方差为 σ^2. $X_1,\cdots,X_n$ 为从此总体中抽取的随机样本, 试求样本方差

$$S^2=\frac{1}{n-1}\sum_{i=1}^{n}(X_i-\bar{X})^2$$

的均值，这里 $\bar{X}=\frac{1}{n}\sum_{i=1}^{n}X_i$.

解 记 $Q=(n-1)S^2, X=(X_1,\cdots,X_n)'$. 我们首先把 Q 表示为 X 的一个二次型. 用 $\mathbf{1}_n$(在不会引起误解时也常用 $\mathbf{1}$) 表示所有元素为 1 的 n 维向量，则 $E(X)=\mu\mathbf{1}_n, \mathrm{Cov}(X)=\sigma^2 I_n$. 另外

$$\bar{X}=\frac{1}{n}\mathbf{1}'X,$$

$$X-\bar{X}\mathbf{1}=X-\frac{1}{n}\mathbf{1}\mathbf{1}'X=(I_n-\frac{1}{n}\mathbf{1}\mathbf{1}')X=CX,$$

这里 $C=I_n-\frac{1}{n}\mathbf{1}\mathbf{1}'$, 这是一个对称幂等阵，即 $C^2=C, C'=C$. 于是

$$Q=\sum_{i=1}^{n}(X_i-\bar{X})^2=(X-\bar{X}\mathbf{1})'(X-\bar{X}\mathbf{1})=(CX)'CX=X'CX. \tag{3.2.4}$$

应用定理 3.2.1, 得

$$E(Q)=(E(X))'C(E(X))+\sigma^2\mathrm{tr}(C)=\mu^2\mathbf{1}'C\mathbf{1}+\sigma^2\mathrm{tr}(C).$$

容易验证

$$C\mathbf{1}=0, \mathrm{tr}(C)=n-1,$$

故有

$$E(Q)=\sigma^2(n-1).$$

因而

$$E(S^2)=\sigma^2.$$

这就得到了所要得的结论.

这个例子证明了初等数理统计中的一个重要事实：不管总体的具体分布形式如何，样本方差总是总体方差的一个无偏估计.

现在我们先导出二次型 $X'AX$ 的方差公式.

定理 3.2.2 设随机变量 $X_i, i=1,\cdots,n$ 相互独立， $E(X_i)=\mu_i$， $\mathrm{Var}(X_i)=\sigma^2$， $m_r=E(X_i-\mu_i)^r$， $r=3,4$. $A=(a_{ij})_{n\times n}$ 为对称阵. 记 $X'=(X_1,\cdots,X_n)$， $\mu'=(\mu_1,\cdots,\mu_n)$, 则

$$\mathrm{Var}(X'AX)=(m_4-3\sigma^4)a'a+2\sigma^4\mathrm{tr}(A^2)+4\sigma^2\mu'A^2\mu+4m_3\mu'Aa,$$

其中 $a'=(a_{11},\cdots,a_{nn})$, 即 A 的对角元组成的列向量.

证明 首先注意到

$$\mathrm{Var}(X'AX)=E(X'AX)^2-[E(X'AX)]^2, \tag{3.2.5}$$

由定理 3.2.1, 及 $E(X)=\mu, \mathrm{Cov}(X)=\sigma^2 I$, 我们有

$$E(X'AX)=\mu'A\mu+\sigma^2\mathrm{tr}(A). \tag{3.2.6}$$

所以我们的问题主要是计算 (3.2.5) 中的第一项. 将 $X'AX$ 改写为

$$X'AX=(X-\mu)'A(X-\mu)+2\mu'A(X-\mu)+\mu'A\mu,$$

将其平方，得到

$$\begin{aligned}(X'AX)^2 &= [(X-\mu)'A(X-\mu)]^2+4[\mu'A(X-\mu)]^2\\ &\quad+(\mu'A\mu)^2+2\mu'A\mu[(X-\mu)'A(X-\mu)+2\mu'A(X-\mu)]\\ &\quad+4\mu'A(X-\mu)(X-\mu)'A(X-\mu).\end{aligned}$$

令 $Z=X-\mu$, 则 $E(Z)=0$. 再次利用定理 3.2.1, 推得

$$\begin{aligned}E(X'AX)^2 &= E(Z'AZ)^2+4E(\mu'AZ)^2+(\mu'A\mu)^2\\ &\quad+2\mu'A\mu(\sigma^2\mathrm{tr}(A))+4E[\mu'AZZ'AZ].\end{aligned}$$

下面逐个计算上式所含的每个均值. 由

$$(Z'AZ)^2=\sum_i\sum_j\sum_k\sum_l a_{ij}a_{kl}Z_iZ_jZ_kZ_l$$

及 Z_i 的独立性导出的事实:

$$E(Z_iZ_jZ_kZ_l)=\begin{cases}m_4, & 若 i=j=k=l,\\ \sigma^4, & 若 i=j,k=l;i=k,j=l;i=l,j=k,\\ 0, & 其它,\end{cases}$$

便有

$$\begin{aligned}E(Z'AZ)^2 &= m_4\left(\sum_{i=1}^n a_{ii}^2\right)+\sigma^4\left(\sum_{i\neq k}a_{ii}a_{kk}+\sum_{i\neq j}a_{ij}^2+\sum_{i\neq j}a_{ij}a_{ji}\right)\\ &= (m_4-3\sigma^4)a'a+\sigma^4\left[(\mathrm{tr}(A))^2+2\mathrm{tr}(A^2)\right],\end{aligned} \tag{3.2.7}$$

而

$$\begin{aligned}E(\mu'AZ)^2 &= E(\mu'AZ\cdot\mu'AZ)=E(Z'A\mu\mu'AZ)\\ &= \mathrm{tr}(A\mu\mu'A)\cdot\sigma^2=\sigma^2\mu'A^2\mu.\end{aligned} \tag{3.2.8}$$

最后，若记 $b = A\mu$, 则

$$E(\mu' AZ \cdot Z' AZ) = \sum_i \sum_j \sum_k b_i a_{jk} E(Z_i Z_j Z_k).$$

因为

$$E(Z_i Z_j Z_k) = \begin{cases} m_3, & 若 i = j = k, \\ 0, & 其它, \end{cases}$$

所以

$$E(\mu' AZ \cdot Z' AZ) = m_3 \sum_i b_i a_{ii} = m_3 b' a = m_3 \mu' A a. \tag{3.2.9}$$

将 (3.2.7)~(3.2.9) 代入 (3.2.6), 再将 (3.2.5) 和 (3.2.6) 代入 (3.2.4), 便得到了要证的结果. 定理证毕.

§3.3 正态随机向量

若随机变量 X 具有密度函数

$$f(x) = \frac{1}{\sqrt{2\pi}\sigma} e^{-\frac{1}{2\sigma^2}(x-\mu)^2}, \quad -\infty < x < +\infty,$$

则称 X 为具有均值 μ, 方差 σ^2 的正态随机变量，记为 $N(\mu, \sigma^2)$. 推广到多元情形，我们可以做如下定义：

定义 3.3.1 设 n 维随机向量 $X = (X_1, \cdots, X_n)$ 具有密度函数

$$f(x) = \frac{1}{(2\pi)^{n/2} |\Sigma|^{1/2}} e^{-\frac{1}{2}(x-\mu)' \Sigma^{-1} (x-\mu)}, \tag{3.3.1}$$

其中 $x = (x_1, \cdots, x_n)', -\infty < x_i < +\infty, i = 1, \cdots, n, \mu = (\mu_1, \cdots, \mu_n)'$, Σ 是正定矩阵，则称 X 为 n 维正态随机向量，记为 $N_n(\mu, \Sigma)$. 在不致引起混淆的情况下，也简记为 $N(\mu, \Sigma)$, 这里 μ 和 Σ 分别为分布参数.

我们首先证明，其中的参数 μ 为 X 的均值向量， Σ 为 X 的协方差阵. 在 (3.3.1) 中，用到了 Σ^{-1}, 因此我们假定 Σ 是正定阵，记为 $\Sigma > 0$. 用 $\Sigma^{\frac{1}{2}}$ 记 Σ 的平方根阵，记 $\Sigma^{-\frac{1}{2}}$ 为 $\Sigma^{\frac{1}{2}}$ 的逆矩阵，即 $\Sigma^{-\frac{1}{2}} = (\Sigma^{\frac{1}{2}})^{-1}$. 定义

$$Y = \Sigma^{-\frac{1}{2}}(X - \mu), \tag{3.3.2}$$

故 $X = \Sigma^{\frac{1}{2}} Y + \mu$, 于是 Y 的密度函数为 $g(y) = f(\Sigma^{\frac{1}{2}} y + \mu) \mid J \mid$, 这里 J 为变换的 Jacobi 行列式,

$$J = \begin{vmatrix} \dfrac{\partial x_1}{\partial y_1} & \cdots & \dfrac{\partial x_1}{\partial y_n} \\ \vdots & & \vdots \\ \dfrac{\partial x_n}{\partial y_1} & \cdots & \dfrac{\partial x_n}{\partial y_n} \end{vmatrix} = |\Sigma^{\frac{1}{2}}| = |\Sigma|^{\frac{1}{2}}.$$

从 (3.3.1) 得到 Y 的密度函数

$$g(y)=\frac{1}{(2\pi)^{n/2}}e^{-\frac{1}{2}y'y}=\prod_{i=1}^{n}\frac{1}{\sqrt{2\pi}}e^{-\frac{y_i^2}{2}}=\prod_{i=1}^{n}f(y_i),$$

这里

$$f(y_i)=\frac{1}{\sqrt{2\pi}}e^{-\frac{y_i^2}{2}}$$

是标准正态分布的密度函数. 这表明, Y 的 n 个分量的联合密度等于每个分量的密度函数的乘积. 于是, Y 的 n 个分量相互独立, 且 $Y_i\sim N(0,1), i=1,\cdots,n$. 因而有 $E(Y)=0, \mathrm{Cov}(Y)=I$. 利用关系 $X=\Sigma^{\frac{1}{2}}Y+\mu$ 及定理 2.1.1 和定理 2.1.3, 得 $E(X)=\mu, \mathrm{Cov}(X)=\Sigma$. 这就完成了所要的证明.

从定义 3.3.1 可以看出, 多元正态分布完全由它的均值向量 μ 和协方差阵 Σ 所确定. 特别, 若 $\mu=0, \Sigma=I$, 此时称 X 服从标准正态分布 $N(0,I)$, 它的概率密度函数具有如下形式

$$f(x)=\frac{1}{(2\pi)^{\frac{n}{2}}}e^{-\frac{1}{2}\sum_{i=1}^{n}x_i^2}.$$

容易证明, 它的 n 个分量 $x_1,\cdots,x_n$ 皆服从 $N(0,1)$ 且相互独立. 定义 3.3.1 是用概率密度函数定义分布的, 它需要假设协方差阵 $\Sigma>0$. 下面我们引进多元正态分布的另一种定义.

定义 3.3.2 设 X 为 n 维随机向量. 若存在 $n\times r$ 的列满秩矩阵 A, 使得 $X=AU+\mu$, 这里 $U=(u_1,\cdots,u_r)', u_i\sim N(0,1)$ 且相互独立, μ 为 $n\times 1$ 非随机向量, 则称 X 服从均值为 μ 、协方差阵为 $\Sigma=AA'$ 的多元正态向量, 记为 $X\sim N_n(\mu,\Sigma)$, 在不致引起混淆时简记为 $X\sim N(\mu,\Sigma)$.

这个定义是由我国统计学先驱许宝 • 先生提出的 (见文献 [103], p.28), 他把多元正态向量定义为若干个相互独立的一元标准正态分布随机变量的线性变换. 在这个定义中, Σ 可以是半正定的, 即 $|\Sigma|=0$, 这时的分布称为奇异正态分布. 如果限制 $\Sigma>0$, 则这个定义与定义 3.3.1 是等价的. 事实上, 从 (3.3.2) 及其后的证明我们可以把 X 表示为 $X=\Sigma^{\frac{1}{2}}Y+\mu$, 这里 $Y_i\sim N(0,1), i=1,\cdots,n$ 独立. 据此式, 两种定义的等价性是显然的. 定义 3.3.2 不仅仅是把多元正态的定义推广到奇异正态的情形, 而且根据这种定义, 容易推导多元正态分布的一些性质.

应用定义 3.3.2, 很容易证明下面的定理.

定理 3.3.1 设 $X\sim N_n(\mu,\Sigma), \Sigma\geq 0$, B 为 $m\times n$ 任意实矩阵, 则 $Y=BX\sim N(B\mu, B\Sigma B')$.

证明 设 $\mathrm{rk}(\Sigma)=r$, 根据定义 3.3.2, 存在 $n\times r$ 矩阵 A, $\mathrm{rk}(A)=r$, X 可表示为

$$X=AU+\mu,\quad AA'=\Sigma,\quad U\sim N(0,I_r).$$

于是

$$Y = BAU + B\mu,$$

再用定义 3.3.2, 定理得证.

这个定理表明，多元正态向量的任意线性变换仍为正态向量.

推论 3.3.1 设 $X \sim N_n(\mu, \Sigma), \Sigma > 0$, 则

$$Y = \Sigma^{-\frac{1}{2}} X \sim N(\Sigma^{-\frac{1}{2}}\mu, I_n).$$

注意，这里 X 的诸分量可以是彼此相关且方差互不相等，但经过变换过的 Y 的诸分量相互独立，且方差皆为 1. 这个推论表明，我们可以用一个线性变换把诸分量相关且方差不等的多元正态向量变换为多元标准正态向量.

推论 3.3.2 设 $X \sim N_n(\mu, \sigma^2 I)$, Q 为 $n \times n$ 正交阵，则 $QX \sim N_n(Q\mu, \sigma^2 I)$.

这个推论的证明是容易的，留给读者做练习.

本推论表明，诸分量相互独立且具有等方差的正态向量，经过正交变换后，变为诸分量仍然相互独立且具有等方差的正态向量.

现在我们来求 $X \sim N(\mu, \Sigma), \Sigma \geq 0$ 的概率密度函数. 设 $\mathrm{rk}(\Sigma) = r < n$, $Q = (Q_1 \vdots Q_2)$ 为 Σ 的标准正交化特征向量组成的正交阵， Q_1 为 $n \times r$ 矩阵，其 r 个列对应于非零特征根 $\lambda_1, \cdots, \lambda_r$, Q_2 为 $n \times (n-r)$, 其 $n-r$ 个列皆对应于特征根零. 记 $\Lambda = \mathrm{diag}(\lambda_1, \cdots, \lambda_r)$, 则

$$\begin{aligned} Q'\Sigma Q &= \begin{pmatrix} Q_1' \\ Q_2' \end{pmatrix} \Sigma \begin{pmatrix} Q_1' & Q_2' \end{pmatrix} \\ &= \begin{pmatrix} Q_1'\Sigma Q_1 & Q_1'\Sigma Q_2 \\ Q_2'\Sigma Q_1 & Q_2'\Sigma Q_2 \end{pmatrix} = \begin{pmatrix} \Lambda & 0 \\ 0 & 0 \end{pmatrix}. \end{aligned}$$

考虑线性变换

$$Y_{(1)} = Q_1'X,$$

$$Y_{(2)} = Q_2'X,$$

依定理 3.3.1, 有

$$Y_{(1)} = Q_1'X \sim N_r(Q_1'\mu, \Lambda), \tag{3.3.3}$$

$$Y_{(2)} = Q_2'X \sim N_{n-r}(Q_2'\mu, 0). \tag{3.3.4}$$

由 (3.3.4) 推得， $Q_2'X = Q_2'\mu$, 以概率为 1 成立. 这等价于 $Q_2'(X-\mu) = 0$, 以概率为 1 成立. 即

$$X - \mu \in \mathcal{M}(Q_1), \quad \text{以概率为 1 成立}. \tag{3.3.5}$$

因 $\Sigma = Q_1 \Lambda Q_1'$, 所以 $\mathcal{M}(\Sigma) = \mathcal{M}(Q_1)$. 我们推得 (3.3.4) 等价于

$$X - \mu \in \mathcal{M}(\Sigma), \quad \text{以概率为 1 成立}. \tag{3.3.6}$$

另一方面，从 (3.3.3) 得， $Y_{(1)}$ 的概率密度函数为

$$g(y_{(1)}) = (2\pi)^{-\frac{r}{2}} \mid \Lambda \mid^{-1/2} \exp\{-\frac{1}{2}(y_{(1)} - Q_1'\mu)'\Lambda^{-1}(y_{(1)} - Q_1'\mu)\}. \tag{3.3.7}$$

作变换 $x = Qy$. 由 Q 的正交性，该变换的 Jacobi 行列式 $\mid Q \mid = \pm 1$. 又 $y_{(1)} = Q_1'x$, 从 (3.3.7) 得到的密度函数

$$\begin{aligned} f(x) &= (2\pi)^{-\frac{r}{2}} \Big(\prod_{i=1}^{r} \lambda_i\Big)^{-1/2} \exp\Big\{ -\frac{1}{2}(x-\mu)'Q_1\Lambda^{-1}Q_1'(x-\mu)\Big\} \\ &= (2\pi)^{-\frac{r}{2}} \Big(\prod_{i=1}^{r} \lambda_i\Big)^{-1/2} \exp\Big\{ -\frac{1}{2}(x-\mu)'\Sigma^{+}(x-\mu)\Big\}. \end{aligned} \tag{3.3.8}$$

由 (3.3.6) 知， $(x-\mu)'\Sigma^{-}(x-\mu)$ 与广义逆 Σ^{-} 选择无关，于是

$$(x-\mu)'\Sigma^{+}(x-\mu) = (x-\mu)'\Sigma^{-}(x-\mu).$$

综合 (3.3.5) 和 (3.3.7), 我们得到如下结论：若 $X \sim N_n(\mu, \Sigma), \text{rk}(\Sigma) = r$, 则 $x - \mu$ 以概率为 1 落在子空间 $\mathcal{M}(\Sigma)$ 内，且在此子空间内有密度函数 (关于该子空间的 Lebesgue 测度)

$$(2\pi)^{-\frac{r}{2}} \left(\prod_{i=1}^{r} \lambda_i\right)^{-1/2} \exp\{-\frac{1}{2}(x-\mu)'\Sigma^{-}(x-\mu)\}. \tag{3.3.9}$$

这个结果是由 Khatri(见文献 [71]) 得到的.

把上面的结果归纳起来，即为

定理 3.3.2 设 $X \sim N_n(\mu, \Sigma)$, 则

(1) 当 $\Sigma > 0$ 时， X 具有密度 (3.3.1);

(2) 当 $\text{rk}(\Sigma) = r < n$ 时， $X - \mu$ 以概率为 1 落在子空间 $\mathcal{M}(\Sigma)$ 内，且在此子空间内具有密度 (3.3.8).

应用定义 3.3.2, 我们也很容易获得多元正态分布的特征函数. 我们知道 $N(0,1)$ 的特征函数为

$$\varphi(t) = e^{-\frac{t^2}{2}},$$

于是 $U \sim N_r(0, I_r)$ 的特征函数为

$$\varphi_u(t) = e^{-\frac{t't}{2}}, \quad t \in R_r.$$

记 $i=\sqrt{-1}$, 那么 $X=AU+\mu$ 的特征函数

$$\begin{aligned}\varphi_x(t) &= Ee^{it'X}=E(e^{it'(AU+\mu)})\\ &= e^{it'\mu}E(e^{it'AU})=e^{it'\mu}\varphi_u(A't)\\ &= e^{it'\mu}e^{-\frac{t'AA't}{2}}\\ &= e^{it'\mu-\frac{t'AA't}{2}}, \quad t\in R_n.\end{aligned}$$

因为由概率论中的惟一性定理, 我们知道, 随机变量的分布是由它的特征函数惟一确定的, 于是我们证明了如下定理:

定理 3.3.3　$X\sim N_n(\mu,\Sigma)$ 当且仅当它的特征函数为

$$\varphi_x(t)=e^{it'\mu-\frac{t'\Sigma t}{2}}, \quad t\in R_n.$$

定理 3.3.4　具有均值向量 μ, 协方差阵为 Σ 的随机向量 X 服从多元正态分布当且仅当对任意实向量 c, $c'X\sim N(c'\mu,c'\Sigma c)$, 这里 $\Sigma\geq 0$.

证明　必要性由定义 3.3.2 直接推出, 也可以从定理 3.3.1 导出.

现在证明充分性. 若对任意 c, $c'X\sim N(c'\mu,c'\Sigma c)$, 则对一切 $t\in R$, 有

$$\varphi_{c'x}(t)=e^{itc'\mu-\frac{(c'\Sigma c)t^2}{2}}.$$

特别令 $t=1$,

$$\varphi_{c'x}(1)=e^{ic'\mu-\frac{(c'\Sigma c)}{2}}=\varphi_x(c),$$

于是随机向量 X 的特征函数

$$\varphi_x(c)=e^{ic'\mu-\frac{c'\Sigma c}{2}}.$$

由定理 3.3.3, 这正是 $N(\mu,\Sigma)$ 的特征函数. 依惟一性定理, 知 $X\sim N(\mu,\Sigma)$. 证毕.

注　若 $X\sim N(\mu,\Sigma)$, 当 $\Sigma>0$ 时, 对任意 $c\in R_n$, 若 $c\neq 0$, $c'\Sigma c>0$, 则 $c'X$ 是非退化的一元正态变量. 若 $\Sigma\geq 0, \mathrm{rk}(\Sigma)=r<p$, 即便 $c\neq 0$, 可能有 $c'\Sigma c=0$. 这时 $P(c'X=c'\mu)=1, c'X$ 是退化的一元正态随机变量. 事实上, 对任意 $c\in\mathcal{M}(\Sigma)^{\perp}$, 都有 $P(c'X=c'\mu)=1$.

例 3.3.1　设 $X_1,\cdots,X_n$ 为从正态总体 $N(\mu,\sigma^2)$ 抽取的简单随机样本, 则样本均值 $\bar{X}=\frac{1}{n}\sum_{i=1}^n X_i\sim N(\mu,\frac{\sigma^2}{n})$.

事实上, 若记 $X=(X_1,\cdots,X_n)',c=(\frac{1}{n},\cdots,\frac{1}{n})'$, 则 $\bar{X}=c'X$. 依 3.3.4 知 $\overline{X}$ 服从正态分布. 其余结论的证明是容易的, 留给读者作练习.

在定理中取 $c'=(0,\cdots,0,1,0,\cdots,0)$, 则 $c'X=X_i$, $c'\mu=\mu_i$, $c'\Sigma c=\sigma_{ii}$. 于是我们有如下推论:

推论 3.3.3 设 $X \sim N_n(\mu,\Sigma), \mu=(\mu_1,\cdots,\mu_n), \Sigma=(\sigma_{ij})$, 则 $X_i \sim N(\mu_i,\sigma_{ii})$, $i=1,\cdots,n$.

这个推论表明，若 $X=(X_1,\cdots,X_n)'$ 为 n 维正态向量，则它的任一分量也是正态向量 (包括退化情形). 但反过来的结论未必成立，即 $X_1,\cdots,X_n$ 均为正态变量， $X=(X_1,\cdots,X_n)'$ 未必为正态向量. 我们可以举出很多这样的例子，下面就是其中的一个.

例 3.3.2 设 (X,Y) 的联合密度函数为

$$f(x,y)=\frac{1}{2\pi}e^{-\frac{1}{2}(x^2+y^2)}\left[1-\frac{xy}{(x^2+1)(y^2+1)}\right], \quad -\infty<x,y<+\infty.$$

显然这不是二元正态分布的密度函数，而 X 和 Y 的边缘分布为 $N(0,1)$.

事实上

$$\begin{aligned} f_1(x) &= \int_{-\infty}^{\infty} f(x,y)dy \\ &= \frac{1}{2\pi}\int_{-\infty}^{\infty} e^{-\frac{1}{2}(x^2+y^2)}dy-\frac{1}{2\pi}\int_{-\infty}^{\infty}\frac{xy}{(x^2+1)(y^2+1)}e^{-\frac{1}{2}(x^2+y^2)}dy. \end{aligned}$$

上式第二项被积函数对固定的 x 是 y 的奇函数，因此第二项积分等于零. 于是

$$\begin{aligned} f_1(x) &= \frac{1}{2\pi}\int_{-\infty}^{\infty} e^{-\frac{1}{2}(x^2+y^2)}dy \\ &= \frac{1}{\sqrt{2\pi}}e^{-\frac{x^2}{2}}\int_{-\infty}^{\infty}\frac{1}{\sqrt{2\pi}}e^{-\frac{y^2}{2}}dy \\ &= \frac{1}{\sqrt{2\pi}}e^{-\frac{x^2}{2}}, \end{aligned}$$

这里利用了 $\int_{-\infty}^{\infty}\frac{1}{\sqrt{2\pi}}e^{-\frac{y^2}{2}}dy=1$.

这就证明了 $X\sim N(0,1)$. 在 $f(x,y)$ 表达式中, x,y 的地位完全对称，故 $Y\sim N(0,1)$ 也成立.

这个例子容易推广到多元情形. 设 $X_1,\cdots,X_n$ 的联合密度为

$$f(x_1,\cdots,x_n)=\frac{1}{(2\pi)^{n/2}}e^{-\frac{1}{2}\sum_{i=1}^n x_i^2}\left[1-\frac{\prod_{i=1}^n x_i}{\prod_{i=1}^n(x_i^2+1)}\right].$$

显然， $X_1,\cdots,X_n$ 联合分布不是 n 元正态，但用前面同样的方法，可以证明 $X_i\sim N(0,1), \quad i=1,\cdots,n$.

现在我们来讨论多元正态的进一步性质，先讨论边缘分布. 在以下讨论中，无特殊声明，总假设 $\Sigma\geq 0$, 即 Σ 不必是正定阵.

将 X,μ,Σ 做如下分块

$$X=\begin{pmatrix} X_1 \\ X_2 \end{pmatrix}, \mu=\begin{pmatrix} \mu_1 \\ \mu_2 \end{pmatrix}, \Sigma=\begin{pmatrix} \Sigma_{11} & \Sigma_{12} \\ \Sigma_{21} & \Sigma_{22} \end{pmatrix}, \tag{3.3.10}$$

这里 X_1, μ_1 皆为 $m \times 1$ 向量， Σ_{11} 为 $m \times m$ 矩阵.

定理 3.3.5　设 $X \sim N_n(\mu, \Sigma)$, 则 $X_1 \sim N_m(\mu_1, \Sigma_{11}), X_2 \sim N_{n-m}(\mu_2, \Sigma_{22})$.

证明　X_1 的特征函数为

$$\varphi_{x_1}(t) = \varphi_x(t_1, \cdots, t_m, 0, \cdots, 0) = e^{it'\mu_1 - \frac{t'\Sigma_{11}t}{2}}.$$

依定理 3.3.3 知 $X_1 \sim N_m(\mu_1, \Sigma_{11})$, 同理可证 $X_2 \sim N_{n-m}(\mu_2, \Sigma_{22})$, 定理证毕.

注意：这个定理也可以用定理 3.3.1 来证明.

定理 3.3.6　设 $X \sim N_n(\mu, \Sigma)$, 则 X_1 和 X_2 独立当且仅当 $\Sigma_{12} = 0$.

证明　设 $t \in R_n$， $t = (t_1', t_2')'$， $t_1 \in R_m$， $t_2 \in R_{n-m}$. $\varphi_x(t)$， $\varphi_{x_1}(t_1)$， $\varphi_{x_2}(t_2)$ 分别表示 X, X_1 和 X_2 的特征函数. 于是

$$\begin{aligned}\Sigma_{12} = 0 &\iff t'\Sigma t = t_1'\Sigma_{11}t_1 + t_2'\Sigma_{22}t_2 \\ &\iff \varphi_x(t) = \varphi_{x_1}(t_1)\varphi_{x_2}(t_2).\end{aligned}$$

利用如下事实：随机向量独立当且仅当它们的联合特征函数等于它们的边缘特征函数的乘积. 这就证明了我们的结论，定理证毕.

这个定理刻画了多元正态分布的一个重要性质,相互独立与不相关是等价的.

如果限于非奇异正态分布，当 $\Sigma_{12} = 0$ 时，则 (3.3.1) 可分解为

$$f(x) = f_1(x_1) f_2(x_2),$$

其中

$$\begin{aligned}f_1(x_1) &= \frac{1}{(2\pi)^{m/2}\,|\Sigma_{11}|^{\frac{1}{2}}}\ e^{-\frac{1}{2}(x_1-\mu_1)'\Sigma_{11}^{-1}(x_1-\mu_1)}, \\ f_2(x_2) &= \frac{1}{(2\pi)^{(n-m)/2}\,|\Sigma_{22}|^{\frac{1}{2}}}\ e^{-\frac{1}{2}(x_2-\mu_2)'\Sigma_{22}^{-1}(x_2-\mu_2)},\end{aligned}$$

这里 $f_1(x_1)$ 和 $f_2(x_2)$ 分别是 $X_1 \sim N_m(\mu_1, \Sigma_{11})$ 和 $X_2 \sim N_{n-m}(\mu_2, \Sigma_{22})$ 的密度函数. 因为从 $\Sigma > 0$ 可推出 $\Sigma_{ii} > 0$, 因此非奇异正态分布的边缘分布也是非奇异的.

例 3.3.3　二元正态分布

从初等概率统计教科书我们已经知道，二元正态分布密度为

$$\begin{aligned}f(x_1, x_2) = &\frac{1}{2\pi\sigma_1\sigma_2\sqrt{1-\rho^2}} \\ &\cdot\exp\left\{-\frac{1}{2(1-\rho^2)}\left[\frac{(x_1-\mu_1)^2}{\sigma_1^2} - 2\rho\left(\frac{x_1-\mu_1}{\sigma_1}\right)\left(\frac{x_2-\mu_2}{\sigma_2}\right) + \frac{(x_2-\mu_2)^2}{\sigma_2^2}\right]\right\}.\end{aligned}$$

若写成 (3.3.1) 的形式，则其中的 μ 和 Σ 分别为

$$\mu = \begin{pmatrix} \mu_1 \\ \mu_2 \end{pmatrix}, \Sigma = \begin{pmatrix} \sigma_1^2 & \rho\sigma_1\sigma_2 \\ \rho\sigma_1\sigma_2 & \sigma_2^2 \end{pmatrix},$$

它们分别是二元正态向量的均值向量和协方差阵，ρ 表示相关系数. 因为 $|\Sigma| = (1-\rho^2)\sigma_1^2\sigma_2^2$, 所以为了保证 Σ 可逆，我们要求 $|\rho| < 1$.

当 $\rho = 0$ 时， $\Sigma = \mathrm{diag}(\sigma_1^2, \sigma_2^2)$, 依定理 3.3.6 知，此时 X_1 与 X_2 相互独立，且 $X_i \sim N(\mu_i, \sigma_i^2)$. 关于这个事实，我们也可以从密度函数得到证明. 当 $\rho = 0$ 时，它的联合密度可分解为

$$f(x_1, x_2) = \frac{1}{\sqrt{2\pi}\sigma_1} e^{-\frac{(x_1-\mu_1)^2}{2\sigma_1^2}} \cdot \frac{1}{\sqrt{2\pi}\sigma_2} e^{-\frac{(x_2-\mu_2)^2}{2\sigma_2^2}}.$$

可见 $X_i \sim N(\mu_i, \sigma_i^2)$, 且相互独立.

下面我们讨论多元正态的条件分布.

定理 3.3.7 设 $X \sim N_n(\mu, \Sigma)$, 对 X, μ, Σ 做如 (3.3.10) 的分块, 则给定 $X_1 = x_1$ 时， X_2 的条件分布为

$$X_2|X_1 = x_1 \sim N_{n-m}(\mu_2 + \Sigma_{21}\Sigma_{11}^-(x_1 - \mu_1),\ \Sigma_{22.1}),$$

这里 $\Sigma_{22.1} = \Sigma_{22} - \Sigma_{21}\Sigma_{11}^-\Sigma_{12}$.

证明 令

$$C = \begin{pmatrix} I_m & 0 \\ -\Sigma_{21}\Sigma_{11}^- & I_{n-m} \end{pmatrix}.$$

做变换 $Y = CX$, 则 $Y \sim N_n(C\mu, C\Sigma C')$. 利用 (2.2.11) 和 (2.2.12) 得

$$\Sigma_{21} - \Sigma_{21}\Sigma_{11}^-\Sigma_{11} = 0, \qquad \Sigma_{12} - \Sigma_{11}(\Sigma_{11}^-)'\Sigma_{12} = 0,$$

于是

$$\begin{aligned} C\Sigma C' &= \begin{pmatrix} I_m & 0 \\ -\Sigma_{21}\Sigma_{11}^- & I_{n-m} \end{pmatrix} \begin{pmatrix} \Sigma_{11} & \Sigma_{12} \\ \Sigma_{21} & \Sigma_{22} \end{pmatrix} \begin{pmatrix} I_m & -(\Sigma_{11}^-)'\Sigma_{12} \\ 0 & I_{n-m} \end{pmatrix} \\ &= \begin{pmatrix} \Sigma_{11} & 0 \\ 0 & \Sigma_{22.1} \end{pmatrix}, \end{aligned}$$

即

$$\begin{aligned} \begin{pmatrix} Y_1 \\ Y_2 \end{pmatrix} &= \begin{pmatrix} X_1 \\ X_2 - \Sigma_{21}\Sigma_{11}^- X_1 \end{pmatrix} \\ &\sim N_n\left(\begin{pmatrix} \mu_1 \\ \mu_2 - \Sigma_{21}\Sigma_{11}^-\mu_1 \end{pmatrix}, \begin{pmatrix} \Sigma_{11} & 0 \\ 0 & \Sigma_{22.1} \end{pmatrix} \right). \end{aligned}$$

于是

$$X_2 - \Sigma_{21}\Sigma_{11}^{-}X_1 \sim N_{n-m}(\mu_2 - \Sigma_{21}\Sigma_{11}^{-}\mu_1,\ \ \Sigma_{22.1}),$$

$$X_1 \sim N_m(\mu_1,\ \ \Sigma_{11}),$$

且二者相互独立. 故给定 $X_1 = x_1$,

$$X_2 \sim N_{n-m}(\mu_2 + \Sigma_{21}\Sigma_{11}^{-}(x_1 - \mu_1), \Sigma_{22.1}).$$

证毕.

从这个定理我们可以获得如下重要事实:

$$E(X_2|X_1 = x_1) = \mu_2 + \Sigma_{21}\Sigma_{11}^{-}(x_1 - \mu_1) = (\mu_2 - \Sigma_{21}\Sigma_{11}^{-}\mu_1) + \Sigma_{21}\Sigma_{11}^{-}x_1,$$

即给定 $X_1 = x_1, X_2$ 的条件均值是 x_1 的线性函数.

由定理 3.3.2 的证明, 我们知道, $X_1 - \mu_1 \in \mathcal{M}(\Sigma_{11})$(以概率为 1), 而 $\mathcal{M}(\Sigma_{21}) \subset \mathcal{M}(\Sigma_{11})$, 所以, $\Sigma_{21}\Sigma_{11}^{-}(x_1 - \mu_1)$ 与广义逆 Σ_{11}^{-} 的选择无关. 从定理的证明, 我们还可以有如下推论:

推论 3.3.4 (1) $X_1 - \Sigma_{12}\Sigma_{22}^{-}X_2 \sim N_m(\mu_1 - \Sigma_{12}\Sigma_{22}^{-}\mu_2, \Sigma_{11.2})$ 且与 $X_2 \sim N_{n-m}(\mu_2, \Sigma_{22})$ 相互独立, 其中 $\Sigma_{11.2} = \Sigma_{11} - \Sigma_{12}\Sigma_{22}^{-}\Sigma_{21}$.

(2) $X_2 - \Sigma_{21}\Sigma_{11}^{-}X_1 \sim N_{n-m}(\mu_2 - \Sigma_{21}\Sigma_{11}^{-}\mu_1, \Sigma_{22.1})$ 且与 $X_1 \sim N_m(\mu_1, \Sigma_{11})$ 相互独立.

§3.4 正态变量的二次型

设 $X \sim N_n(\mu, \Sigma), A_{n\times n}$ 为实对称阵. 本节的目的是研究 $X'AX$ 的性质, 特别是在什么条件下, 二次型 $X'AX$ 服从 χ^2 分布, 并讨论 χ^2 分布的一些重要性质. 以下我们总假设 $\Sigma > 0$.

定理 3.4.1 (1) 设 $X \sim N_n(\mu, \Sigma), A_{n\times n}$ 对称, 则 $\mathrm{Var}(X'AX) = 2\mathrm{tr}(A\Sigma)^2 + 4\mu' A\Sigma A\mu$,

(2) 设 $X \sim N_n(\mu, \sigma^2 I), A_{n\times n}$ 对称, 则 $\mathrm{Var}(X'AX) = 2\sigma^4\mathrm{tr}(A^2) + 4\sigma^2\mu' A^2\mu$.

证明 (1) 记 $Y = \Sigma^{-\frac{1}{2}}X$, 则 $Y \sim N_n(\Sigma^{-\frac{1}{2}}\mu, I)$, 所以 Y 的分量相互独立, 且 $\mathrm{Var}(X'AX) = \mathrm{Var}(Y'\Sigma^{\frac{1}{2}}A\Sigma^{\frac{1}{2}}Y)$, 注意到对正态分布

$$m_3 = E(Y_i - EY_i)^3 = 0,$$

$$m_4 = E(Y_i - EY_i)^4 = 3.$$

应用定理 3.2.2, 便得到第一条结论.

(2) 这是 (1) 的特殊情况. 定理证毕.

定义 3.4.1 设 $X\sim N_n(\mu,I_n)$. 随机变量 $Y=X'X$ 的分布称为自由度为 n, 非中心参数为 $\lambda=\mu'\mu$ 的 χ^2 分布, 记为 $Y\sim\chi^2_{n,\lambda}$. 当 $\lambda=0$ 时, 称 Y 的分布为中心 χ^2 分布, 记为 $Y\sim\chi^2_n$.

定理 3.4.2 χ^2 分布具有下述性质:

(1) (可加性) 设 $Y_i\sim\chi^2_{n_i,\lambda_i}, i=1,\cdots,k$, 且相互独立, 则

$$Y_1+\cdots+Y_k\sim\chi^2_{n,\lambda},$$

这里 $n=\sum n_i, \lambda=\sum\lambda_i$.

(2) $E(\chi^2_{n,\lambda})=n+\lambda,\quad \mathrm{Var}(\chi^2_{n,\lambda})=2n+4\lambda$.

证明 (1) 根据定义易得. 下证 (2).

(2) 设 $Y\sim\chi^2_{n,\lambda}$, 则依定义, Y 可表示为

$$Y=X_1^2+\cdots+X_{n-1}^2+X_n^2,$$

其中 $X_i\sim N(0,1),\ i=1,\cdots,n-1,\ \ X_n\sim N(\sqrt{\lambda},1)$, 且相互独立, 于是

$$E(Y)=\sum_{i=1}^n E(X_i^2), \tag{3.4.1}$$

$$\mathrm{Var}(Y)=\sum_{i=1}^n \mathrm{Var}(X_i^2). \tag{3.4.2}$$

因为

$$E(X_i^2)=\mathrm{Var}(X_i)+E(X_i)^2=\begin{cases}1, & i=1,\cdots,n-1,\\ 1+\lambda, & i=n.\end{cases}$$

代入 (3.4.1), 第一条结论得证. 直接计算可得

$$EX_i^4=3,\quad i=1,\cdots,n-1,$$

$$EX_n^4=\lambda^2+6\lambda+3.$$

于是

$$\mathrm{Var}(X_i^2)=EX_i^4-(EX_i^2)^2=3-1=2,\quad i=1,\cdots,n-1,$$

$$\mathrm{Var}(X_n^2)=EX_n^4-(EX_n^2)^2=2+4\lambda.$$

代入 (3.4.2) 便证明了第二条结论.

设 $X\sim N_n(0,\Sigma),\Sigma>0$, 依定义容易证明二次型 $X'\Sigma^{-1}X\sim\chi^2_n$. 事实上, 记 $Y=\Sigma^{-\frac{1}{2}}X$, 则 $Y\sim N_n(0,I)$. 于是

$$X'\Sigma^{-1}X=(\Sigma^{-\frac{1}{2}}X)'(\Sigma^{-\frac{1}{2}}X)=Y'Y\sim\chi^2_n.$$

对于正态向量的一般二次型，我们有下面的定理.

定理 3.4.3　设 $X \sim N_n(\mu, I_n), A$ 对称，则 $X'AX \sim \chi^2_{r,\mu' A\mu} \Longleftrightarrow A$ 幂等，$\mathrm{rk}(A) = r$.

证明　先证充分性. 设 A 幂等、对称，且 $\mathrm{rk}(A) = r$, 依定理 2.3.1, A 的特征根只能为 0 或 1, 于是存在正交方阵 Q, 使得

$$A = Q' \begin{pmatrix} I_r & 0 \\ 0 & 0 \end{pmatrix} Q.$$

令 $Y = QX$, 则 $Y \sim N_n(Q\mu, I_n)$, 对 Y 和 Q 做分块

$$Y = \begin{pmatrix} Y_{(1)} \\ Y_{(2)} \end{pmatrix}, Q = \begin{pmatrix} Q_1 \\ Q_2 \end{pmatrix},$$

其中 $Y_{(1)}$: $r \times 1, Q_1$: $r \times n$. 于是

$$X'AX = Y' \begin{pmatrix} I_r & 0 \\ 0 & 0 \end{pmatrix} Y = Y'_{(1)} Y_{(1)} \sim \chi^2_{r,\lambda},$$

其中 $\lambda = (Q_1\mu)' Q_1 \mu = \mu' Q_1' Q_1 \mu = \mu' A \mu$.

再证必要性. 设 $\mathrm{rk}(A) = t$. 因 A 对称，故存在正交方阵 Q, 使得

$$A = Q' \begin{pmatrix} \Lambda & 0 \\ 0 & 0 \end{pmatrix} Q,$$

其中 $\Lambda = \mathrm{diag}(\lambda_1, \cdots, \lambda_t)$. 我们只需证明 $\lambda_i = 1, i = 1, \cdots, t, t = r$. 令 $Y = QX$, 则 $Y \sim N_n(Q\mu, I_n)$. 记

$$c = Q\mu = \begin{pmatrix} c_1 \\ \vdots \\ c_n \end{pmatrix},$$

则

$$X'AX = Y' \begin{pmatrix} \Lambda & 0 \\ 0 & 0 \end{pmatrix} Y = \sum_{j=1}^{t} \lambda_j Y_j^2, \tag{3.4.3}$$

这里 $Y' = (Y_1 \cdots Y_n), Y_j \sim N(c_j, 1)$ 且相互独立，$j = 1, \cdots, t$. 依特征函数的定义，不难算出 $\lambda_j Y_j^2$ 的特征函数为

$$g_j(z) = (1 - 2i\lambda_j z)^{-\frac{1}{2}} \exp\left\{ \frac{i\lambda_j z}{1 - 2i\lambda_j z} c_j^2 \right\}.$$

利用独立随机变量之和的特征函数等于它们的特征函数之积，由 (3.4.3) 得 $X'AX$ 的特征函数

$$\prod_{j=1}^{t}(1-2i\lambda_j z)^{-\frac{1}{2}}\exp\left\{\frac{i\lambda_j z}{1-2i\lambda_j z}c_j^2\right\}. \tag{3.4.4}$$

我们再来计算 $\chi^2_{r;\lambda}$ 的特征函数. 设 $u\sim\chi^2_{r;\lambda}$, $\lambda=\mu' A\mu$, 记 $u=u_1^2+\cdots+u_r^2$, 其中 $u_1\sim N(\lambda^{1/2},1)$, $u_j\sim N(0,1)$, $j\geq 2$. 和刚才同样的道理，得 u 的特征函数，

$$(1-2iz)^{-\frac{r}{2}}\exp\left\{\frac{i\lambda z}{1-2iz}\right\}. \tag{3.4.5}$$

依假设， $X'AX\sim\chi^2_{r;\lambda}$. 于是 (3.4.4) 和 (3.4.5) 应该相等. 比较两者的奇点及其个数知， $\lambda_j=1, j=1,\cdots,t$, 且 $t=r$. 必要性得证. 定理证毕.

推论 3.4.1 设 $A_{n\times n}$ 对称， $X\sim N_n(\mu,I)$, 那么 $X'AX\sim\chi^2_k$, 即中心 χ^2 分布 $\Longleftrightarrow A$ 幂等， $\text{rk}(A)=k, A\mu=0$.

推论 3.4.2 设 $A_{n\times n}$ 对称， $X\sim N_n(0,I)$, 那么 $X'AX\sim\chi^2_k, \Longleftrightarrow A$ 幂等, $\text{rk}(A)=k$.

推论 3.4.3 设 $A_{n\times n}$ 对称， $X\sim N_n(\mu,\Sigma),\Sigma>0$, 那么 $X'AX\sim\chi^2_{k;\lambda},\lambda=\mu' A\mu\Longleftrightarrow A\Sigma A=A$.

定理 3.4.3 及其推论把判定正态变量二次型服从 χ^2 分布的问题化为研究相应的二次型矩阵的问题，而后者往往很容易处理. 因此，这些结果是判定 χ^2 分布的很有效的工具.

例 3.4.1 设 $X\sim N_n(C\beta,\sigma^2 I),\text{rk}(C)=r$. 利用推论 3.4.1 容易证明， $X'[I-C(C'C)^-C']X/\sigma^2\sim\chi^2_{n-r}$.

事实上，该二次型的矩阵 $A=I-C(C'C)^-C'$ 是幂等阵，依定理 2.3.3，有 $\text{rk}(A)=\text{tr}(A)=\text{tr}(I-C(C'C)^-C')=n-\text{tr}(C(C'C)^-C')=n-\text{rk}(C(C'C)^-C')$. 再利用推论 2.2.1(3) 得 $\text{rk}(A)=n-\text{rk}(C'C)=n-\text{rk}(C)=n-r$. 又因 $AC=0$, 根据推论 3.4.1,$X'[I-C(C'C)^-C']X/\sigma^2\sim\chi^2_{n-r}$.

定理 3.4.4 设 $X\sim N_n(\mu,I)$, $X'AX=X'A_1X+X'A_2X\sim\chi^2_{r;\lambda}, X'A_1X\sim\chi^2_{s;\lambda_1}, A_2\geq 0$, 其中 $\lambda=\mu' A\mu$, $\lambda_1=\mu' A_1\mu$. 则

(1) $X'A_2X\sim\chi^2_{r-s;\lambda_2}$, $\lambda_2=\mu' A_2\mu$,

(2) $X'A_1X$ 和 $X'A_2X$ 相互独立,

(3) $A_1A_2=0$.

证明 因 $X'AX\sim\chi^2_{r;\lambda}$, 由定理 3.4.3 知， A 幂等， $\text{rk}(A)=r$, 于是，存在正交方阵 P, 使得

$$P'AP=\begin{pmatrix} I_r & 0\\ 0 & 0\end{pmatrix}.$$

因 $A \geq A_1, A \geq A_2$, 于是

$$P'A_1P = \begin{pmatrix} B_1 & 0 \\ 0 & 0 \end{pmatrix}, \quad B_1\colon r \times r,$$

$$P'A_2P = \begin{pmatrix} B_2 & 0 \\ 0 & 0 \end{pmatrix}, \quad B_2\colon r \times r.$$

由假设 $X'A_1X \sim \chi^2_{s;\lambda_1}$, 推得 $A_1^2 = A_1$, 于是 $B_1^2 = B_1$. 故存在正交阵 $Q_{r\times r}$, 使得

$$Q'B_1Q = \begin{pmatrix} I_s & 0 \\ 0 & 0 \end{pmatrix}.$$

记

$$S' = \begin{pmatrix} Q' & 0 \\ 0 & I_{n-r} \end{pmatrix} P',$$

则 S 为正交阵, 且使

$$S'AS = S'A_1S + S'A_2S$$

形为

$$\begin{pmatrix} I_s & 0 & 0 \\ 0 & I_{r-s} & 0 \\ 0 & 0 & 0 \end{pmatrix} = \begin{pmatrix} I_s & 0 & 0 \\ 0 & 0 & 0 \\ 0 & 0 & 0 \end{pmatrix} + \begin{pmatrix} 0 & 0 & 0 \\ 0 & I_{r-s} & 0 \\ 0 & 0 & 0 \end{pmatrix}.$$

做变换 $Y = SX$, 依定理 3.3.1, 有 $Y \sim N_n(S\mu, I)$. 于是

$$X'AX = Y'S'ASY = \sum_{i=1}^{r} Y_i^2,$$

$$X'A_1X = Y'S'A_1SY = \sum_{i=1}^{s} Y_i^2,$$

$$X'A_2X = Y'S'A_2SY = \sum_{i=s+1}^{r} Y_i^2.$$

因为 $Y_1, \cdots, Y_n$ 相互独立, 所以 $X'A_1X$ 与 $X'A_2X$ 相互独立. 再依定义, $X'A_2X \sim \chi^2_{r-s;\lambda_2}$, 又

$$A_1A_2 = S\begin{pmatrix} I_s & 0 & 0 \\ 0 & 0 & 0 \\ 0 & 0 & 0 \end{pmatrix} S'S \begin{pmatrix} 0 & 0 & 0 \\ 0 & I_{r-s} & 0 \\ 0 & 0 & 0 \end{pmatrix} S' = 0,$$

(3) 得证. 定理证毕.

推论 3.4.4 设 $X \sim N_n(\mu, I), A_1, A_2$ 对称, $X'A_1X$ 和 $X'A_2X$ 都服从 χ^2 分布, 则它们相互独立 $\Longleftrightarrow A_1A_2 = 0$.

证明 充分性. 令 $A = A_1 + A_2$. 由 $A_1A_2 = 0$, 可推出 $A_2A_1 = (A_1A_2)' = 0$. 因此, 由 A_1, A_2 的幂等性得

$$A^2 = (A_1 + A_2)^2 = A_1^2 + A_2^2 + A_1A_2 + A_2A_1 = A_1 + A_2 = A,$$

即 A 幂等. 由定理 3.4.4, $X'A_1X$ 与 $X'A_2X$ 相互独立.

必要性. 若 $X'A_1X$ 与 $X'A_2X$ 相互独立, 则 $X'AX$ 也服从 χ^2 分布, 再由定理 3.4.4(3), 结论得证.

上面两个定理很容易推广到 $\mathrm{Cov}(X) = \Sigma > 0$ 的情形.

推论 3.4.5 设 $X \sim N_n(\mu, \Sigma)$, $\Sigma > 0$, $X'AX = X'A_1X + X'A_2X \sim \chi^2_{r,\lambda_1}$, $X'A_1X \sim \chi^2_{s,\ \lambda_2}$, $A_2 \geq 0$, 则

(1) $X'A_2X \sim \chi^2_{r-s,\lambda_3}$,

(2) $X'A_1X$ 与 $X'A_2X$ 相互独立,

(3) $A_1\Sigma A_2 = 0$,

其中 $\lambda_i, i = 1, 2, 3$ 为非中心参数, 不再精确写出.

推论 3.4.6 设 $X \sim N_n(\mu, \Sigma), \Sigma > 0, A_1, A_2$ 对称, $X'A_1X$ 与 $X'A_2X$ 都服从 χ^2 分布. 则它们相互独立 $\Longleftrightarrow A_1\Sigma A_2 = 0$.

在这个推论中, 我们要求 $X'A_1X$ 与 $X'A_2X$ 都服从 χ^2 分布. 事实上, 从下一节我们可以看出, 这个条件是可以放弃的.

§3.5 正态变量的二次型与线性型的独立性

设 $X \sim N_n(\mu, \Sigma), A, B$ 皆为 n 阶对称阵, C 为 $m \times n$ 矩阵. 本节将建立二次型 $X'AX, X'BX$ 和线性型 CX 相互独立的条件. 这些结果在线性模型的参数估计和假设检验中将有重要应用.

定理 3.5.1 设 $X \sim N_n(\mu, I), A$ 为 $n \times n$ 对称阵, C 为 $m \times n$ 矩阵. 若 $CA = 0$, 则 CX 和 $X'AX$ 相互独立.

证明 由 A 的对称性, 知存在标准正交阵 P, 使得

$$P'AP = \begin{pmatrix} \Lambda & 0 \\ 0 & 0 \end{pmatrix}, \tag{3.5.1}$$

这里 $\Lambda=\mathrm{diag}(\lambda_1,\cdots,\lambda_r),\lambda_i\neq 0,\mathrm{rk}(A)=r$. 由 $CA=0$ 可推得 $CPP'AP=0$. 这等价于

$$CP\begin{pmatrix}\Lambda & 0\\ 0 & 0\end{pmatrix}=0. \tag{3.5.2}$$

若记

$$D=CP=\begin{pmatrix}D_{11} & D_{12}\\ D_{21} & D_{22}\end{pmatrix},$$

由 (3.5.2) 推得 $D_{11}=0,D_{21}=0$. 于是 D 就变为

$$D=\begin{pmatrix}0 & D_{12}\\ 0 & D_{22}\end{pmatrix}\triangleq(0\vdots D_1),\quad D_1\text{: }m\times(n-r).$$

将 P 做对应分块：$P=(P_1\vdots P_2),P_1$ 为 $n\times r$. 那么

$$C=DP'=(0\vdots D_1)\begin{pmatrix}P_1'\\ P_2'\end{pmatrix}=D_1P_2', \tag{3.5.3}$$

$$A=P\begin{pmatrix}\Lambda & 0\\ 0 & 0\end{pmatrix}P'=P_1\Lambda P_1'. \tag{3.5.4}$$

记 $Y=P'X$, 依定理 3.3.1, 我们知道

$$Y=\begin{pmatrix}Y_{(1)}\\ Y_{(2)}\end{pmatrix}=\begin{pmatrix}P_1'X\\ P_2'X\end{pmatrix}\sim N_n(P\mu,I).$$

显然，$Y_{(1)}$ 和 $Y_{(2)}$ 相互独立. 但由 (3.5.3) 和 (3.5.4), 有

$$CX=D_1P_2'X=D_1Y_{(2)},$$

$$X'AX=X'P_1\Lambda P_1'X=Y_{(1)}'\Lambda Y_{(1)}.$$

因 CX 只依赖于 $Y_{(2)}$, 而 $X'AX$ 只依赖于 $Y_{(1)}$, 所以 CX 与 $X'AX$ 独立，定理得证.

例 3.5.1 设 $X_1,\cdots,X_n$ 为取自 $N(0,\sigma^2)$ 的随机样本, 则样本均值 $\overline{X}$ 与样本方差 $S^2=\frac{1}{n-1}\sum_{i=1}^n(X_i-\bar{X})^2$ 相互独立.

事实上, 若记 $X=(X_1,\cdots,X_n)$, $\mathbf{1}=(1,\cdots,1)'$, 即 $\mathbf{1}$ 为所有分量全为 1 的 $n\times 1$ 向量, $X\sim N_n(0,\sigma^2 I)$, 则

$$\overline{X}=\frac{1}{n}\mathbf{1}'X,\qquad (n-1)S^2=X'CX,$$

这里

$$C=I_n-\frac{1}{n}\mathbf{1}\mathbf{1}'.$$

容易验证 $\mathbf{1}'C=0$, 由定理 3.5.1 知 $\overline{X}$ 与 S^2 独立.

推论 3.5.1 设 $X\sim N_n(\mu,\Sigma)$, $\Sigma>0$, $A_{n\times n}$ 为对称阵. 若 $C\Sigma A=0$, 则 CX 与 $X'AX$ 相互独立.

证明留给读者作练习.

定理 3.5.2 设 $X\sim N_n(\mu,I), A,B$ 皆 $n\times n$ 对称, 若 $AB=0$, 则 $X'AX$ 与 $X'BX$ 相互独立.

证明 由 $AB=0$ 及 A,B 的对称性, 立得 $BA=0$, 于是 $AB=BA$, 故存在正交阵 P, 可使 A,B 同时对角化, 即

$$P'AP=\Lambda_1=\mathrm{diag}(\lambda_1^{(1)},\cdots,\lambda_n^{(1)}),$$
$$P'BP=\Lambda_2=\mathrm{diag}(\lambda_1^{(2)},\cdots,\lambda_n^{(2)}).$$

由 $AB=0\Longrightarrow\Lambda_1\Lambda_2=0$, 即

$$\lambda_i^{(1)}\text{和}\lambda_i^{(2)}\text{至少有一个为 } 0,\quad i=1,\cdots,n. \tag{3.5.5}$$

令

$$Y=P'X=\begin{pmatrix}Y_1\\ \vdots\\ Y_p\end{pmatrix},$$

则 $Y\sim N_n(P'\mu,I)$, 于是 Y 的诸分量 $Y_1,\cdots,Y_n$ 相互独立, 但

$$X'AX=X'P\Lambda_1P'X=Y'\Lambda_1Y,$$

$$X'BX=X'P\Lambda_2P'X=Y'\Lambda_2Y.$$

根据 (3.5.5),$X'AX$ 与 $X'BX$ 所依赖的 Y 分量不同, 故 $X'AX$ 与 $X'BX$ 相互独立. 定理得证.

这个定理的逆也是对的, 即设 $X\sim N_n(\mu,I), A,B$ 皆 $n\times n$ 对称, 若 $X'AX$ 与 $X'BX$ 相互独立, 则 $AB=0$. 这个事实的证明此处就略去了, 详见文献 [42] 和 [88], 后者还把定理推广到奇异正态分布的情形.

推论 3.5.2 设 $X\sim N_n(\mu,\Sigma),\Sigma>0,A,B$ 皆 $n\times n$ 对称. 若 $A\Sigma B=0$, 则 $X'AX$ 与 $X'BX$ 相互独立.

习　题　三

3.1　设 $X_1, X_2, \cdots, X_n$ 为随机变量，$Y_1 = X_1$, $Y_i = X_i - X_{i-1}$, $i = 2, 3, \cdots, n$. 记 $X = (X_1, X_2, \cdots, X_n)'$, $Y = (Y_1, Y_2, \cdots, Y_n)'$.

(1) 若 $\mathrm{Cov}(X) = I$, 其中 I 是 n 阶单位阵，求 $\mathrm{Cov}(Y)$;

(2) 若 $\mathrm{Cov}(Y) = I$, 求 $\mathrm{Cov}(X)$.

3.2　(1) 设 X 和 Y 为具有相同方差的任意两个随机变量．证明

$$\mathrm{Cov}(X+Y,\ X-Y) = 0.$$

(2) 设 $X_{n\times1}, Y_{m\times1}$ 均为随机向量，$\mathrm{Cov}(X) > 0$(即 $\mathrm{Cov}(X)$ 是正定阵), 求常数矩阵 $A_{n\times m}$, 使得

$$\mathrm{Cov}(X,\ Y - AX) = 0.$$

(3) 利用 (1) 和 (2), 试构造例子说明不相关的随机变量或向量不一定相互独立.

3.3　设 $X \sim N_2(\mu, \Sigma)$, 其密度函数为

$$f(x_1, x_2) = k^{-1} \exp\left\{-\frac{1}{2}Q(x_1, x_2)\right\},$$

这里 $Q(x_1, x_2) = x_1^2 + 2x_2^2 - x_1x_2 - 3x_1 - 2x_2 + 4$, 求 μ 和 Σ.

3.4　设随机变量 $X_1, \cdots, X_n$ 相互独立，具有公共的均值 μ 和方差 σ^2.

(1) 定义 $Y_i = X_i - X_{i+1}, i = 1, \cdots, n-1$. 证明 Y_i 均值为 0, 方差为 $2\sigma^2$.

(2) 定义 $Q = (X_1 - X_2)^2 + \cdots + (X_{n-1} - X_n)^2$, 求 $\mathrm{E}(Q)$.

3.5　证明推论 3.3.2.

3.6　设 $X \sim N_n(0, I)$, 令 $U = AX$, $V = BX$, $W = CX$, 这里 A, B, C 皆为 $r \times n$ 矩阵，且秩为 r, 若 $\mathrm{Cov}(U, V) = \mathrm{Cov}(U, W) = 0$. 证明 U 与 $V + W$ 独立.

3.7　记 $Z_1 = X + Y$, $Z_2 = X - Y$, 设 Z_1, Z_2 为独立正态变量，试证明 X 和 Y 也是正态变量.

3.8　设线性模型 $Y = X\beta + e$, $\mathrm{E}(e) = 0, \mathrm{Cov}(e) = \sigma^2 V$, 若要 $Y'AY$ 为 σ^2 的无偏估计 (A 是非随机矩阵), A 应满足什么条件？

3.9　设 $X \sim N_2(0, \Sigma), \Sigma = (\sigma_{ij})$, 证明

$$X'\Sigma^{-1}X - X_1^2/\sigma_{11} \sim \chi_1^2,$$

其中 $X' = (X_1, X_2)$.

3.10　设 $X \sim N_3(0, \Sigma)$, 其中

$$\Sigma = \begin{pmatrix} 1 & \rho & \rho \\ \rho & 1 & \rho \\ 0 & \rho & 1 \end{pmatrix}.$$

确定 ρ 的值，使得 $X_1+X_2+X_3$ 与 $X_1-X_2-X_3$ 相互独立.

3.11 设 $X'=(X_1,X_2,X_3,X_4)\sim N_4(0,\ I_4)$, 证明 $Q=X_1X_2-X_3X_4$ 不服从 χ^2 分布.

3.12 设 $X\sim\chi^2_{r,\lambda}$, 证明 X 的特征函数为

$$(1-2it)^{-r/2}\exp(\frac{ti\lambda}{1-2it})\ .$$

3.13 设 $X_1,X_2,\cdots,X_n$ 相互独立，且都服从 $N(0,\sigma^2)$, 证明 $\overline{X}=\frac{1}{n}\sum_{i=1}^{n}X_i$ 与 $Q=\sum_{i=1}^{n-1}(X_i-X_{i+1})$ 独立.

3.14 设 $X\sim N_p(\mu,I)$, 证明 AX 与 BX 相互独立 $\Longleftrightarrow AB'=0$.

3.15 设 $X\sim N_p(\mu,I)$, $Q_1=X'AX$, $Q_2=X'BX$, 若 Q_1 与 Q_2 独立, 且 $A\geq 0$, $B\geq 0$, 则 $AB=0$.

3.16 设 $X\sim N_p(\mu,\Sigma)$, 证明:

(1) $E(X-\mu)^3=0$,

(2) $\mathrm{Cov}(X,X'AX)=2\Sigma A\mu$.

3.17 设 $X_1,X_2,\cdots,X_n$ 为来自 $N_p(\mu,\Sigma)$ 的随机样本， $\overline{X}=\frac{1}{n}\sum_{i=1}^{n}X_i$.

(1) 求 $\overline{X}$ 的分布.

(2) 证明 $\mathrm{Cov}(X_i-\overline{X},\overline{X})=0$.

(3) 证明 $\mathrm{E}\left(\frac{1}{n-1}\sum_{i=1}^{n}(X_i-\overline{X})(X_i-\overline{X})'\right)=\Sigma$.

第四章　参数估计

在线性模型参数估计理论与方法中，最小二乘法占有中心的基础地位. 它始于 19 世纪初叶，是由著名数学家 Legendre 和 Gauss 分别于 1805 年和 1809 年独立提出的. 接着在 1900 年 Markov 证明了最小二乘估计的一种优良性，这就是我们现在所说的 Gauss-Markov 定理，从而奠定了最小二乘法在线性模型参数估计理论中的地位.

本章将系统讨论有关最小二乘估计的基础理论，关于它的最新发展，读者可参阅文献 [29].

§4.1　最小二乘估计

我们讨论线性模型

$$y = X\beta + e, \qquad E(e) = 0, \qquad \mathrm{Cov}(e) = \sigma^2 I \tag{4.1.1}$$

的参数 β 和 σ^2 的估计问题，这里 y 为 $n \times 1$ 观测向量，X 为 $n \times p$ 的设计矩阵. β 为 $p \times 1$ 未知参数向量，e 为随机误差，σ^2 为误差方差，$\sigma^2 > 0$. 如果 $\mathrm{rk}(X) = r \leq p$，称 (4.1.1) 为降秩线性模型，否则，称为满秩线性模型. 我们先讨论 β 的估计问题.

获得参数向量的估计的基本方法是最小二乘法，其思想是，β 的真值应该使误差向量 $e = y - X\beta$ 达到最小，也就是它的长度平方

$$Q(\beta) = \|e\|^2 = \|y - X\beta\|^2 = (y - X\beta)'(y - X\beta)$$

达到最小. 因此，我们应该通过求 $Q(\beta)$ 的最小值来求 β 的估计. 注意到

$$Q(\beta) = y'y - 2y'X\beta + \beta'X'X\beta,$$

利用矩阵微商公式 (见第二章)

$$\frac{\partial y'X\beta}{\partial\beta} = X'y, \qquad \frac{\partial \beta'X'X\beta}{\partial\beta} = 2X'X\beta,$$

于是

$$\frac{\partial Q(\beta)}{\partial\beta} = -2X'y + 2X'X\beta.$$

令其等于 0, 得到

$$X'X\beta = X'y, \tag{4.1.2}$$

称之为正则方程.

因为向量 $X'y \in \mathcal{M}(X') = \mathcal{M}(X'X)$, 于是正则方程 (4.1.2) 是相容的. 根据定理 2.2.3, 正则方程 (4.1.2) 的解为

$$\widehat{\beta} = (X'X)^{-}X'y, \tag{4.1.3}$$

这里 $(X'X)^{-}$ 是 $X'X$ 的任意一个广义逆.

根据函数极值理论, 我们知道 $\widehat{\beta}$ 只是函数 $Q(\beta)$ 的驻点. 我们还需证明它确实使 $Q(\beta)$ 达到最小. 事实上, 对任意一个 β,

$$\begin{aligned} Q(\beta) = \|y - X\beta\|^2 &= \|y - X\widehat{\beta} + X(\widehat{\beta} - \beta)\|^2 \\ &= \|y - X\widehat{\beta}\|^2 + (\widehat{\beta} - \beta)'X'X(\widehat{\beta} - \beta) + 2(\widehat{\beta} - \beta)'X'(y - X\widehat{\beta}). \end{aligned}$$

因为 $\widehat{\beta}$ 满足正则方程 (4.1.2), 于是上式第三项为 0, 而第二项总是非负的, 于是

$$Q(\beta) \geq \|y - X\widehat{\beta}\|^2 = Q(\widehat{\beta}). \tag{4.1.4}$$

此式表明, $\widehat{\beta}$ 确使 $Q(\beta)$ 达到最小.

现在我们再进一步证明, 使 $Q(\beta)$ 达到最小的必是 $\widehat{\beta}$. 事实上, (4.1.4) 等号成立, 当且仅当

$$(\widehat{\beta} - \beta)'X'X(\widehat{\beta} - \beta) = 0,$$

等价地

$$X(\widehat{\beta} - \beta) = 0.$$

不难证明, 上式又等价于

$$X'X\beta = X'X\widehat{\beta} = X'y,$$

这就证明了, 使 $Q(\beta)$ 达到最小值的点必为正则方程的解 $\widehat{\beta} = (X'X)^{-}X'y$.

若 $\mathrm{rk}(X) = p$, 则 $X'X$ 可逆, 这时, $\widehat{\beta} = (X'X)^{-1}X'y$, 且有 $E(\widehat{\beta}) = \beta$, 即 $\widehat{\beta}$ 是 β 的无偏估计. 这时, 我们称 $\widehat{\beta} = (X'X)^{-1}X'y$ 为 β 的最小二乘估计 (least squares estimate, 简记为 LS 估计).

若 $\mathrm{rk}(X) < p$, 则 $E(\widehat{\beta}) \neq \beta$, 即 $\widehat{\beta}$ 不是 β 的无偏估计. 更进一步, 此时根本不存在 β 的线性无偏估计. 事实上, 若存在 $p \times n$ 矩阵 A, 使得 Ay 为 β 的线性无偏估计, 即要求 $E(Ay) = AX\beta = \beta$, 对一切 β 成立. 必存在 $AX = I_p$. 但因 $\mathrm{rk}(AX) \leq \mathrm{rk}(X) < p = \mathrm{rk}(I_p)$, 这就与 $AX = I_p$ 相矛盾. 因此, 这样的矩阵 A 根本不存在. 这表明当 $\mathrm{rk}(X) < p$ 时, β 没有线性无偏估计, 此时我们称 β 是不可估的. 但是, 退一步, 我们可以考虑 β 的线性组合 $c'\beta$, 这就导致了可估的定义.

定义 4.1.1 若存在 $n \times 1$ 向量 a, 使得 $E(a'y) = c'\beta$ 对一切 β 成立, 则称 $c'\beta$ 是可估函数 (estimable function).

定理 4.1.1 $c'\beta$ 是可估函数 $\Longleftrightarrow c\in\mathcal{M}(X')$.

证明 $c'\beta$ 是可估函数 $\Longleftrightarrow$ 存在 $a_{n\times1}$, 使得 $E(a'y)=c'\beta$, 对一切 β 成立 $\Longleftrightarrow a'X\beta=c'\beta$, 对一切 β 成立 $\Longleftrightarrow c=X'a$. 证毕.

这个定理告诉我们，使 $c'\beta$ 可估的全体 $p\times1$ 向量 c 构成子空间 $\mathcal{M}(X')$. 于是，若 c_1,c_2 为 $p\times1$ 向量，使 $c_1'\beta$ 和 $c_2'\beta$ 均可估，那么，对任意两个数 α_1,α_2, 线性组合 $\alpha_1\cdot c_1'\beta+\alpha_2\cdot c_2'\beta$ 都是可估的. 若 c_1 和 c_2 为线性无关，则称可估函数 $c_1'\beta$ 和 $c_2'\beta$ 是线性无关的. 显然，对于一个线性模型，线性无关的可估函数组最多含有 $\text{rk}(X)=r$ 个可估函数. 另外，对于任一可估函数，$c'\widehat{\beta}$ 与 $(X'X)^-$ 的选择无关，是惟一的. 事实上，由 $c'\beta$ 的可估性，知存在向量 $a_{n\times1}$, 使得 $c=X'a$, 于是

$$c'\widehat{\beta}=c'(X'X)^-X'y=a'X(X'X)^-X'y=a'X(X'X)^+X'y.$$

这里利用了 $X(X'X)^-X'$ 与广义逆 $(X'X)^-$ 选择无关，故 $c'\widehat{\beta}$ 也与 $(X'X)^-$ 的选择无关. 此时还有 $E(c'\widehat{\beta})=a'X(X'X)^-X'X\beta=a'X\beta=c'\beta$, 即 $c'\widehat{\beta}$ 为 $c'\beta$ 的无偏估计. 于是，我们给出如下定义.

定义 4.1.2 对可估函数 $c'\beta$, 称 $c'\widehat{\beta}$ 为 $c'\beta$ 的 LS 估计.

对于线性模型 (4.1.1), 记 $X=(x_1,\cdots,x_n)'$, 则这个模型的分量形式为

$$y_i=x_i'\beta+e_i,\qquad i=1,\cdots,n, \tag{4.1.5}$$

$$E(e_i)=0,\qquad \text{Cov}(e_i,e_j)=\begin{cases}0, & i\neq j,\\ \sigma^2, & i=j.\end{cases}$$

再记 $\mu_i=x_i'\beta$, $\mu=(\mu_1,\cdots,\mu_n)'=X\beta=E(y)$, 即 μ 为观测向量 y 的均值向量. 它是 n 个可估函数，但其中只有 $r=\text{rk}(X)$ 个是线性无关的.

μ 的 LS 估计为

$$\widehat{\mu}=X\widehat{\beta}=X(X'X)^-X'y=P_X\,y, \tag{4.1.6}$$

这里 $P_X=X(X'X)^-X'$ 是向 $\mathcal{M}(X)$ 上的正交投影阵. 可见均值向量 μ 的 LS 估计就是 y 向 $\mathcal{M}(X')$ 上的正交投影.

对任一可估函数 $c'\beta$, 虽然它的 LS 估计 $c'\widehat{\beta}$ 是惟一的. 但是它可能有很多个线性无偏估计. 事实上，若记 $\mathcal{M}(X)^\perp$ 为 $\mathcal{M}(X)$ 的正交补空间. 设 $a'y$ 为 $c'\beta$ 的一个无偏估计，那么对任意 $b\in\mathcal{M}(X)^\perp$, $(a+b)'y$ 也是 $c'\beta$ 的一个无偏估计. 此因 $E(a+b)'y=E(a'y)+E(b'y)=c'\beta+b'X'\beta=c'\beta$. 这样一来，对任意线性函数 $c'\beta$, 它的线性无偏估计的个数有三种情况: (1) 一个也没有, 这时它是不可估的; (2) 只有一个，这出现在 $\text{rk}(X)=n$ 的情形，因为此时 $\mathcal{M}(X)^\perp=0$; (3) 有无穷多个. 当 $c'\beta$ 可估时，在其线性无偏估计当中，方差最小者称为最佳线性无偏估计 (best linear unbiased estimate) 以下简记为 BLU 估计. 下面的定理表明， LS 估计就是 BLU 估计.

定理 4.1.2(Gauss-Markov 定理) 对任意的可估函数 $c'\beta$,LS 估计 $c'\widehat{\beta}$ 为其惟一的 BLU 估计.

证明 前面已证 $c'\widehat{\beta}$ 为 $c'\beta$ 的无偏估计，而线性是显然的. 现证 $c'\widehat{\beta}$ 的方差最小. 首先

$$\mathrm{Var}(c'\widehat{\beta}) = \mathrm{Var}(c'(X'X)^{-}X'y) = \sigma^2 c'(X'X)^{-}X'X(X'X)^{-}c.$$

由 $c'\beta$ 的可估性, 知存在向量 $\alpha_{n\times 1}$, 使得 $c = X'\alpha$, 于是, 利用 $X'X(X'X)^{-}X' = X'$, 得到

$$\mathrm{Var}(c'\widehat{\beta}) = \sigma^2 c'(X'X)^{-}X'X(X'X)^{-}X'\alpha = \sigma^2 c'(X'X)^{-}c.$$

另一方面，设 $a'y$ 为 $c'\beta$ 的任一无偏估计，于是 a 满足: $X'a = c$. 这样

$$\begin{aligned}\mathrm{Var}(a'y) - \mathrm{Var}(c'\widehat{\beta}) &= \sigma^2[a'a - c'(X'X)^{-}c] \\ &= \sigma^2(a' - c'(X'X)^{-}X')(a - X(X'X)^{-}c) \\ &= \sigma^2\|a - X(X'X)^{-}c\|^2 \geq 0,\end{aligned}$$

并且等号成立 $\Longleftrightarrow a' = c'(X'X)^{-}X' \Longleftrightarrow a'y = c'\widehat{\beta}$. 定理证毕.

这个重要的定理奠定了 LS 估计在线性模型参数估计理论中的地位. 由于它所刻画的 LS 估计在线性无偏估计类中的最优性，使得人们长期以来把 LS 估计当作线性模型 (4.1.1) 的惟一最好的估计. 但是，到了 20 世纪 60 年代，许多研究表明，在一些情况下 LS 估计的性质并不很好. 如果采用另外一个度量估计优劣的标准，LS 估计并不一定是最优的，这些将留在第六章详细讨论.

推论 4.1.1 设 $\psi = c_i'\beta,\ i = 1, \cdots, k$ 都是可估函数， $\alpha_i, i = 1, \cdots, k$ 是实数，则 $\psi = \sum\limits_{i=1}^{k}\alpha_i\psi_i$ 也是可估的，且 $\widehat{\psi} = \sum\limits_{i=1}^{k}\alpha_i\widehat{\psi}_i = \sum\limits_{i=1}^{k}\alpha_i c'\widehat{\beta}$ 是 ψ 的 BLU 估计.

推论 4.1.2 设 $c'\beta$ 和 $d'\beta$ 是两个可估函数，则

$$\mathrm{Var}(c'\widehat{\beta}) = \sigma^2 c'(X'X)^{-}c, \tag{4.1.7}$$

$$\mathrm{Cov}(c'\widehat{\beta}, d'\widehat{\beta}) = \sigma^2 c'(X'X)^{-}d, \tag{4.1.8}$$

并且上述两式与所含广义逆的选择无关.

这两个推论的证明也不困难，留给读者完成.

现在我们讨论误差方差 σ^2 的估计. 记

$$\widehat{e} = y - X\widehat{\beta} = (I - P_X)y, \tag{4.1.9}$$

称 $\widehat{e}$ 为残差向量. 它作为误差向量的一个“估计”, 对研究关于误差假设的合理性起着重要作用. 容易证明, 残差向量 $\widehat{e}$ 满足 $E(\widehat{e})=0$,$\mathrm{Cov}(\widehat{e})=\sigma^2(I-P_X)$. 基于 $\widehat{e}$ 我们可以构造 σ^2 的如下估计

$$\widehat{\sigma}^2=\frac{\widehat{e}'\widehat{e}}{n-r}=\frac{\|y-X\widehat{\beta}\|^2}{n-r}, \tag{4.1.10}$$

这里 $r=\mathrm{rk}(X)$.

定理 4.1.3 $\widehat{\sigma}^2$ 是 σ^2 的无偏估计.

证明 因 $I-P_X$ 为幂等阵, 于是

$$\widehat{e}'\widehat{e}=y'(I-P_X)y,$$

利用定理 3.2.1

$$E(\widehat{e}'\widehat{e})=(X\beta)'(I-P_X)X\beta+\mathrm{tr}(I-P_X)\mathrm{Cov}(y)=\sigma^2\mathrm{tr}(I-P_X),$$

这里利用了 $(I-P_X)X=0$. 利用迹和幂等阵的性质

$$E(\widehat{e}'\widehat{e})=\sigma^2[n-\mathrm{tr}(P_X)]=\sigma^2[n-\mathrm{rk}(X)],$$

明所欲证.

为方便计, 通常也称 $\widehat{\sigma}^2$ 为 σ^2 的 LS 估计.

对于线性模型 (4.1.1), 若我们进一步假设误差向量 e 服从多元正态分布, 则称相应的模型为正态线性模型, 记为

$$y=X\beta+e,\qquad e\sim N(0,\,\sigma^2 I). \tag{4.1.11}$$

下面我们研究在这个模型下, LS 估计的性质.

定理 4.1.4 对正态线性模型 (4.1.11), 设 $c'\beta$ 为任一可估函数, 则

(1) LS 估计 $c'\widehat{\beta}$ 是 $c'\beta$ 的极大似然估计 (maximum likelihood estimate, 简记为 ML 估计), 且 $c'\widehat{\beta}\sim N(c'\beta,\,\sigma^2c'(X'X)^-c)$;

(2) $\frac{n-r}{n}\widehat{\sigma}^2$ 为 σ^2 的 ML 估计, 且 $\frac{(n-r)\widehat{\sigma}^2}{\sigma^2}\sim\chi^2_{n-r}$;

(3) $c'\widehat{\beta}$ 与 $\widehat{\sigma}^2$ 相互独立,

这里 $\widehat{\beta}=(X'X)^-X'y$,$r=\mathrm{rk}(X)$.

证明 记 $\mu=X\beta$, 考虑 μ 和 σ^2 的似然函数

$$L(\mu,\sigma^2)=\frac{1}{(2\pi)^{\frac{n}{2}}\sigma^n}e^{-\frac{1}{2\sigma^2}\|y-\mu\|^2},$$

取对数，略去常数项，得

$$\log L(\mu,\sigma^2) = -\frac{n}{2}\log\sigma^2 - \frac{1}{2\sigma^2}\|y-\mu\|^2.$$

对均值向量 μ 的 LS 估计 $\widehat{\mu} = X\widehat{\beta}$, 我们有

$$\|y-\widehat{\mu}\|^2 = \|y-X\widehat{\beta}\|^2 = \min\|y-X\beta\|^2 = \min_{\mu=X\beta}\|y-\mu\|^2.$$

于是，对每一个固定的 σ^2,

$$\log L(\widehat{\mu},\sigma^2) \geq \log L(\mu,\sigma^2),$$

而

$$\log L(\widehat{\mu},\sigma^2) = -\frac{n}{2}\log\sigma^2 - \frac{1}{2\sigma^2}\|y-\widehat{\mu}\|^2,$$

在 $\tilde{\sigma}^2 = \frac{1}{n}\|y-\widehat{\mu}\|^2$ 达到最大. 于是 $\widehat{\mu} = X\widehat{\beta}$ 和 $\tilde{\sigma}^2$ 分别为 μ 和 σ^2 的 ML 估计.

对任一可估函数 $c'\beta$, 存在 $\alpha \in R^n$, 使得 $c = X'\alpha$. 于是， $c'\beta = \alpha'X\beta = \alpha'\mu$, 由 ML 估计的不变性， $c'\beta$ 的 ML 估计为 $\alpha\widehat{\mu}$, 注意到 $c'\widehat{\beta} = \alpha'X\widehat{\beta} = \alpha'\widehat{\mu}$. 这就证明 LS 估计 $c'\widehat{\beta}$ 为 ML 估计. 又因 $c'\widehat{\beta} = c'(X'X)^-X'y$ 为 y 的线性函数，而 $y \sim N_n(X\beta,\ \sigma^2 I)$, 依定理 3.3.4 知， $c'\widehat{\beta} \sim N(c'(X'X)^-X'X\beta,\ \sigma^2 c'(X'X)^-c)$, 但由 $c'\beta$ 的可估性，容易推出 $c'(X'X)^-X'X = c'$, 于是 (1) 得证.

(2) 的第一条结论已证. 因为 $P_X X = X$, 所以

$$\begin{aligned}\frac{(n-r)\widehat{\sigma}^2}{\sigma^2} &= \frac{\widehat{e}'\widehat{e}}{\sigma^2} = \frac{y'(I-P_X)y}{\sigma^2}\\ &= \frac{e'(I-P_X)e}{\sigma^2} = z'(I-P_X)z,\end{aligned}$$

其中 $z = e/\sigma \sim N_n(0,\ I)$. 由 $I-P_X$ 的幂等性及 $\text{rk}(I-P_X) = \text{tr}(I-P_X) = n-\text{tr}(P_X) = n-\text{rk}(X) = n-r$, 利用定理 3.4.3, 即得 $(n-r)\widehat{\sigma}^2/\sigma^2 \sim \chi^2_{n-r}$.

为证 $c'\widehat{\beta}$ 与 $\widehat{\sigma}^2$ 的独立性，只要注意到 $c'\widehat{\beta}$ 与 $\widehat{\sigma}^2$ 分别为正态向量 y 的线性型和二次型，根据定理 3.5.1 和 $c'(X'X)^-X'(I-P_X) = 0$, 结论可直接推得. 定理证毕.

从这个定理我们看出，对于可估函数 $c'\beta$, 它的 LS 估计和 ML 估计是相同的. 但是，对于误差方差 σ^2, 两者就不同了. 它们只差一个因子，很明显 ML 估计 $\tilde{\sigma}^2$ 是有偏的， $E(\tilde{\sigma}^2) = \frac{n-r}{n}\sigma^2 < \sigma^2$, 即在平均意义上讲， ML 估计 $\tilde{\sigma}^2$ 偏小.

在前面的 Guass-Markov 定理中，我们证明了可估函数 $c'\beta$ 的 LS 估计 $c'\widehat{\beta}$ 在线性无偏类中是方差最小的. 然而对于正态线性模型，我们有下面更强的结果.

定理 4.1.5 对于正态线性模型 (4.1.11),

(1) $T_1 = y'y$ 和 $T_2 = X'y$ 为完全充分统计量,

(2) 对任一可估函数 $c'\beta$,$c'\widehat{\beta}$ 为其惟一的最小方差无偏估计 (minimum variance unbiased estimate, 简记为 MVU 估计), $\widehat{\sigma}^2$ 为 σ^2 的惟一 MVU 估计.

证明 观测向量 y 的概率密度函数为

$$\begin{aligned} f(y) &= \frac{1}{(2\pi)^{\frac{n}{2}}\sigma^n}\exp\left\{-\frac{1}{2\sigma^2}(y-X\beta)'(y-X\beta)\right\} \\ &= \frac{1}{(2\pi)^{\frac{n}{2}}\sigma^n}\exp\left\{-\frac{1}{2\sigma^2}y'y+\frac{1}{\sigma^2}y'X\beta-\frac{1}{2\sigma^2}\beta'X'X\beta\right\}, \end{aligned}$$

记 $\theta_1=-\frac{1}{2\sigma^2}$, $\theta_2=\frac{\beta}{\sigma^2}$, 它们是所谓的自然参数, 则上式可改写为

$$f(y)=\frac{1}{(-\pi)^{\frac{n}{2}}}\theta_1^n e^{\frac{1}{4\theta_1}\theta_2'X'X\theta_2}\exp\{\theta_1T_1+\theta_2T_2\}.$$

这样, 我们把 $f(y)$ 表成了指数族的自然形式. 其参数空间

$$\Theta = \left\{\begin{pmatrix}\theta_1\\ \theta_2\end{pmatrix}; \quad \theta_1<0, \quad \theta_2\in R^p\right\}.$$

依文献 [26], p.59, 定理 2.2 知, $T_1=y'y$ 和 $T_2=X'y$ 为完全充分统计量.

对任一可估函数 $c'\beta$, 其 LS 估计 $c'\widehat{\beta}=c'(X'X)^-T_2$, 误差方差 σ^2 的 LS 估计 $\widehat{\sigma}^2=(T_1-T_2(X'X)^-T_2)/(n-r)$, 它们都是完全充分统计量的函数. 同时我们知道, 它们都是无偏估计, 依 Lehmann-Scheffe 定理 (参见文献 [26], p.58) 立即推出, $c'\widehat{\beta}$ 和 $\widehat{\sigma}^2$ 分别是 $c'\beta$ 和 σ^2 的惟一 MVU 估计. 定理证毕.

对任一可估函数 $c'\beta$, 这个定理和 Guass-Markov 定理都建立了它的 LS 估计 $c'\widehat{\beta}$ 的方差最小性, 两者的区别在于, 本定理在误差服从正态分布的条件下, 证明了 LS 估计 $c'\widehat{\beta}$ 在所有的 (线性的和非线性) 无偏估计类中方差最小. 而 Guass-Markov 定理只证明了 $c'\widehat{\beta}$ 在线性无偏类中方差最小性.

例 4.1.1 设 μ 为一物体的重量, 现对该物体测量 n 次, 其测量值记为 $y_1,\cdots,y_n$. 通常我们用 $\overline{y}=\sum y_i/n$ 来估计 μ, 现在我们来研究估计 $\overline{y}$ 的优良性.

如果测量过程没有系统误差, 则 y_i 可表示为

$$y_i=\mu+e_i, \qquad i=1,\cdots,n.$$

将其写成线性模型的矩阵形式

$$\begin{pmatrix}y_1\\ \vdots\\ y_n\end{pmatrix}=\begin{pmatrix}1\\ \vdots\\ 1\end{pmatrix}\mu+\begin{pmatrix}e_1\\ \vdots\\ e_n\end{pmatrix}.$$

假设 $e=(e_1,\cdots,e_n)'$ 满足 Guass-Markov 假设. 容易计算出 μ 的 LS 估计 $\widehat{\mu}=(X'X)^{-1}X'y=\sum\limits_{i=1}^{n}y_i/n=\overline{y}$, 即观测值的算术平均值为物体重量 μ 的 LS 估计. 并且从 Guass-Markov 定理我们知道, 在 $y=(y_1,\cdots,y_n)'$ 所有线性函数组成的无偏估计类中, $\overline{y}$ 具有最小方差. 如果我们进一步假设误差服从多元正态分布, 那么在所有无偏估计类中, $\overline{y}$ 仍然具有最小方差. 这些结果充分显示了 $\overline{y}$ 作为 μ 的估计的优良性质.

§4.2 约束最小二乘估计

对线性模型 (4.1.1), 在上节, 我们导出了可估函数 $c'\beta$ 和 σ^2 的没有任何附带约束条件的最小二乘估计, 并讨论了它们的基本性质, 但是在检验问题的讨论中或其它一些场合, 我们需要求带一定约束条件的最小二乘估计.

假设

$$H\beta=d \tag{4.2.1}$$

是一个相容线性方程组, 其中 H 为 $k\times p$ 的已知矩阵, 且秩为 k, $\mathcal{M}(H')\subset\mathcal{M}(X')$, 于是 $H\beta$ 是 k 个线性无关的可估函数, d 为 $k\times 1$ 已知向量. 本节用 Lagrange 乘子法求模型 (4.1.1) 满足线性约束 (4.2.1) 的最小二乘估计. 记

$$H=\begin{pmatrix}h_1'\\ \vdots\\ h_k'\end{pmatrix},\qquad d=\begin{pmatrix}d_1\\ \vdots\\ d_k\end{pmatrix}, \tag{4.2.2}$$

则线性约束 (4.2.1) 可以改写为

$$h_i'\beta=d_i,\qquad i=1,\cdots,k. \tag{4.2.3}$$

我们的问题是在 (4.2.3) 的 k 个条件下求 β 使 $Q(\beta)=\|y-X\beta\|^2$ 达到最小值. 为了应用 Lagrange 乘子法, 构造辅助函数

$$\begin{aligned}F(\beta,\lambda)&=\|y-X\beta\|^2+2\sum_{i=1}^{k}\lambda_i(h_i'\beta-d_i)\\&=\|y-X\beta\|^2+2\lambda'(H\beta-d)\\&=(y-X\beta)'(y-X\beta)+2\lambda'(H\beta-d),\end{aligned}$$

其中 $\lambda=(\lambda_1,\cdots,\lambda_k)'$ 为 Lagrange 乘子, 对函数 $F(\beta,\lambda)$ 求对 β 的偏导数, 整理并令它们等于零, 得到

$$X'X\beta=X'y-H'\lambda. \tag{4.2.4}$$

然后求解 (4.2.4) 和 (4.2.1) 组成的联立方程组，记它们的解为 $\widehat{\beta}_H$ 和 $\widehat{\lambda}_H$.

因为 $\mathcal{M}(H') \subset \mathcal{M}(X')$, 所以 (4.2.4) 关于 β 是相容的，其解

$$\widehat{\beta}_H = (X'X)^- X'y - (X'X)^- H'\widehat{\lambda}_H = \widehat{\beta} - (X'X)^- H'\widehat{\lambda}_H. \tag{4.2.5}$$

代入 (4.2.1) 得

$$d = H\widehat{\beta}_H = H\widehat{\beta} - H(X'X)^- H'\widehat{\lambda}_H,$$

等价地

$$H(X'X)^- H'\widehat{\lambda}_H = (H\widehat{\beta} - d). \tag{4.2.6}$$

这是一个关于 $\widehat{\lambda}_H$ 的线性方程组. 因为 H 的秩为 k, 且 $\mathcal{M}(H') \subset \mathcal{M}(X')$, 于是 $H(X'X)^- H'$ 跟所包含广义逆的选择无关. 故可证它是 $k \times k$ 的可逆矩阵，因而 (4.2.6) 有惟一解

$$\widehat{\lambda}_H = (H(X'X)^- H')^{-1}(H\widehat{\beta} - d).$$

将 $\widehat{\lambda}_H$ 代入 (4.2.5) 得到

$$\widehat{\beta}_H = \widehat{\beta} - (X'X)^- H'(H(X'X)^- H')^{-1}(H\widehat{\beta} - d). \tag{4.2.7}$$

现在我们证明 $\widehat{\beta}_H$ 确实是线性约束 $H\beta = d$ 下 β 的最小二乘解. 为此我们只需证明如下两点：

(a) $H\widehat{\beta}_H = d$;

(b) 对一切满足 $H\beta = d$ 的 β, 都有

$$\|y - X\beta\|^2 \geq \|y - X\widehat{\beta_H}\|^2.$$

根据 (4.2.7) 结论 (a) 是很容易验证的. 为了证明 (b), 我们将平方和 $\|y - X\beta\|^2$ 作分解

$$\begin{aligned}
\|y - X\beta\|^2 &= \|y - X\widehat{\beta}\|^2 + (\widehat{\beta} - \beta)'X'X(\widehat{\beta} - \beta) \\
&= \|y - X\widehat{\beta}\|^2 + (\widehat{\beta} - \widehat{\beta}_H + \widehat{\beta}_H - \beta)'X'X(\widehat{\beta} - \widehat{\beta}_H + \widehat{\beta}_H - \beta) \\
&= \|y - X\widehat{\beta}\|^2 + (\widehat{\beta} - \widehat{\beta}_H)'X'X(\widehat{\beta} - \widehat{\beta}_H) + (\widehat{\beta}_H - \beta)'X'X(\widehat{\beta}_H - \beta) \\
&= \|y - X\widehat{\beta}\|^2 + \|X(\widehat{\beta} - \widehat{\beta}_H)\|^2 + \|X(\widehat{\beta}_H - \beta)\|^2.
\end{aligned} \tag{4.2.8}$$

这里我们利用了 (4.2.5) 及 $\mathcal{M}(H') \subset \mathcal{M}(X')$ 导出的下述关系：

$(\widehat{\beta} - \widehat{\beta}_H)'X'X(\widehat{\beta}_H - \beta) = \widehat{\lambda}'H(\widehat{\beta}_H - \beta) = \widehat{\lambda}'(H\widehat{\beta}_H - H\beta) = \widehat{\lambda}'(d - d) = 0.$

这个等式对一切满足 $H\beta = d$ 的 β 都成立.

(4.2.8) 式表明，对一切满足 $H\beta = d$ 的 β, 总有

$$\|y - X\beta\|^2 \geq \|y - X\widehat{\beta}\|^2 + \|X(\widehat{\beta} - \widehat{\beta}_H)\|^2, \tag{4.2.9}$$

且等号成立当且仅当 (4.2.8) 式的第三项等于零, 也就是 $X\beta = X\widehat{\beta_H}$. 于是在 (4.2.9) 中用 $X\widehat{\beta_H}$ 代替 $X\beta$, 等式成立, 即

$$\|y - X\widehat{\beta}_H\|^2 = \|y - X\widehat{\beta}\|^2 + \|X(\widehat{\beta} - \widehat{\beta}_H)\|^2. \tag{4.2.10}$$

综合 (4.2.9) 和 (4.2.10), 便证明了结论 (b).

定理 4.2.1 对于线性模型 (4.1.1), 设 H 为 $k\times p$ 矩阵, $\mathrm{rk}(H)=k$, $\mathcal{M}(H')\subset\mathcal{M}(X')$, 且 $H\beta = d$ 相容, 则

(1) $\widehat{\beta}_H = \widehat{\beta} - (X'X)^- H'(H(X'X)^- H')^{-1}(H\widehat{\beta} - d)$ 为 β 在线性约束条件 $H\beta = d$ 下的约束 LS 解, $H\widehat{\beta}_H$ 为 $H\beta$ 的约束 LS 估计, 这里 $\widehat{\beta} = (X'X)^- X'y$.

(2) 若 $\mathrm{rk}(X) = p$, 则 $\widehat{\beta}_H = \widehat{\beta} - (X'X)^{-1}H'(H(X'X)^{-1}H')^{-1}(H\widehat{\beta} - d)$ 为 β 的约束 LS 估计, 这里 $\widehat{\beta} = (X'X)^{-1}X'y$.

例 4.2.1 在天文测量中, 对天空中三个星位点构成的三角形 ABC 的三个内角 $\theta_1, \theta_2, \theta_3$ 进行测量, 得到的测量值分别为 y_1, y_2, y_3, 由于存在测量误差. 所以需对它们进行估计, 利用线性模型表示有关的量:

$$\begin{cases} y_1 = \theta_1 + e_1, \\ y_2 = \theta_2 + e_2, \\ y_3 = \theta_3 + e_3, \\ \theta_1 + \theta_2 + \theta_3 = \pi, \end{cases}$$

其中 $e_i, i = 1, 2, 3$ 表示测量误差. 假设它们满足 Guass-Markov 假设, 这就是一个带有约束条件的线性模型. 将它写成矩阵形式

$$\begin{cases} y = X\beta + e, \\ H\beta = b, \end{cases}$$

其中 $y = (y_1, y_2, y_3)'$, $\beta = (\theta_1, \theta_2, \theta_3)'$, $X = I_3$, I_3 表示 3 阶单位阵, $H = (1, 1, 1)'$, $b = \pi$. 利用定理 4.2.1 可得到 β 的约束最小二乘估计为

$$\widehat{\beta}_c = \widehat{\beta} - (X'X)^- H'(H(X'X)^- H')^{-1}(H\widehat{\beta} - b),$$

其中 $\widehat{\beta} = (X'X)^{-1}X'y$ 是 β 的无约束最小二乘估计, 经计算可得

$$\widehat{\beta}_c = \begin{pmatrix} y_1 \\ y_2 \\ y_3 \end{pmatrix} - \frac{1}{3}\Big(\sum_{i=1}^{3} y_i - \pi\Big)\begin{pmatrix} 1 \\ 1 \\ 1 \end{pmatrix},$$

即 $\widehat{\theta}_i = y_i - \frac{1}{3}(y_1 + y_2 + y_3 - \pi)$, $i = 1, 2, 3$ 为 θ_i 的约束最小二乘估计.

和上节类似，我们可以构造 σ^2 的约束 LS 估计如下,

$$\widehat{\sigma}_H^2 = \frac{\|y - X\widehat{\beta}_H\|^2}{n - r + k}.$$

定理 4.2.2 在定理 4.2.1 假设下，在参数区域 $H\beta = d$ 上， $\widehat{\sigma}_H^2$ 是 σ^2 的无偏估计.

证明 由 (4.2.10), 得

$$E\|y - X\widehat{\beta}_H\|^2 = E\|y - X\widehat{\beta}\|^2 + E\|X(\widehat{\beta} - \widehat{\beta}_H)\|^2. \tag{4.2.11}$$

由上节知 $E\|y - X\widehat{\beta}\|^2 = (n - r)\sigma^2$. 对上式第二项应用定理 3.2.1, 得

$$\begin{aligned}
& E\|X(\widehat{\beta} - \widehat{\beta}_H)\|^2 \\
= \ & E(H\widehat{\beta} - d)'(H(X'X)^- H')^{-1}(H\widehat{\beta} - d) \\
= \ & (H\beta - d)'(H(X'X)^- H')^{-1}(H\beta - d) + \mathrm{tr}[(H(X'X)^- H')^{-1}\mathrm{Cov}(H\widehat{\beta})] \\
= \ & \delta + \mathrm{tr}(\sigma^2 I_k) \\
= \ & \delta + k\sigma^2,
\end{aligned}$$

这里 $\delta = (H\beta - d)'(H(X'X)^- H')^{-1}(H\beta - d)$. 于是我们证明了

$$E\|X(\widehat{\beta} - \widehat{\beta}_H)\|^2 = (n - r + k)\sigma^2 + \delta.$$

显然，在参数区域 $H\beta = d$ 上， $\delta = 0$. 定理证毕.

§4.3 广义最小二乘估计

到目前为止，我们的讨论都假定误差协方差阵为 $\sigma^2 I$ 的情形. 但是，客观上存在着许多线性模型，其误差协方差阵具有形式 $\sigma^2\Sigma$, 并且 Σ 往往包含未知参数. 暂时我们先假设 Σ 是已知正定方阵, σ^2 为未知参数. 于是本节讨论线性模型:

$$y = X\beta + e, \qquad E(e) = 0, \qquad \mathrm{Cov}(e) = \sigma^2\Sigma \tag{4.3.1}$$

的参数 β, σ^2 的估计问题，其中 $\Sigma > 0$.

因为假设了 $\Sigma > 0$, 故存在惟一的正定对称阵 $\Sigma^{\frac{1}{2}}$. 用 $\Sigma^{-\frac{1}{2}}$ 左乘 (4.3.1), 并记 $\widetilde{y} = \Sigma^{-\frac{1}{2}}y$, $\widetilde{X} = \Sigma^{-\frac{1}{2}}X$, $u = \Sigma^{-\frac{1}{2}}e$, 则得到

$$\widetilde{y} = \widetilde{X}\beta + u, \qquad E(u) = 0, \qquad \mathrm{Cov}(u) = \sigma^2 I, \tag{4.3.2}$$

这就化为以前讨论过的情形了.

对模型 (4.3.2) 用最小二乘法求 β 的 LS 解, 即解 $Q(\beta)=\|\widetilde{y}-\widetilde{X}\beta\|^2$ 的最小值问题. 等价地, 解

$$\min\ Q(\beta)=\min\,(y-X\beta)'\Sigma^{-1}(y-X\beta). \tag{4.3.3}$$

正则方程组为

$$X'\Sigma^{-1}X\beta=X'\Sigma^{-1}y, \tag{4.3.4}$$

于是, β 的 LS 解为

$$\beta^*=(X'\Sigma^{-1}X)^-X'\Sigma^{-1}y, \tag{4.3.5}$$

称为广义最小二乘解. 特别, 当 $\Sigma=\text{diag}(\sigma_1^2,\cdots,\sigma_n^2)$, σ_i^2, $i=1,\cdots,n$ 已知时, 称 β^* 为加权最小二乘解. 因为 (4.3.1) 和以前讨论的模型只是误差协方差阵不同, 而线性函数 $c'\beta$ 的可估性又与协方差阵无关, 于是, 对模型 (4.3.1),$c'\beta$ 可估的充要条件仍为 $c\in\mathcal{M}(X')$. 我们称 $c'\beta^*$ 为可估函数 $c'\beta$ 的广义最小二乘估计 (generalized least squares estimate), 简记为 GLS 估计. 对应地, 当 Σ 为对角阵时, 称 $c'\beta^*$ 为可估函数 $c'\beta$ 的加权最小二乘估计 (weighted least squares estimate), 简记为 WLS 估计. 当 $\text{rk}(X_{n\times p})=p$ 时, β 可估, 称 β^* 为 β 的 GLS 估计. 因为导出 (4.3.5) 的方法是由 Aitken(1934) 首先提出的, 所以文献中也称 $c'\beta^*$ 和 β^* 为 Aitken 估计. 对应于 Gauss-Markov 定理, 我们有

定理 4.3.1 对任一可估函数 $c'\beta$, $c'\beta^*$ 为其惟一的 BLU 估计, 其方差为 $\sigma^2c'(X'\Sigma^{-1}X)^-c$.

证明 因为 $c\in\mathcal{M}(X')=\mathcal{M}(X'\Sigma^{-1}X)$, 故存在向量 α 使得 $c=X'\Sigma^{-1}X\alpha$. 于是

$$\begin{aligned}\text{Var}(c'\beta^*)&=\sigma^2c(X'\Sigma^{-1}X)^-X'\Sigma^{-1}X(X'\Sigma^{-1}X)^-c\\&=\sigma^2c(X'\Sigma^{-1}X)^-c.\end{aligned}$$

设 $a'y$ 为 $c'\beta$ 的任一无偏估计, 则 $c=X'a$, 故

$$\begin{aligned}\text{Var}(a'y)-\text{Var}(c'\beta^*)&=\sigma^2(a'\Sigma a-c(X'\Sigma^{-1}X)^-c)\\&=\sigma^2(a'\Sigma a-a'X'(X'\Sigma^{-1}X)^-X'a)\\&=\sigma^2(b'b-b'Q(Q'Q)^-Q'b)\\&=\sigma^2b'(I-P_Q)b\geq 0,\end{aligned}$$

其中 $b=\Sigma^{1/2}a$, $Q=\Sigma^{-1/2}X$, $P_Q=Q(Q'Q)^-Q'$. 这就证明了 $c'\beta^*$ 的方差最小性, 上式等号成立 $\Longleftrightarrow$ $(I-P_Q)b=0$ $\Longleftrightarrow$ $b=P_Qb$ $\Longleftrightarrow$ $a=\Sigma^{-1}X(X'\Sigma^{-1}X)^-c$ $\Longleftrightarrow$ $a'y=c'\beta^*$. 惟一性得证. $c'\beta^*$ 的无偏性是显然的. 定理证毕.

根据 GLS 解 β^*, 我们可以给出 σ^2 的无偏估计，记

$$e^* = y - X\beta^* = y - X(X'\Sigma^{-1}X)^{-1}X'\Sigma^{-1}y = \Sigma^{\frac{1}{2}}\left(I - P_{\Sigma^{-\frac{1}{2}}X}\right)\Sigma^{-\frac{1}{2}}y,$$

称为残差向量. 容易证明

$$E(e^*) = 0,$$
$$\mathrm{Cov}(e^*) = \sigma^2\Sigma^{\frac{1}{2}}\left(I - P_{\Sigma^{-\frac{1}{2}}X}\right)\Sigma^{\frac{1}{2}}.$$

记 $r = \mathrm{rk}(X)$, 定义

$$\sigma^{2^*} = (y - X\beta^*)'\Sigma^{-1}(y - X\beta^*)/(n-r) = \frac{e^{*\prime}\Sigma^{-1}e^*}{n-r}.$$

类似于定理 4.1.3, 定理 4.1.4 和定理 4.1.5, 可以证明

定理 4.3.2　σ^{2^*} 为 σ^2 的无偏估计.

定理 4.3.3　设 $e \sim N(0, \sigma^2\Sigma)$, $\Sigma(>0)$ 已知，则

(1) 对任一可估函数 $c'\beta$, $c'\beta^*$ 为 $c'\beta$ 的 ML 估计, 且 $c'\beta^* \sim N(c'\beta,\quad \sigma^2 c(X'\Sigma^{-1}X)^- c)$;

(2) $\frac{n-r}{n}\sigma^{2^*}$ 为 σ^2 的 ML 估计，且 $(n-r)\sigma^{2^*}/\sigma^2 \sim \chi^2_{n-r}$;

(3) $c'\beta^*$ 与 σ^{2^*} 相互独立;

(4) 当 $\mathrm{rk}(X_{n\times p}) = p$ 时，β^* 为 β 的 ML 估计，$\beta^* \sim N(\beta, \sigma^2(X'\Sigma^{-1}X)^{-1})$, 且与 σ^{2^*} 相互独立;

(5) 若 $c'\beta$ 可估，则 $c'\beta^*$ 为其惟一 MVU 估计;

(6) σ^{2^*} 为 σ^2 的惟一 MVU 估计.

如果我们忽略 $\mathrm{Cov}(e) = \sigma^2\Sigma \neq \sigma^2 I$. 而按以前的 $\mathrm{Cov}(e) = \sigma^2 I$ 情形来处理，这就导致了 LS 解 $(X'X)^- X'y$, 这样一来，对任一可估函数 $c'\beta$, 我们就有了两个估计：LS 估计 $c'\widehat{\beta}$ 和 GLS 估计 $c'\beta^*$, 两者都是无偏估计，而后者是 BLU 估计. 一般来说，$c'\widehat{\beta} \neq c'\beta^*$, 即 LS 估计和 BLU 估计不一定相等，这是和 $\mathrm{Cov}(e) = \sigma^2 I$ 情形所不同的. 特别，当 $\mathrm{rk}(X_{n\times p}) = p$ 时，β 的 LS 估计 $\widehat{\beta} = (X'X)^- X'y$, 而 GLS 估计 $\beta^* = (X'\Sigma^{-1}X)^{-1}X'\Sigma^{-1}y$, 它们都是 β 的无偏估计，但协方差阵分别为

$$\mathrm{Cov}(\beta^*) = \sigma^2(X'\Sigma^{-1}X)^{-1},$$
$$\mathrm{Cov}(\widehat{\beta}) = \sigma^2(X'X)^{-1}X'\Sigma X(X'X)^{-1}.$$

根据定理 4.3.1, 立即可推得 $\mathrm{Cov}(\widehat{\beta}) \geq \mathrm{Cov}(\beta^*)$, 即

$$(X'X)^{-1}X'\Sigma X(X'X)^{-1} \geq (X'\Sigma^{-1}X)^{-1}.$$

这里 $A \geq B$ 意为 $A - B \geq 0$, 此式表明 β^* 优于 $\widehat{\beta}$.

例 4.3.1 假设我们用一种精密仪器在两个实验室对同一个量 μ 分别进行了 n_1 和 n_2 次测量，记这些测量值分别为 $y_{11},\cdots,y_{1n_1}$ 和 $y_{21},\cdots,y_{2n_2}$. 把它们写成线性模型形式为

$$y_{1i}=\mu+e_{1i},\quad i=1,\cdots,n_1,$$

$$y_{2i}=\mu+e_{2i},\quad i=1,\cdots,n_2.$$

由于两个实验室的客观条件及精密仪器的精度不同，故它们的测量误差的方差不等. 设 $\mathrm{Var}(e_{1i})=\sigma_1^2$,$\mathrm{Var}(e_{2i})=\sigma_2^2$, 且 $\sigma_1^2\neq\sigma_2^2$. 记 $e=(e_{11},\cdots,e_{1n_1},e_{21},\cdots,e_{2n_2})'$, 则

$$\mathrm{Cov}(e)=\begin{pmatrix}\sigma_1^2I_{n_1} & 0\\ 0 & \sigma_2^2I_{n_2}\end{pmatrix}=\sigma_2^2\begin{pmatrix}\theta I_{n_1} & 0\\ 0 & I_{n_2}\end{pmatrix}=\sigma_2^2\Sigma,$$

这里 $\Sigma=\mathrm{diag}(\theta I_{n_1},I_{n_2})$, $\theta=\sigma_1^2/\sigma_2^2$. 假设 θ 已知，则 Σ 已知. 于是 μ 的广义最小二乘估计

$$\mu^*=\left(\frac{n_1}{\theta}+n_2\right)^{-1}\left(\frac{\sum\limits_{i=1}^{n_1}y_{1i}}{\theta}+\sum_{i=1}^{n_2}y_{2i}\right).$$

记

$$\overline{y}_1=\frac{1}{n_1}\sum_{i=1}^{n_1}y_{1i},\quad \overline{y}_2=\frac{1}{n_2}\sum_{i=1}^{n_1}y_{2i},$$

$$\omega_1=\frac{1}{\mathrm{Var}(\overline{y}_1)}=\frac{n_1}{\sigma_1^2},\quad \omega_2=\frac{1}{\mathrm{Var}(\overline{y}_2)}=\frac{n_2}{\sigma_2^2},$$

则 μ^* 可改写为

$$\mu^*=\frac{\omega_1}{\omega_1+\omega_2}\overline{y}_1+\frac{\omega_2}{\omega_1+\omega_2}\overline{y}_2,$$

即 μ^* 是两个实验室观测值均值的加权平均, 它们的权 $\omega_1/(\omega_1+\omega_2)$ 和 $\omega_2/(\omega_1+\omega_2)$ 与各实验室测量的误差方差和测量次数有关, 误差方差大的, 测量次数少的, 对应的权就小.

当然， μ^* 包含未知参数 σ_1^2 和 σ_2^2, 因此它不能付诸实际应用. 然而对现在的情形，我们可以设法构造 σ_1^2 和 σ_2^2 的估计. 事实上，这两个实验室的观测数据分别构成线性模型

$$y_i=\mu\mathbf{1}_{n_i}+e_i,\qquad i=1,2,$$

这里 $y_i=(y_{1i},\cdots,y_{1n_i})'$, $\mathbf{1}_{n_i}$ 为 $n_i\times1$ 的向量,其所有元素皆为1. $e_i=(e_{1i},\cdots,e_{1n_i})'$, 因为 $\mathrm{Cov}(e_i)=\sigma_i^2I_{n_i}$, 所以 e_i, $i=1,2$ 都满足 Guass-Markov 条件. 应用 § 4.1 结果，可得到 σ_i^2 的 LS 估计

$$\widehat{\sigma}_i^2=\frac{1}{n_i-1}\|y_i-\mathbf{1}\overline{y}_i\|^2,$$

用 $\widehat{\sigma}_i^2$ 代替 μ^* 中的 σ_i^2, 得到新估计记为 $\widetilde{\mu}$, 称为 μ 的两步估计 (two-stage estimate). $\widetilde{\mu}$ 不再包含任何未知参数，是一种可行估计 (feasiable estimate). 关于这类估计的统计性质将在 § 4.7 讨论.

§4.4 最小二乘统一理论

对于线性模型

$$y = X\beta + e, \quad E(e) = 0, \ \mathrm{Cov}(e) = \sigma^2\Sigma, \tag{4.4.1}$$

如果 $|\Sigma| = 0$, 则称该模型为奇异线性模型，对于这样的模型，因为 Σ^{-1} 不存在，所以我们不能通过最小化 (4.3.3) 所定义的 $Q(\beta)$ 来求得 β 的最小二乘估计. 20 世纪 60 年代以来，许多统计学家研究了这种模型的参数估计，提出了几种估计方法. 在这些估计方法中，著名统计学家 Rao 应用推广的最小二乘法所导出的估计以其形式简单便于理论研究而得到普遍采用. 本节的目的是讨论这个方法.

对于奇异线性模型，因为 Σ^{-1} 不存在，于是 (4.3.3) 的 $Q(\beta)$ 无定义. 如果用任一广义逆 Σ^- 代替 Σ^{-1}, 把 $Q(\beta)$ 定义为 $Q(\beta) = (y - X\beta)'\Sigma^-(y - X\beta)$, 因为这样的 $Q(\beta)$ 与所含的广义逆 Σ^- 有关，取不同的广义逆得到不同的 $Q(\beta)$, 因而 (4.3.3) 失去意义，于是对于奇异线性模型，一个核心的问题是寻找一个新矩阵 T , 它能够充当 (4.3.3) 中 Σ^{-1} 所担负的作用. Rao[90] 成功地解决了这个问题. 他定义

$$T = \Sigma + XUX', \qquad \text{其中}\ U \geq 0, \qquad \mathrm{rk}(T) = \mathrm{rk}(\Sigma \vdots X), \tag{4.4.2}$$

然后定义

$$Q(\beta) = (y - X\beta)'T^-(y - X\beta). \tag{4.4.3}$$

用最小化 $Q(\beta)$ 求出最小值点

$$\beta^* = (X'T^-X)^-X'T^-y. \tag{4.4.4}$$

后面我们将证明，对任一可估函数 $c'\beta$,$c'\beta^*$ 为其 BLU 估计. 这个结论既适用于设计阵 X 列满秩或列降秩的情形，又适用于 Σ 奇异或非奇异的情形. 正是由于这个原因，通常把这个结果称为最小二乘统一理论，参见文献 [90].

在 T 的定义中，包含一个可以选择的半正定阵 U. 事实上满足条件的方阵 U 是很多的. 例如，一个简单的选择是 $U = I_p$, 这是因为等式

$$\mathrm{rk}(\Sigma + XX') = \mathrm{rk}(\Sigma \vdots X)$$

对一切 Σ 和 X 都成立. 另外，当 $\Sigma > 0$ 时，可取 $U = 0$, 此时 $T = \Sigma$, (4.4.4) 就变成了 (4.3.5). 为了证明 $c'\beta^*$ 为 $c'\beta$ 的 BLU 估计，先证明几个预备事实.

引理 4.4.1 对于线性模型 (4.4.1), 不管 $\Sigma > 0$ 或 $\Sigma \geq 0$, $y \in \mathcal{M}(\Sigma \vdots X)$ 总是成立.

证明 因为 $\Sigma \geq 0$, 将 Σ 分解为 $\Sigma = LL'$, 这里 L 为 $n \times t$ 矩阵, $t = \mathrm{rk}(\Sigma) = \mathrm{rk}(L)$. 记 $e = L\varepsilon, E(\varepsilon) = 0, \mathrm{Cov}(\varepsilon) = \sigma^2 I_n$, 则 y 可表为如下新线性模型的形式:

$$y = X\beta + L\varepsilon, \qquad E(\varepsilon) = 0, \quad \mathrm{Cov}(\varepsilon) = \sigma^2 I_n,$$

于是 $y \in \mathcal{M}(X \ : \ L)$. 再利用 $\mathcal{M}(L) = \mathcal{M}(LL') = \mathcal{M}(\Sigma)$, 结论得证.

引理 4.4.2 对 (4.4.2) 所定义的 T, 总有

(1) $\mathcal{M}(T) = \mathcal{M}(\Sigma \vdots X)$.

(2) $X'T^-X, X'T^-y$ 和 $(y - X\beta)T^-(y - X\beta)$ 都与广义逆 T^- 的选择无关.

证明 (1) 是 (4.4.2) 的直接推论. 因为 $y \in \mathcal{M}(T)$, $\mathcal{M}(X) \subset \mathcal{M}(T)$, $y - X\beta \in \mathcal{M}(T)$, 再利用事实: 若 $\mathcal{M}(A) \subset \mathcal{M}(B)$, 则 $A'B^-A$ 与 B^- 的选择无关, 便可证得 (2), 引理证毕.

这个推论表明, (4.4.3) 所定义的 $Q(\beta)$ 与所含的广义逆 T^- 的选择无关, 同时也可以证明, 对任一可估函数 $c'\beta$,$c'\beta^* = c'(X'T^-X)^-X'T^-y$ 也与所含的广义逆的选择无关.

引理 4.4.3 对于线性模型 (4.4.1), 可估函数 $c'\beta$ 的一个无偏估计 $a'y$ 为 BLU 估计, 当且仅当它满足

$$\mathrm{Cov}(a'y, b'y) = 0,$$

这里 $b'y$ 为零的任一无偏估计, 即 $E(b'y) = 0$.

证明 设 $l'y$ 为 $c'\beta$ 的任一无偏估计, 则 l 一定可表示为 $l = a + b$, 对某个满足 $X'b = 0$ 的 b. 于是

$$\mathrm{Var}(l'y) = \mathrm{Var}(a'y) + \mathrm{Var}(b'y) + \mathrm{Cov}(a'y, b'y). \tag{4.4.5}$$

由 (4.4.5), 充分性部分得证.

下面用反证法来证明必要性. 设 $a'y$ 为 $c'\beta$ 的 BLU 估计. 若存在一个 b_0, 满足 $X'b_0 = 0$, 但有 $\mathrm{Cov}(a'y, b_0'y) = d \neq 0$, 不妨设 $d < 0$. 若不然, 只需取 $-b_0$ 代替 b_0, 就可化为 $d < 0$ 的情形. 用 $b = \alpha\, b_0$ 代替 (4.4.5) 中的 b, 则 (4.4.5) 为 α 的二次三项式, 且一次项为负数, 故必存在 α_0 使此二次三项式的后面两项之和取负值. 取 $l_0 = a + \alpha_0\, b_0$, 必有

$$\mathrm{Var}(l_0'y) < \mathrm{Var}(a'y),$$

这与 $a'y$ 为 BLU 估计相矛盾. 引理得证.

现在证明如下重要定理.

定理 4.4.1　对于线性模型 (4.4.1) 和任一可估函数 $c'\beta$ 有

(1) $c'\beta^* = c'(X'T^-X)^-X'T^-y$ 为 $c'\beta$ 的 BLU 估计,

(2) $\mathrm{Var}(c'\beta^*) = \sigma^2 c'[(X'T^-X)^- - U]c$.

证明　(1) 由 $c'\beta$ 的可估性, 知存在 $n\times 1$ 的向量 t, 使得 $c' = t'X$. 利用 $X(X'T^-X)^-X'T^-X = X$, 于是

$$E(c'\beta^*) = t'X(X'T^-X)^-X'T^-X\beta = t'X\beta = c'\beta,$$

无偏性得证. 以下我们应用引理 4.4.3 来证明 $c'\beta^*$ 在线性无偏估计类中是方差最小的. 对任一满足 $X'b=0$ 的向量 b, 总有

$$\begin{aligned}\mathrm{Cov}(c'\beta^*, b'y) &= \sigma^2 c'(X'T^-X)^-X'T^-\Sigma b\\ &= \sigma^2 c'(X'T^-X)^-X'T^-Tb\\ &= \sigma^2 c'(X'T^-X)^-X'b = 0,\end{aligned}$$

这里我们利用了 $X'T^-T = X'$ 和 $X'b=0$. 根据引理 4.4.3, $c'\beta^*$ 为 $c'\beta$ 的 BLU 估计.

(2) 首先注意到，在表达式

$$\mathrm{Var}(c'\beta^*) = \sigma^2 c'(X'T^-X)^-X'T^-\Sigma T^{-'}X((X'T^-X)^-)'c$$

中， $((X'T^-X)^-)'$ 和 $T^{-'}$ 可分别用 $(X'T^-X)^-$ 和 T^- 所替代，于是

$$\mathrm{Var}(c'\beta^*) = \sigma^2 c'(X'T^-X)^-X'T^-\Sigma T^-X(X'T^-X)^-c.$$

再用 $T - XUX'$ 代替其中的 Σ, 得到

$$\begin{aligned}\mathrm{Var}(c'\beta^*) &= \sigma^2[c'(X'T^-X)^-X'T^-TT^-X(X'T^-X)^-c\\ &\quad -\sigma^2 c'(X'T^-X)^-X'T^-XUX'T^-X(X'T^-X)^-c].\end{aligned}$$

再利用 $c' = t'X$ 和 $X'T^-T = X'$, 上式右端第一项变为

$$\begin{aligned}&c'(X'T^-X)^-X'T^-X(X'T^-X)^-c\\ =\ & t'X(X'T^-X)^-X'T^-X(X'T^-X)^-X't\\ =\ & t'X(X'T^-X)^+X'T^-X(X'T^-X)^+X't\\ =\ & t'X(X'T^-X)^+X't\\ =\ & c'(X'T^-X)^+c.\end{aligned}$$

而对右端第二项，利用 $c' = t'X$ 和 $X(X'T^-X)^+X'T^-X = X$, 得

$$\begin{aligned}&c'(X'T^-X)^-X'T^-XUX'T^-X(X'T^-X)^-c\\ =\ & t'X(X'T^-X)^-X'T^-XUX'T^-X(X'T^-X)^-X't\\ =\ & t'XUX't = c'Uc.\end{aligned}$$

定理得证.

若 $\mathrm{rk}(X)=p$, 则 β 的 BLU 估计为 $\beta^*=(X'T^-X)^{-1}X'T^-y$. 若 X 为列降秩, 这时需要研究全体可估函数的估计. 在这种情况下, 可改为讨论均值向量 $\mu=X\beta$, 这是因为任一可估函数都可表为 μ 的线性组合, 容易证明它的 BLU 估计为

$$\mu^*=X\beta^*=X(X'T^-X)^-X'T^-y,$$

且

$$\mathrm{Cov}(\mu^*)=\sigma^2X[(X'T^-X)^- - U]X'.$$

下面的推论是一个具有广泛应用的重要特殊情形.

推论 4.4.1 对于线性模型 (4.4.1), 若 $\mathcal{M}(X)\subset\mathcal{M}(\Sigma)$, 则对任一可估函数 $c'\beta$, 它的 BLU 估计为

$$c'\beta^*=c'(X'\Sigma^-X)^-X'\Sigma^-y, \tag{4.4.6}$$
$$\mathrm{Var}(c'\beta^*)=\sigma^2c'(X'\Sigma^-X)^-c,$$

并且所有表达式与所包含的广义逆选择无关,特别, 当 $\mathrm{rk}(X)=p$ 时, $\beta^*=(X'\Sigma^-X)^{-1}X'\Sigma^-y$ 为 β 的 BLU 估计, 它的协方差阵为 $\mathrm{Cov}(\beta^*)=\sigma^2(X'\Sigma^-X)^{-1}$.

证明 因为在条件 $\mathcal{M}(X)\subset\mathcal{M}(\Sigma)$ 下, 在 (4.4.2) 中的 U 可取为零矩阵, 这时 $T=\Sigma$. 证毕.

我们知道, 当 $\Sigma>0$ 时, 对任一可估函数 $c'\beta$, 它的 BLU 估计为

$$c'\beta^*=c'(X'\Sigma^{-1}X)^-X'\Sigma^{-1}y,$$
$$\mathrm{Var}(c'\beta^*)=\sigma^2c'(X'\Sigma^{-1}X)^-c,$$

与 (4.4.6) 相比较, 我们发现, 当 $|\Sigma|=0$ 时, 只要 $\mathcal{M}(X)\subset\mathcal{M}(\Sigma)$, Σ^- 就能够担负起 $\Sigma>0$ 时 Σ^{-1} 所起的作用.

注 1 条件 $\mathcal{M}(X)\subset\mathcal{M}(\Sigma)$ 是任一可估函数 $c'\beta$ 的 BLU 估计为 (4.4.6) 的充分条件, 但它并不必要. 例如, 在线性模型 (4.4.1) 中, 若 $X=(\mathbf{1}_n\,\vdots\,X_1)$, 这里 $\mathbf{1}_n=(1,\cdots,1)'$, 即 n 个元素皆为 1 的 n 维向量, X_1 为任意的 $n\times(p-1)$ 矩阵, $\Sigma=I_n-\mathbf{1}_n\mathbf{1}_n'/n$, 即 Σ 为中心化矩阵, 这是一个幂等阵, 单位阵 I_n 和 Σ 本身都是 Σ 的广义逆. 由定理 4.5.1 可以证明, 在这个模型里, 任一可估函数的 LS 估计都是它的 BLU 估计, 这相当于在 (4.4.6) 中取 Σ^- 为 I_n, 但是条件 $\mathcal{M}(X)\subset\mathcal{M}(\Sigma)$ 并不成立.

定理 4.4.2

$$\sigma^{2^*}=(y-X\beta^*)'T^-(y-X\beta^*)/q$$

为 σ^2 的无偏估计，其中 $q = \mathrm{rk}(T) - \mathrm{rk}(X)$.

证明 因为

$$
\begin{aligned}
&E(y - X\beta^*)'T^-(y - X\beta^*) \\
&\quad = \mathrm{tr}[T^- E(y - X\beta^*)(y - X\beta^*)'],
\end{aligned}
$$

直接计算 $E(y - X\beta^*)(y - X\beta^*)'$ 并将所得表达式中的 Σ 用 $T - XUX'$ 代替，再利用关系式

$$
X(X'T^-X)^-X'T^-X = X, \quad X'T^-T = X'
$$

得到

$$
\begin{aligned}
&E(y - X\beta^*)'T^-(y - X\beta^*) \\
&\quad = \sigma^2 \mathrm{tr}[T^-T - T^-X(X'T^-X)^-X'].
\end{aligned}
$$

注意到 T^-T 和 $(X'T^-X)^-X'T^-X$ 都是幂等阵，利用幂等阵的性质：若 A 为幂等阵，则 $\mathrm{rk}(A) = \mathrm{tr}(A)$, 以及对任意矩阵 B, 有 $\mathrm{rk}(B^-B) = \mathrm{rk}(B)$, 于是有

$$
\begin{aligned}
&E(y - X\beta^*)'T^-(y - X\beta^*) \\
&\quad = \sigma^2[\mathrm{rk}(T^-T) - \mathrm{rk}((X'T^-X)^-X'T^-X)] \\
&\quad = \sigma^2[\mathrm{rk}(T) - \mathrm{rk}(X'T^-X)] \\
&\quad = \sigma^2[\mathrm{rk}(T) - \mathrm{rk}(X)] \\
&\quad = \sigma^2 q,
\end{aligned}
$$

定理证毕.

注 2 对任一可估函数 $c'\beta$, 它的 BLU 估计 $c'\beta^*$ 及其方差以及估计 σ^{2^*} 都与所含的广义逆无关，因此都可以用对应的 Moore-Penrose 广义逆代替，即

$$
\begin{aligned}
c'\beta^* &= c'(X'T^+X)^+X'T^+y, \\
\mathrm{Var}(c'\beta^*) &= \sigma^2 c'[(X'T^+X)^+ - U]c,
\end{aligned}
$$

$$
\sigma^{2^*} = (y - X\beta^*)T^+(y - X\beta^*)/q.
$$

另外，这些表达式还都与 T 的选择无关，只要它满足 (4.4.2). 为简单计常取 $U = I$, 这时 $T = \Sigma + XX'$. 特别当 $\mathcal{M}(X) \subset \mathcal{M}(\Sigma)$ 时，取 $U = 0$, 即 $T = \Sigma$, 于是

$$
\begin{aligned}
c'\beta^* &= c'(X'\Sigma^+X)^+X'\Sigma^+y, \\
\mathrm{Var}(c'\beta^*) &= \sigma^2 c'(X'\Sigma^+X)^+c.
\end{aligned}
$$

例 4.4.1 Panel 模型

考虑如下线性模型：

$$y_{ij} = \beta_0 + x_{it1}\beta_1 + \cdots + x_{itk}\beta_k + \mu_i + e_{it},$$
$$i = 1, 2, \cdots, N; \quad t = 1, 2, \cdots, T, \tag{4.4.7}$$

这里 y_{ij} 表示第 i 个个体在时刻 t 的观测值，x_{itj} 表示第 i 个个体上第 j 个自变量在时刻 t 的取值，$\beta_1, \cdots, \beta_k$ 为通常的回归系数，μ_i 为第 i 个个体的效应. 如果这 N 个个体是从一个大的个体总体中随机抽取的，那么个体效应是随机的，e_{it} 为随机误差. 假设所有的 μ_i 和 e_{it} 都互不相关，且 $E(e_{it}) = 0, \text{Var}(e_{it}) = \sigma_e^2$, $E(\mu_i) = 0, \text{Var}(\mu_i) = \sigma_\mu^2$.

记

$$y = (y_{11}, \cdots, y_{1T}, y_{21}, \cdots, y_{2T}, \cdots, y_{NT})',$$
$$X = (x_{11}, \cdots, x_{1T}, x_{21}, \cdots, x_{2T}, \cdots, x_{NT})',$$
$$\beta = (\beta_1, \cdots, \beta_k)',$$
$$\mu = (\mu_1, \cdots, \mu_N)',$$
$$e = (e_{11}, \cdots, e_{1T}, e_{21}, \cdots, e_{2T}, \cdots, e_{NT})',$$

其中 $x_{it} = (x_{it1}, \cdots, x_{itk})'$, 于是模型 (4.4.7) 可以写为

$$y = \mathbf{1}_{Nt}\beta_0 + X\beta + u, \tag{4.4.8}$$

其中 $u = (I_N \otimes \mathbf{1}_T)\mu + e$, 符号 " $\otimes$ " 表示 Kronecker 乘积. 容易验证

$$\text{Cov}(u) = \sigma_1^2 P_1 + \sigma_e^2 Q + \sigma_1^2 J_{NT},$$

其中 $\sigma_1^2 = T\sigma_\mu^2 + \sigma_e^2$,

$$P_1 = P - J_{NT},$$
$$P = I_N \otimes J_T,$$
$$Q = I_{NT} - P,$$
$$J_T = \mathbf{1}_T \mathbf{1}_T'/T.$$

下面我们讨论 β 的几种估计，以后我们总假定 $\text{rk}(X) = k$.

引理 4.4.4 (1) P, Q, P_1 和 J_{NT} 都是对称幂等阵，其秩分别为 $N, N(T-1), N-1$ 和 1.

(2) P_1, Q 和 J_{NT} 两两正交，即 $P_1Q = 0$, $P_1J_{NT} = 0$, $QJ_{NT} = 0$.

(3) $PQ=0$, $PJ_{NT}=J_{NT}$, $PP_1=P_1P=P_1$.

这些事实的证明并不困难，但它们对后面结论的证明是很关键的.

假定 σ_μ^2 和 σ_e^2 已知，则 β 的 BLU 估计可表示为

$$\beta^*(\sigma^2)=\left(\frac{X'P_1X}{\sigma_1^2}+\frac{X'QX}{\sigma_e^2}\right)^{-1}\left(\frac{X'P_1y}{\sigma_1^2}+\frac{X'Qy}{\sigma_e^2}\right). \tag{4.4.9}$$

$\sigma^2=(\sigma_1^2,\sigma_e^2)'$, 它的协方差阵为

$$\text{Cov}(\beta^*(\sigma^2))=\left(\frac{X'P_1X}{\sigma_1^2}+\frac{X'QX}{\sigma_e^2}\right)^{-1}. \tag{4.4.10}$$

但是, 在实际应用中, 因为 σ_μ^2 和 σ_e^2 都是未知的, 因此 $\beta^*(\sigma^2)$ 并不能付诸应用. 这时我们有两种处理方法: 一种是先设法获得 σ_μ^2 和 σ_e^2 的某种估计, 然后代入 (4.4.9). 通常把所得的估计称为两步估计. 关于这种估计，我们将在后面讨论. 另一种方法是寻求不包含 σ_μ^2 和 σ_e^2 的估计，例如， LS 估计

$$\widehat{\beta}=(X'P_1X+X'QX)^{-1}(X'P_1y+X'Qy) \tag{4.4.11}$$

和 Within 估计

$$\widehat{\beta}_W=(X'QX)^{-1}X'Qy \tag{4.4.12}$$

以及 Between 估计

$$\widehat{\beta}_B=(X'P_1X)^{-1}X'P_1y. \tag{4.4.13}$$

比较 (4.4.11) 和 (4.4.9) 知 , LS 估计可以看做是在 (4.4.9) 中令 $\sigma_1^2=\sigma_e^2$, 即 $\sigma_\mu^2=0$ 时产生的. 而 Within 估计和 Between 估计的获得稍微复杂一点，需要对两个变换模型应用最小二乘统一理论才能获得.

对模型 (4.4.8) 分别左乘 P_1 和 Q, 得到

$$P_1y=P_1X\beta+u_1, \tag{4.4.14}$$

$$Qy=QX\beta+u_2, \tag{4.4.15}$$

这里 $u_1=P_1u$,$u_2=Qu$. u_1 和 u_2 的均值皆为零，它们的协方差阵分别为

$$V_1=\text{Cov}(u_1)=\sigma_1^2P_1, \tag{4.4.16}$$

$$V_2=\text{Cov}(u_2)=\sigma_e^2Q. \tag{4.4.17}$$

因为 P_1 和 Q 都是幂等阵，所以这两个模型都是奇异线性模型. 因为 $\mathcal{M}(P_1X)\subset\mathcal{M}(P_1)$, $\mathcal{M}(QX)\subset\mathcal{M}(Q)$, 故由推论 4.4.1 容易证明 $\widehat{\beta}_W$ 和 $\widehat{\beta}_B$ 分别是从模型 (4.4.14) 和 (4.4.15) 求到的 β 的 BLU 估计. 这里我们总是假定 $(X'P_1X)^{-1}$ 和 $(X'QX)^{-1}$ 是存在的，这在经济数据分析中总是成立的. 容易验证， $\widehat{\beta}_W$ 和 $\widehat{\beta}_B$ 的协方差阵分别为

$$\mathrm{Cov}(\widehat{\beta}_W) = \sigma_e^2 (X'QX)^{-1}$$

和

$$\mathrm{Cov}(\widehat{\beta}_B) = \sigma_1^2 (X'P_1X)^{-1}.$$

§4.5 LS 估计的稳健性

虽然稳健性 (robustness) 这种统计思想在统计文献中由来已久，并且从 20 世纪 20 年代就开始受到统计学家的重视，但“稳健性”一词只是到了 1953 年才由 G.E.P.Box 第一次明确提出来. 直观地讲，稳健性是指统计推断关于统计模型即假设条件具有相对稳定性. 这就是说，当模型假设发生某种微小变化时，相应地统计推断只有微小改变. 这时，我们就说统计推断关于这种微小变化具有稳健性. 例如，本章开头几节的讨论中，关于线性模型有一个重要的假设是 $\mathrm{Cov}(e) = \sigma^2 I$. 在此条件下，证明了可估函数 $c'\beta$ 的 LS 估计 $c'\widehat{\beta}$ 是 BLU 估计. 但是在应用上我们不可能要求一个实际问题完完全全满足这一假设. 事实上，我们也根本无法知道，它确实满足这条假设. 只能通过分析或检验，判断假设 $\mathrm{Cov}(e) = \sigma^2 I$ 是否大致上可以接受. 因此，我们总是希望当实际的 $\mathrm{Cov}(e)$ 与 $\sigma^2 I$ 相差不是太远时， LS 估计 $c'\widehat{\beta}$ 仍然保持原来的最优性或即便不是最优的，但不要变得很坏，大体上还“过得去”. 若是这样的话，我们就说 LS 估计关于协方差阵是稳健的. 相反，如果出现失之毫厘，谬之千里的情况，这个估计就不具有稳健性，应用起来就得特别谨慎. 稳健性总是相对于模型的某种变化而言的. 例如，上面举的例子是 LS 估计关于协方差阵变化的稳健性. 我们自然也可以讨论它关于设计阵的稳健性，或者它的某一条性质关于误差分布的稳健性等等.

应该说，稳健性是每一种统计推断都应当具有的性质. 因此，统计文献中有了稳健设计，稳健检验等概念. 足见稳健性的研究已经渗透到统计学的很多分支. 前面已经说过，在某种意义上讲，稳健性就是稳定性. 在数学的其它分支，我们也可以找到与之相当的概念. 例如，常微分方程中十分重要的稳定性理论，就是专门研究方程的解关于初始条件的稳定性. 又如在非线性规划中，也有类似的解的稳定性概念. 这一节我们主要讨论 LS 估计关于协方差阵的稳健性.

考虑线性模型

$$y = x\beta + e, \qquad E(e) = 0, \qquad \mathrm{Cov}(e) = \sigma^2\Sigma, \tag{4.5.1}$$

这里 $\Sigma \geq 0$ 已知. 对任一可估函数 $c'\beta$, 它的 LS 估计为

$$c'\widehat{\beta} = c'(X'X)^{-}X'y.$$

我们知道, 当 $\mathrm{Cov}(e)=\sigma^2 I$ 时, 它是 BLU 估计. 现在尽管协方差阵 $\mathrm{Cov}(e)=\sigma^2\Sigma\neq\sigma^2 I$, 我们希望 $c'\widehat{\beta}$ 关于误差协方差阵的这种变化具有稳健性, 即 $c'\widehat{\beta}$ 仍然是 BLU 估计:

$$c'\widehat{\beta}=c'\beta^*, \tag{4.5.2}$$

这里 β^* 由上节最小二乘统一理论给出 (见定理 4.4.4). 下面两个定理回答了这个问题.

记 Z 为 $n\times(n-r)$ 且秩为 $n-r$ 的矩阵, 满足 $X'Z=0$, 这里 $r=\mathrm{rk}(X)$. 不失一般性, 以下讨论中假设 $\sigma^2=1$.

定理 4.5.1　对于线性模型 (4.5.1) 和任一可估函数 $c'\beta$,(4.5.2) 成立当且仅当下列条件之一成立.

(1) $X'\Sigma Z=0,$ (4.5.3)

(2) $\Sigma=X\Lambda_1X'+Z\Lambda_2Z',$ (4.5.4)

(3) $\Sigma=XD_1X'+ZD_2Z'+I,$ (4.5.5)

其中 Λ_1, Λ_2, D_1 和 D_2 为任意对称阵, 但使 $\Sigma\geq 0$.

证明　(1) 依定理 4.4.3, 我们只要证明, 在模型 (4.5.1) 下, 对任意 $b=Zt$,t 为任意向量, 总有 $\mathrm{Cov}(c'\widehat{\beta},b'y)=0$. 由 $c'\beta$ 的可估性知, 存在向量 α, 使得 $c=X'\alpha$, 故

$$\begin{aligned}
&\mathrm{Cov}(c'\widehat{\beta},b'y)=0\\
\Longleftrightarrow\ &\alpha'X(X'X)^-X'\Sigma Zt=0, \qquad \text{对一切}\alpha\text{和}t\\
\Longleftrightarrow\ &X(X'X)^-X'\Sigma Z=0\\
\Longleftrightarrow\ &P_X\Sigma Z=0\Longleftrightarrow X'\Sigma Z=0,
\end{aligned}$$

这里 $P_X=X(X'X)^-X'$, 结论 (1) 得证.

(2) 因为 X 和 Z 的列向量互相正交, 且 $R^n=\mathcal{M}(X)\dotplus\mathcal{M}(Z)$, 故对任一矩阵 $A_{n\times n}$, 存在矩阵 T_1,T_2, 使 $A=XT_1+ZT_2$. 由 $\Sigma\geq 0$ 知, 存在 $Q_{n\times n}$, 使得 $\Sigma=QQ'$, 将 Q 表为 $Q=XU_1+ZU_2$, 于是

$$\Sigma=X\Lambda_1X'+Z\Lambda_2Z'+X\Lambda_3Z'+Z\Lambda_3'X', \tag{4.5.6}$$

其中 $\Lambda_1=U_1U_1'$,$\Lambda_2=U_2U_2'$,$\Lambda_3=U_1U_2'$. 因为

$$\begin{aligned}
&X'\Sigma Z=X'X\Lambda_3ZZ'=0\\
\Longleftrightarrow\ &X(X'X)^-X'X\Lambda_3Z'Z(Z'Z)^{-1}Z'=0,\\
\Longleftrightarrow\ &X\Lambda_3Z'=0 \qquad (\text{利用 } X(X'X)^-X'X=X)\\
\Longleftrightarrow\ &\Sigma=X\Lambda_1X'+Z\Lambda_2Z' \qquad (\text{利用 (4.5.6)}),
\end{aligned}$$

这就证明了 (1) 和 (2) 等价.

(3) 由 Z 的定义知 $I-P_X=P_Z=Z(Z'Z)^{-1}Z'$, 于是 I 可表为

$$I=P_X+(I-P_X)=X(X'X)^-X'+Z(Z'Z)^{-1}Z'.$$

将上式两边从 (4.5.4) 中减去，得

$$\begin{aligned}\Sigma &= X(\Lambda_1-(X'X)^-)X'+Z(\Lambda_2-(Z'Z)^{-1})Z'+I\\ &\triangleq XD_1X'+ZD_2Z'+I.\end{aligned}$$

这就从 (2) ⇒ (3). 反过来, 利用 $I=X(X'X)^-X'+Z(Z'Z)^{-1}Z'$, 立即可从 (3) ⇒ (2). 定理证毕.

例 4.5.1 误差均匀相关模型 (error uniform correlation models)

$$y=X\beta+e,\qquad E(e)=0,$$

误差向量 e 的协方差阵具有如下形式

$$\mathrm{Cov}(e)=\sigma^2\begin{pmatrix}1&\rho&\cdots&\rho\\ \rho&1&\cdots&\rho\\ \vdots&\vdots&\ddots&\vdots\\ \rho&\rho&\cdots&1\end{pmatrix},$$

即所有观测有等方差 σ^2, 且所有观测之间有相同的相关系数. 这个协方差阵可改写为

$$\mathrm{Cov}(e)=\sigma^2[\rho\mathbf{1}_n\mathbf{1}_n'+(1-\rho)I_n].$$

假设 X 的第一列全为 1, 即模型包含常数项，则定理中所定义的 Z 满足 $\mathbf{1}_n'Z=0$. 于是容易验证

$$X'\mathrm{Cov}(e)Z=0.$$

因此对于这个模型，任一可估函数 $c'\beta$ 的 LS 估计仍为 BLU 估计.

定理 4.5.2 对于线性模型 (4.5.1) 和任一可估函数 $c'\beta$, (4.5.2) 成立当且仅当下列条件之一成立.

(1) $\Sigma X=XB$, 对某矩阵 B,

(2) $\mathcal{M}(X)$ 由 Σ 的 $r=\mathrm{rk}(X)$ 个特征向量张成,

(3) $P_X\Sigma$ 为对称阵，其中 $P_X=X(X'X)^-X'$.

证明 (1) 根据 (4.5.3),$c'\widehat{\beta}$ 为 $c'\beta$ 的 BLU 估计 $\Longleftrightarrow X'\Sigma Z=0\Longleftrightarrow\mathcal{M}(\Sigma X)\subset\mathcal{M}(X)\Longleftrightarrow\Sigma X=XB$ 对某个矩阵 B.

(2) 我们证明 (1) $\Longleftrightarrow$ (2). 先证明 (1) $\Rightarrow$ (2).

设 ξ 为 Σ 的对应于特征根 λ 的特征向量，对 ξ 作正交分解

$$\xi=\xi_1+\xi_2, \qquad \text{其中 } \xi_1\in\mathcal{M}(X), \quad \xi_2\in\mathcal{M}(Z). \tag{4.5.7}$$

根据正交投影的定义，ξ_1 就是 ξ 在 $\mathcal{M}(X)$ 上的正交投影. 再从 $\Sigma\xi=\lambda\xi$, 得

$$\Sigma\xi_1-\lambda\xi_1=-(\Sigma\xi_2-\lambda\xi_2). \tag{4.5.8}$$

若 (1) 成立，则 $\Sigma\xi_1\in\mathcal{M}(X)$, 于是上式左边

$$\Sigma\xi_1-\lambda\xi_1\in\mathcal{M}(X). \tag{4.5.9}$$

另一方面，(1)$X'\Sigma Z=0\Longleftrightarrow\mathcal{M}(\Sigma Z)\subset\mathcal{M}(Z)\Longleftrightarrow\Sigma Z=ZA$, 对某个矩阵 A. 类似上面的讨论，可以证明：$\Sigma\xi_2-\lambda\xi_2\in\mathcal{M}(Z)$. 结合 (4.5.8) 和 (4.5.9) 可知，$\Sigma\xi_1-\lambda\xi_1$ $=\Sigma\xi_2-\lambda\xi_2=0$, 即 $\Sigma\xi_1=\lambda\xi_1$. 于是 ξ_1 若不是零，则必为 Σ 为特征向量. 所以，ξ 在 $\mathcal{M}(X)$ 上的正交投影 ξ_1 或者为 0 或者仍为 Σ 的特征向量，两者必居其一. 设 $\xi_1,\cdots,\xi_n$ 为 Σ 的 n 个标准正交化特征向量. $\eta_1,\cdots,\eta_n$ 为它们在 $\mathcal{M}(X)$ 上的正交投影，即

$$(\eta_1,\cdots,\eta_n)=P_X(\xi_1,\cdots,\xi_n). \tag{4.5.10}$$

由已证事实知 $\eta_1,\cdots,\eta_n$ 中的非 0 向量为 Σ 的特征向量. 注意到 $(\xi_1,\cdots,\xi_n)$ 为正交阵，因

$$\mathcal{M}(\eta_1,\cdots,\eta_n)=\mathcal{M}(P_X)=\mathcal{M}(X). \tag{4.5.11}$$

故 $\eta_1,\cdots,\eta_n$ 只有 r 个线性无关，且它们张成了 $\mathcal{M}(X)$. 这就证明了 (1) $\Rightarrow$ (2).

反过来，设 $\mathcal{M}(X)$ 由 Σ 的 r 个特征向量 $\xi_1,\cdots,\xi_r$ 张成. 则存在矩阵 C, 使得 $X=(\xi_1,\cdots,\xi_r)C=QC$, 其中 $Q=(\xi_1,\cdots,\xi_r)$. 于是 $\Sigma X=\Sigma QC=Q\Lambda C$, $\Lambda=\mathrm{diag}(\lambda_1,\cdots,\lambda_r)$. 从而 $X'\Sigma Z=C'\Lambda Q'Z=0$, 由此可得 (1). 于是 (2) 得证.

(3) 由 (4.5.6), $P_X\Sigma$ 对称 $\Longleftrightarrow X\Lambda_1X'+X\Lambda_3Z'$ 对称 $\Longleftrightarrow X\Lambda_3Z'=0\Longleftrightarrow\Sigma=X\Lambda_1X'+Z\Lambda_2Z'$, 此即 (4.5.4). 定理证毕.

例 4.5.2 单向分类随机模型

考虑单向分类随机模型

$$y_{ij}=\mu+\alpha_i+e_{ij}, \quad i=1,\cdots,a,\ j=1,\cdots,b,$$

这里 μ 为固定效应，α_i 为随机效应，e_{ij} 为随机误差. 所有 α_i 和 e_{ij} 都互不相关. $\mathrm{Var}(\alpha_i)=\sigma_\alpha^2$, $\mathrm{Var}(e_{ij})=\sigma_e^2$, 将它写成矩阵形式

$$y=X\mu+U\alpha+e,$$

这里 $n=ab$,$X=\mathbf{1}_n$, $U=I_a\otimes\mathbf{1}_b$.

$$\begin{aligned}\mathrm{Cov}(y)&=\sigma_\alpha^2UU'+\sigma_e^2I_n\\&=\sigma_\alpha^2(I_a\otimes\mathbf{1}_b\mathbf{1}_b')+\sigma_e^2I_n\triangleq\Sigma(\sigma^2).\end{aligned}$$

根据矩阵 Z 的定义 $X'Z = \mathbf{1}_n'Z = 0$, 所以 $X'\Sigma Z = 0$. 依定理 4.5.1, 固定效应 μ 的 LS 估计 $\widehat{\mu} = \frac{1}{n}\sum\limits_{i,j} y_{ij} = \bar{y}_{..}$ 是 μ 的 BLU 估计.

应用定理 4.5.2, 也可以很容易证明这一点. 事实上, 我们只需证明 $X = \mathbf{1}_a \otimes \mathbf{1}_b$ 是 Σ 的特征向量. 显然

$$\begin{aligned}\Sigma X &= b\sigma_\alpha^2(\mathbf{1}_a \otimes \mathbf{1}_b) + \sigma_e^2(\mathbf{1}_a \otimes \mathbf{1}_b)\\ &= (b\sigma_\alpha^2 + \sigma_e^2)(\mathbf{1}_a \otimes \mathbf{1}_b) = (b\sigma_\alpha^2 + \sigma_e^2)X,\end{aligned}$$

明所欲证.

结论 对单向分类随机模型, μ 的 LS 估计 $\widehat{\mu} = \bar{y}_{..}$ 是 μ 的 BLU 估计.

§4.6 两步估计

假设线性模型的观测向量 y 的协方差阵 $\mathrm{Cov}(y) = \sigma^2\Sigma$, 除了 σ^2 之外都是完全已知的, 这时应用最小二乘法获得的可估函数的 GLS 估计是最佳线性无偏估计. 但在一些实际问题中, 除了 σ^2, Σ 还包含若干未知参数, 记为 θ. 例如, 在线性混合效应模型中这些参数就是方差分量或它们的商. 在统计学中, 对这样的模型参数估计的基本方法是, 第一步, 先假定这些参数是已知的, 应用最小二乘法获得回归参数的 GLS 估计, 当然这些估计中包含了未知参数 θ. 第二步, 设法找到 θ 的某个估计 $\widehat{\theta}$, 然后在回归系数的 GLS 估计中用 $\widehat{\theta}$ 代替 θ, 所得到的估计称为两步估计 (two-stage estimate) 或可行广义最小二乘估计 (feasiable GLSE).

本节的目的是研究两步估计的性质. 因为两步估计往往是观测向量的很复杂的非线性函数, 因此关于它的统计性质的研究难度颇大. 一个基本的问题是两步估计的无偏性. Kackar 和 Harville[69] 对这个问题做了奠定性的工作, 提出了无偏性的很一般的条件. 另外, 本节还将讨论两步估计协方差阵的一个表达式.

考虑一般线性模型

$$y = X\beta + e, \qquad E(e) = 0, \quad \mathrm{Cov}(e) = \Sigma(\theta), \tag{4.6.1}$$

这里 y 为 $n \times 1$ 观测向量, X 为 $n \times p$ 设计阵, β 为 $p \times 1$ 未知参数向量, e 为 $n \times 1$ 随机误差, $\theta = (\theta_1, \cdots, \theta_m)$ 也是未知参数向量. 设 $\Sigma(\theta) > 0$ 对一切 θ 成立. 记

$$\widehat{\beta}(\theta) = (X'\Sigma^{-1}(\theta)X)^- X'\Sigma^{-1}(\theta)y.$$

对任一可估函数 $c'\beta$, 当 θ 已知时, $c'\widehat{\beta}(\theta)$ 就是它的 GLS 估计, 也是 BLU 估计. 如果 θ 是未知的, 设 $\widehat{\theta}$ 为它的一个估计, 则 $c'\widehat{\beta}(\widehat{\theta})$ 就是 $c'\beta$ 的两步估计. 我们先证明, 在一定条件下, $c'\widehat{\beta}(\widehat{\theta})$ 就是 $c'\beta$ 的无偏估计.

我们先引进一些概念.

设 W 为一空间，若对任一 $y \in W$, 统计量 $S(y)$ 满足 $S(-y) = S(y)$, 则称 $S(y)$ 对 $y \in W$ 是偶函数. 若对 $y \in W$, $S(-y) = -S(y)$, 则成 $S(y)$ 对 $y \in W$ 为奇函数. 对于模型 (4.6.1), 若对一切 y 和 α, 统计量 $S(y)$ 满足

$$S(y - X\beta) = S(y), \tag{4.6.2}$$

则称 $S(y)$ 是变换不变的.

引理 4.6.1 设 u 为一随机向量，其分布关于原点是对称的，记为 $u \overset{d}{=} -u$, 又 $g(u)$ 是 u 的奇函数，则 $g(u)$ 的分布关于原点也是对称的.

证明 因为 $u \overset{d}{=} -u$, 于是 $g(u) \overset{d}{=} -g(u)$, 但是 $g(u)$ 为奇函数, 故 $g(-u)=-g(u)$, 这样就有

$$g(u) \overset{d}{=} g(-u) = -g(u),$$

这就证明了 $g(u)$ 的分布关于原点对称. 引理证毕.

关于原点对称的分布是很多的. 下面是一些例子.

例 4.6.1 (1) 对任意 $\Sigma > 0$, 多元正态分布 $N_p(0, \sigma^2\Sigma)$ 都是关于原点对称的.

(2) 有污染的正态分布为 $(1-\varepsilon)N_p(0, I) + \varepsilon N_p(0, \sigma^2 I)$, 它的密度函数为

$$f(x) = (1-\varepsilon)\frac{1}{(2\pi)^{p/2}}e^{-\frac{1}{2}x'x} + \varepsilon\frac{1}{(2\pi\sigma^2)^{p/2}}e^{-\frac{x'x}{2\sigma^2}}.$$

(3) 自由度为 n 的多元 t 分布，它的密度函数为

$$\frac{\Gamma(\frac{n+p}{2})}{\Gamma(\frac{n}{2})(n\pi)^{p/2}}\left(1 + \frac{1}{n}x'x\right)^{-\frac{n+p}{2}},$$

这里 p 为维数. 当 $n = 1$ 时，它就是多元 Cauchy 分布.

定理 4.6.1 对于线性模型 (4.6.1), 假设 e 的分布关于原点是对称的. 设 $\widehat{\theta} = \widehat{\theta}(y)$ 是 θ 的一个估计，它是 y 的偶函数且具有变换不变性. 设 $c'\beta$ 为任一可估函数，若 $E(c'\widehat{\beta}(\widehat{\theta}))$ 存在，则两步估计 $c'\widehat{\beta}(\widehat{\theta})$ 是 $c'\beta$ 的无偏估计.

证明 因为 $c'\beta$ 可估，故存在 α 使得 $c = X'\alpha$. 于是

$$\begin{aligned} c'\widehat{\beta}(\widehat{\theta}) - c'\beta &= \alpha'[X(X'\Sigma^{-1}(\widehat{\theta})X)^{-}X'\Sigma^{-1}(\widehat{\theta})y - X\beta] \\ &= \alpha'X(X'\Sigma^{-1}(\widehat{\theta})X)^{-}X'\Sigma^{-1}(\widehat{\theta})(y - X\beta) \\ &= c'(X'\Sigma^{-1}(\widehat{\theta})X)^{-}X'\Sigma^{-1}(\widehat{\theta})e. \end{aligned}$$

从 $\widehat{\theta}$ 的不变性可得

$$\widehat{\theta} = \widehat{\theta}(y) = \widehat{\theta}(y - X\beta) = \widehat{\theta}(e),$$

因而

$$c'\widehat{\beta}(\widehat{\theta})-c'\beta=c'(X'\Sigma^{-1}(\widehat{\theta}(e))X)^{-}X'\Sigma^{-1}(\widehat{\theta}(e))e.$$

记 $u(e)=c'\widehat{\beta}(\widehat{\theta})-c'\beta$. 因为 $\widehat{\theta}=\widehat{\theta}(y)=\widehat{\theta}(e)$ 是 e 的偶函数，从上式容易推出 $u(-e)=-u(e)$, 即 $u(e)$ 为 e 的奇函数. 利用引理便知， $u(e)$ 的分布关于原点是对称的，故有

$$E(u(e))=E(c'\widehat{\beta}(\widehat{\theta})-c'\beta)=0.$$

定理证毕.

回到 § 4.4 的 Panel 模型. 现在沿用那里的记号. 对于固定效应 β, 在 § 4.4 已给出了几种重要估计，包括 LS 估计 $\widehat{\beta}$,Within 估计 $\widehat{\beta}_w$, Beteen 估计 $\widehat{\beta}_B$ 以及当方差分量 σ_μ^2 和 σ_e^2 已知时的 BLU 估计 $\beta^*(\sigma^2)$. 现在我们引进两步估计.

在 Panel 模型讨论中，总是假设 $X'P_1X$ 和 $X'QX$ 都是可逆的. 对于一般实际问题，这些假设往往是满足的. 从模型 (4.4.14) 的残差向量 $\widehat{u}_1=P_1(y-X\widehat{\beta}_B)$ 可以构造 σ_1^2 的一个无偏估计

$$s_1^2=\widehat{u}_1'P_1^{-}\widehat{u}_1/n, \tag{4.6.3}$$

这里

$$n=\mathrm{rk}(P_1)-\mathrm{rk}(P_1X)=N-k-1. \tag{4.6.4}$$

因为 $\mathcal{M}(P_1X)\subset\mathcal{M}(P_1)$, 知 s_1^2 与广义逆 P_1^- 的选择无关，又因 P_1 是对称幂等阵，因而它是自身的一个广义逆，因此 (4.6.3) 中的 P_1^- 可简单地取为 P_1, 得

$$s_1^2=\widehat{u}_1'P_1\widehat{u}_1/n. \tag{4.6.5}$$

类似地，从模型 (4.4.15) 的残差向量 $\widehat{u}_2=Q(y-X\widehat{\beta}_W)$ 可以构造 σ_e^2 的一个无偏估计

$$s_2^2=(y-X\widehat{\beta}_W)'Q(y-X\widehat{\beta}_W)/m, \tag{4.6.6}$$

其中

$$m=\mathrm{rk}(Q)-\mathrm{rk}(QX)=N(T-1)-k. \tag{4.6.7}$$

不难证明如下事实:

引理 4.6.2 (1) $X'P_1X$,$X'QX$,s_1^2,s_2^2 都相互独立.

(2) $ns_1^2/\sigma_1^2\sim\chi_n^2$,$ms_2^2/\sigma_e^2\sim\chi_m^2$.

证明 记 $\sigma^2=(\sigma_1^2,\sigma_e^2)$, 将模型 (4.4.14) 和 (4.4.15) 联立并利用 u_1 和 u_2 独立性可以把 BLU 估计 $\beta^*(\sigma^2)$ 表示为 $\widehat{\beta}_W$ 和 $\widehat{\beta}_B$ 的以矩阵为权的凸组合形式

$$\beta^*(\sigma^2)=W_1(\sigma^2)\widehat{\beta}_B+W_2(\sigma^2)\widehat{\beta}_W, \tag{4.6.8}$$

这里权矩阵

$$W_1(\sigma^2) = \left(\frac{B}{\sigma_1^2} + \frac{W}{\sigma_e^2}\right)^{-1} \frac{X'P_1X}{\sigma_1^2},$$
$$W_2(\sigma^2) = \left(\frac{B}{\sigma_1^2} + \frac{W}{\sigma_e^2}\right)^{-1} \frac{X'QX}{\sigma_e^2},$$
$$B = X'P_1X, \quad W = X'QX.$$

在应用上，当然 σ_1^2 和 σ_e^2 皆未知，这时可以用前面所得到的它们的估计 s_1^2 和 s_2^2 来代替，这就产生了 β 的一种两步估计

$$\widehat{\beta}(s^2) = \left(\frac{B}{s_1^2} + \frac{W}{s_2^2}\right)^{-1} \left(\frac{X'P_1\, y}{s_1^2} + \frac{X'Q\, y}{s_2^2}\right),$$

这里 $s^2 = (s_1^2, s_2^2)'$. 显然

$$\widehat{\beta}(s^2) = W_1(s^2)\widehat{\beta}_B + W_2(s^2)\widehat{\beta}_W,$$

而 LS 估计可表为

$$\widehat{\beta} = (B+W)^{-1}(X'P_1X + X'QX).$$

定理 4.6.2 $\widehat{\beta}(s^2)$ 是 β 的无偏估计.

证明 因为

$$\widehat{\beta}(s^2) - \beta = \left(\frac{B}{s_1^2} + \frac{W}{s_2^2}\right)^{-1} \left(\frac{X'P_1\, u_1}{s_1^2} + \frac{X'Q\, u_2}{s_2^2}\right),$$

利用引理 4.6.2 的 (1) 可得 $E(\widehat{\beta}(s^2) - \beta) = E(E(\widehat{\beta}(s^2) - \beta)|s_1^2, s_2^2) = 0$, 证毕.

本节最后研究两步估计的协方差阵. 在下面的讨论中，总是假设 $\mathrm{rk}(X) = p$,θ 的估计 $\widehat{\theta}$ 是基于残差向量 $\widehat{e} = Ny$ 而做出的，这里 $N = I - X(X'X)^{-1}X'$. 为符号简单计，记 $\Sigma(\theta) = \Sigma$, 则

$$\beta^* = (X'\Sigma^{-1}X)^{-1}X'\Sigma^{-1}y,$$
$$\widetilde{\beta} = (X'\Sigma^{-1}(\widehat{\theta})X)^{-1}X'\Sigma^{-1}(\widehat{\theta})y,$$

它们分别是 β 的 GLS 估计 (假定 Σ 已知时) 和两步估计. 下面我们研究两步估计 $\widetilde{\beta}$ 的均方误差矩阵 (mean square error matrix, 简记为 MSEM) $\mathrm{MSEM}(\widetilde{\beta})$ 的一些重要性质. 王松桂和刘爱义 [11] 对椭球等高分布证明了下面的定理. 为了不超出本书的范围，我们只对多元正态分布的情况给予证明.

定理 4.6.3 设 $e \sim N_n(0, \sigma^2\Sigma)$, 则

$$\mathrm{MSEM}(\widetilde{\beta}) = \mathrm{Cov}(\beta^*) + E(bb'), \tag{4.6.9}$$

$b = \widetilde{\beta} - \beta^*$.

证明 对误差向量 e 作分解

$$e = (y - X\beta^*) + (X\beta^* - X\beta) \triangleq u_1 + u_2,$$

这里

$$u_1 = y - X\beta^* \triangleq (I - M)e,$$

$$u_2 = Me,$$

$$M = X(X'\Sigma^{-1}X)^{-1}X'\Sigma^{-1}.$$

因为

$$\begin{pmatrix} u_1 \\ u_2 \end{pmatrix} = \begin{pmatrix} I - M \\ M \end{pmatrix} e,$$

$$\begin{aligned} \mathrm{Cov}\begin{pmatrix} u_1 \\ u_2 \end{pmatrix} &= \sigma^2 \begin{pmatrix} (I-M)\Sigma(I-M)' & (I-M)\Sigma M' \\ M\Sigma(I-M)' & M\Sigma M' \end{pmatrix} \triangleq \sigma^2\Delta \\ &= \sigma^2 \begin{pmatrix} \Delta_{11} & \Delta_{12} \\ \Delta_{21} & \Delta_{22} \end{pmatrix}. \end{aligned}$$

由第二章知

$$\begin{pmatrix} u_1 \\ u_2 \end{pmatrix} \sim N_n(0, \sigma^2\Delta).$$

注意到 $\Delta_{21} = 0$, 于是我们有

$$E(u_1|u_2) = \Delta_{21}\Delta_{11}^{-1}u_1 = 0. \tag{4.6.10}$$

另一方面

$$\begin{aligned} \mathrm{MSEM}(\widetilde{\beta}) &= \mathrm{Cov}(\beta^*) + E(bb') + E(\widetilde{\beta} - \beta^*)(\beta^* - \beta)' \\ &\quad + E(\beta^* - \beta)(\widetilde{\beta} - \beta^*)'. \end{aligned}$$

显然，只需证明

$$E(\widetilde{\beta} - \beta^*)(\beta^* - \beta)' = 0. \tag{4.6.11}$$

因为

$$\mathrm{Cov}(\widehat{\theta}) = \mathrm{Cov}(Ny) = \mathrm{Cov}(N(I-M)y) = \mathrm{Cov}(Nu_1),$$

利用 $\widetilde{\beta}-\beta^* = X(X'\Sigma^{-1}(\widehat{\theta})X)^{-1}X'\Sigma^{-1}(\widehat{\theta})u_1$, $\beta^*-\beta = X(X'X)^{-1}X'u_2$ 以及 (4.6.10) 得

$$\begin{aligned}
&E(\widetilde{\beta}-\beta^*)(\beta^*-\beta)' \\
&= E[(X'\Sigma^{-1}(\widehat{\theta})X)^{-1}X'\Sigma^{-1}(\widehat{\theta})u_1u_2'X(X'X)^{-1}] \\
&= E[(X'\Sigma^{-1}(\widehat{\theta})X)^{-1}X'\Sigma^{-1}(\widehat{\theta})u_1E(u_2'|u_1)]X(X'X)^{-1} \\
&= 0.
\end{aligned}$$

这就证明了 (4.6.11), 定理证毕.

推论 4.6.1　设 $e \sim N_n(0,\, \sigma^2\Sigma(\theta))$, $\Sigma(\widehat{\theta})$ 是 $\widehat{e}$ 的偶函数，且 $E(\widetilde{\beta})$ 存在，则 $\widetilde{\beta}$ 是 β 的无偏估计，且

$$\mathrm{Cov}(\widetilde{\beta}) = \mathrm{Cov}(\beta^*) + E(bb'). \tag{4.6.12}$$

证明　因为残差向量 $\widehat{e}$ 关于变换 $y \to y + Xt$ 是不变的，应用定理 4.6.1 得 $\widetilde{\beta}$ 的无偏性，其余结论是显然的．证毕.

(4.6.9) 和 (4.6.12) 右端第二项 $Q = E(bb')$ 表示了用估计 $\Sigma(\widehat{\theta})$ 代替 $\Sigma(\theta)$ 所引起的估计量的协方差阵的扩大．一个自然又很重要的问题是估计 Q 的上界．但是在一般情况下，这是一个很困难的问题． Toyooka 和 Kariya[104] 研究了 θ 为单参数的情况.

§4.7　协方差改进法

在统计参数估计理论中，围绕最小方差无偏估计 (minimum variance unbiased estimate, 简记为 MVU 估计) 这一重要概念, 有许多既有数学美又有统计理论与应用价值的重要结果, 其中之一就是所谓的 MVU 估计的判定定理: $g(\theta)$ 的一个无偏估计 $T(x)$ 是 MVU 估计, 当且仅当对零的任一无偏估计 $h(x)$, 有 $\mathrm{Cov}(T(x), h(x)) = 0$ 对一切 $\theta \in \Theta$ 成立，这里 Θ 为参数空间，且所涉及的统计量都假定方差有限 (参阅文献 [26])．这就是说，一个无偏估计要具有最小方差当且仅当它跟零的所有无偏估计都不相关．因此，若存在零的一个无偏估计 $h_0(x)$, 它跟 $T(x)$ 是相关的，即 $\mathrm{Cov}(T(x), h_0(x)) \neq 0$, 则 $T(x)$ 就不是它的均值的 MVU 估计．一个重要问题是，如何利用 $h_0(x)$ 与 $T(x)$ 的相关性，构造一个比 $T(x)$ 具有更小方差的新的无偏估计呢？关于这一点，统计估计理论的专著中似乎很少论及 . Rao[92] 引进协方差改进法 (covariance adjustment approach), 它利用 $h_0(x)$ 与 $T(x)$ 的相关性，即它们的协

方差不等于零，很简单地构造 $h_0(x)$ 与 $T(x)$ 的线性组合，它确实比 $T(x)$ 具有更小方差的新的无偏估计. 最近十余年来，许多统计学家把这个技巧应用于各种线性回归模型，混合模型，以及生长曲线模型. 使得协方差法成为寻找改进估计的有力工具，参阅文献 [3][17][18]. 本节的目的是对线性模型的情形讨论协方差改进法.

我们把协方差改进法归纳为如下定理.

定理 4.7.1 设 θ 为 $p\times 1$ 未知参数，T_1 和 T_2 分别为 $p\times 1$ 和 $q\times 1$ 统计量，且 $E(T_1)=\theta$, $E(T_2)=0$. 记

$$\mathrm{Cov}\begin{pmatrix} T_1 \\ T_2 \end{pmatrix} = \begin{pmatrix} \Sigma_{11} & \Sigma_{12} \\ \Sigma_{21} & \Sigma_{22} \end{pmatrix} \triangleq \Sigma. \tag{4.7.1}$$

假定 $\Sigma>0,\Sigma_{12}\neq 0$. 则在线性估计类 $\mathcal{A}=\{T=A_1T_1+A_2T_2,\quad A_1$ 和 A_2 为非随机阵, $E(T)=\theta\}$ 中，θ 的 BLU 估计

$$\theta^*=T_1-\Sigma_{12}\Sigma_{22}^{-1}T_2, \tag{4.7.2}$$

且

$$\mathrm{Cov}(\theta^*)=\Sigma_{11}-\Sigma_{12}\Sigma_{22}^{-1}\Sigma_{21}\leq\Sigma_{11}=\mathrm{Cov}(T_1). \tag{4.7.3}$$

证明 将定理的条件用线性模型表示，即为

$$\begin{pmatrix} T_1 \\ T_2 \end{pmatrix} = \begin{pmatrix} I \\ 0 \end{pmatrix}\theta+e, \qquad e\sim(0,\Sigma),$$

易验证 θ^* 为该模型中 θ 的 BLU 估计. 其它结论显然，定理证毕.

以下称 (4.7.2) 所定义的估计 θ^* 为协方差改进估计, (4.7.3) 表明协方差改进估计 θ^* 比 T_1 有较小的协方差阵，两者协方差阵之差为 $\Sigma_{12}\Sigma_{22}^{-1}\Sigma_{21}$. 它是使用了 T_2 和 T_1 的相关性所带来附加信息的结果. 如果 $\Sigma_{12}=0$, 那么两个协方差阵为零，这时 T_2 与 T_1 不相关，自然 T_2 也就没有任何改进 T_1 的附加信息. 为叙述方便，文献中有时称 T_2 为协变量.

注 1 若 $\Sigma\geq 0$, 此时 Σ_{22} 可能是奇异阵，这时在 (4.7.2) 和 (4.7.3) 中将 Σ_{22}^{-1} 改为 Σ_{22} 的任一广义逆 Σ_{22}^{-}, 定理仍然成立.

例 4.7.1 线性回归模型

考虑一般线性回归模型

$$y=X\beta+e, \qquad E(e)=0, \quad \mathrm{Cov}(e)=\sigma^2\Sigma,$$

这里 y 为 $n\times 1$ 观测向量， X 为 $n\times p$ 的设计矩阵， $\text{rk}(X)=p$,e 为 $n\times 1$ 随机误差，$\Sigma>0$. 众所周知，β 的 BLU 估计和 LS 估计分别为 $\beta^*=(X'\Sigma^{-1}X)^{-1}X'\Sigma^{-1}y$, 和 $\widehat{\beta}=(X'X)^{-1}X'y$.

如果在定理 4.7.1 中，取 $T_1=\widehat{\beta}$,$T_2=Z'y$, 这里 Z 为 $n\times(n-p)$ 矩阵，满足 $X'Z=0$, 且 $\text{rk}(Z)=n-p$, 则

$$E(T_1)=E(\widehat{\beta})=\beta,$$
$$E(T_2)=0,$$

且

$$\text{Cov}\begin{pmatrix}T_1\\T_2\end{pmatrix}=\begin{pmatrix}(X'X)^{-1}X'\Sigma X(X'X)^{-1} & (X'X)^{-1}X'\Sigma Z\\ Z'\Sigma X(X'X)^{-1} & Z'\Sigma Z\end{pmatrix}.$$

假定 $X'\Sigma Z\neq 0$, 应用定理 4.7.1, 则得到协方差改进估计 $\widetilde{\beta}=\widehat{\beta}-(X'X)^{-1}\cdot X'\Sigma Z(Z'\Sigma Z)^{-1}Z'y$. 利用如下事实

$$(X'\Sigma^{-1}X)^{-1}X'\Sigma^{-1}=(X'X)^{-1}X'-(X'X)^{-1}X'\Sigma Z(Z'\Sigma Z)^{-1}Z',$$

便有 $\widetilde{\beta}=\beta^*$. 这就是说，$\beta$ 的 BLU 估计 β^* 也是协方差改进估计，它是从 LS 估计经过一次协方差改进得到的.

例 4.7.2 带线性约束的线性回归模型

考虑如下模型

$$\begin{cases}y=X\beta+e, \qquad E(e)=0, \qquad \text{Cov}(e)=\sigma^2 I,\\ H\beta=d,\end{cases}$$

这里 H 为 $m\times p$ 矩阵， $\text{rk}(H)=m$, 且 $H\beta=d$ 是相容的，其余假设同例 4.7.1. 取 $\beta^*=(X'\Sigma^{-1}X)^{-1}X'\Sigma^{-1}y$, 和 $\widehat{\beta}=(X'X)^{-1}X'y$. 取 $T_1=\widehat{\beta}$,$T_2=H\widehat{\beta}-d$. 在约束参数区域 $H\beta=d$ 上， $E(T_2)=0$.

$$\text{Cov}\begin{pmatrix}T_1\\T_2\end{pmatrix}=\sigma^2\begin{pmatrix}(X'X)^{-1} & (X'X)^{-1}H'\\ H(X'X)^{-1} & H(X'X)^{-1}H'\end{pmatrix}.$$

对这样定义的 T_1 和 T_2 应用定理 4.7.1, 得到协方差改进估计

$$\widehat{\beta}_H=\widehat{\beta}-(X'X)^{-1}H'(H(X'X)^{-1}H')^{-1}(H\widehat{\beta}-d),$$

它正是 β 的约束 LS 估计 (见 § 4.2).

例 4.7.3 带随机形式的附加信息的线性回归模型

考虑线性回归模型

$$y = X\beta + e, \qquad E(e) = 0, \qquad \mathrm{Cov}(e) = \sigma^2 I,$$

假设有附加信息

$$u = H\beta + \varepsilon, \qquad E(\varepsilon) = 0, \qquad \mathrm{Cov}(\varepsilon) = W, \tag{4.7.4}$$

这里 $W > 0$ 是已知矩阵. ε 和 e 不相关. 随机附加信息的一个例子是, 假设从历史数据已经得到 β 的一个估计 $\widetilde{\beta}$, 则 $\widetilde{\beta} = \beta + \varepsilon$, $E(\varepsilon) = 0$. 它是 (4.7.4) 中 $H = I$ 的特例. 在定理 4.7.1 中, 取 $T_1 = \widehat{\beta}$,$T_2 = u - H\widehat{\beta}$, 则所得到的协方差改进估计具有形式 $\beta^*(\sigma^2) = \widehat{\beta} - (X'X)^{-1}H'(\frac{W}{\sigma^2} + H(X'X)^{-1}H')^{-1}(H\widehat{\beta} - u)$, 这里假定 σ^2 已知. 利用矩阵之和的求逆公式 $(A + BCB')^{-1} = A^{-1} - A^{-1}B(B'A^{-1}B + C^{-1})B'A^{-1}$, 不难证明

$$\beta^*(\sigma^2) = \Big(\frac{X'X}{\sigma^2} + HW^{-1}H'\Big)^{-1}\Big(\frac{X'y}{\sigma^2} + HW^{-1}u\Big).$$

这就是通常的混合估计. 因此, 我们证明了混合估计也是协方差改进估计.

从上面三个例子可以看出, 对于线性回归模型从 LS 估计出发选用三个不同的协变量 (它们代表三种不同来源的附加信息) 就可以得三种协方差改进估计, 它们都是我们熟知的估计.

在实际应用中, Σ 往往未知, 但我们可能设法构造 Σ 的一个估计

$$S = \begin{pmatrix} S_{11} & S_{12} \\ S_{21} & S_{22} \end{pmatrix}.$$

在 (4.7.2) 中, 分别用 S_{12} 和 S_{22} 代替 Σ_{12} 和 Σ_{22}, 得到

$$\widetilde{\theta} = T_1 - S_{12}S_{22}^{-1}T_2,$$

称为两步协方差改进估计. 一个重要问题是 $\widetilde{\theta}$ 的统计性质如何呢？在这一方面已有了一些初步研究结果. 这部分内容超出了本书的范围, 感兴趣的读者可参阅文献 [29], p.101.

§4.8 多元线性模型

前面各节所讨论的线性模型都只包含一个因变量. 例如, 研究产品的某一项性能指标 Y_1 与原材料含量, 加工条件 $X_1, \cdots, X_{p-1}$ 之间的关系, 导致了一个因变量 Y_1 对多个自变量 $X_1, \cdots, X_{p-1}$ 的线性模型. 但是, 实际应用上, 人们也常常会

遇到含多个因变量的问题. 例如, 如果我们同时对产品的多个指标 $Y_1, \cdots, Y_q$ 感兴趣, 这时就有 q 个因变量, 这很自然地导致了对多个因变量与多个自变量的线性模型的研究. 为了说话方便, 我们把以前讨论的仅含一个因变量的线性模型称为一元线性模型, 而把含多个因变量的线性模型称为多元线性模型. 虽然这种只按因变量多少对模型进行分类的方法不尽合理, 但我们还是遵守这种已经形成的习惯.

本节通过多元线性模型参数估计问题的讨论, 旨在介绍一种把多元线性模型问题化为一元线性模型问题的方法.

一般, 假设研究 q 个因变量 $Y_1, \cdots, Y_q$ 和 $p-1$ 个自变量 $X_1, \cdots, X_{p-1}$ 之间的关系, 若 Y_j 与 $X_1, \cdots, X_{p-1}$ 有线性关系:

$$Y_j = \beta_{0j} + \beta_{1j}X_1 + \cdots + \beta_{p-1j}X_{p-1} + \varepsilon_j, \qquad j = 1, \cdots, q, \tag{4.8.1}$$

为了估计系数 β_{ij}, 对 $Y_1, \cdots, Y_q$ 和 $X_1, \cdots, X_{p-1}$ 作 n 次观测, 得到数据

$$y_{i1}, \cdots, y_{iq}, \qquad x_{i1}, \cdots, x_{ip-1}, \qquad i = 1 \cdots, n.$$

它们满足

$$y_{ij} = \beta_{0j} + \beta_{1j}x_{i1} + \cdots + \beta_{p-1j}x_{ip-1} + \varepsilon_{ij}, \quad i = 1 \cdots, n, \quad j = 1, \cdots, q. \tag{4.8.2}$$

若引进矩阵记号

$$Y_{n\times q} = \begin{pmatrix} y_{11} & y_{12} & \cdots & y_{1q} \\ y_{21} & y_{22} & \cdots & y_{2q} \\ \vdots & \vdots & & \vdots \\ y_{n1} & y_{n2} & \cdots & y_{nq} \end{pmatrix} = (y_1, y_2, \cdots, y_q),$$

$$X_{n\times p} = \begin{pmatrix} 1 & x_{11} & \cdots & x_{1p-1} \\ 1 & x_{21} & \cdots & x_{2p-1} \\ \vdots & \vdots & & \vdots \\ 1 & x_{n1} & \cdots & x_{np-1} \end{pmatrix},$$

$$B_{p\times q} = \begin{pmatrix} \beta_{01} & \beta_{02} & \cdots & \beta_{0q} \\ \beta_{11} & \beta_{12} & \cdots & \beta_{1q} \\ \vdots & \vdots & & \vdots \\ \beta_{p-11} & \beta_{p-12} & \cdots & \beta_{p-1q} \end{pmatrix} = (\beta_1, \beta_2, \cdots, \beta_q),$$

$$\varepsilon_{n\times q}=\begin{pmatrix}\varepsilon_{11} & \varepsilon_{12} & \cdots & \varepsilon_{1q}\\ \varepsilon_{21} & \varepsilon_{22} & \cdots & \varepsilon_{2q}\\ \vdots & \vdots & & \vdots\\ \varepsilon_{n1} & \varepsilon_{n2} & \cdots & \varepsilon_{nq}\end{pmatrix}=(\varepsilon_1,\varepsilon_2,\cdots,\varepsilon_q).$$

这里随机误差矩阵 ε 的不同行对应于不同次观测，我们假定它们不相关，均值为零，有公共协方差阵为 $\Sigma>0.B$ 为未知参数阵，每个列对应于一个因变量. Y 为因变量随机观测阵，它的不同行对应于不同次观测 (或试验), 每个列对应于一个因变量. 假设 $\mathrm{rk}(X)=p$. 于是 (4.8.2) 变为

$$\begin{cases}Y=XB+\varepsilon,\\ \varepsilon\text{的行向量互不相关，均值为零，协方差阵为 }\Sigma.\end{cases}\tag{4.8.3}$$

我们称 (4.8.3) 为多元线性模型.

现在讨论 (4.8.3) 中未知参数 B 和 Σ 的估计问题. 基本方法是应用矩阵向量化运算，把 (4.8.3) 转化为一元线性模型，然后应用前面的结果，导出 B 和 Σ 的估计.

应用 $\mathrm{Vec}(ABC)=(C'\otimes A)\mathrm{Vec}(B)$, 有

$$\mathrm{Vec}(Y)=(I\otimes X)\mathrm{Vec}(B)+\mathrm{Vec}(\varepsilon).\tag{4.8.4}$$

因为

$$\mathrm{Cov}(y_i,y_j)=\sigma_{ij}I_n,\qquad i,j=1,\cdots,q,$$

这里 $\Sigma=(\sigma_{ij})_{q\times q}$, 再由 $\mathrm{Cov}(\mathrm{Vec}(\varepsilon))=\Sigma\otimes I_n$, 多元线性模型 (4.8.3) 化为如下一元线性模型

$$\begin{cases}\mathrm{Vec}(Y)=(I\otimes X)\mathrm{Vec}(B)+\mathrm{Vec}(\varepsilon),\\ \mathrm{Cov}(\mathrm{Vec}(\varepsilon))=\Sigma\otimes I_n,\\ E(\mathrm{Vec}(\varepsilon))=0.\end{cases}\tag{4.8.5}$$

应用一元线性模型的结果和 Kronecker 乘积的性质，$\beta\triangleq\mathrm{Vec}(B)$ 的 BLU 估计为

$$\begin{aligned}\beta^*&=\mathrm{Vec}(B^*)\\ &=[(I\otimes X)'(\Sigma\otimes I_n)^{-1}(I\otimes X)]^{-1}(I\otimes X)(\Sigma\otimes I_n)^{-1}\mathrm{Vec}(Y)\\ &=(\Sigma^{-1}\otimes X'X)^{-1}(\Sigma^{-1}\otimes X')\mathrm{Vec}(Y)\\ &=(I\otimes(X'X)^{-1}X')\mathrm{Vec}(Y)\qquad\qquad(4.8.6)\\ &=\mathrm{Vec}((X'X)^{-1}X'Y),\end{aligned}$$

于是 B 的 BLU 估计为

$$B^* = (X'X)^{-1}X'Y. \tag{4.8.7}$$

若记 $B^* = (\beta_1^*, \beta_2^*, \cdots, \beta_q^*)$, 则

$$\beta_i^* = (X'X)^{-1}X'y_i, \qquad i = 1, \cdots, q,$$

此即从一元线性模型

$$y_i = X\beta_i + \varepsilon_i, \qquad i = 1, \cdots, q \tag{4.8.8}$$

导出的 LS 估计. 这个结果表明: q 个因变量的多元线性模型的参数矩阵 B 的 BLU 估计可以从 q 个一元线性模型 (4.8.8) 得到. 对一元线性模型 (4.8.5) 应用定理 4.5.2 之 (3), 也可以证明, $\mathrm{Vec}(B^*)$ 的 BLU 估计和 LS 估计相同, 与协方差阵 $\mathrm{Cov}(\mathrm{Vec}(\varepsilon)) = \Sigma \otimes I_n$ 无关.

容易证明,

$$\mathrm{Cov}(\mathrm{Vec}(B^*)) = \Sigma \otimes (X'X)^{-1}, \tag{4.8.9}$$

于是

$$\mathrm{Cov}(\beta_i^*, \beta_j^*) = \sigma_{ij}\,(X'X)^{-1}, \qquad i, j = 1, \cdots, q.$$

现在讨论 Σ 的估计, 定义

$$Y^* = XB^* = X(X'X)^{-1}X'Y \triangleq P_X Y,$$
$$\widehat{\varepsilon} = Y - Y^* = (I - P_X)Y.$$

应用事实: $E(x'Ay) = \mathrm{tr}[A\mathrm{Cov}(y, x)] + [E(x)]'A[E(y)]$, 有

$$\begin{aligned} & E[y_i'(I - P_X)y_j] \\ &= \sigma_{ij}\,\mathrm{tr}(I - P_X) + \beta_i'X'(I - P_X)X\beta_j \\ &= \sigma_{ij}\,\mathrm{tr}(I - P_X) = (n - q)\,\sigma_{ij}. \end{aligned}$$

于是

$$E(\widehat{\varepsilon}'\widehat{\varepsilon}) = E[Y'(I - P_X)Y] = (n - p)\,\Sigma.$$

最后, 我们得到 Σ 的一个无偏估计

$$\Sigma^* = \frac{1}{n - p}\,Y'(I - P_X)Y. \tag{4.8.10}$$

如果进一步假设 (4.8.3) 中 ε 的行向量服从正态分布, 则可以证明 B^* 与 Σ^* 相互独立. 事实上, 在正态假设下

$$\mathrm{Vec}(Y) \sim N_{nq}((\,I \otimes X)\mathrm{Vec}(B),\, \Sigma \otimes I_n). \tag{4.8.11}$$

记 $\Sigma^* = (\sigma_{ij}^*)$, 则

$$\begin{aligned}(n-p)\sigma_{ij}^* &= y_i'(I-P_X)y_j \\ &= \mathrm{Vec}(Y)'[E_{ij}(q\times q)\otimes(I-P_X)]\mathrm{Vec}(Y),\end{aligned}$$

这里 $E_{ij}(q\times q)$ 表 q 阶方阵，除 $(i,\ j)$ 元为 1 外，其余均为零. 从 (4.8.6) 和上式知， $(n-p)\sigma_{ij}^*$ 和 B^* 分别是正态向量 $\mathrm{Vec}(Y)$ 的二次型和线性型. 因为

$$\begin{aligned}&(I\otimes X(X'X)^{-1}X')(\Sigma\otimes I)(E_{ij}(q\times q)\otimes(I-P_X)) \\ &[\Sigma E_{ij}(q\times q)]\otimes[X(X'X)^{-1}X'(I-P_X)]=0,\end{aligned}$$

知 σ_{ij}^* 与 B^* 相互独立，且对一切 $i,j=1,\cdots,q$ 都对，于是 Σ^* 与 B^* 相互独立.

上面讨论的是 $\mathrm{rk}(X_{n\times p})=p$ 的情况. 若 $\mathrm{rk}(X_{n\times p})<p$, 此时在 (4.8.6) 中，改 $(X'X)^{-1}$ 为广义逆 $(X'X)^-$, 则 $\beta^*=\mathrm{Vec}(B^*)$ 或等价地

$$B^*=(X'X)^-X'Y \tag{4.8.12}$$

就是 B 的 GLS 解. 设 A 为任一 $p\times q$ 矩阵，则参数矩阵 B 的任一线性函数可表为 $\varphi=\mathrm{tr}(A'B)$. 因为

$$\varphi=\mathrm{tr}(A'B)=\mathrm{Vec}(A)'\mathrm{Vec}(B),$$

从模型 (4.8.5) 可推知，此函数可估当且仅当

$$\begin{aligned}&\mathrm{Vec}(A)\in\mathcal{M}(I\otimes X') \\ \Longleftrightarrow\ &\text{存在 } T_{n\times q}, \text{使得 } \mathrm{Vec}(A)=(I\otimes X')\mathrm{Vec}(T) \\ \Longleftrightarrow\ &A=X'T.\end{aligned} \tag{4.8.13}$$

于是，对任一 $A=X'T$, 可估函数 $\varphi=\mathrm{tr}(A'B)$ 的 BLU 估计为

$$\varphi^*=\mathrm{tr}(A'B^*). \tag{4.8.14}$$

对于 Σ 的无偏估计, 只需将 (4.8.10) 中 $P_X=X(X'X)^{-1}X'$ 改为 $P_X=X(X'X)^-X'$, 二次型的因子中 p 改为 $r=\mathrm{rk}(X)$ 即可. 在误差正态假设下， φ^* 与 Σ^* 的独立性仍然成立.

同样的处理手法也可应用于更一般的多元线性模型:

$$\begin{cases}Y=X_1BX_2+\varepsilon, \\ \varepsilon\text{的行向量互不相关，均值为零，协方差阵为 }\Sigma,\end{cases} \tag{4.8.15}$$

这里 Y 仍为 $n\times q$ 随机观测阵，X_1 和 X_2 分别为 $n\times p$ 和 $k\times q$ 已知矩阵，B 为 $n\times q$ 的未知参数阵，关于 ε 的假设同模型 (4.8.3). 这类模型的不少例子来自生物生长问题，故得生长曲线模型 (growth–curve model) 之名.

我们举两个例子以说明这类模型的实际背景.

例 4.8.1　生物学家欲研究白鼠的某个特征随时间变化情况，随机选用 n 只小白鼠做试验. 在时刻 $t_1,\cdots,t_p$ 对每只小白鼠观测该特征的值. 设第 i 只小白鼠的 p 次观测值为 $y_{i1},\cdots,y_{ip}$，$i=1,\cdots,n$. 假定不同白鼠的观测值是不相关的，而同一只白鼠的 p 次观测却是相关的，且协方差阵为 $\Sigma(>0)$. 从理论分析认为，这些观测值与观测时间 t 的关系为 $k-1$ 阶多项式：

$$Y=f(t)=\beta_0+\beta_1 t+\cdots+\beta_{k-1}t^{k-1}, \tag{4.8.16}$$

这就是所谓理论生长曲线. 生物学家的目的是估计 $\beta_0,\beta_1,\cdots,\beta_{k-1}$, 以得到经验生长曲线. 若以 ε_{ij} 记 y_{ij} 所含的误差，则对观测数据 y_{ij}, 我们有模型

$$\begin{pmatrix} y_{11} & y_{12} & \cdots & y_{1p} \\ y_{21} & y_{22} & \cdots & y_{2p} \\ \vdots & \vdots & & \vdots \\ y_{n1} & y_{n2} & \cdots & y_{np} \end{pmatrix}=\begin{pmatrix} 1 \\ 1 \\ \vdots \\ 1 \end{pmatrix}(\beta_0,\beta_1,\cdots,\beta_{k-1})\begin{pmatrix} 1 & 1 & \cdots & 1 \\ t_1 & t_2 & \cdots & t_p \\ \vdots & \vdots & & \vdots \\ t_1^{k-1} & t_2^{k-1} & \cdots & t_p^{k-1} \end{pmatrix}+(\varepsilon_{ij}).$$

它具有 (4.8.15) 的形式. 且 ε 也满足所做的假设.

例 4.8.2　研究的问题和上例相同. 但是，现在欲建立 m 个经验生长曲线. 假设对 n 只小白鼠依品种或其它指标分成 m 个小组，第 i 组有 n_i 只，$n=\sum\limits_{i=1}^m n_i$. 和上例一样，在时刻 $t_1,\cdots,t_p$ 对每只小白鼠的特征进行观测. 在理论上，对每小组有一条生长曲线

$$Y=f_i(t)=\beta_{i0}+\beta_{i1}t+\cdots+\beta_{ik-1}t^{k-1},\qquad i=1,\cdots,m. \tag{4.8.17}$$

记 $y_{ij\,l}$ 为在时刻 t_i 对第 i 组的第 j 只小白鼠的观测值，引进下列矩阵：

$$Y_i=(y_{ij\,l})_{n_i\times p},\qquad i=1,\cdots,m,$$

$$Y_{n\times p}=\begin{pmatrix} Y_1 \\ \vdots \\ Y_m \end{pmatrix},$$

$$X_1 = \begin{pmatrix} \mathbf{1}_{n_1} & 0 & \cdots & 0 \\ 0 & \mathbf{1}_{n_2} & \cdots & 0 \\ \vdots & \vdots & \ddots & \vdots \\ 0 & 0 & \cdots & \mathbf{1}_{n_m} \end{pmatrix},$$

$$X_2 = \begin{pmatrix} 1 & 1 & \cdots & 1 \\ t_1 & t_2 & \cdots & t_p \\ \vdots & \vdots & & \vdots \\ t_1^{k-1} & t_2^{k-1} & \cdots & t_p^{k-1} \end{pmatrix},$$

$$B_{p\times q} = \begin{pmatrix} \beta_{10} & \beta_{11} & \cdots & \beta_{1k-1} \\ \beta_{20} & \beta_{21} & \cdots & \beta_{2k-1} \\ \vdots & \vdots & & \vdots \\ \beta_{m0} & \beta_{m1} & \cdots & \beta_{mk-1} \end{pmatrix},$$

$$\varepsilon = \begin{pmatrix} \varepsilon_1 \\ \varepsilon_2 \\ \vdots \\ \varepsilon_m \end{pmatrix}, \qquad \varepsilon_i = (\varepsilon_{ij\,l})_{n_i\times p},$$

这里 $\mathbf{1}_n$ 表示 n 个 1 组成的 $n\times 1$ 向量. 我们就有

$$Y = X_1 B X_2 + \varepsilon,$$

且 ε 满足 (4.8.15) 的假设.

应用矩阵向量化方法, (4.8.15) 变为

$$\begin{cases} \mathrm{Vec}(Y) = (X_2' \otimes X_1)\mathrm{Vec}(B) + \mathrm{Vec}(\varepsilon), \\ E(\mathrm{Vec}(\varepsilon)) = 0, \\ \mathrm{Cov}(\mathrm{Vec}(\varepsilon)) = \Sigma \otimes I. \end{cases} \tag{4.8.18}$$

利用 (4.8.18) 不难证明, 线性函数 $\varphi = \mathrm{tr}(A'B)$ 可估的充要条件是, 存在矩阵 $T_{n\times q}$, 使得

$$A = X_1' T X_2. \tag{4.8.19}$$

若 Σ 已知，则 $\beta^*=\mathrm{Vec}(B^*)$ 的 GLS 解为

$$\beta^*=\mathrm{Vec}((X_1'X_1)^-X_1'Y\Sigma^{-1}X_2'(X_2\Sigma^{-1}X_2')^-), \tag{4.8.20}$$

等价地

$$B^*=(X_1'X_1)^-X_1'Y\Sigma^{-1}X_2'(X_2\Sigma^{-1}X_2')^-. \tag{4.8.21}$$

这两个上式的证明留给读者做练习.

在 Σ 已知的条件下，对任一满足 (4.8.19) 的 A, 可估函数 $\varphi=\mathrm{tr}(A'B)$ 的 BLU 估计为

$$\varphi^*=\mathrm{tr}(A'B^*). \tag{4.8.22}$$

容易看到，当 $k=q$, $X_2=I_q$ 时，模型 (4.8.15) 变为模型 (4.8.3), 相应地 (4.8.19) 和 (4.8.21) 就变为 (4.8.13) 和 (4.8.12). 和模型 (4.8.3) 所不同的是，在 (4.8.21) 中，B^* 表达式与 Σ 有关. 当 Σ 未知时，(4.8.22) 就不再是 $\varphi=\mathrm{tr}(A'B)$ 的 BLU 估计了. 和 §4.3 一样，需要先对 Σ 作出估计，然后在 (4.8.21) 中用其估计代替 Σ, 得到两步估计.

不难证明

$$S=\frac{1}{n-\mathrm{rk}(X_1)}Y'(I-X_1(X_1'X_1)^-X_1')Y \tag{4.8.23}$$

是 Σ 的一个无偏估计. 当 $n-\mathrm{rk}(X_1)>q$ 时，它以概率为 1 的正定. 将 S 代入 (4.8.21), 得到

$$\widetilde{B}=(X_1'X_1)^-X_1'YS^{-1}X_2'(X_2S^{-1}X_2')^-, \tag{4.8.24}$$

称为 B 的两步 GLS 解. 对任一可估函数 $\varphi=\mathrm{tr}(A'B)$, 其两步估计为

$$\widetilde{\varphi}=\mathrm{tr}(A'\widetilde{B}). \tag{4.8.25}$$

当 ε 的行向量的分布关于原点对称时，它是 φ 的无偏估计，即 $E(\widetilde{\varphi})=\varphi$.

从本节的讨论我们可以看出，一元线性模型参数估计理论和方法为一般多元线性模型以及生长曲线模型的研究提供了基础. 关于这些模型的深入讨论，读者可参阅文献 [84] 和 [73].

本章讨论了线性模型 LS 估计的一些基本性质. 关于一些进一步研究的问题，如 LS 估计的相对效率，可容许性，相合性等，限于本书性质及篇幅，不再予以讨论，但书后给出了能够反映这些领域的研究现状的近期重要文献，供读者参考.

习　题　四

4.1　对线性模型

$$y_1=\beta_1+\beta_2+e_1,$$

$$y_2 = \beta_1 + \beta_2 + e_2,$$

$$y_3 = \beta_1 + \beta_2 + e_3,$$

证明 $\sum_{i=1}^{3} c_i\beta_i$ 可估 $\Longleftrightarrow c_1 = c_2 + c_3$.

4.2 对线性模型 $y = X\beta + e, \quad e \sim (0, \sigma^2 I)$, 线性函数 $\beta_1 - \beta_2,\ \beta_1 - \beta_3,\ \cdots,\ \beta_1 - \beta_p$ 可估 $\Longleftrightarrow$ 对一切满足 $\sum_{i=1}^{p} c_i = 0$ 的 $c_1, \cdots, c_p$, $\sum_{i=1}^{p} c_i\beta_i$ 可估.

4.3 对线性模型 $y = X\beta + e, \quad e \sim (0, \sigma^2\Sigma),\ \Sigma > 0$. $A\beta^*$ 为可估函数 $A\beta$ 的 BLU 估计, 这里 A 是 $n \times p$ 的矩阵. 设 By 为 $A\beta$ 的任一无偏估计. 证明

$$\mathrm{Cov}(By) \geq \mathrm{Cov}(A\beta^*).$$

这里 $M_1 \geq M_2$ 定义为 $M_1 - M_2 \geq 0$.

4.4 对线性模型 $y = X\beta + e, \quad e \sim (0, \sigma^2 I)$, $\mathrm{rk}(X_{n\times p}) = p$, $\widehat{\beta} = (X'X)^{-1}X'y, \widehat{\sigma}^2 = \|y - X\beta\|^2/(n-p)$.

(1) 求 $\mathrm{Var}(\widehat{\sigma}^2)$.

(2) 设 $A = (I - XX^+)/(n-p+2)$, 计算 $E(y'Ay - \sigma^2)^2$.

(3) 证明, $y'Ay$ 作为 σ^2 的一个估计, 比 $\widehat{\sigma}^2$ 有较小的均方误差, 即 $\mathrm{MSE}(y'Ay) < \mathrm{MSE}(\widehat{\sigma}^2)$.

4.5 称重设计: 假设我们用天平称重量分别为 $\beta_1, \cdots, \beta_p$ 的 p 件物体, 每次称若干件问题. 这种称物方法可用线性模型

$$Y = \beta_1 X_1 + \cdots + \beta_p X_p + e$$

来描述, 这里

$$X_i = \begin{cases} 1, & \text{若第 } i \text{ 件物体放在天平的左边,} \\ 0, & \text{若第 } i \text{ 件物体没有称,} \\ -1, & \text{若第 } i \text{ 件物体放在天平的右边,} \end{cases}$$

Y 表示所加的砝码重量. 若砝码放在天平的右边, 取正值, 不然取负值, e 表示误差. 假定我们每次把一部分物体放在天平左边, 而另外的一部分或全部放在天平右边, 总共称了 n 次, 每次所加的砝码的重量为 $y_1, \cdots, y_n$. 于是得到模型

$$\begin{pmatrix} y_1 \\ y_2 \\ \vdots \\ y_n \end{pmatrix} = \begin{pmatrix} x_{11} & \cdots & x_{1p} \\ x_{21} & \cdots & x_{2p} \\ \vdots & & \vdots \\ x_{n1} & \cdots & x_{np} \end{pmatrix} \begin{pmatrix} \beta_1 \\ \beta_2 \\ \vdots \\ \beta_p \end{pmatrix} + \begin{pmatrix} e_1 \\ e_2 \\ \vdots \\ e_n \end{pmatrix}.$$

记 $X=(x_{ij})$, 并认为各次称物过程相互独立. 于是我们可以从这个模型得到的 p 件物体重量 $\beta_1,\cdots,\beta_p$ 的 LS 估计 $\hat{\beta}_1,\cdots,\hat{\beta}_p$.

(1) 证明 $\mathrm{Var}(\hat{\beta}_i)\geq\sigma^2/n,\quad i=1,\cdots,p$. 并且对 $i=1,\cdots,p$ 达到最小值的充要条件为的元素只取 ±1, 且 X 的任两列彼此正交.

(2) 如果每次只称一件物体, 为了达到 (1) 中的精度 (即估计的方差), 总共要称 np 次.

注：一个 n 阶方阵 X 若其元素只取 ±1, 且任两列都正交, 则称 X 为 n 阶 Hadamard 阵. 结论 (1) 表示, 当 $n\geq p$ 时, 由 n 阶 Hardamard 阵的任 p 列作为设计阵, 可使 $\mathrm{Var}(\hat{\beta}_i)$ 达到最小.

4.6　对线性模型 $y=X\beta+e,\quad e\sim(0,\,\sigma^2I)$,$\mathrm{rk}(X_{n\times p})=p$, 证明

$$\mathrm{Var}(\widehat{\beta_i})\geq\sigma^2/x_i'x_i,\quad 1\leq i\leq p,$$

这里 x_i 表示 X 的第 i 列. 且等号成立 $\Longleftrightarrow x_i'x_j=0$ 对一切 $i\neq j$.

4.7　对奇异线性模型 $y=X\beta+e,\quad e\sim(0,\,\sigma^2\Sigma)$,$\Sigma\geq0$. 设 $\widetilde{\beta}$ 为 $X'\Sigma^-X\beta=X'\Sigma^-y$ 的任一解. 对一切可估函数 $c'\beta$, $c'\widetilde{\beta}$ 为其无偏估计 $\Longleftrightarrow \mathrm{rk}(X'\Sigma^-X)=\mathrm{rk}(X)$.

4.8　证明引理 4.4.4.

4.9　在 Panel 模型 (4.4.8) 下, 试证 β 的 BLU 估计为 (4.4.9).

4.10　对线性模型 $y=X\beta+e,\quad e\sim(0,\,\sigma^2\Sigma)$, 证明若 $\Sigma=XD_1X'+\Sigma_0ZD_2Z'\Sigma_0+\Sigma_0$ 其中, $D_1\geq0$, $D_2\geq0$, $\Sigma_0>0$, 则对于任一可估函数 $c'\beta$, 它的 BLU 估计为 $c'\beta^*(\Sigma_0)$. 这里 $\beta^*(\Sigma_0)=(X'\beta^*\Sigma_0^{-1}X)^-X'\Sigma_0^{-1}y$. (提示：利用定理 4.5.1.)

4.11　对生长曲线模型 (4.8.15), 证明

(1) 线性函数 $\varphi=\mathrm{tr}(A'B)$ 可估的充要条件为存在 $T_{n\times q}$ 使得 $A=X_1'TX_2$.

(2) 证明 (4.8.20) 和 (4.8.21).

(3) 若误差阵的行向量的分布关于原点对称, 则对任一可估函数 $\varphi=\mathrm{tr}(A'B)$, 两步估计 $\widetilde{\varphi}=\mathrm{tr}(A'\widetilde{B})$ 为 φ 的无偏估计, 这里 $\widetilde{B}$ 由 (4.8.24) 定义.

第五章 假设检验及其它

在上一章，我们系统地讨论了一般线性模型的最小二乘估计理论. 在此基础上，本章将转入这种模型的其它形式的统计推断，这包括线性假设检验、置信椭球、同时置信区间、因变量的预测及最优设计. 因为这些形式的统计推断都离不开观测向量的分布，因此，和前面不同的是，在本章讨论中，我们始终要假定模型误差服从多元正态分布，并且为符号简单计，只讨论误差协方差阵具有形式 $\sigma^2 I$. 于是，我们将要讨论的线性模型为

$$y = X\beta + e, \qquad e \sim N_n(0,\ \sigma^2 I). \tag{5.0.1}$$

读者不难看出，对于 $\mathrm{Cov}(e) = \sigma^2\Sigma$, Σ 完全已知的情形，用上章用过的方法，即用 $\Sigma^{-\frac{1}{2}}$ 左乘原模型，就化成了 (5.0.1). 因此本章的所有结论可以毫无困难地推广到 $\mathrm{Cov}(e) = \sigma^2\Sigma$, Σ 完全已知的情形.

§5.1 线性假设的检验

我们先简要介绍一般的似然比检验原理，然后把它应用于模型 (5.0.1) 的线性假设检验. 设随机向量 y 服从参数为 $\theta \in \Theta$ 的概率分布族，考虑参数检验问题：H_0: $\theta \in \Theta_0$ 对 H_1: $\theta \bar{\in} \Theta_0$, 这里 Θ_0 为 Θ 的一个子集. 记 $L(\theta; y)$ 为似然函数，$\hat{\theta}$ 为 θ 的 ML 估计. $\hat{\theta}_H$ 是原假设 H_0: $\theta \in \Theta_0$ 成立时 θ 的约束 ML 估计. 于是

$$\sup_{\theta\in\Theta} L(\theta;\ y) = L(\hat{\theta};\ y),$$

$$\sup_{\theta\in\Theta_0} L(\theta;\ y) = L(\hat{\theta}_H;\ y),$$

似然比定义为

$$\lambda(y) = \frac{\sup\limits_{\theta\in\Theta} L(\theta;\ y)}{\sup\limits_{\theta\in\Theta_0} L(\theta;\ y)} = \frac{L(\hat{\theta};\ y)}{L(\hat{\theta}_H;\ y)}.$$

显然, $\lambda(y) \geq 1$, 因为 $L(\hat{\theta}_H; y)$ 是原假设成立时，观察到样本点 y 的可能性的一个度量，当在 $\lambda(y)$ 比较大时，则 $L(\hat{\theta}_H;\ y)$ 相对较小，即原假设成立观察到样本点 y 的可能性较小，自然地，在 $\lambda(y)$ 较大时拒绝原假设，于是取检验的拒绝域形为 $\{y$: $\lambda(y) \geq c\}$, 这里 c 是一个待定常数. 在具体问题中，为了方便求检验统计量的分布，往往需要求分布已知的 $\lambda(y)$ 的单调函数 $G(y)$. 例如，若统计量 $G(y)$ 是 $\lambda(y)$ 的单调增函数，则检验的拒绝域取为 $\{y$: $G(y \geq c\}$. 这样得到的检验称为似然比检验 (likelihood ratio test).

对于正态线性模型 (5.0.1), 考虑齐次线性假设

$$H\beta = 0 \tag{5.1.1}$$

的检验问题，这里 $\mathrm{rk}(H_{m\times p}) = m$, $\mathcal{M}(H') \subset \mathcal{M}(X')$, 即 $H\beta$ 为 m 个线性无关的可估函数. 在以后的章节中我们将会看到，实际应用中许多感兴趣的问题都可以归结为形如 (5.1.1) 的假设检验问题.

未知参数 $\theta = (\beta,\ \sigma^2)$ 的似然函数为

$$L(\theta;\ y) = L(\beta,\ \sigma^2; y) = (2\pi)^{-\frac{n}{2}}\sigma^{-n}\exp\left(-\frac{1}{2\sigma^2}\|y - X\beta\|^2\right),$$

采用 §4.1 和 §4.2 记号，记

$$\hat{\beta} = (X'X)^- X'y, \qquad \tilde{\sigma}^2 = \frac{\|y - X\hat{\beta}\|^2}{n},$$

$$\hat{\beta}_H = \hat{\beta} - (X'X)^- H'(H(X'X)^- H')^{-1} H\hat{\beta}, \qquad \tilde{\sigma}_H^2 = \frac{\|y - X\hat{\beta}_H\|^2}{n},$$

它们分别是对应参数的 ML 估计和约束 ML 估计. 这里要说明，在 $\hat{\beta}_H$ 中所含的矩阵 $H(X'X)^- H'$ 是可逆的. 这是因为我们假定了 $\mathrm{rk}(H_{m\times p}) = m$, $\mathcal{M}(H') \subset \mathcal{M}(X')$, 故 $H(X'X)^- H'$ 与所含广义逆选择无关，于是我们可取一个可逆的广义逆.

对似然函数 $L(\theta;\ y) = L(\beta,\ \sigma^2;\ y)$ 对应的极值问题

$$\sup_{\beta,\ \sigma^2} L(\beta, \sigma^2) = L(\hat{\beta}, \tilde{\sigma}^2;\ y) = \left(\frac{2\pi e}{n}\right)^{-\frac{n}{2}} \|y - X\hat{\beta}\|^{-n}, \tag{5.1.2}$$

$$\sup_{H\beta=0,\ \sigma^2} L(\beta, \sigma^2; y) = L(\hat{\beta}_H, \tilde{\sigma}_H^2; y) = \left(\frac{2\pi e}{n}\right)^{-\frac{n}{2}} \|y - X\hat{\beta}_H\|^{-n}, \tag{5.1.3}$$

似然比为

$$\lambda(y) = \frac{\sup\limits_{\beta,\ \sigma^2} L(\beta, \sigma^2;\ y)}{\sup\limits_{H\beta=0,\ \sigma^2} L(\beta, \sigma^2;\ y)} = \frac{L(\hat{\beta}, \tilde{\sigma}^2; y)}{L(\hat{\beta}_H, \tilde{\sigma}_H^2;\ y)} = \left(\frac{\|y - X\hat{\beta}_H\|^2}{\|y - X\hat{\beta}\|^2}\right)^{n/2}.$$

记

$\mathrm{SS}_e = \|y - X\hat{\beta}\|^2$, 表示模型残差平方和,

$\mathrm{SS}_{He} = \|y - X\hat{\beta}_H\|^2$, 表示模型在约束 $H\beta = 0$ 下的残差平方和,

$$F = \frac{n-r}{m}\left((\lambda(y))^{2/n} - 1\right) = \frac{(\mathrm{SS}_{He} - \mathrm{SS}_e)/m}{\mathrm{SS}_e/(n-r)}. \tag{5.1.4}$$

显然， F 仅依赖于 $\lambda(y)$ 且为 $\lambda(y)$ 的严增函数.

定理 5.1.1 设 $H\beta$ 为 m 个线性无关的可估函数，则

(1) $\mathrm{SS}_e \sim \sigma^2\chi^2_{n-r}$, 其中 $r = \mathrm{rk}(X)$;

(2) $\mathrm{SS}_{He} - \mathrm{SS}_e = (H\hat{\beta})'(H(X'X)^-H')^{-1}(H\hat{\beta}) \sim \sigma^2\chi^2_{m,\delta}$，其中非中心参数 $\delta = (H\beta)'\,(H(X'X)^-H')^{-1}(H\beta)/\sigma^2$;

(3) $\mathrm{SS}_{He} - \mathrm{SS}_e$ 与 SS_e 相互独立;

(4) 当线性假设 $H\beta = 0$ 为真时，$F \sim F_{m,\ n-r}$.

证明 (1) 在定理 4.1.4 已证.

(2) 记 $P_X = X(X'X)^-X'$, $A = X(X'X)^-H'(H(X'X)^-H')^{-1}H$, 利用 $\hat{\beta}_H$ 的定义及 $(I - P_X)A = 0$, 有

$$
\begin{aligned}
\mathrm{SS}_{He} &= \|y - X\hat{\beta}_H\|^2 \\
&= \|y - X\hat{\beta} + A\hat{\beta}\|^2 \\
&= \|y - X\hat{\beta}\|^2 + 2(y - X\hat{\beta})'A\hat{\beta} + \hat{\beta}'A'A\hat{\beta} \\
&= \|y - X\hat{\beta}\|^2 + 2y'(I - P_X)A\hat{\beta} + \hat{\beta}'A'A\hat{\beta} \\
&= \mathrm{SS}_e + \hat{\beta}'A'A\hat{\beta}.
\end{aligned}
$$

因为 $\mathcal{M}(H') \subset \mathcal{M}(X')$, 于是 $A'A = H'(H(X'X)^-H')^{-1}H$. 上式变为

$$\mathrm{SS}_{He} = \mathrm{SS}_e + (H\hat{\beta})'(H(X'X)^-H')^{-1}(H\hat{\beta}).$$

此即 (2) 的前半部分. 至于 $\mathrm{SS}_{He} - \mathrm{SS}_e$ 的分布易从 $H\hat{\beta} \sim N(H\beta, \sigma^2 H(X'X)^-H')$, $\mathrm{rk}(H(X'X)^-H') = m$ 以及定理 3.4.3 推出.

(3) 因为 SS_e 和 $\mathrm{SS}_{He} - \mathrm{SS}_e$ 可以分别表示为

$$\mathrm{SS}_e = y'(I - P_X)y,$$

$$\mathrm{SS}_{He} - \mathrm{SS}_e = y'X(X'X)^-H'(H(X'X)^-H')^{-1}H(X'X)^-X'y \triangleq y'By,$$

且 $(I - P_X)B = 0$, 利用定理 3.5.2 立得 SS_e 和 $\mathrm{SS}_{He} - \mathrm{SS}_e$ 相互独立.

(4) 是 (1)~(3) 及 F 分布定义的直接推论. 定理证毕.

于是线性假设 $H\beta = 0$ 的似然比检验统计量的另一个表达式为

$$F = \frac{(\mathrm{SS}_{He} - \mathrm{SS}_e)/m}{\mathrm{SS}_e/(n-r)} = \frac{(H\hat{\beta})'(H(X'X)^-H')^{-1}(H\hat{\beta})/m}{\mathrm{SS}_e/(n-r)}. \tag{5.1.5}$$

依似然比检验方法，对于给定的显著性水平 $\alpha(0 < \alpha < 1)$, 若 $F > F_{m,\ n-r}(\alpha)$, 则拒绝假设 $H\beta = 0$; 若 $F \leq F_{m,\ n-r}(\alpha)$, 则接受假设 $H\beta = 0$, 这里 $F_{m,\ n}(\alpha)$ 表示

自由度为 m, n 的 F 分布的上侧 α 分点. 以后我们称 (5.1.5) 的 F 为 F 统计量, 称对应的检验为 F 检验.

取定显著性水平 $\alpha(0<\alpha<1)$, 上面的 F 检验的功效函数 (power function) 为

$$\psi(\beta,\sigma^2)=P(F>F_{m,\ n-r}(\alpha)|H\beta\neq 0)=1-\int_{-\infty}^{F_{m,\ n-r}(\alpha)} f_{m,\ n-r,\ \delta}(x)dx,$$

这里 $f_{m,n-r,\delta}(x)$ 表示自由度为 m, $n-r$ 、非中心参数为 δ 的 F 分布的概率密度函数. 对给定的 m 和 $n-r$, 这个功效函数只依赖于非中心参数 $\delta=\sigma^{-2}(H\beta)'(H(X'X)^{-}H)^{-1}H\beta$, 且是它的单调增函数.

从理论上可以证明: 对给定的显著性水平 α, 在一定的检验类中, F 检验一致地具有最大功效函数, 即它是一致最优检验 (uniformly most powerful test). 最早研究这个问题的是我国著名统计学者许宝● 教授, 许的结果后来又由 Wald 改进. 有关这方面的讨论, 可参考文献 [27], p. 474 及文献 [38], p. 106.

上面讨论的是齐次线性假设的检验问题, 对于模型的非齐次线性假设 $H\beta=d$, 容易化为齐次的情形. 这里仍假定 $\text{rk}(H_{m\times p})=m$, $\mathcal{M}(H')\subset\mathcal{M}(X')$, 且 $H\beta=d$ 相容. 事实上, 设 β_0 为 $H\beta=d$ 的任一特解, 记 $\theta=\beta-\beta_0$, 将 $\beta=\theta+\beta_0$ 代入原模型, 得到新模型

$$z=X\theta+e, \qquad e\sim N_n(0,\ \sigma^2 I),$$

其中 $z=y-X\beta_0$. 显然 $H\beta=d$ 等价于 $H\theta=0$, 利用前面的结果不难推出如下结论.

推论 5.1.1 对于相容非齐次线性假设 $H\beta=d$, $\text{rk}(H)=m$, $\mathcal{M}(H')\subset\mathcal{M}(X')$, 有

(1) $\text{SS}_{He}-\text{SS}_e=(H\hat{\beta}-d)'(H(X'X)^{-}H')^{-1}(H\hat{\beta}-d)\sim\sigma^2\chi^2_{m,\ \delta}$, 其中非中心参数 $\delta=(H\beta-d)'(H(X'X)^{-}H')^{-1}(H\beta-d)/\sigma^2$.

(2) 当 $H\beta=d$ 为真时,

$$F=\frac{(H\hat{\beta}-d)'(H(X'X)^{-}H')^{-1}(H\hat{\beta}-d)/m}{\text{SS}_e/(n-r)}\sim F_{m,\ n-r}, \tag{5.1.6}$$

这里 $r=\text{rk}(X)$.

最后, 我们讨论关于 F 统计量的计算问题. 对于 F 统计量表达式中的 SS_e 和 SS_{He}, 实际中多采用下面的计算公式:

$$\text{SS}_e=\|y-X\hat{\beta}\|^2=y'y-\hat{\beta}'X'y, \tag{5.1.7}$$

$$\text{SS}_{He}=\|y-X\hat{\beta}_H\|^2=y'y-\hat{\beta}'_H X'y. \tag{5.1.8}$$

(5.1.7) 的证明比较简单，下证 (5.1.8). 从 §4.2 知， β 在条件 $H\beta=0$ 下的约束 LS 解 $\hat{\beta}_H$ 满足方程组

$$\begin{cases} X'X\hat{\beta}_H + H'\hat{\lambda} = X'y, \\ H\hat{\beta}_H = 0, \end{cases}$$

其中 λ 为拉氏乘子. 利用此事实，有

$$\begin{aligned} \mathrm{SS}_{He} &= \|y - X\hat{\beta}_H\|^2 = (y'y - \hat{\beta}_H'X'y) + \hat{\beta}_H'X'X\hat{\beta}_H - \hat{\beta}_H'X'y \\ &= (y'y - \hat{\beta}_H'X'y) + \hat{\beta}_H'(X'X\hat{\beta}_H - X'y) = (y'y - \hat{\beta}_H'X'y) + \hat{\beta}_H'H'\hat{\lambda} \\ &= y'y - \hat{\beta}_H'X'y. \end{aligned}$$

(5.1.8) 得证.

(5.1.7) 式中 $\hat{\beta}'X'y$ 等于未知参数 β 的 LS 解与正则方程右端向量 $X'y$ 的内积，表示了数据平方和 $y'y$ 中能够由因变量 y 与自变量 $X_1,\cdots,X_p$ 的线性关系所能解释的部分，称为回归平方和 (regression sum of squares, 简记为 RSS). 这个术语来自线性回归模型，为方便计，在讨论一般线性模型时我们也采用这个术语. 于是记 $\mathrm{RSS}(\beta) = \hat{\beta}'X'y$, 若需明确指出是关于哪些参数的回归平方和时，也记为 $\mathrm{RSS}(\beta_1,\cdots,\beta_p)$. 于是 (5.1.7) 可以改写为

$$\mathrm{SS}_e = y'y - \mathrm{RSS}(\beta), \tag{5.1.9}$$

即残差平方和等于总平方和减去回归平方和. 类似地，$\hat{\beta}_H'X'y$ 称为约束条件 $H\beta=0$ 下的回归平方和，记为 $\mathrm{RSS}_H(\beta)$ 或 $\mathrm{RSS}_H(\beta_1,\cdots,\beta_p)$. 相应地， (5.1.8) 变形为

$$\mathrm{SS}_{He} = y'y - \mathrm{RSS}_H(\beta). \tag{5.1.10}$$

综合 (5.1.9) 和 (5.1.10), F 统计量 (5.1.5) 具有形式

$$F = \frac{(\mathrm{RSS}(\beta) - \mathrm{RSS}_H(\beta))/m}{\mathrm{SS}_e/(n-r)}. \tag{5.1.11}$$

于是 F 统计量的分子为增加了约束条件 $H\beta=0$ 之后，回归平方和所减少的量除以 m, 而 m 作为分子的自由度，等于线性假设 $H\beta=0$ 所含的独立方程的个数.

另外, 关于约束残差平方和 SS_{He} 的计算, 我们还经常采用把约束条件 $H\beta=0$ “融入”到原模型, 从而把原模型化为一个无约束的线性模型, 称其为约简模型. 约简模型和有附加约束的原模型等价，其残差平方和等于原模型的约束残差平方和. 具体方法参见例 5.1.1.

例 5.1.1 同一模型检验

假设我们对因变量 Y 和自变量 $X_1, \cdots, X_{p-1}$ 有两批独立的观察数据. 对第一批数据, 有线性回归模型

$$y_i^{(1)} = \beta_0^{(1)} + \beta_1^{(1)} x_{i1} + \cdots + \beta_{p-1}^{(1)} x_{i,p-1} + e_i, \qquad i = 1, \cdots, n_1.$$

而对第二批数据, 也有线性回归模型

$$y_i^{(2)} = \beta_0^{(2)} + \beta_1^{(2)} x_{i1} + \cdots + \beta_{p-1}^{(2)} x_{i,p-1} + e_i, \qquad i = n_1 + 1, \cdots, n_1 + n_2,$$

其中所有误差 e_i 都独立, 且服从 $N(0,\ \sigma^2)$. 现在的问题是, 考察这两批数据所反映的因变量 Y 与自变量 $X_1, \cdots, X_{p-1}$ 之间的依赖关系是不是完全一样. 也就是要检验模型中的系数是否完全相等, 即检验 $\beta_i^{(1)} = \beta_i^{(2)}$, $i = 0, 1, \cdots, p-1$.

这个问题具有广泛的应用背景. 例如, 这两批数据可以是同一公司在两个不同时间段上的数据, Y 是反映公司经济效益的某项指标, 而自变量 $X_1, \cdots, X_{p-1}$ 是影响公司效益的内在和外在因素. 那么我们所要做的检验就是考察公司效益指标对诸因素的依赖关系在两个时间段上是否有了变化, 也就是所谓经济结构的变化. 又譬如, 在生物学研究中有很多试验花费时间比较长, 而为了保证结论的可靠性, 又必需做一定数量的试验. 为此, 很多试验要分配在几个实验室同时进行. 这时, 前面讨论的两批数据就可以看作来自不同实验室的观察数据, 而我们检验的目的是考察两个实验室所得结论有没有差异. 类似的例子还可以举出很多.

为了导出所需要的检验统计量, 我们首先把上面的两个模型写成矩阵形式:

$$y_1 = X_1\beta_1 + e_1, \qquad e_1 \sim N(0,\ \sigma^2 I_{n_1}),$$

$$y_2 = X_2\beta_2 + e_2, \qquad e_2 \sim N(0,\ \sigma^2 I_{n_2}).$$

其中所含矩阵的意义是不言自明的, 将它们合并, 便得到如下模型:

$$\begin{pmatrix} y_1 \\ y_2 \end{pmatrix} = \begin{pmatrix} X_1 & 0 \\ 0 & X_2 \end{pmatrix} \begin{pmatrix} \beta_1 \\ \beta_2 \end{pmatrix} + \begin{pmatrix} e_1 \\ e_2 \end{pmatrix}, \quad \begin{pmatrix} e_1 \\ e_2 \end{pmatrix} \sim N(0, \sigma^2 I_{n_1+n_2}). \tag{5.1.12}$$

我们要检验的假设为

$$H \begin{pmatrix} \beta_1 \\ \beta_2 \end{pmatrix} = (I_p \vdots -I_p) \begin{pmatrix} \beta_1 \\ \beta_2 \end{pmatrix} = 0, \tag{5.1.13}$$

其中为 $H = (I_p \vdots -I_p)$. 若记 $\hat{\beta}_1, \hat{\beta}_2$ 为从模型 (5.1.12) 得到的 LS 估计, 则

$$\begin{pmatrix} \hat{\beta}_1 \\ \hat{\beta}_2 \end{pmatrix} = \begin{pmatrix} X_1'X_1 & 0 \\ 0 & X_2'X_2 \end{pmatrix}^{-1} \begin{pmatrix} X_1' & 0 \\ 0 & X_2' \end{pmatrix} \begin{pmatrix} y_1 \\ y_2 \end{pmatrix}$$

$$
= \begin{pmatrix} (X_1'X_1)^{-1} & 0 \\ 0 & (X_2'X_2)^{-1} \end{pmatrix} \begin{pmatrix} X_1'y_1 \\ X_2'y_2 \end{pmatrix} = \begin{pmatrix} (X_1'X_1)^{-1}X_1'y_1 \\ (X_2'X_2)^{-1}X_2'y_2 \end{pmatrix},
$$

于是

$$
\hat{\beta}_1 = (X_1'X_1)^{-1}X_1'y_1, \qquad \hat{\beta}_2 = (X_2'X_2)^{-1}X_2'y_2. \tag{5.1.14}
$$

应用公式 (5.1.7), 得到残差平方和

$$
\mathrm{SS}_e = y_1'y_1 + y_2'y_2 - \hat{\beta}_1'X_1'y_1 - \hat{\beta}_2'X_2'y_2. \tag{5.1.15}
$$

为了求约束条件 (5.1.13) 下的残差平方和 SS_{He}, 我们应用前面提到的把约束条件“融入”模型的方法. 当 (5.1.13) 成立时， $\beta_1 = \beta_2$, 记它们的公共值为 β, 代入原模型 (5.1.12), 得到约简模型

$$
\begin{pmatrix} y_1 \\ y_2 \end{pmatrix} = \begin{pmatrix} X_1 \\ X_2 \end{pmatrix} \beta + \begin{pmatrix} e_1 \\ e_2 \end{pmatrix},
$$

从这个模型求得的 β 的无约束的 LS 估计, 也就是原模型中 β_i 在约束条件 (5.1.13) 下的 LS 估计：

$$
\hat{\beta}_H = (X_1'X_1 + X_2'X_2)^{-1}(X_1'y_1 + X_2'y_2).
$$

故原模型的约束残差平方和为

$$
\mathrm{SS}_{He} = y_1'y_1 + y_2'y_2 - \hat{\beta}_H'(X_1'y_1 + X_2'y_2). \tag{5.1.16}
$$

从 (5.1.15) 和 (5.1.16) 得到

$$
\begin{aligned}
\mathrm{SS}_{He} - \mathrm{SS}_e &= \hat{\beta}_1'X_1'y_1 + \hat{\beta}_2'X_2'y_2 - \hat{\beta}_H'(X_1'y_1 + X_2'y_2) \\
&= (\hat{\beta}_1 - \hat{\beta}_H)'X_1'y_1 + (\hat{\beta}_2 - \hat{\beta}_H)'X_2'y_2.
\end{aligned}
$$

至此，我们求到了检验统计量

$$
F = \frac{(\mathrm{SS}_{He} - \mathrm{SS}_e)/p}{\mathrm{SS}_e/(n_1 + n_2 - 2p)}
$$

中的分子与分母的具体表达式. 据此，我们可以对假设 $\beta_1 = \beta_2$ 作出检验. 对给定的水平 α, 若 $F > F_{p,\ n_1+n_2-2p}(\alpha)$, 则拒绝原假设，即认为两批数据不服从同一个线性回归模型. 否则，我们认为它们服从同一个线性回归模型.

例 5.1.2 两个正态总体均值相等的检验

设 $u_1, \cdots, u_{n_1}$ 和 $v_1, \cdots, v_{n_2}$ 分别为来自正态总体 $N(\mu_1,\ \sigma^2)$ 和 $N(\mu_2,\ \sigma^2)$ 的简单随机样本，试导出检验假设 $\mu_1 = \mu_2$ 的统计量.

解　将 $u_1, \cdots, u_{n_1}$ 和 $v_1, \cdots, v_{n_2}$ 表示为线性模型形式:

$u_i = \mu_1 + e_i, \qquad e_i \sim N(0,\ \sigma^2), \qquad i = 1, \cdots, n_1,$

$v_i = \mu_2 + e_{n_1+j}, \qquad e_{n_1+j} \sim N(0,\ \sigma^2), \qquad j = 1, \cdots, n_2.$

用矩阵表示为

$$\begin{pmatrix} u \\ v \end{pmatrix} = \begin{pmatrix} u_1 \\ \vdots \\ u_{n_1} \\ v_1 \\ \vdots \\ v_{n_2} \end{pmatrix} = \begin{pmatrix} 1 & 0 \\ \vdots & \vdots \\ 1 & 0 \\ 0 & 1 \\ \vdots & \vdots \\ 0 & 1 \end{pmatrix} \begin{pmatrix} \mu_1 \\ \mu_2 \end{pmatrix} + \begin{pmatrix} e_1 \\ \vdots \\ e_{n_1} \\ e_{n_1+1} \\ \vdots \\ e_{n_1+n_2} \end{pmatrix}.$$

定义

$$y = \begin{pmatrix} u \\ v \end{pmatrix}_{(n_1+n_2)\times 1}, \qquad X = \begin{pmatrix} \mathbf{1}_{n_1} & 0 \\ 0 & \mathbf{1}_{n_2} \end{pmatrix}, \qquad \beta = \begin{pmatrix} \mu_1 \\ \mu_2 \end{pmatrix}.$$

下面我们检验 $H\beta = (1,\ -1)\beta = \mu_1 - \mu_2 = 0$, 这里 $H = (1,\ -1)$.

因为 $\mathrm{rk}(X) = 2$, 所以 β 可估, 其 LS 估计为

$$\hat{\beta} = \begin{pmatrix} \hat{\mu}_1 \\ \hat{\mu}_2 \end{pmatrix} = (X'X)^{-1}X'y = \begin{pmatrix} \bar{u} \\ \bar{v} \end{pmatrix},$$

这里

$$\bar{u} = \frac{1}{n_1}\sum_{i=1}^{n_1} u_i, \qquad \bar{v} = \frac{1}{n_2}\sum_{j=1}^{n_2} v_j.$$

由上章的理论知, $\bar{u}$ 和 $\bar{v}$ 分别为 μ_1 和 μ_2 的 MVU 估计.

因 $H\hat{\beta} = \hat{\mu}_1 - \hat{\mu}_2 = \bar{u} - \bar{v}$, $\mathrm{SS}_e = y'y - \hat{\beta}'X'y = \sum_i (u_i - \bar{u})^2 + \sum_j (v_j - \bar{v})^2$ 以及 $(H(X'X)^{-1}H')^{-1} = (\frac{1}{n_1} + \frac{1}{n_2})^{-1}$, 故依 (5.1.5) 得到所求的检验统计量为

$$\begin{aligned} F &= \frac{(\bar{u} - \bar{v})(\frac{1}{n_1} + \frac{1}{n_2})^{-1}(\bar{u} - \bar{v})}{(\sum_i (u_i - \bar{u})^2 + \sum_j (v_j - \bar{v})^2)/(n_1 + n_2 - 2)} \\ &= \frac{n_1 n_2 (n_1 + n_2 - 2)}{n_1 + n_2} \frac{(\bar{u} - \bar{v})^2}{\sum_i (u_i - \bar{u})^2 + \sum_j (v_j - \bar{v})^2}. \end{aligned}$$

当 $\mu_1 = \mu_2$ 时, $F \sim F_{1,\ n_1+n_2-2}$, 等价地, $t = F^{1/2} \sim t_{n_1+n_2-2}$.

§5.2 置信椭球和同时置信区间

对给定的水平，如果线性假设 $H\beta=0$ 的 F 检验是显著的，这说明从现有数据看我们不能接受假设 $H\beta=0$. 此时，我们自然希望构造 m 个可估函数 $h_i'\beta, i=1,\cdots,m$ 的同时置信域，这里 $H'=(h_1,\cdots h_m)$. 本节讨论构造置信域的几种常用的方法.

5.2.1 置信椭球

考虑正态线性模型

$$y=X\beta+e, \qquad e\sim N_n(0,\ \sigma^2 I), \tag{5.2.1}$$

这里 $\text{rk}(X)=r$. 假设 $\Phi=H\beta=(h_1'\beta,\cdots,h_m'\beta)'$ 为 m 个线性无关的可估函数，所以 $\text{rk}(H)=m$, $\mathcal{M}(H')\subset\mathcal{M}(X')$. 记 $\hat\beta=(X'X)^-X'y$, 则 $\hat\Phi=H\hat\beta$ 为 Φ 的 BLU 估计，且

$$\hat\Phi\sim N_m(\Phi,\ \sigma^2 V),$$

这里 $V=H(X'X)^-H'>0$. 根据推论 3.4.3, 有

$$(\hat\Phi-\Phi)'V^{-1}(\hat\Phi-\Phi)\sim\sigma^2\chi_m^2.$$

另一方面，由定理 4.1.4 知，对 σ^2 的 LS 估计 $\hat\sigma^2=\|y-X\hat\beta\|^2/(n-r)$, 有

$$\frac{(n-r)\hat\sigma^2}{\sigma^2}\sim\chi_{n-r}^2,$$

且与 $\hat\Phi$ 相互独立. 于是

$$\frac{(\hat\Phi-\Phi)'V^{-1}(\hat\Phi-\Phi)}{m\hat\sigma^2}\sim F_{m,\ n-r}. \tag{5.2.2}$$

故对任意的 $0<\alpha<1$, 有

$$P\left(\frac{(\hat\Phi-\Phi)'V^{-1}(\hat\Phi-\Phi)}{m\hat\sigma^2}\leq F_{m,\ n-r}(\alpha)\right)=1-\alpha. \tag{5.2.3}$$

因为 $H\beta$ 是 m 个线性无关的可估函数，从而 $V=H(X'X)^-H'>0$. 故

$$D=\left\{\Phi\colon(\hat\Phi-\Phi)'V^{-1}(\hat\Phi-\Phi)\leq m\hat\sigma^2F_{m,\ n-r}(\alpha)\right\} \tag{5.2.4}$$

是一个中心在 $\hat\Phi$ 的椭球，由 (5.2.3) 式知它包含未知的 $\Phi=H\beta$ 的概率为 $1-\alpha$. 称 (5.2.4) 定义的 D 为 Φ 的置信系数为 $1-\alpha$ 的置信椭球. 进一步，将 $\Phi=H\beta$, $\hat\Phi=H\hat\beta$, 及 $V=H(X'X)^-H'$ 代入 (5.2.4), 置信椭球可写为

$$(H\beta-H\hat\beta)'(H(X'X)^-H')^{-1}(H\beta-H\hat\beta)\leq m\hat\sigma^2F_{m,\ n-r}(\alpha). \tag{5.2.5}$$

特别，当 $m=1$ 时，改记 $h=h_1$, 上式变为

$$(h'\beta - h'\hat{\beta})^2 \le h'(X'X)^- h\hat{\sigma}^2 F_{1,\ n-r}(\alpha). \tag{5.2.6}$$

注意到 F 分布与 t 分布之间的关系： $F_{1,\ n-r} = t_{n-r}^2$, 并记 $t_{n-r}(\frac{\alpha}{2})$ 为自由度为 $n-r$ 的 t 分布上侧 $\frac{\alpha}{2}$ 分点，从 (5.2.6) 立得单个可估函数 $h'\beta$ 的置信系数为 $1-\alpha$ 的置信区间

$$\left(h'\hat{\beta} - t_{n-r}\left(\frac{\alpha}{2}\right)\hat{\sigma}\sqrt{h'(X'X)^- h}, \qquad h'\hat{\beta} + t_{n-r}\left(\frac{\alpha}{2}\right)\hat{\sigma}\sqrt{h'(X'X)^- h}\right). \tag{5.2.7}$$

注意到，上式中 $\mathrm{Var}(h'\hat{\beta}) = \sigma^2 h'(X'X)^- h$, 于是 $\hat{\sigma}\sqrt{h'(X'X)^- h}$ 是 $h'\hat{\beta}$ 的标准差的估计. 因而记 $\hat{\sigma}_{h'\hat{\beta}} = \hat{\sigma}\sqrt{h'(X'X)^- h}$, 上式区间变为

$$\left(h'\hat{\beta} - t_{n-r}\left(\frac{\alpha}{2}\right)\hat{\sigma}_{h'\hat{\beta}}, \qquad h'\hat{\beta} + t_{n-r}\left(\frac{\alpha}{2}\right)\hat{\sigma}_{h'\hat{\beta}}\right). \tag{5.2.8}$$

有时简记为 $h'\hat{\beta} \pm t_{n-r}(\frac{\alpha}{2})\hat{\sigma}_{h'\hat{\beta}}$.

例 5.2.1 未知参数的置信椭球及均值函数的置信区间

对于正态线性模型 (5.2.1), 设 $\mathrm{rk}(X) = p$, 即线性模型设计矩阵为列满秩. 在 (5.2.5) 中取 $H = I_p$, 显然满足条件 $\mathcal{M}(H') \subset \mathcal{M}(X')$, 依 (5.2.5), 未知参数 β 的置信系数为 $1-\alpha$ 的置信椭球为

$$(\beta - \hat{\beta})'X'X(\beta - \hat{\beta}) \le p\hat{\sigma}^2 F_{p,\ n-p}(\alpha).$$

依 (5.2.7), 均值函数 $f(x) = x'\beta$ 的置信系数为 $1-\alpha$ 区间估计为

$$\left(x'\hat{\beta} - t_{n-p}\left(\frac{\alpha}{2}\right)\hat{\sigma}\sqrt{x'(X'X)^{-1}x}, \qquad x'\hat{\beta} + t_{n-p}\left(\frac{\alpha}{2}\right)\hat{\sigma}\sqrt{x'(X'X)^{-1}x}\right). \tag{5.2.9}$$

从几何的观点看, 如果用 $f_1(x)$ 和 $f_2(x)$ 分别记 (5.2.9) 式中的区间的上下两个端点，则当 x 在 R^p 内流动时， R^{p+1} 中的点 $(x', f_1(x))$ 和 $(x', f_2(x))$ 分别画出曲面 l_1 和 l_2, 曲面 l_1 和 l_2 把经验平面 $y = x'\hat{\beta}$ 夹在当中.

需特别指出的是，只是对固定的 x, $x'\beta$ 落在区间 (5.2.9) 内的概率为 $1-\alpha$. 但对于多个 x 值， $x'\beta$ 同时落在各自对应的区间 (5.2.9) 内的概率将不再为 $1-\alpha$, 而会低于 $1-\alpha$. 即，平面 $f(x) = x'\beta$ 夹在曲面 l_1 和 l_2 中间的概率要小于 $1-\alpha$. 若仍想保持这一概率，则必须把区间 (5.2.9) 拉长，即把曲面 l_1 和 l_2 分别上移和下移. 下面就来讨论此问题.

5.2.2 同时置信区间

在同一个线性模型下，有时要对多个可估函数作同时区间估计 (或称联立区间估计), 下面介绍两种求同时置信区间的方法.

1. Scheffè 区间

引理 5.2.1 设 a 和 b 均为 $n\times 1$ 的向量, A 为 $n\times n$ 正定方阵, 则

$$\sup_{b\neq 0}\frac{(a'b)^2}{b'Ab}=a'A^{-1}a.$$

引理易从 Cauchy-Schwarz 不等式 $(a'b)^2\leq a'A^{-1}a\cdot b'Ab$ 推出.

在 (5.2.3) 中视 $\hat{\Phi}-\Phi$ 和 V 分别为引理 5.2.1 中的 a 和 A, 有

$$\begin{aligned}
1-\alpha&=P\Big((\hat{\Phi}-\Phi)'V^{-1}(\hat{\Phi}-\Phi)\leq m\hat{\sigma}^2F_{m,\ n-r}(\alpha)\Big)\\
&=P\Big(\sup\nolimits_{b\neq 0}\frac{(b'(\hat{\Phi}-\Phi))^2}{b'Vb}\leq m\hat{\sigma}^2F_{m,\ n-r}(\alpha)\Big)\\
&=P\Big(\frac{|b'(\hat{\Phi}-\Phi)|}{(b'Vb)^{1/2}}\leq (m\hat{\sigma}^2F_{m,\ n-r}(\alpha))^{1/2},\ \text{对一切}\ b\neq 0\Big).\\
&=P\Big(|b'\hat{\Phi}-b'\Phi|\leq (mF_{m,\ n-r}(\alpha))^{1/2}\hat{\sigma}(b'H(X'X)^{-}H'b)^{1/2},\ \text{对一切}\ b\neq 0\Big).
\end{aligned}\tag{5.2.10}$$

若记 $l=H'b$, 则 $b'\Phi=l'\beta$, $b'\hat{\Phi}=l'\hat{\beta}$, (5.2.10) 式变形为

$$\begin{aligned}
1-\alpha&=P\Big(|l'\hat{\beta}-l'\beta|\leq (mF_{m,\ n-r}(\alpha))^{1/2}\hat{\sigma}(l'(X'X)^{-}l)^{1/2},\ \text{对一切}\ l\in\mathcal{M}(H')\Big)\\
&=P\Big(l'\beta\in l'\hat{\beta}\pm (mF_{m,\ n-r}(\alpha))^{1/2}\hat{\sigma}(l'(X'X)^{-}l)^{1/2},\text{对一切}\ l\in\mathcal{M}(H')\Big).
\end{aligned}$$

由此得到以下定理.

定理 5.2.1 对于正态线性模型 (5.2.1), 若 $\mathrm{rk}(H)=m$, $\mathcal{M}(H')\subset\mathcal{M}(X')$, 则对一切可估函数 $l'\beta$, $l\in\mathcal{M}(H')$, 其置信系数为 $1-\alpha$ 的同时置信区间为

$$l'\hat{\beta}\pm (mF_{m,\ n-r}(\alpha))^{1/2}\hat{\sigma}(l'(X'X)^{-}l)^{1/2}.\tag{5.2.11}$$

导出 (5.2.11) 的方法是由 Scheffè 于 1953 年提出的, 所以 (5.2.11) 通常称为 Scheffè 区间. 特别, 若 $m=r=\mathrm{rk}(X)$, 则我们得到所有可估函数 $l'\beta$ 的同时置信区间

$$l'\hat{\beta}\pm (rF_{r,\ n-r}(\alpha))^{1/2}\hat{\sigma}(l'(X'X)^{-}l)^{1/2}.\tag{5.2.12}$$

需特别强调的是, Scheffè 区间并不是一个或若干个可估函数的同时区间估计, 而是无穷多个可估函数 $l'\beta$, $l\in\mathcal{M}(H')$ 的同时区间估计. 当然在实际应用上, 人们往往只对有限个可估函数感兴趣, 这时若采用 Scheffè 区间, 常常会嫌其偏长. Scheffè 方法的优点是, 它适用于所有的线性模型 (5.2.1), 对设计阵无任何限制, 应用范围较广.

2. Bonferroni 区间

求 m 个可估函数 $h_i'\beta, i=1,\cdots,m$ 的同时区间估计的另一种简单方法是 Bonferroni 方法.

用公式 (5.2.8) 对每个 $h_i'\beta$ 作置信系数为 $1-\alpha$ 的置信区间

$$I_i=\left(h_i'\hat{\beta}-t_{n-r}\left(\frac{\alpha}{2}\right)\hat{\sigma}_{h_i'\hat{\beta}},\qquad h_i'\hat{\beta}+t_{n-r}\left(\frac{\alpha}{2}\right)\hat{\sigma}_{h_i'\hat{\beta}}\right),\qquad i=1,\cdots,m.\quad(5.2.13)$$

虽然每个区间 I_i 包含 $h_i'\beta$ 的概率是 $1-\alpha$, 但是 $h_i'\beta\in I_i, i=1,\cdots,m$ 同时成立的概率 (即置信系数) 却不再是 $1-\alpha$, 一般比 $1-\alpha$ 要小.

事实上, 设 $E_i, i=1,\cdots,m$ 为 m 个随机事件, $P(E_i)=1-\alpha, i=1,\cdots,m$. 则

$$P\left(\bigcap_{i=1}^m E_i\right)=1-P\left(\overline{\bigcap_{i=1}^m E_i}\right)=1-P\left(\bigcup_{i=1}^m \bar{E}_i\right)\geq 1-\sum_{i=1}^m P(\bar{E}_i)=1-\sum_{i=1}^m \alpha_i.\quad(5.2.14)$$

这个不等式称为 Bonferroni 不等式.

若取 $E_i=\{h_i'\beta\in I_i\}$, 则 $\alpha_i=\alpha$, 于是由 (5.2.14) 得到

$$P(h_i'\beta\in I_i,\qquad i=1,\cdots,m)\geq 1-m\alpha.$$

当 m 较大时, 这个概率的下界可以很小. 为了克服这一缺陷, 一种办法是在 (5.2.13) 式中换 α 为 $\frac{\alpha}{m}$, 即取

$$I_i=\left(h_i'\hat{\beta}-t_{n-r}\left(\frac{\alpha}{2m}\right)\hat{\sigma}_{h_i'\hat{\beta}},\qquad h_i'\hat{\beta}+t_{n-r}\left(\frac{\alpha}{2m}\right)\hat{\sigma}_{h_i'\hat{\beta}}\right),\qquad i=1,\cdots,m,\quad(5.2.15)$$

从而每个区间 I_i 包含 $h_i'\beta$ 的概率提高到了 $1-\frac{\alpha}{m}$, 依 Bonferroni 不等式 (5.2.14), 有

$$P(h_i'\beta\in I_i, i=1,\cdots,m)\geq 1-\alpha.$$

通常称 (5.2.15) 为 Bonferroni 区间或 Bonferroni t 区间. 它的置信系数等于 $1-\alpha$. 当 m 比较大时, $t_{n-r}(\frac{\alpha}{2m})$ 也比较大, 于是每个区间 I_i 比较长, 这是 Bonferroni 区间的一个缺点. 当 m 很大时, Bonferroni 区间会长得失去应用价值, 这时可用增加 α 来缩短区间, 但此时区间估计的可靠度下降.

把 Bonferroni 法和 Scheffè 法比较起来, 虽两者均可用于较广泛的线性模型, 但一般说来, 后者优于前者. 然而 m 较小时, Bonferroni 区间要好些. 这两种方法在后面几章中将多次用到.

§5.3　预　测

所谓预测, 就是对指定的自变量的值, 预测对应的因变量所可能取的值. 从第一章我们知道, 在线性模型中, 自变量往往代表一组试验条件或生产条件或社会经

济条件, 由于试验或生产等方面的费用或试验周期长的原因, 在我们根据以往积累的数据获得经验模型后, 希望对一些感兴趣的试验、生产条件不真正去做试验, 而利用经验模型就对应的因变量的取值做出合理的估计和分析, 可见, 预测是普遍存在着的一个很有意义的实际问题. 和估计一样, 预测也有点预测和区间预测之分, 我们先讨论点预测.

5.3.1　点预测

已知历史数据服从以下线性模型

$$y = X\beta + e, \qquad E(e) = 0, \qquad \mathrm{Cov}(e) = \sigma^2\Sigma, \tag{5.3.1}$$

这里 y 为 $n \times 1$ 观测向量, $\mathrm{rk}(X_{n\times p}) = r$, Σ 为已知正定阵. 假设我们要预测 m 个点 $x_{0i} = (x_{0i1}, \cdots, x_{0ip})'$, $i = 1, \cdots, m$ 所对应的因变量 y_{0i}, $i = 1, \cdots m$ 的值, 且已知 y_{0i} 和历史数据服从同一个线性模型, 即

$$y_{0i} = x_{0i}'\beta + \varepsilon_{0i}, \qquad i = 1, \cdots, m.$$

采用矩阵形式, 则这个模型变为

$$y_0 = X_0\beta + \varepsilon_0, \quad E(\varepsilon_0) = 0, \quad \mathrm{Cov}(\varepsilon_0) = \sigma^2\Sigma_0, \tag{5.3.2}$$

这里

$$y_0 = \begin{pmatrix} y_{01} \\ \vdots \\ y_{0m} \end{pmatrix}, \quad X_0 = \begin{pmatrix} x_{011} & \cdots & x_{01p} \\ \vdots & & \vdots \\ x_{0m1} & \cdots & x_{0mp} \end{pmatrix}, \quad \varepsilon_0 = \begin{pmatrix} \varepsilon_{01} \\ \vdots \\ \varepsilon_{0m} \end{pmatrix}.$$

本节我们总假设 $\mathcal{M}(X_0') \subset \mathcal{M}(X')$. 从接下来的讨论读者可以明白这一假设的必要性.

1. 被预测量与历史数据不相关情形

我们先考虑被预测量 y_0 与历史数据 y 不相关的简单情形, 这时 $\mathrm{Cov}(e, \varepsilon_0) = 0$. 因为 $E(\varepsilon_0) = 0$, 所以一种很自然的做法是, 用 $E(y_0) = X_0\beta$ 的估计作为 y_0 的预测, 即用

$$y_0^* = X_0\beta^* = X_0(X'\Sigma^{-1}X)^- X'\Sigma^{-1}y \tag{5.3.3}$$

预测 y_0, 这里 $\beta^* = (X'\Sigma^{-1}X)^- X'\Sigma^{-1}y$ 是从 (5.3.1) 导出的 β 的 GLS 解. 因为我们假设了 $\mathcal{M}(X_0') \subset \mathcal{M}(X')$, 所以 $X_0\beta$ 是可估的并且 (5.3.3) 和所含广义逆的选法无关.

预测量 (5.3.3) 有以下性质:

(1) 预测 y_0^* 是无偏预测. 这里“无偏”的含义是预测量与被预测量具有相同的均值, 即 $E(y_0^*-y_0)=0$, 这不同于前面在参数估计讨论中的无偏性, 因为此时被预测量也是随机变量.

(2) 若 $\mathrm{Cov}(e,\varepsilon_0)=0$, 则 y_0^* 在一切线性无偏预测中具有最小预测均方误差 (证明见下文).

这里需要特别强调的是, 虽然从形式上讲, y_0 的预测量 $y_0^*=X_0\beta^*$ 与参数函数 $\mu_0=X_0\beta$ 在模型 (5.3.1) 下的最小二乘估计 $\mu_0^*=X_0\beta^*$ 完全相同, 但它们的实际意义却不同. 若我们引进预测偏差 $z=y_0^*-y_0$, 和估计偏差 $d=\mu_0^*-\mu_0$, 并计算它们的协方差阵, 就可以清楚这一点. 因为 $\mathrm{Cov}(e,\varepsilon_0)=0$, 所以

$$\mathrm{Cov}(z)=\mathrm{Cov}(y_0^*)+\mathrm{Cov}(y_0)=\sigma^2(\Sigma_0+X_0(X'\Sigma^{-1}X)^-X_0').$$

另一方面

$$\mathrm{Cov}(d)=\mathrm{Cov}(\mu_0^*)=\sigma^2X_0(X'\Sigma^{-1}X)^-X_0'.$$

因此, 总有 $\mathrm{Cov}(z)>\mathrm{Cov}(d)$. 这样的差别来源于被预测量 y_0 为随机变量, 而被估计量 μ_0 为非随机变量.

特别, 当 $\Sigma=I$ 时, 或 Σ 未知而用 I 代替时, 用 LS 解 $\hat\beta=(X'X)^-X'y$ 代替 β^*, (5.3.3) 变为

$$\hat y_0=X_0\hat\beta=X_0(X'X)^-X'y,$$

它也是无偏预测.

2. 被预测量与历史数据相关情形 — 最优预测

前面我们假定了 y_0 与 y 不相关, 但在某些情况下, y_0 与 y 确实具有一定的相关性, 这种相关性可以用 $\mathrm{Cov}(e,\varepsilon_0)=\sigma^2V'\neq 0$ 来度量. 这时

$$\mathrm{Cov}\begin{pmatrix} y \\ y_0 \end{pmatrix}=\sigma^2\begin{pmatrix} \Sigma & V' \\ V & \Sigma_0 \end{pmatrix}. \tag{5.3.4}$$

下面我们讨论如何利用这种相关性信息得到更好的预测.

设 $\tilde y_0=Cy$ 为 y_0 的一个线性无偏预测, 用所谓广义预测均方误差 (generalized prediction MSE, 简记为 PMSE)

$$\mathrm{PMSE}(\tilde y_0)=E(\tilde y_0-y_0)'A(\tilde y_0-y_0)$$

来度量 $\tilde{y}_0$ 的优劣，这里 $A>0$. 应用定理 3.2.1 得

$$\begin{aligned}\text{PMSE}(\tilde{y}_0) &= E(\tilde{y}_0'A\tilde{y}_0 - y_0'A\tilde{y}_0 - \tilde{y}_0'Ay_0 + y_0'Ay_0)\\ &= \beta'X'C'ACX\beta + \sigma^2\text{tr}(C'AC\Sigma) - 2\beta'X_0'ACX\beta\\ &\quad -\sigma^2 2\text{tr}(ACV') + \beta'X_0'AX_0\beta + \sigma^2\text{tr}(A\Sigma_0)\\ &= \beta'(CX-X_0)'A(CX-X_0)\beta + \sigma^2\text{tr}(A(C\Sigma C' + \Sigma_0 - 2CV')).\end{aligned} \tag{5.3.5}$$

因为 $\tilde{y}_0 = Cy$ 为 y_0 的一个无偏预测，故

$$E(Cy - y_0) = CX\beta - X_0\beta = 0, \text{对一切 } \beta \text{ 成立} \iff CX = X_0.$$

代入 (5.3.5), 得

$$\text{PMSE}(\tilde{y}_0) = \sigma^2\text{tr}(A(C\Sigma C' + \Sigma_0 - 2CV')). \tag{5.3.6}$$

欲 $\tilde{y}_0 = Cy$ 为 y_0 的在广义预测均方误差意义下的最优线性无偏预测 (best linear unbised predictor, 简记为 BLUP) , 则等价于在条件 $CX = X_0$ 下求 (5.3.6) 的最小值.

现在应用 Lagrange 乘子法求解这个极值问题. 构造辅助函数

$$F(C,\Lambda) = \sigma^2\text{tr}(AC\Sigma C' - 2ACV') - 2\text{tr}(CX\Lambda),$$

这里 $\Lambda_{p\times m}$ 为拉氏乘子. 由矩阵求导知识得

$$\frac{\partial \text{tr}(AC\Sigma C')}{\partial C} = 2AC\Sigma,$$

$$\frac{\partial \text{tr}(ACV')}{\partial C} = AV,$$

$$\frac{\partial \text{tr}(X\Lambda C)}{\partial C} = \Lambda'X'.$$

于是，对 $F(C,\Lambda)$ 关于 C,Λ 求微商，并令其为零，得到

$$\Sigma C'A = V'A + X\Lambda/\sigma^2, \tag{5.3.7}$$

$$CX = X_0. \tag{5.3.8}$$

由 (5.3.7), 得到

$$C = V\Sigma^{-1} + A^{-1}\Lambda'X'\Sigma^{-1}/\sigma^2. \tag{5.3.9}$$

代入 (5.3.8) 整理得

$$\Lambda'X'\Sigma^{-1}X = A(X_0 - V\Sigma^{-1}X)\sigma^2.$$

因为 $\mathcal{M}(X_0') \subset \mathcal{M}(X')$, 即 $X_0\beta$ 为可估函数，此方程相容，其解为

$$\Lambda' = \sigma^2 A(X_0 - V\Sigma^{-1}X)(X'\Sigma^{-1}X)^-.$$

代入 (5.3.9), 得到

$$C = X_0(X'\Sigma^{-1}X)^- X'\Sigma^{-1} + V\Sigma^{-1}(I - X(X'\Sigma^{-1}X)^- X'\Sigma^{-1}).$$

于是，所求 y_0 的 BLUP 为

$$\tilde{y}_0 = Cy = X_0\beta^* + V\Sigma^{-1}(y - X\beta^*), \tag{5.3.10}$$

其中 $\beta^* = (X'\Sigma^{-1}X)^- X'\Sigma^{-1}y$. 至此我们证明了以下定理.

定理 5.3.1 对模型 (5.3.1) 和 (5.3.2), 若 $\text{Cov}(e, \varepsilon_0) = \sigma^2 V$, 且 $X_0\beta$ 在模型 (5.3.1) 下可估，则 y_0 在广义预测均方误差意义下， BLUP 为 (5.3.10). 特别，当 $V = 0$ 时， BLUP 为 (5.3.3).

比较 (5.3.3) 和 (5.3.10), 我们看到 (5.3.10) 右边的第二项是由被预测量与历史数据的相关性引起的预测的改进量. 在实际应用中，往往 V 和 Σ 是未知的，一种常用的作法是代之以它们的某种估计. 这样得到的量尽管不再是 BLUP, 甚至于它根本不是线性的，但是为方便计，人们把它称为经验 BLUP.

在应用上， $m = 1$ 是一个重要的特殊情形. 若我们欲预测 $y_0 = x_0'\beta + e$, 记

$$\text{Cov}\begin{pmatrix} y \\ y_0 \end{pmatrix} = \sigma^2 \begin{pmatrix} \Sigma & \sigma_{12} \\ \sigma_{12}' & \sigma_{22} \end{pmatrix},$$

则 y_0 的 BLUP 为

$$\tilde{y}_0 = x_0'\beta^* + \sigma_{12}'\Sigma^{-1}(y - X\beta^*).$$

5.3.2 区间预测

所谓区间预测，就是找一个区间，使得被预测量的可能取值落在这个区间内的概率达到预先给定的值. 在应用上，有时因变量的区间预测更为人们所关注. 例如，在经济活动中，我们往往希望预测下一个月某产品的销售量在一个怎样的范围，而在工程技术中，设计者想知道新产品的某项性能指标大概会落在一个什么样的区间内等等.

在讨论区间预测时，我们需要假定误差服从正态分布，即 $e \sim N_n(0,\ \sigma^2\Sigma)$, $\varepsilon_0 \sim N_m(0,\ \sigma^2\Sigma_0)$. 为符号简单计，仅考虑 $V = 0$ 的情形，对 $V > 0$ 的情形，可以用完全相同的方法去做.

在误差正态条件下，预测偏差

$$z = y_0^* - y_0 \sim N_m(0,\ \sigma^2(\Sigma_0 + X_0(X'\Sigma^{-1}X)^- X_0')). \tag{5.3.11}$$

和前面一样，假设 $\mathcal{M}(X_0') \subset \mathcal{M}(X')$.

1. Bonferroni 型同时预测区间

依定理 3.3.5 知， z 的分量

$$z_i = y_{0i}^* - y_{0i} \sim N(0,\ \sigma^2(\sigma_{ii}^{(0)} + x_i'(X'\Sigma^{-1}X)^- x_i)), \qquad i = 1, \cdots, m,$$

这里 $\Sigma_0 = (\sigma_{ij}^{(0)}), i, j = 1, \cdots, m$. $x_i'(i = 1, \cdots, m)$ 为 X_0 的 m 个行向量. 据此，不难推得，对固定的 i, y_{0i} 的置信系数为 $1-\alpha$ 的预测区间:

$$P(x_i'\beta^* - t_{n-r}(\tfrac{\alpha}{2})\hat{\sigma}(\sigma_{ii}^{(0)} + x_i'(X'\Sigma^{-1}X)^- x_i)^{1/2} \le y_{0i}$$
$$\le x_i'\beta^* + t_{n-r}(\tfrac{\alpha}{2})\hat{\sigma}(\sigma_{ii}^{(0)} + x_i'(X'\Sigma^{-1}X)^- x_i)^{1/2}) = 1 - \alpha,$$

这里 $\hat{\sigma}^2 = \|y - X\beta^*\|^2/(n-r)$, $r = \mathrm{rk}(X)$. 应用 Bonferroni 法，我们得到 $y_{0i}(i = 1, \cdots, m)$ 的置信系数不低于 $1-\alpha$ 同时预测区间:

$$x_i'\beta^* \pm t_{n-r}\left(\frac{\alpha}{2m}\right)\hat{\sigma}\left(\sigma_{ii}^{(0)} + x_i'(X'\Sigma^{-1}X)^- x_i\right)^{1/2}, \qquad i = 1, \cdots, m. \tag{5.3.12}$$

2. Scheffè 型同时预测区间

利用 Scheffè 法，我们也可以得到 $y_{0i}(i = 1, \cdots, m)$ 的同时预测区间. 暂记 $M = \Sigma_0 + X_0(X'\Sigma^{-1}X)^- X_0'$. 因为

$$z \sim N_m(0,\ \sigma^2 M),$$

所以 $z'M^{-1}z \sim \sigma^2\chi_m^2$, 且与 $\hat{\sigma}^2$ 相互独立，故

$$\frac{z'M^{-1}z}{m\hat{\sigma}^2} \sim F_{m,\ n-r}. \tag{5.3.13}$$

因为 (5.3.13) 与 (5.2.2) 有完全相同的形式，于是应用 Scheffè 方法 (见 (5.2.10) 处)，不难得到

$$P\left\{-(mF_{m,\ n-r}(\alpha))^{1/2}\hat{\sigma}\sqrt{l'Ml} \le l'z \le (mF_{m,\ n-r}(\alpha))^{1/2}\hat{\sigma}\sqrt{l'Ml},\ 对一切 l \neq 0\right\} = 1-\alpha.$$

特别取 $l_1' = (1, 0, \cdots, 0), \cdots, l_m' = (0, 0, \cdots, 1)$, 得到

$$P\{-(mF_{m,\ n-r}(\alpha))^{1/2}\hat{\sigma}(\sigma_{ii}^{(0)} + x_i'(X'\Sigma^{-1}X)^- x_i)^{1/2} \le z_i$$
$$\le (mF_{m,\ n-r}(\alpha))^{1/2}\hat{\sigma}(\sigma_{ii}^{(0)} + x_i'(X'\Sigma^{-1}X)^- x_i)^{1/2},\ \ i = 1, \cdots, m\} \ge 1 - \alpha.$$

于是 $y_{0i}(i = 1, \cdots, m)$ 的 Scheffè 型同时区间预测为

$$x_i'\beta^* \pm (mF_{m,\ n-r}(\alpha))^{1/2}\hat{\sigma}(\sigma_{ii}^{(0)} + x_i'(X'\Sigma^{-1}X)^- x_i)^{1/2}, i = 1, \cdots, m. \tag{5.3.14}$$

综合 (5.3.12) 和 (5.3.14) 我们有如下定理

定理 5.3.2 对模型 (5.3.1) 和 (5.3.2), 假设 $\text{Cov}(e,\ \varepsilon_0)=0$, $X_0\beta$ 在模型 (5.3.1) 下可估，且 e 和 ε_0 均服从多元正态分布，则

(1) $y_{0i}(i=1,\cdots,m)$ 的置信系数不低于 $1-\alpha$ 的 Bonferroni 型同时预测区间为

$$x_i'\beta^*\pm t_{n-r}(\frac{\alpha}{2m})\hat{\sigma}(\sigma_{ii}^{(0)}+x_i'(X'\Sigma^{-1}X)^-x_i)^{1/2},\quad i=1,\cdots,m.$$

(2) $y_{0i}(i=1,\cdots,m)$ 置信系数不低于 $1-\alpha$ 的 Scheffè 型同时预测区间为

$$x_i'\beta^*\pm(mF_{m,\ n-r}(\alpha))^{1/2}\hat{\sigma}(\sigma_{ii}^{(0)}+x_i'(X'\Sigma^{-1}X)^-x_i)^{1/2},\quad i=1,\cdots,m.$$

Bonferroni 型同时区间预测法和 Scheffè 型同时区间预测法何者为优？从定理 5.3.2 不难看出，此问题取决于 $t^2_{n-r}(\frac{\alpha}{2m})$, 即 $F_{1,n-r}(\frac{\alpha}{2m})$ 和 $mF_{m,n-r}(\alpha)$ 何者为大.

例 5.3.1 一元线性模型

考虑一元线性模型 $Y=\beta_0+\beta_1X+e$. 设有 n 组观察数据 $(y_i,x_i),i=1,\cdots,n$.

$$y_i=\beta_0+\beta_1x_i+e_i,\qquad e_i\sim N(0,\sigma^2)\qquad(i=1,\cdots,n),$$

$y_1,\cdots,y_n$ 相互独立. 记

$$y=\begin{pmatrix}y_1\\ \vdots\\ y_n\end{pmatrix},\qquad X=\begin{pmatrix}1 & x_1\\ \vdots & \vdots\\ 1 & x_n\end{pmatrix},\qquad \beta=\begin{pmatrix}\beta_0\\ \beta_1\end{pmatrix},$$

则

$$X'X=\begin{pmatrix}n & \sum_i x_i\\ \sum_i x_i & \sum_i x_i^2\end{pmatrix},\qquad X'y=\begin{pmatrix}\sum_i y_i\\ \sum_i x_iy_i\end{pmatrix}.$$

β 的 LS 估计为

$$\hat{\beta}=\begin{pmatrix}\hat{\beta}_0\\ \hat{\beta}_1\end{pmatrix}=(X'X)^{-1}X'y=\begin{pmatrix}\bar{y}-\hat{\beta}_1\bar{x}\\ \frac{\sum_i(x_i-\bar{x})(y_i-\bar{y})}{\sum_i(x_i-\bar{x})^2}\end{pmatrix},$$

而

$$\hat{\sigma}^2=(y'y-\hat{\beta}'X'y)/(n-2).$$

现在要对 $x_{0i}(i=1,\cdots,m)$ 处因变量 Y 的相应值 $y_{0i}(i=1,\cdots,m)$ 作同时预测，假定 $y_{0i}(i=1,\cdots,m)$ 相互独立，服从

$$y_{0i}=\beta_0+\beta_1x_{0i}+\varepsilon_i,\qquad \varepsilon_i\sim N(0,\ \sigma^2),\qquad i=1,\cdots,m$$

且与 $y_i(i=1,\cdots,n)$ 相互独立.

依 (5.3.3), $y_{0i}(i=1,\cdots,m)$ 的点预测为

$$y_{0i}^* = \hat{\beta}_0 + \hat{\beta}_1 x_{0i}, \qquad i=1,\cdots,m.$$

依定理 5.3.2, $y_{0i}(i=1,\cdots,m)$ 的 Bonferroni 型同时预测区间为

$$(\hat{\beta}_0 + \hat{\beta}_1 x_{0i}) \pm t_{n-2}\left(\frac{\alpha}{2m}\right)\hat{\sigma}\left(1+\frac{1}{n}+\frac{(x_{0i}-\bar{x})^2}{\sum_{i=1}^n (x_{0i}-\bar{x})^2}\right)^{1/2}, \qquad i=1,\cdots,m.$$

而 Scheffè 型同时预测区间为

$$(\hat{\beta}_0 + \hat{\beta}_1 x_{0i}) \pm (mF_{m,\ n-2}(\alpha))^{1/2}\hat{\sigma}\left(1+\frac{1}{n}+\frac{(x_{0i}-\bar{x})^2}{\sum_{i=1}^n (x_{0i}-\bar{x})^2}\right)^{1/2}, \qquad i=1,\cdots,m.$$

置信系数都不低于 $1-\alpha$, 其中 $\bar{x}=\frac{1}{n}\sum_{i=1}^n x_i$.

§5.4 最优设计

设计阵 X 在线性模型的统计推断中起着重要的作用，几乎所有统计推断的结果都与 X 的取值有密切的关系. 在前面的讨论中，我们总假定 X 是给定的，事实上，在有些情况下，试验者在试验前可适当选择自变量的取值 (即设计试验点), 使设计阵 X 在统计推断中表现出某种优良性质，这就是所谓的最优设计. 它是 Kiefer 于 1959 年首先提出来的，其后获得了常足发展. 本节扼要地介绍最优设计问题的基本概念. 对这一领域感兴趣的读者可参阅文献 [62], [100], [39], [49], [89] 和 [75].

5.4.1 最优设计准则

对于给定的理论线性模型

$$Y = x'\beta + e, \tag{5.4.1}$$

其中 $x'=(x_1,\cdots,x_p)$, $\beta'=(\beta_1,\cdots,\beta_p)$. 设自变量 x 的取值域 (试验区域) 为 $\mathcal{D}$, 从中任取 n 个点 $x_{(1)},\cdots,x_{(n)}$, 在这 n 点上进行观察 (或试验) 得到 n 个观察值 $y'=(y_1,\cdots,y_n)$, 则由 (5.4.1), 我们便可得到一个线性模型

$$y = X\beta + \varepsilon, \tag{5.4.2}$$

其中设计阵 $X=(x_{(1)},\cdots,x_{(n)})'$. 所谓设计问题就是研究如何在 $\mathcal{D}$ 中选取 n 个值 $x_{(1)},\cdots,x_{(n)}$, 使得设计阵 $X=(x_{(1)},\cdots,x_{(n)})'$ 具有某些所要求的性质.

假定 n 是固定的，试验的目的是为了估计 β 线性函数

$$\Phi = H\beta, \tag{5.4.3}$$

其中 H 为 $m\times p$ 的已知行满秩阵. 设 $\mathcal{X}=\{X_{n\times p}:\ \mathcal{M}(X')\supset\mathcal{M}(H')\}$, 即 $\mathcal{X}$ 为由一切使 Φ 可估的 $n\times p$ 矩阵组成的集合，称之为 Φ 的可行设计集合. 所谓对 Φ 的一个最优设计就是指从 $\mathcal{X}$ 中找一个 X 使得 Φ 的 LS 估计 $\hat\Phi=H\hat\beta$ 具有某种优良性. 下面介绍几种常用的优良性准则.

1. A 最优准则

对任意 $X\in\mathcal{X}$, Φ 的 LS 估计为 $\hat\Phi=H(X'X)^-X'y$, 它和 $(X'X)^-$ 的选取无关. 依定理 3.1.3 易得

$$\mathrm{Cov}(\hat\Phi)=\sigma^2H(X'X)^-H'\stackrel{\triangle}{=}\sigma^2V_\Phi(X),\tag{5.4.4}$$

其中 $V_\Phi(X)=H(X'X)^-H'$. 对于给定的 $m\times m$ 正定阵 W, $\hat\Phi$ 的广义均方误差为

$$\mathrm{GMSE}(\hat\Phi)=E(\hat\Phi-\Phi)'W(\hat\Phi-\Phi)=\sigma^2\mathrm{tr}(WH(X'X)^-H')\stackrel{\triangle}{=}\sigma^2\mathrm{tr}(WV_\Phi(X)).\tag{5.4.5}$$

若存在设计 $X_A\in\mathcal{X}$ 满足

$$\mathrm{tr}(WV_\Phi(X_A))=\min_{X\in\mathcal{X}}\mathrm{tr}(WV_\Phi(X)),\tag{5.4.6}$$

则称 X_A(在 W 意义下) 为 A 最优. 一般取 $W=I$, 则 (5.4.6) 为

$$\mathrm{tr}(V_\Phi(X_A))=\min_{X\in\mathcal{X}}\sum_{i=1}^m\lambda_i(V_\Phi(X)),\tag{5.4.7}$$

其中 $\lambda_i(V_\Phi(X))$ 表示 $V_\Phi(X)$ 的第 i 个特征值. 显然， A 最优设计就是使 $\hat\Phi$ 的均方误差达到最小的设计，故 A 最优准则又称为均方误差最小准则. 进一步，若 $\mathrm{rk}(X)=p, H=I_p$, 则 (5.4.7) 可表示为

$$\mathrm{tr}(X_A'X_A)^{-1}=\min_{X\in\mathcal{X}}\sum_{i=1}^m\frac{1}{\lambda_i(X'X)}.\tag{5.4.8}$$

2. E 最优准则

有时我们关心所有形如 $l'\Phi(l'l=1)$ 的可估函数的估计问题. $l'\Phi$ 的 LS 估计 $l'\hat\Phi$ 的方差为

$$\mathrm{Var}(l'\hat\Phi)=\sigma^2l'V_\Phi(X)l.\tag{5.4.9}$$

依定理 2.4.1 得

$$\max_{l'l=1}l'V_\Phi(X)l=\lambda_1(V_\Phi(X)),$$

其中 $\lambda_1(V_\Phi(X))$ 表示 $V_\Phi(X)$ 的最大特征值. 若存在 $X_E\in\mathcal{X}$ 满足

$$\lambda_1(V_\Phi(X_E))=\min_{X\in\mathcal{X}}\max_{l'l=1}l'V_\Phi(X)l=\min_{X\in\mathcal{X}}\lambda_1(V_\Phi(X)),\tag{5.4.10}$$

则称 X_E 为 E 最优. 显然, E 最优设计就是使 $\hat{\Phi}$ 的协方差阵的最大特征值最小化的设计, 故 E 最优准则也称为协方差阵的最大特征值最小化准则. 进一步, 若 $\text{rk}(X)=p, H=I_p$, 则 (5.4.10) 可表为

$$\lambda_p(X_E'X_E)=\min_{X\in\mathcal{X}}\lambda_p(X'X). \tag{5.4.11}$$

其中 $\lambda_p(X'X)$ 表示 $X'X$ 的最小特征值.

3. D 最优准则

若存在 $X_D\in\mathcal{X}$, 使得

$$|V_\Phi(X_D)|=\min_{X\in\mathcal{X}}|V_\Phi(X)| \tag{5.4.12}$$

成立, 则称 X_D 为 D 最优. 因为 $\hat{\Phi}$ 的广义方差为 $\sigma^2|V_\Phi(X)|$, 所以 D 最优准则也称为广义方差最小准则. 若 $\text{rk}(X)=p, H=I_p$, 则 (5.4.12) 可表为

$$|X_D'X_D|=\max_{X\in\mathcal{X}}|X'X|. \tag{5.4.13}$$

D 最优准则还称为置信椭球体积最小准则. 事实上, 依 §5.2 知, 若 $\varepsilon\sim N(0,\,\sigma^2I)$, σ^2 已知, 则

$$(\hat{\Phi}-\Phi)'V_\Phi^{-1}(X)(\hat{\Phi}-\Phi)\leq\sigma^2\chi_m^2(\alpha)$$

为 Φ 的置信水平为 $1-\alpha$ 的置信椭球. 可以证明此椭球的体积为 $c(\sigma^2\chi_m^2(\alpha))^m\sqrt{|V_\Phi(X)|}$, 其中 c 为仅与 m 有关的常数. 可见, 在一定的置信水平下, Φ 的置信椭球体积与 $|V_\Phi(X)|$ 成正比. 自然我们希望在置信水平不变的前提下, 置信椭球的体积越小越好, 这从另一个侧面说明了 D 最优准则的合理性.

以上介绍的三种最优准则是最常用的准则, 除此之外, 还有其它的一些准则, 在此不一一介绍.

5.4.2 含多余参数的设计

在某些试验中, 我们常常仅对部分参数的估计感兴趣, 于是便产生了含多余参数的设计问题. 设 X,β 为

$$X=(X_1\,\vdots\,X_2),\qquad \beta'=(\beta_1'\,\vdots\,\beta_2'), \tag{5.4.14}$$

其中 X_1 为 $n\times m$ 矩阵, X_2 为 $n\times(p-m)$ 矩阵, β_1 为 m 维向量, β_2 为 $p-m$ 维向量. 不失一般性, 假定 β_2 是模型的多余参数, 我们感兴趣的只是

$$\Phi_0=\beta_1. \tag{5.4.15}$$

这相当于在 (5.4.3) 式中取 H 为 $H_0=(I_m \vdots 0)$, 故含多余参数的设计问题本质上是一般设计问题的一个特例. 利用 H_0 的特殊性，我们可以获得更深刻的结果.

当 β_1 可估时，依定理 2.2.5 和 3.1.3, β_1 的 LS 估计及协方差阵分别为

$$\hat{\beta}_1=(X_1'(I-P_{X_2})X_1)^{-1}X_1'(I-P_{X_2})y, \tag{5.4.16}$$

$$\mathrm{Cov}(\hat{\beta}_1)=\sigma^2(X_1'(I-P_{X_2})X_1)^{-1}\triangleq\sigma^2V_{\beta_1}(X), \tag{5.4.17}$$

其中 $V_{\beta_1}(X)=(X_1'(I-P_{X_2})X_1)^{-1}$. 根据 A 最优准则和 D 最优准则的定义，我们有如下重要定理.

定理 5.4.1　在 (5.4.14) 的假定下，设 $\mathcal{X}$ 为 $\Phi_0=\beta_1$ 的可行设计集合. 若存在 $X_A=(X_{A_1} \vdots X_{A_2})\in\mathcal{X}$, 且满足： (i) $X_{A_1}'X_{A_2}=0$, (ii) $\mathrm{tr}(X_{A_1}'X_{A_1})^{-1}=\min\limits_{X\in\mathcal{X}}\mathrm{tr}(X_1'X_1)^{-1}$, 则 X_A 为均方误差意义下的 A 最优设计.

证明　当 $X=(X_1 \vdots X_2)\in\mathcal{X}$ 时，依推论 2.5.1 及定理假设，有

$$\begin{aligned}\mathrm{tr}V_{\beta_1}(X) &= \mathrm{tr}(X_1'(I-P_{X_2})X_1)^{-1}\geq\mathrm{tr}(X_1'X_1)^{-1}\\ &\geq \mathrm{tr}(X_{A_1}'X_{A_1})^{-1}=\mathrm{tr}V_{\beta_1}(X_A).\end{aligned}$$

于是，当定理的条件成立时，

$$\mathrm{tr}V_{\beta_1}(X_A)=\min_{X\in\mathcal{X}}\mathrm{tr}V_{\beta_1}(X).$$

依 A 最优的定义，定理得证.

定理 5.4.2　在 (5.4.14) 的假定下，仍设 $\mathcal{X}$ 为 $\Phi_0=\beta_1$ 的可行设计集合. 若存在 $X_D=(X_{D_1} \vdots X_{D_2})\in\mathcal{X}$, 且满足： (i) $X_{D_1}'X_{D_2}=0$, (ii) $|X_{D_1}'X_{D_1}|=\max\limits_{X\in\mathcal{X}}|X_1'X_1|$, 则 X_D 为 D 最优设计.

证明　对任一 $X=(X_1 \vdots X_2)\in\mathcal{X}$, 依推论 2.5.1 和 2.5.2 以及定理假设，有

$$\begin{aligned}|V_{\beta_1}(X)|&=|(X_1'(I-P_{X_2})X_1)^{-1}|\geq|(X_1'X_1)^{-1}|\\ &=\frac{1}{|(X_1'X_1)|}\geq\frac{1}{|X_{D_1}'X_{D_1}|}=|(X_{D_1}'X_{D_1})^{-1}|=|V_{\beta_1}(X_D)|.\end{aligned}$$

从而，我们有

$$|V_{\beta_1}(X_D)|=\min_{X\in\mathcal{X}}|V_{\beta_1}(X)|.$$

依 D 最优的定义，定理得证.

为了证明下面的定理，我们需要如下引理.

引理 5.4.1 设 $A_{n\times n}=(a_{ij})>0$. 若 A 和 A^{-1} 分别表示成分块矩阵:

$$A=\begin{pmatrix} A_{11} & A_{12} \\ A_{21} & A_{22} \end{pmatrix},\qquad A^{-1}=\begin{pmatrix} A^{11} & A^{12} \\ A^{21} & A^{22} \end{pmatrix},$$

则

(1) $|A|\le|A_{11}||A_{22}|\le\prod_{i=1}^n a_{ii}$;

(2) $|A^{ii}|\ge\frac{1}{|A_{ii}|}$, 特别, $a^{jj}\ge\frac{1}{a_{jj}}$, $j=1,\cdots,n$;

(3) $\lambda_n(A)\le a_{jj}\le\lambda_1(A)$, $j=1,\cdots,n$.

(1) 和 (2) 不难从定理 2.2.4 及推论 2.5.1 推出, (3) 为推论 2.4.1, 留给读者作为练习.

定理 5.4.3 在 (5.4.14) 的假定下, 设 $\mathcal{X}$ 为 $\Phi_0=\beta_1$ 的可行设计集合. 若存在 $X^*=(X_1^*\vdots X_2^*)\in\mathcal{X}$, 且 $X_1^*\triangleq(X_{(1)}^*,\ X_{(2)}^*,\ \cdots,X_{(m)}^*)$, 满足: (i) $X_1^{*\prime}X_2^*=0$, (ii) $X_{(i)}^{*}{}'X_{(j)}^*=0\ (i\ne j,\ \ i,j=1,\cdots,m)$, (iii) $X_{(i)}^{*}{}'X_{(i)}^*\ (i=1,\cdots,m)$ 在 $x\in\mathcal{D}$ 上达到最大值, 则 X^* 同时为 A 最优, E 最优和 D 最优.

证明 (1) 记 $X_1=(X_{(1)},X_{(2)},\cdots,X_{(m)})$, 依引理 5.4.1(2) 及定理的假设, 有

$$\begin{aligned}\mathrm{tr}V_{\beta_1}(X)&=\mathrm{tr}(X_1'(I-P_{X_2})X_1)^{-1}\ge\mathrm{tr}(X_1'X_1)^{-1}\\&\ge\sum_{i=1}^m\frac{1}{X_{(i)}'X_{(i)}}\ge\sum_{i=1}^m\frac{1}{X_{(i)}^{*}{}'X_{(i)}^*}=\mathrm{tr}(X_1^{*\prime}X_1^*)^{-1}=\mathrm{tr}V_{\beta_1}(X^*),\end{aligned}$$

即

$$\mathrm{tr}V_{\beta_1}(X^*)=\min_{X\in\mathcal{X}}\mathrm{tr}V_{\beta_1}(X).$$

故 X^* 为 A 最优.

(2) 依引理 5.4.1(1) 及定理的假设, 有

$$\begin{aligned}|V_{\beta_1}(X)|&=|(X_1'(I-P_{X_2})X_1)^{-1}|\ge|(X_1'X_1)^{-1}|=\frac{1}{|(X_1'X_1)|}\\&\ge\frac{1}{\prod_{i=1}^m X_{(i)}'X_{(i)}}\ge\frac{1}{\prod_{i=1}^m X_{(i)}^{*}{}'X_{(i)}^*}=\frac{1}{|X_1^{*\prime}X_1^*|}=|V_{\beta_1}(X^*)|,\end{aligned}$$

即

$$|V_{\beta_1}(X^*)|=\min_{X\in\mathcal{X}}|V_{\beta_1}(X)|,$$

故 X^* 为 D 最优.

(3) 依引理 5.4.1(3) 及定理的假设, 有

$$\lambda_1(V_{\beta_1}(X))=\lambda_1(X_1'(I-P_{X_2})X_1)^{-1}\ge\lambda_1(X_1'X_1)^{-1}$$

$$= \frac{1}{\lambda_m(X_1'X_1)} \geq \frac{1}{\min\limits_{i=1,\cdots,m}(X_{(i)}'X_{(i)})} \geq \frac{1}{\min\limits_{i=1,\cdots,m}(X_{(i)}^{*}{}'X_{(i)}^{*})}$$

$$= \frac{1}{\lambda_m(X_1^{*\prime}X_1^*)} = \lambda_1(X_1^{*\prime}X_1^*)^{-1} = \lambda_1(V_{\beta_1}(X^*)),$$

即

$$\lambda_1(V_{\beta_1}(X^*)) = \min_{X\in\mathcal{X}} \lambda_1(V_{\beta_1}(X)),$$

依 E 最优的定义，(3) 得证. 定理证毕.

推论 5.4.1　若 $X_{(i)}'X_{(i)}=c_i(i=1,\cdots,m)$ 为常数, 只要取 $X^*=(X_1^*\vdots X_2^*)\in\mathcal{X}$ 满足：(i) $X_1^{*\prime}X_2^*=0$, (ii) $X_{(i)}^{*}{}'X_{(j)}^{*}=0$ $(i\neq j,\ \ i,j=1,\cdots,m)$, 则定理 5.4.3 的结论仍成立.

例 5.4.1(协方差分析模型)　我们考虑如下含一个协变量的协方差分析模型 (如例 1.3.1)

$$y = \mathbf{1}_n\beta_0 + X\beta_1 + \gamma\alpha + e,$$

其中 X 是给定的 0 或 1 组成的矩阵，γ 是要选择的 $n\times 1$ 向量，使得对估计协变量系数 α 具有某种优良性.

由定理 5.4.3, 问题化为在约束条件

$$\mathbf{1}_n'\gamma = 0, \qquad X'\gamma = 0 \tag{5.4.18}$$

下，在 γ 的所有可能取值中，求

$$\max \gamma'\gamma \tag{5.4.19}$$

最大值. 满足 (5.4.18) 和 (5.4.19) 的 γ 对估计 α 来说，同时为 A 最优，E 最优和 D 最优.

习　题　五

5.1　分别检验两条回归直线平行、等截距及相交于某一点. 即设

$$y_{1i} = \alpha_1 + \beta_1 x_{1i} + e_{1i},\quad e_{1i}\sim N(0,\ \sigma^2), \qquad i=1,\cdots,m,$$

$$y_{2j} = \alpha_2 + \beta_2 x_{2j} + e_{2j},\quad e_{2j}\sim N(0,\ \sigma^2), \qquad j=1,\cdots,n,$$

其中所有 e_{1i}, e_{2j} 相互独立. 分别检验下面三个原假设：

(1) H_1：$\beta_1=\beta_2$, 两条回归直线平行；

(2) H_2：$\alpha_1=\alpha_2$, 两条回归直线等截距；

(3) H_3：对某个 x_0, $\alpha_1+\beta_1x_0=\alpha_2+\beta_2x_0$, 两条回归直线相交于点 $(x_0,\ y_0)$, 其中 $y_0=\alpha_1+\beta_1x_0$.

5.2 对线性模型 $y=X\beta+e,\ e\sim(0,\ \sigma^2I)$, $H\beta$ 为可估函数， H 为行满秩， $\hat{\beta}_H$ 和 $\hat{\lambda}$ 满足

$$\begin{cases} X'X\beta+H'\lambda=X'y, \\ H\beta=0. \end{cases}$$

证明： $\mathrm{SS}_{He}-\mathrm{SS}_e=\sigma^2\hat{\lambda}'(\mathrm{Cov}(\hat{\lambda}))^{-1}\hat{\lambda}$.

5.3 对 m 个线性模型

$$y_i=X_i\beta_i+e_i,\ e_i\sim N_{n_i}(0,\ \sigma^2I),\qquad i=1,\cdots,m,$$

这里 X_i 为 $n_i\times p$ 的列满秩阵. 证明线性假设 $H_0:\beta=\cdots=\beta_m$ 的似然比统计量为

$$F=\frac{(n-mp)\Big(\sum_i y_i'(X_iX_i^+)y_i-(\sum_i y_i'X_i)(\sum_i X_i'X_i)^{-1}(\sum_i X_i'y_i)\Big)}{p(m-1)\Big(\sum_i y_i'y_i-\sum_i y_i'(X_iX_i^+)y_i\Big)},$$

其中 $n=\sum_i n_i$, 且当 H_0 为真时， $F\sim F_{(m-1)p,\ n-mp}$.

5.4 由空中观测地面上的一个四边形的四个角 $\theta_1,\theta_2,\theta_3$ 和 θ_4, 观测值分别为 Y_1, Y_2, Y_3 和 Y_4. 如果观测误差是独立正态的，均值为 0, 方差为 σ^2, 假定四边形为平行四边形, $\theta_1=\theta_3$ 和 $\theta_2=\theta_4$, 导出对这个假设的检验统计量.

5.5 对线性模型 $y=X_1\beta_1+X_2\beta_2+e,\ \ e\sim N_n(0,\ \sigma^2I)$. 证明：检验 $\beta_2=0$ 的似然比统计量为

$$F=\frac{n-p}{q}\ \frac{\hat{\beta}'X'y-\hat{\gamma}'X_1'y}{y'y-\hat{\beta}'X'y}=\frac{n-p}{q}\ \frac{y'(XX^+-X_1X_1^+)y}{y'(I-XX^+)y},$$

其中 X_2 和 X_1 分别为 $n\times q$ 和 $n\times(p-q)$ 矩阵, $X=(X_1 \vdots X_2)$, $\mathrm{rk}(X)=p$, $\beta'=(\beta_1',\beta_2')$, $\hat{\beta}$ 为 $X'X\beta=X'y$ 的解， $\hat{\gamma}$ 为 $X_1'X_1\gamma=X_1'y$ 的解. 且当 $\beta_2=0$ 为真时， $F\sim F_{q,\ n-p}$.

5.6 设有两个线性模型

$$y_i=X_i\beta_i+e_i,\ e_i\sim N_{n_i}(0,\ \sigma^2I),\qquad i=1,2,$$

e_1 和 e_2 相互独立. 对 X_i 和 β_i 分块如下：

$$X_i=(X_{1i}\vdots X_{2i}),\qquad \beta_i=\begin{pmatrix}\alpha_i\\ \delta_i\end{pmatrix},$$

这里 X_{1i}, X_{2i} 分别为 $n_i\times p_1$, $n_i\times p_2$ 矩阵， α_i 和 δ_i 分别为 $p_1\times 1$ 和 $p_2\times 1$ 向量, $p_1+p_2=p$. 证明检验假设 H_0： $\delta_1=\delta_2$ 的似然比统计量为

$$F=\frac{n_1+n_2-2p}{p_2}\ \frac{F_1}{F_2},$$

这里

$$F_1=\sum_i y_i'X_iX_i^+y_i-\sum_i y_i'X_{1i}X_{1i}^+y_i-(\sum_i y_i'Q_iX_{2i})(\sum_i X_{2i}'Q_iX_{2i})^{-1}(\sum_i X_{2i}'Q_iy_i),$$

$F_2 = \sum_i y_i' y_i - \sum_i y_i' X_i X_i^+ y_i$, $\quad Q_i = I - X_{1i} X_{1i}^+$.

5.7 设 $y_i = \beta_0 + \beta_1 x_i + e_i$, $i = 1, \cdots, n$, $e_i \sim N(0,\ \sigma^2)$ 且相互独立，对一切线性组合 $a_0\beta_0 + a_1\beta_1 (a_0 a_1 \neq 0)$, 试作出置信系数为 $1-\alpha$ 的同时置信区间.

5.8 设两组数据满足

$$y_{1i} = \beta_1 + \beta(x_{1i} - \bar{x}_1) + e_{1i},\quad e_{1i} \sim N(0,\ \sigma^2),\qquad i = 1, \cdots, n_1,$$

$$y_{2j} = \beta_2 + \beta(x_{2j} - \bar{x}_2) + e_{2j},\quad e_{2j} \sim N(0,\ \sigma^2),\qquad j = 1, \cdots, n_2,$$

这里 $\bar{x}_1 = \sum_i x_{1i}/n_1$, $\bar{x}_2 = \sum_j x_{2j}/n_2$, 即这两组数据服从平行直线回归模型

$$y = \beta_1 + \beta(x - \bar{x}_1),$$

$$y = \beta_2 + \beta(x - \bar{x}_2).$$

在 e_{1i}, e_{2j} 相互独立的条件下,

(1) 求 β_1, β_2, β 的 BLU 估计;

(2) 求此两条回归直线平行于 y 轴方向上的距离 d 的 BLU 估计. 即设 $y_A = \beta_1 + \beta(x_0 - \bar{x}_1)$, $y_B = \beta_2 + \beta(x_0 - \bar{x}_2)$, $d = y_A - y_B$;

(3) 求 d 的置信系数为 $1-\alpha$ 的置信区间.

第六章　线性回归模型

在第四、第五两章，我们系统地讨论了一般线性模型的估计和检验理论. 从本章起接下来的三章将把这些一般理论应用于一些特殊的模型，如在第一章引进的线性回归模型，方差分析模型和协方差分析模型. 本章先讨论线性回归模型.

§6.1　最小二乘估计

从第一章我们已经知道，含有 $p-1$ 个自变量的理论线性回归模型的一般形式为

$$Y=\beta_0+\beta_1X_1+\cdots+\beta_{p-1}X_{p-1}+e.$$

如果对因变量 Y 和自变量 $X_1,\cdots,X_{p-1}$ 进行了 n 次观察，得到的 n 组数据 $(y_i,x_{i1},\cdots,x_{ip-1})$, $i=1,\cdots,n$, 它们满足

$$y_i=\beta_0+\beta_1x_{i1}+\cdots+\beta_{p-1}x_{ip-1}+e_i,\qquad i=1,\cdots,n.$$

记

$$y=\begin{pmatrix}y_1\\y_2\\\vdots\\y_n\end{pmatrix},\quad X=\begin{pmatrix}1&x_{11}&\dots&x_{1,p-1}\\1&x_{21}&\dots&x_{2,p-1}\\\vdots&\vdots&&\vdots\\1&x_{n1}&\dots&x_{n,p-1}\end{pmatrix},\quad \beta=\begin{pmatrix}\beta_0\\\beta_1\\\vdots\\\beta_{p-1}\end{pmatrix},\quad e=\begin{pmatrix}e_1\\e_2\\\vdots\\e_n\end{pmatrix},$$

且假设 $\mathrm{rk}(X)=p$, $e_i(i=1,\cdots,n)$ 互不相关，均值皆为零，且有公共方差 σ^2, 则得到线性回归模型

$$y=X\beta+e,\quad E(e)=0,\quad \mathrm{Cov}(e)=\sigma^2I.\tag{6.1.1}$$

称 β_0 为常数项， $\beta_I'=(\beta_1,\ldots,\beta_{p-1})$ 为回归系数.

线性回归模型 (6.1.1) 作为特殊的线性模型，因为其设计阵 X 满足 $\mathrm{rk}(X)=p$, 所以 β 为可估函数，其 LS 估计为

$$\hat\beta=(X'X)^{-1}X'y.\tag{6.1.2}$$

$\hat\beta$ 具有下述性质.

定理 6.1.1　(1) 无偏性： $E(\hat\beta)=\beta$.

(2) 方差最小性 (Gauss-Markov 定理): 对任意 $p\times1$ 向量， $c'\hat\beta$ 为 $c'\beta$ 的惟一 BLU 估计，这里 $\hat\beta'=(\hat\beta_0,\hat\beta_1,\cdots,\hat\beta_{p-1})$.

(3) $\hat{\sigma}^2 = \|y - X\hat{\beta}\|^2/(n-p)$ 为 σ^2 的无偏估计.

若进一步假设 $e \sim N_n(0,\ \sigma^2 I)$, 则还有

(4) $\hat{\beta} \sim N_p(\beta, \sigma^2(X'X)^{-1})$, 特别 $\hat{\beta}_i \sim N(\beta_i, \sigma^2 c_{ii})$, 这些 c_{ii} 表示 $(X'X)^{-1}$ 的第 (i+1) 个对角元, $i = 0, 1, \cdots, p-1$.

(5) $c'\hat{\beta}$ 是 $c'\beta$ 的惟一 MVU 估计.

(6) $(n-p)\hat{\sigma}^2 \sim \sigma^2\chi^2_{n-p}$, 且与 $\hat{\beta}$ 相互独立.

这些结果易从 §4.1 的有关定理推出.

在回归分析中, 我们的主要兴趣在回归系数 β_I, 所以常常需要把它和常数项分开表示. 记

$$X = (\mathbf{1} \ \vdots\ \tilde{X}), \qquad \beta' = (\beta_0, \beta_I'),$$

其中 $\mathbf{1}$ 表示由 n 个 1 组成的 n 维列向量, 则模型 (6.1.1) 可改写为

$$y = \beta_0\mathbf{1} + \tilde{X}\beta_I + e, \quad E(e) = 0, \quad \mathrm{Cov}(e) = \sigma^2 I. \tag{6.1.3}$$

在实际应用中, 有时要对数据中心化. 所谓中心化就是把自变量的度量起点移至它在 n 次试验中所取值的中心点处. 记

$$\bar{x}_j = \frac{1}{n}\sum_{i=1}^{n} x_{ij}, \qquad j = 1, \cdots, p-1,$$

它是自变量 X_j 在 n 次试验中取值的算术平均. 则 y_i 可改写为

$$y_i = \gamma_0 + \beta_1(x_{i1} - \bar{x}_1) + \cdots + \beta_{p-1}(x_{i,\ p-1} - \bar{x}_{p-1}) + e_i, \qquad i = 1, \cdots, n, \tag{6.1.4}$$

这里

$$\gamma_0 = \beta_0 + \beta_1\bar{x}_1 + \cdots + \beta_{p-1}\bar{x}_{p-1} = \beta_0 + \bar{x}'\beta_I, \qquad \bar{x}' = (\bar{x}_1, \cdots, \bar{x}_{p-1}). \tag{6.1.5}$$

用矩阵记号来写 (6.1.4), 即为

$$y = \gamma_0\mathbf{1} + \tilde{X}_c\beta_I + e, \qquad E(e) = 0, \qquad \mathrm{Cov}(e) = \sigma^2 I, \tag{6.1.6}$$

其中 $\tilde{X}_c = (I - \frac{1}{n}\mathbf{1}\mathbf{1}')\tilde{X}$, 称为中心化设计阵, 它具有性质

$$\tilde{X}_c'\mathbf{1} = 0. \tag{6.1.7}$$

为方便计, 我们称 (6.1.4) 和 (6.1.6) 为中心化线性回归模型.

利用 (6.1.7) 容易验证, 对于中心化的线性回归模型 (6.1.6), 正则方程变为

$$\begin{pmatrix} n & 0 \\ 0 & \tilde{X}_c'\tilde{X}_c \end{pmatrix}\begin{pmatrix} \gamma_0 \\ \beta_I \end{pmatrix} = \begin{pmatrix} n\bar{y} \\ \tilde{X}_c'y \end{pmatrix},$$

即

$$\begin{cases} n\gamma_0 = n\bar{y}, \\ \tilde{X}_c'\tilde{X}_c\beta_I = \tilde{X}_c'y, \end{cases}$$

其中 $\bar{y} = \frac{1}{n}\sum_{i=1}^{n} y_i$. 由此立得 γ_0 和 β_I 的 LS 估计为

$$\hat{\gamma}_0 = \bar{y}, \qquad \hat{\beta}_I = (\tilde{X}_c'\tilde{X}_c)^{-1}\tilde{X}_c'y, \tag{6.1.8}$$

并且

$$\text{Cov}\begin{pmatrix} \hat{\gamma}_0 \\ \hat{\beta}_I \end{pmatrix} = \sigma^2 \begin{pmatrix} \frac{1}{n} & 0 \\ 0 & (\tilde{X}_c'\tilde{X}_c)^{-1} \end{pmatrix}. \tag{6.1.9}$$

这个事实说明，在中心化线性回归模型中，常数项 γ_0 总是用因变量观测值的算术平均值来估计，而回归系数 β_I 的估计可以从线性回归模型 $y = \tilde{X}_c\beta_I + e$ 按通常的 LS 公式即 (6.1.8) 得到，并且这两个估计总是不相关的.

剩下的问题是要证明，由 (6.1.8) 给出的回归系数的 LS 估计与 (6.1.2) 相一致. 事实上，将 $X = (\mathbf{1} \,\vdots\, \tilde{X})$ 代入 (6.1.2), 并利用分块矩阵求逆公式 (定理 2.2.4), 有

$$\hat{\beta} = \begin{pmatrix} n & \mathbf{1}'\tilde{X} \\ \tilde{X}'\mathbf{1} & \tilde{X}'\tilde{X} \end{pmatrix}^{-1} \begin{pmatrix} \mathbf{1}'y \\ \tilde{X}'y \end{pmatrix} = \begin{pmatrix} \frac{1}{n} + \bar{x}'(\tilde{X}_c'\tilde{X}_c)^{-1}\bar{x} & -\bar{x}'(\tilde{X}_c'\tilde{X}_c)^{-1} \\ -(\tilde{X}_c'\tilde{X}_c)^{-1}\bar{x} & (\tilde{X}_c'\tilde{X}_c)^{-1} \end{pmatrix} \begin{pmatrix} \mathbf{1}'y \\ \tilde{X}'y \end{pmatrix}$$

$$= \begin{pmatrix} \bar{y} - \bar{x}'(\tilde{X}_c'\tilde{X}_c)^{-1}\tilde{X}_c'y \\ (\tilde{X}_c'\tilde{X}_c)^{-1}\tilde{X}_c'y \end{pmatrix},$$

这里 $\bar{x}$ 由 (6.1.5) 所定义. 上式的后 $p-1$ 个分量即为 (6.1.8) 的 $\hat{\beta}_I$.

这就证明了我们的结论. 从第一分量知

$$\hat{\beta}_0 = \bar{y} - \bar{x}'\hat{\beta}_I = \hat{\gamma}_0 - \bar{x}'\hat{\beta}_I,$$

等价地

$$\hat{\gamma}_0 = \hat{\beta}_0 + \bar{x}'\hat{\beta}_I. \tag{6.1.10}$$

它与 (6.1.5) 相对应. (6.1.10) 给出了中心化模型和非中心化模型常数项估计之间的关系.

除了中心化，对自变量经常做的另一种处理称为标准化. 记

$$s_j^2 = \sum_{i=1}^{n}(x_{ij} - \bar{x}_j)^2, \qquad j = 1, \cdots, p-1,$$

$$z_{ij} = \frac{x_{ij} - \bar{x}_j}{s_j}. \tag{6.1.11}$$

我们刚才讨论过，将 x_{ij} 减去 $\bar{x}_j$ 称为中心化，现在再除以 s_j，这称为标准化. 令 $Z=(z_{ij})$，则 Z 就是将原来的设计阵 X 经过中心化和标准化后得到的新设计阵，这个矩阵具有如下性质:

(1) $\mathbf{1}'Z=0$,

(2) $R=Z'Z=(r_{ij})$,

$$r_{ij}=\frac{\sum_{k=1}^{n}(x_{ki}-\bar{x}_i)(x_{kj}-\bar{x}_j)}{s_is_j},\qquad i,j=1,\cdots,p-1. \tag{6.1.12}$$

性质 (1) 是中心化的作用，它使设计阵的每列元素之和都为零. 性质 (2) 是中心化后再施以标准化后的结果. 如果把回归自变量都看作随机变量， X 的第 j 列为第 j 个自变量的 n 个随机样本. 那么， $R=Z'Z$ 的元素 r_{ij} 正是回归自变量 X_i 与 X_j 的样本相关系数，因此， R 是回归自变量的相关阵，于是 $r_{ii}=1$，对一切 i 成立. 标准化的好处有二，其一是用 R 可以分析回归自变量之间的相关关系；其二是在一些问题中，诸回归自变量所用的单位可能不相同，取值范围大小也不同，经过标准化消去了单位和取值范围的差异，这便于对回归系数的估计值的统计分析.

需要注意的是，如果把模型 (6.1.1) 既经过中心化，又经过标准化，则 y_i 变形为

$$y_i=\alpha_0+\Big(\frac{x_{i1}-\bar{x}_1}{s_1}\Big)\beta_1^0+\ldots+\Big(\frac{x_{ip-1}-\bar{x}_{p-1}}{s_{p-1}}\Big)\beta_{p-1}^0+e_i,\qquad i=1,\cdots,n, \tag{6.1.13}$$

这里 $\alpha_0=\gamma_0$， $\beta_i^0=s_i\beta_i, i=1,\cdots,p-1$. 记 $\beta^0=(\beta_1^0,\cdots,\beta_{p-1}^0)'$，用矩阵形式，模型 (6.1.13) 就是

$$y=\alpha_0\mathbf{1}+Z\beta^0+e, \tag{6.1.14}$$

可以验证， α_0 和 β^0 的 LS 估计分别为

$$\hat{\alpha}_0=\bar{y},\qquad \hat{\beta}_i^0=s_i\hat{\beta}_i,\qquad i=1,\cdots,p-1,$$

这里 $\hat{\beta}_i$ 为 $\hat{\beta}_I$ 的第 i 个分量. 它们对应的经验回归方程分别为:

非中心化: $\hat{Y}=\hat{\beta}_0+\hat{\beta}_1X_1+\cdots+\hat{\beta}_{p-1}X_{p-1}$.

中 心 化: $\hat{Y}=\hat{\gamma}_0+\hat{\beta}_1(X_1-\bar{x}_1)+\cdots+\hat{\beta}_{p-1}(X_{p-1}-\bar{x}_{p-1})$.

中心化标准化: $\hat{Y}=\hat{\alpha}_0+\hat{\beta}_1^0\frac{(X_1-\bar{x}_1)}{s_1}+\cdots+\hat{\beta}_{p-1}^0\frac{(X_{p-1}-\bar{x}_{p-1})}{s_{p-1}}$.

§6.2 回归方程和系数的检验

当我们根据前面介绍的估计方法得到回归系数的估计后，就可以建立起经验回归方程. 但是，所建立的经验回归方程是否真正地刻画了因变量和自变量

之间的实际依赖关系呢？一方面，我们需要把经验方程拿到实践中去考察，这是最重要的一方面；另一方面，我们也可以做统计假设检验，这叫做回归方程的显著性检验. 另外，我们往往还希望研究因变量是否真正依赖于某个或几个特定的回归自变量，这就导致了相应的回归系数的显著性检验. 本节我们将讨论这些问题.

6.2.1 回归方程的显著性检验

对于正态线性回归模型

$$y_i = \beta_0 + x_{i1}\beta_1 + \ldots + x_{i,p-1}\beta_{p-1} + e_i, \qquad e_i \sim N(0,\ \sigma^2), \qquad i = 1, \cdots, n, \tag{6.2.1}$$

所谓回归方程的显著性检验，就是检验假设：所有的回归系数都等于零，即检验

$$H_0\text{:} \quad \beta_1 = \cdots = \beta_{p-1} = 0. \tag{6.2.2}$$

如果这个假设被拒绝，这就意味着我们接受断言：至少有一个 $\beta_i \neq 0$, 当然也可能所有 β_i 都不等于零. 换句话说，我们认为 Y 线性依赖于至少某一个自变量 X_i, 也可能线性依赖于所有的自变量 $X_1, \cdots, X_{p-1}$. 如果这个假设被接受，这意味着我们接受断言：所有 $\beta_i = 0$, 即我们可以认为，相对于误差而言，所有自变量对因变量 Y 的影响是不重要的.

显然，假设 (6.2.2) 是上章定理 5.1.1 中一般线性假设中 $H = (0, I_{p-1})$ 的特殊情形，并且 $H = (0, I_{p-1})$ 满足定理 5.1.1 的条件，故定理 5.1.1 给出的 F 检验统计量可以直接应用在这里. 下面我们就现在的特殊情形，导出检验统计量的简单形式.

将假设 (6.2.2) 代入模型 (6.2.1), 得到约简模型

$$y_i = \beta_0 + e_i, \qquad i = 1, \cdots, n. \tag{6.2.3}$$

它的正则方程为 $n\hat{\beta}_0 = n\bar{y}$, 于是 β_0 在模型 (6.2.3) 下的 LS 估计为 $\beta_0^* = \bar{y}$. 根据 §5.1 的结果：回归平方和等于未知参数的 LS 解与正则方程右端向量的内积，于是，β_0 对应的回归平方和为

$$\mathrm{RSS}_{H_0}(\beta) = \mathrm{RSS}(\beta_0) = n\bar{y}^2.$$

而对原模型 (无约束), 从中心化回归模型 (6.1.5) 知，回归平方和为

$$\mathrm{RSS}(\beta) = \hat{\gamma}_0 n\bar{y} + \hat{\beta}_I'\tilde{X}_c'y = n\bar{y}^2 + \hat{\beta}_I'\tilde{X}_c'y,$$

于是

$$\mathrm{RSS}(\beta) - \mathrm{RSS}_{H_0}(\beta) = \hat{\beta}_I'\tilde{X}_c'y. \tag{6.2.4}$$

再根据 §5.1 的结果：残差平方和等于总平方和减去回归平方和，于是原模型残差平方和为

$$\mathrm{SS}_e = y'y - \mathrm{RSS}(\beta) = y'y - n\bar{y}^2 - \hat{\beta}_I'\tilde{X}_c'y. \tag{6.2.5}$$

根据 (5.1.11), 注意到对现在的情形 $m=p-1$, 于是我们可以得到检验假设 (6.2.2) 的检验统计量为

$$F=\frac{\hat{\beta}_I'\tilde{X}_c'y/(p-1)}{\mathrm{SS}_e/(n-p)}. \tag{6.2.6}$$

当原假设 (6.2.2) 成立时, $F\sim F_{p-1,\ n-p}$. 对给定的水平 α, 当 $F>F_{p-1,\ n-p}(\alpha)$ 时, 我们拒绝原假设 H_0, 否则就接受 H_0.

需强调的是, 如果经过检验, 结论是接受原假设 H_0: $\beta_1=\cdots=\beta_{p-1}=0$, 这意思是说, 和模型的各种误差比较起来, 诸自变量对 Y 的影响是不重要的. 这里可能有两种情况. 其一是, 模型的各种误差太大, 因而即使回归自变量对 Y 有一定的影响, 但与较大的模型误差相比, 也不算大. 对这种情况, 我们就要想办法缩小误差, 这包括从分析问题的专业背景入手, 检查是否漏掉了重要的自变量, 或 Y 对某些自变量有非线性相依关系等. 其二是, 回归自变量对 Y 的影响确实很小, 对这种情况, 我们就要放弃建立 Y 对诸自变量的线性回归.

6.2.2 回归系数的显著性检验

回归方程的显著性检验是对线性回归方程的一个整体性检验. 如果我们检验的结果是拒绝原假设, 这意味着因变量 Y 线性地依赖于自变量 $X_1,\cdots,X_{p-1}$ 这个回归自变量的整体. 但是, 这并不排除 Y 并不依赖于其中某些自变量, 即某些 β_i 可能等于零. 于是在回归方程显著性检验被拒绝之后, 我们还需要对每个自变量逐一做显著性检验, 即对固定的 $i(1\leq i\leq p-1)$, 做如下检验:

$$H_i\text{: }\beta_i=0. \tag{6.2.7}$$

此假设也是一般线性假设 (5.1.1) 的一种特殊情况, 利用定理 5.1.1 可以获得所需的检验. 对于检验问题 (6.2.7), 下面我们给出一种直接导出检验统计量的方法.

对于模型 (6.2.1), β 的 LS 估计为 $\hat{\beta}=(X'X)^{-1}X'y$. 根据定理 6.1.1 知

$$\hat{\beta}\sim N_p(\beta,\ \sigma^2(X'X)^{-1}).$$

记 $C_{p\times p}=(c_{ij})=(X'X)^{-1}$, 则有

$$\hat{\beta}_i\sim N(\beta_i,\ \sigma^2c_{ii}), \tag{6.2.8}$$

于是当 H_i 成立时,

$$\frac{\hat{\beta}_i}{\sigma\sqrt{c_{ii}}}\sim N(0,\ 1).$$

依定理 6.1.1, $(n-p)\hat{\sigma}^2\sim\sigma^2\chi^2_{n-p}$, 且与 $\hat{\beta}_i$ 相互独立, 这里 $\hat{\sigma}^2=\|y-X\hat{\beta}\|^2/(n-p)$, 根据 t 分布的定义, 有

$$t_i=\frac{\hat{\beta}_i}{\sqrt{c_{ii}}\hat{\sigma}}\sim t_{n-p}, \tag{6.2.9}$$

这里 t_{n-p} 表示自由度为 $n-p$ 的 t 分布. 对给定的水平 α, 当 $|t_i| > t_{n-p}(\alpha/2)$ 时, 我们拒绝原假设 H_i, 否则就接受 H_i.

从 (6.2.8) 我们可以看出, 回归系数 β 的 LS 估计 $\hat{\beta}_i$ 的方差 $\mathrm{Var}(\hat{\beta}_i) = \sigma^2 c_{ii}$. 文献中常把 $(\mathrm{Var}(\hat{\beta}_i))^{1/2} = \sigma\sqrt{c_{ii}}$ 称为 $\hat{\beta}_i$ 的标准误差. 它的一个估计为 $\hat{\sigma}\sqrt{c_{ii}}$, 因此 (6.2.9) 所给出的 t 检验统计量就是回归系数 LS 估计 $\hat{\beta}_i$ 与其标准误差的估计的商.

如果我们经过检验, 接受原假设 $\beta_i = 0$ 时, 我们就认为回归自变量 X_i 对因变量 Y 无显著的影响, 因而可以将其从回归方程中剔除. 将这个回归自变量从回归方程中剔除后, 剩余变量的回归系数的估计也随之发生变化. 将 Y 对剩余的回归自变量重新做回归, 然后再检验其余回归系数是否为零, 再剔除经检验认为对 Y 无显著影响的变量, 这样的过程一直继续下去, 直到对所有的自变量, 经检验都认为对 Y 有显著的影响为止. 对回归系数做显著性检验的过程, 事实上也是对回归自变量的选择过程. 关于回归自变量的选择, 我们将在下一节作详细讨论.

例 6.2.1 煤净化问题 (取自文献 [85]).

表 6.2.1 给出了煤净化过程的一组数据, 表中变量 Y 为净化后煤溶液中所含杂质的重量, 这是衡量净化效率的指标; X_1 表示输入净化过程的溶液所含的煤与杂质的比; X_2 是溶液的 pH 值; X_3 表示溶液流量. 试验者的目的是通过一组试验数据, 建立净化效率 Y 与三个因素 X_1, X_2 和 X_3 的经验关系, 进而据此通过控制某些自变量来提高净化效率 (表 6.2.1).

表 6.2.1 煤净化数据

编号	x_1	x_2	x_3	y
1	1.50	6.00	1315	243
2	1.50	6.00	1315	261
3	1.50	9.00	1890	244
4	1.50	9.00	1890	285
5	2.00	7.50	1575	202
6	2.00	7.50	1575	180
7	2.00	7.50	1575	183
8	2.00	7.50	1575	207
9	2.50	9.00	1315	216
10	2.50	9.00	1315	160
11	2.50	6.00	1890	104
12	2.50	6.00	1890	110

考虑线性回归模型

$$Y = \beta_0 + \beta_1 X_1 + \beta_2 X_2 + \beta_3 X_3 + e,$$

应用最小二乘法，得到回归系数的估计

$$(\beta_0,\ \beta_1,\ \beta_2,\ \beta_3)' = (397.087,\ -110.750,\ 15.583,\ -0.058)'.$$

先考虑回归方程显著性检验，即 H_0：$\beta_1 = \beta_2 = \beta_3 = 0$. 经计算得到

$$\hat{\beta}_I' \tilde{X}_c' y = 31156.02, \quad \mathrm{SS}_e = 3486.89.$$

于是，(6.2.6) 的 F 统计量为

$$F = \frac{\hat{\beta}_I' \tilde{X}_c' y/3}{\mathrm{SS}_e/8} = \frac{10385.33}{435.85} = 23.82\ .$$

取 $\alpha = 0.05$, 查表得 $F_{3,\ 8}(0.05) = 4.07$. 因 $F = 23.82 > F_{3,\ 8}(0.05) = 4.07$, 于是我们拒绝原假设 H_0. 认为 Y 对 X_1, X_2 和 X_3 有一定的依赖关系.

进一步考虑回归系数的显著性检验. 经计算得

$$c_{11} = 0.49998, \qquad c_{22} = 0.05556, \qquad c_{33} = 0.0000011.$$

再根据上面已得到的 β 的 LS 估计值及 $\hat{\sigma}^2 = 435.85$, 容易算得三个回归系数对应的 t_i 值分别为

$$t_1 = -7.50, \qquad t_2 = 3.17, \qquad t_3 = -2.27.$$

对给定的水平 $\alpha = 0.05$, 查表得 $t_8(0.025) = 2.3060$. 对 $i = 1, 2$, 有 $|t_i| > t_8(0.025)$. 因此，在水平 $\alpha = 0.05$, 对每一个回归系数的单独检验，接受 $\beta_i \neq 0, i = 1, 2$. 也就是说，我们认为这两个自变量对净化效率都有重要影响.

6.2.3 复相关系数

度量随机变量 Y 与随机向量 $X' = (X_1, \cdots, X_{p-1})$ 相关程度的概念是复相关系数 (multiple correlation coefficient), 定义为

$$\rho = (\sigma_{xy}' \Sigma_{xx}^{-1} \sigma_{xy})^{1/2} / \sigma_y, \tag{6.2.10}$$

这里

$$\mathrm{Cov}\begin{pmatrix} Y \\ X \end{pmatrix} = \begin{pmatrix} \sigma_y^2 & \sigma_{xy}' \\ \sigma_{xy} & \Sigma_{xx} \end{pmatrix} \triangleq \Sigma.$$

在 Y 与 $X_1, \cdots, X_{p-1}$ 的联合分布为正态分布的条件下，可以证明 (参见文献 [42], [84], p.164)

$$\hat{\sigma}_y^2 = \frac{1}{n}\sum_i (y_i - \bar{y})^2, \qquad 其中\ \bar{y} = \frac{1}{n}\sum_i y_i,$$

$$\hat{\Sigma}_{xx} = \frac{1}{n}\tilde{X}_c'\tilde{X}_c, \qquad \hat{\sigma}_{xy} = \frac{1}{n}\tilde{X}_c'(y - \bar{y}\mathbf{1})$$

分别为 σ_y^2, Σ_{xx} 和 σ_{xy} 的 ML 估计. 在 (6.2.10) 中分别用 $\hat{\sigma}_y$, $\hat{\Sigma}_{xx}$ 和 $\hat{\sigma}_{xy}$ 代替 σ_y, Σ_{xx} 和 σ_{xy}, 并注意到 $\tilde{X}_c'\mathbf{1} = 0$, 便得到 ρ 的估计

$$R \triangleq \hat{\rho} = \left(\frac{\hat{\beta}_I'\tilde{X}_c'y}{\sum_i (y_i - \bar{y})^2}\right)^{1/2}, \tag{6.2.11}$$

称为样本复相关系数, 而 (6.2.10) 称为总体复相关系数. 一般根据上下文可以知道所讨论的复相关系数是总体的还是样本的, 因此, 我们总是略去前面的“总体”和“样本”两字, 把 (6.2.10) 和 (6.2.11) 统称为复相关系数.

(6.2.11) 的分母 $\sum_i (y_i - \bar{y})^2$ 为因变量 Y 在 n 次试验中取值的总变差平方和, 记为

$$\text{TSS} = \sum_i (y_i - \bar{y})^2.$$

又记

$$\text{RSS}(\beta_I) = \hat{\beta}_I'\tilde{X}_c'y,$$

它是回归系数 β_I 的回归平方和. (6.2.11) 等价于

$$R^2 = \frac{\text{RSS}(\beta_I)}{\text{TSS}}, \tag{6.2.12}$$

即复相关系数的平方等于回归平方和与总平方和之比. 若 $R = 1$, 则 $\text{RSS}(\beta_I) = \text{TSS}$, 这说明因变量的总变差完全由回归来解释, 所以, Y 与 $X_1, \cdots, X_{p-1}$ 之间有严格的线性关系. 相反, 若 $R = 0$, 则 $\text{RSS}(\beta_I) = 0$, 这说明只考虑 Y 与 $X_1, \cdots, X_{p-1}$ 之间的线性关系, 根本无法解释 Y 的变差. 所以, Y 与 $X_1, \cdots, X_{p-1}$ 之间无任何线性关系. 在一般情况下, $0 < R < 1$, Y 与 $X_1, \cdots, X_{p-1}$ 之间有一定的线性关系. 一般说来, R 愈大, 表明 Y 与 $X_1, \cdots, X_{p-1}$ 之间的线性关系程度愈强. 因此在应用上, R 也是度量回归方程优劣的一个重要指标.

但是, 这里需要注意的是, R 作为单个数字指标, 用其度量变量之间的相关性总有不足之处. Anscombe 曾经对两个变量 Y 与 X 构造了四组数据, 它们有相同的 R, 但 Y 与 X 的关系却有很大的差异 (参阅文献 [28], p.92).

§6.3 回归自变量的选择

在应用回归分析去处理实际问题时, 回归自变量的选择是首先要解决的重要问题. 通常, 在做回归分析时, 人们根据问题本身的专业理论及有关经验, 常常把各种与因变量有关或可能有关的自变量引进回归模型, 其结果是把一些对因变量

影响很小的，有些甚至没有影响的自变量也选入了回归模型中，这样一来，不但计算量大，而且估计和预测的精度也会下降. 此外，在一些情况下，某些自变量的观测数据的获得代价昂贵. 如果这些自变量本身对因变量的影响很小或根本就没有影响，但我们不加选择都引进回归模型，势必造成观测数据收集和模型应用的费用不必要的加大. 因此，在应用回归分析时，对进入模型的自变量作精心的选择是十分必要的. 本节的目的就是对自变量的选择从理论上作一简要地分析，介绍一些变量的选择准则和一些求"最优"自变量子集的计算方法.

6.3.1 变量选择对估计和预测的影响

假定根据经验和专业理论，初步确定一切可能对因变量 Y 有影响的自变量共有 $p-1$ 个，记为 $X_{(1)},\cdots,X_{(p-1)}$, 它们与因变量一起适合线性回归模型. 在获得了 n 组观测数据后，我们有模型

$$y=X\beta+e,\quad E(e)=0,\quad \mathrm{Cov}(e)=\sigma^2 I, \tag{6.3.1}$$

这里 y 为 $n\times 1$ 观测向量， X 为 $n\times p$ 的列满秩设计阵. 我们约定 X 的第一列元素皆为 1.

假设我们根据某些自变量选择准则，剔除了模型 (6.3.1) 中一些对因变量影响较小的自变量，不妨假设剔除了后 $p-q$ 个自变量 $X_{(q)},\cdots,X_{(p-1)}$, 记 $X=(X_q \vdots X_t)$, $\beta'=(\beta_q' \vdots \beta_t')$, 则我们得到一个新模型

$$y=X_q\beta_q+e,\qquad E(e)=0,\qquad \mathrm{Cov}(e)=\sigma^2 I, \tag{6.3.2}$$

这里我们约定 X_q 中包含了常数项， X_q 和 X_t 分别有 $q, p-q$ 列， β_q 和 β_t 分别含有 $q, p-q$ 个回归参数.

为方便计，我们称模型 (6.3.1) 为全模型，而称模型 (6.3.2) 为选模型. 依 § 6.1 的讨论知，在全模型下，回归系数 β 的 LS 估计为

$$\hat{\beta}=(X'X)^{-1}X'y, \tag{6.3.3}$$

而在选模型下， β_q 的 LS 估计为

$$\tilde{\beta}_q=(X_q'X_q)^{-1}X_q'y, \tag{6.3.4}$$

对 $\hat{\beta}$ 作相应的分块： $\hat{\beta}'=(\hat{\beta}_q' \vdots \hat{\beta}_t')$.

定理 6.3.1 假设全模型 (6.3.1) 正确，则

(1) $E(\tilde{\beta}_q)=\beta_q+A\beta_t$, 这里 $A=(X_q'X_q)^{-1}X_q'X_t$;

(2) $\mathrm{Cov}(\hat{\beta}_q)\geq\mathrm{Cov}(\tilde{\beta}_q)$.

证明 (1) 依 (6.3.4), 得

$$E(\tilde{\beta}_q) = (X_q'X_q)^{-1}X_q'E(y) = (X_q'X_q)^{-1}X_q'(X_q \vdots X_t)\begin{pmatrix}\beta_q\\ \beta_t\end{pmatrix}$$

$$= (I \vdots A)\begin{pmatrix}\beta_q\\ \beta_t\end{pmatrix} = \beta_q + A\beta_t.$$

于是 (1) 得证.

(2) 根据分块矩阵的逆矩阵公式 (定理 2.2.4), 有

$$(X'X)^{-1} = \begin{pmatrix} X_q'X_q & X_q'X_t \\ X_t'X_q & X_t'X_t \end{pmatrix}^{-1} = \begin{pmatrix} (X_q'X_q)^{-1} + ADA' & -AD \\ -DA' & D \end{pmatrix}, \quad (6.3.5)$$

这里 $D = (X_t'(I - P_{X_q})X_t)^{-1}$. 又由

$$\mathrm{Cov}(\hat{\beta}) = \mathrm{Cov}\begin{pmatrix}\hat{\beta}_q\\ \hat{\beta}_t\end{pmatrix} = \sigma^2(X'X)^{-1},$$

推得 $\mathrm{Cov}(\hat{\beta}_q) = \sigma^2((X_q'X_q)^{-1} + ADA')$. 但 $\mathrm{Cov}(\tilde{\beta}_q) = \sigma^2(X_q'X_q)^{-1}$, 所以

$$\mathrm{Cov}(\hat{\beta}_q) - \mathrm{Cov}(\tilde{\beta}_q) = \sigma^2 ADA'.$$

因为 $(X'X)^{-1} > 0$, 所以 $D > 0$. 于是 $\mathrm{Cov}(\hat{\beta}_q) - \mathrm{Cov}(\tilde{\beta}_q) > 0$. 从而 (2) 得证.

对于未知参数 θ 的有偏估计 $\tilde{\theta}$, 协方差阵不能作为衡量估计精度之用，更合理的是均方误差矩阵 (mean square error matrix, 简记为 MSEM). 定义为

$$\mathrm{MSEM}(\tilde{\theta}) = E(\tilde{\theta} - \theta)(\tilde{\theta} - \theta)'.$$

用类似定理 6.6.1 证明方法，易得

$$\mathrm{MSEM}(\tilde{\theta}) = \mathrm{Cov}(\tilde{\theta}) + (E\tilde{\theta} - \theta)(E\tilde{\theta} - \theta)'. \quad (6.3.6)$$

定理 6.3.2 假设全模型 (6.3.1) 正确，则当 $\mathrm{Cov}(\hat{\beta}_t) \geq \beta_t\beta_t'$ 时,

$$\mathrm{MSEM}(\hat{\beta}_q) \geq \mathrm{MSEM}(\tilde{\beta}_q).$$

证明 对估计 $\tilde{\beta}_q$ 应用 (6.3.6), 依定理 6.3.1 立得

$$\mathrm{MSEM}(\tilde{\beta}_q) = \sigma^2(X_q'X_q)^{-1} + A\beta_t\beta_t'A'.$$

注意到 $\hat{\beta}_q$ 为无偏估计，所以

$$\mathrm{MSEM}(\hat{\beta}_q) = \sigma^2((X_q'X_q)^{-1} + ADA').$$

又因 $\mathrm{Cov}(\hat{\beta}_t) = \sigma^2 D$, 故当 $\mathrm{Cov}(\hat{\beta}_t) \geq \beta_t\beta_t'$ 时，$\mathrm{MSEM}(\hat{\beta}_q) \geq \mathrm{MSEM}(\tilde{\beta}_q)$. 定理得证.

下面我们来考虑变量选择对因变量的预测的影响.

假设我们欲预测点 ${x_0}' = ({x_0}_q', {x_0}_t')$ 对应的因变量 y_0 的值. 已知

$$y_0 = {x_0}'\beta + \varepsilon = {x_0}_q'\beta_q + {x_0}_t'\beta_t + \varepsilon, \qquad E(\varepsilon) = 0, \qquad \mathrm{Var}(\varepsilon) = \sigma^2, \qquad \varepsilon\text{与}e\text{不相关}.$$

由 §5.3 知，在全模型下，我们用 $\hat{y}_0 = {x_0}'\hat{\beta}$ 作为 y_0 的预测，预测偏差为 $z = {x_0}'\hat{\beta} - y_0$. 而在选模型下, 用 $\tilde{y}_0 = {x_0}_q'\tilde{\beta}_q$ 作为 y_0 的预测, 预测偏差为 $z_q = {x_0}_q'\tilde{\beta}_q - y_0$. 显然，若全模型 (6.3.1) 正确，则预测 $\hat{y}_0$ 是无偏的，即 $E(z) = 0$. 下面讨论预测偏差的性质.

定理 6.3.3　假设全模型 (6.3.1) 正确，则

(1) $E(z_q) = {x_0}_q'A\beta_t - {x_0}_t'\beta_t$, 这里 $A = (X_q'X_q)^{-1}X_q'X_t$;

(2) $\mathrm{Var}(z) \geq \mathrm{Var}(z_q)$.

证明　(1) 因 $E(y_0) = {x_0}_q'\beta_q + {x_0}_t'\beta_t$, 依定理 6.3.1, 立得 (1).

(2) 依假设，ε 与 e 不相关，故

$$\mathrm{Var}(z) = \sigma^2(1 + {x_0}'(X'X)^{-1}x_0), \qquad \mathrm{Var}(z_q) = \sigma^2(1 + {x_0}_q'(X_q'X_q)^{-1}{x_0}_q').$$

再依公式 (6.3.5), 得

$$\begin{aligned}\mathrm{Var}(z) - \mathrm{Var}(z_q) &= \sigma^2\left({x_0}'\begin{pmatrix} (X_q'X_q)^{-1} + ADA' & -AD \\ -DA' & D \end{pmatrix}x_0 - {x_0}_q'(X_q'X_q)^{-1}x_{0q}\right) \\ &= \sigma^2({x_0}_q'ADA'x_{0q} - 2{x_0}_q'ADx_{0t} + {x_0}_t'Dx_{0t}) \\ &= \sigma^2(A'x_{0q} - x_{0t})'D(A'x_{0q} - x_{0t}) \geq 0. \end{aligned} \tag{6.3.7}$$

定理证毕.

这个定理的第一条结论说明，$\tilde{y}_0$ 不是无偏预测. 和估计的情形一样, 这时的方差不能度量预测的优劣，需要考虑预测均方误差 (mean square error of prediction, 简记为 MSEP). $\tilde{y}_0$ 的预测均方误差定义为

$$\mathrm{MSEP}(\tilde{y}_0) = E(\tilde{y}_0 - y_0)^2 = E(z_q^2) = \mathrm{Var}(z_q) + (E(z_q))^2. \tag{6.3.8}$$

定理 6.3.4 假设全模型 (6.3.1) 正确，则当 $\text{Cov}(\hat{\beta}_t) \geq \beta_t\beta_t'$ 时，

$$\text{MSEP}(\hat{y}_0) \geq \text{MSEP}(\tilde{y}_0).$$

证明 依公式 (6.3.8), 得

$$\text{MSEP}(\hat{y}_0) = \text{Var}(z).$$

根据假设条件及定理 6.3.1(1), 有

$$(E(z_q))^2 = ({x_0}_q'A\beta_t - {x_0}_t'\beta_t)^2 = ({x_0}_q'A - {x_0}_t')\beta_t\beta_t'(A'{x_0}_q - {x_0}_t)$$

$$\leq ({x_0}_q'A - {x_0}_t')\text{Cov}(\hat{\beta}_t)(A'{x_0}_q - {x_0}_t).$$

因为 $\text{Cov}(\hat{\beta}_t) = \sigma^2 D$, 并利用 (6.3.7), 得

$$(E(z_q))^2 \leq \text{Var}(z) - \text{Var}(z_q),$$

从而有

$$\text{MSEP}(\hat{y}_0) = \text{Var}(z) \geq \text{Var}(z_q) + (E(z_q))^2 = \text{MSEP}(\tilde{y}_0).$$

定理证毕.

综上，我们有如下结论：

(1) 即使全模型正确，剔除一部分自变量之后，可使得剩余的那部分自变量的回归系数的 LS 估计的方差减小，但此时的估计一般为有偏估计. 若被剔除的自变量对因变量影响较小，则可使得剩余的那部分自变量的回归系数的 LS 估计的精度提高.

(2) 当全模型正确时，用选模型作预测，预测一般是有偏的，但预测偏差的方差减小. 若被剔除的自变量对因变量影响较小，则剔除掉这些变量后可使得预测的精度提高.

因此，在应用回归分析去处理实际问题时，无论是从回归系数的估计角度看，还是从预测的角度看，对那些与因变量关系不是很大或难于掌握 (用 $\text{Cov}(\hat{\beta}_t) \geq \beta_t\beta_t'$ 来刻画) 的自变量从模型中剔除都是有利的. 有了上面的这些一般性讨论，下面我们介绍自变量选择的具体准则.

6.3.2 自变量选择准则

统计学家从数据与模型的拟合优劣，预测精度等不同角度出发提出了多种回归自变量的选择准则，它们都是对回归自变量的所有不同子集进行比较，然后从中挑出一个“最优”的，且绝大多数选择准则是基于残差平方和的.

1. 平均残差平方和准则 (RMS_q)

残差平方和 SS_e 的大小刻画了数据与模型的拟合程度， SS_e 愈小，拟合得愈好. 但“ SS_e 愈小愈好”却不能作为回归自变量的选择准则，因为它将导致全部自变量的入选. 事实上，在选模型 (6.3.2) 下，残差平方和为

$$\mathrm{SS}_{eq} = \|y - X_q\tilde{\beta}_q\|^2 = y'(I - P_{X_q})y.$$

如果在选模型 (6.3.2) 中再增加一个变量，设对应的设计阵为 $X_{q+1} = (X_q \vdots b)$, 则残差平方和为

$$\mathrm{SS}_{eq+1} = y'(I - P_{X_{q+1}})y.$$

利用分块矩阵求逆公式 (定理 2.2.4), 不难证明 $P_{X_{q+1}} \geq P_{X_q}$, 故 $\mathrm{SS}_{eq+1} \leq \mathrm{SS}_{eq}$.

为了防止选取过多的自变量，一种常见的作法是在残差平方和 SS_{eq} 上添加对增加变量的惩罚因子. 平均残差平方和 RMS_q 就是其中一例，平均残差平方和 RMS_q 定义为

$$\mathrm{RMS}_q = \frac{\mathrm{SS}_{eq}}{n-q}, \tag{6.3.9}$$

这里 q 为选模型 (6.3.2) 设计阵 X_q 的列数. 实际上 RMS_q 就是选模型 (6.3.2) 下误差方差的 LS 估计. 因子 $(n-q)^{-1}$ 随自变量的个数增加而变大，它体现了对变量个数的增加所施加的惩罚. 依 RMS_q 准则，按“ RMS_q 愈小愈好”选择自变量子集.

2. C_p 准则

C_p 准则是基于 C.L.Mallows[80],[81] 提出的 C_p 统计量，它是从预测的观点出发提出的. 对于选模型 (6.3.2), C_p 统计量定义为

$$C_p = \frac{\mathrm{SS}_{eq}}{\hat{\sigma}^2} - (n - 2q), \tag{6.3.10}$$

这里 SS_{eq} 为选模型 (6.3.2) 下的残差平方和， $\hat{\sigma}^2$ 为全模型 (6.3.1) 下 σ^2 的 LS 估计， q 为选模型 (6.3.2) 设计阵 X_q 的列数. 依 C_p 准则，按“ C_p 愈小愈好”选择自变量子集.

获得统计量 (6.3.10) 的想法如下: 如果采用选模型 (6.3.2), 那么我们用 $\tilde{y} = X_q\tilde{\beta}_q$ 去预测 $y = X\beta + e$, 则

$$d = E(\tilde{y} - E(y))'(\tilde{y} - E(y))$$

度量了这种预测的优劣. 根据二次型求期望公式 (定理 3.2.1) 易得

$$d = q\sigma^2 + \beta_t' D^{-1}\beta_t,$$

这里 D 的定义同 (6.3.5) 式，即 $D^{-1} = X_t'(I - P_{X_q})X_t$. 令

$$\Gamma_q = \frac{d}{\sigma^2} = q + \frac{\beta_t' D^{-1}\beta_t}{\sigma^2},$$

则 Γ_q 是采用选模型 (6.3.2) 时，在 n 个试验点预测优劣的一个总度量，它反映了选模型 (6.3.2) 的好坏. 又因

$$E\Big(\frac{\mathrm{SS}_{eq}}{\sigma^2}\Big) = (n-q) + \frac{\beta_t' D^{-1}\beta_t}{\sigma^2},$$

于是

$$\Gamma_q = \frac{E(\mathrm{SS}_{eq})}{\sigma^2} - (n-2q), \tag{6.3.11}$$

在 (6.3.11) 中用 SS_{eq} 代替 $E(\mathrm{SS}_{eq})$, 用 σ^2 在全模型下的估计 $\hat{\sigma}^2$ 代替 σ^2, 便得到 (6.3.10). 可见， C_p 统计量是作为 Γ_q 的一种估计产生的.

3. AIC 准则

极大似然原理是统计学中估计参数的一种重要的方法. Akaike 把此方法加以修正, 提出一种较为一般的模型选择准则, 称为 Akaike 信息量准则 (Akaike information criterion, 简记为 AIC).

对于一般的统计模型，设 $Y_1, \cdots, Y_n$ 为一组样本，如果它们服从某个含 k 个参数的模型，对应的似然函数的最大值记为 $L_k(Y_1, \cdots, Y_n)$, 则 AIC 准则是选择使 AIC 统计量

$$\mathrm{AIC} = \ln L_k(Y_1, \cdots, Y_n) - k \tag{6.3.12}$$

达到最大的模型. 下面我们把此准则应用于回归模型自变量的选择.

在选模型 (6.3.2) 中，假设误差 $e \sim N(0,\, \sigma^2 I)$, 则 β_q 和 σ^2 的似然函数为

$$L(\beta_q, \sigma^2|y) = (2\pi\sigma^2)^{-n/2}\exp\Big(-\frac{1}{2\sigma^2}\|y - X_q\beta_q\|^2\Big). \tag{6.3.13}$$

容易求得 β_q 和 σ^2 的极大似然估计分别为

$$\tilde{\beta}_q = (X_q'X_q)^{-1}X_q'y, \qquad \tilde{\sigma}_q^2 = \frac{\mathrm{SS}_{eq}}{n} = \frac{y'(I - X_q(X_q'X_q)^{-1}X_q')y}{n},$$

代入 (6.3.13), 得到对数似然函数的最大值

$$\ln L(\tilde{\beta}_q, \tilde{\sigma}_q^2|y) = \left(\ln\left(\frac{n}{2\pi}\right)^{n/2} - \frac{n}{2}\right) - \frac{n}{2}\ln(\mathrm{SS}_{eq}).$$

略去与 q 无关的项，按照 (6.3.12) 式得到

$$\mathrm{AIC} = -\frac{n}{2}\ln(\mathrm{SS}_{eq}) - q.$$

按 AIC 准则，我们选择使上式达到最大的模型. 等价地，可取

$$\mathrm{AIC} = n\ln(\mathrm{SS}_{eq}) + 2q. \tag{6.3.14}$$

于是，最后 AIC 准则归结为：选择使 (6.3.14) 达到最小的自变量子集.

除了以上介绍的三种变量选择准则外，还有多种准则. 例如预测偏差的方差准则，平均预测均方误差准则， PRESS 准则等，在此不一一介绍，详细讨论可参阅文献 [28] 第三章.

例 6.3.1　Hald 水泥问题

考察含如下四种化学成分：

x_1： $3CaO{\cdot}Al_2O_3$ 的含量 (%),

x_2： $3CaO{\cdot}SiO_2$ 的含量 (%),

x_3： $4CaO{\cdot}Al_2O_3{\cdot}Fe_2O_3$ 的含量 (%),

x_4： $2CaO{\cdot}SiO_2$ 的含量 (%)

的某种水泥，每一克所释放的热量 Y 与这四种成分含量之间的关系，共有 13 组数据，列在表 6.3.1 中.

表 6.3.1　Hald 水泥问题数据

序号	x_1	x_2	x_3	x_4	y
1	7	26	6	60	78.5
2	1	29	15	52	74.3
3	11	56	8	20	104.3
4	11	31	8	47	87.6
5	7	52	6	33	95.9
6	11	55	9	22	109.2
7	3	71	17	6	102.7
8	1	31	22	44	72.5
9	2	54	18	22	93.1
10	21	47	4	26	115.9
11	1	40	23	34	83.8
12	11	66	9	12	113.3
13	10	68	8	12	109.4

此问题有四个自变量，共有 15 个不同的自变量子集. 这 15 个变量子集的 LS 估计和 RMS_q, C_p 及 AIC 值列在表 6.3.2 中. 从表 6.3.1 可以看出，子集 $\{x_1, x_2, x_4\}$ 对应的 RMS_q 和 AIC 值都达到最小 (表中用黑体字表示), 因此若没有别的附加考虑，在 RMS_q 准则或 AIC 准则下，最优子集回归为

$$y = 71.648 + 1.452x_1 + 0.416x_2 - 0.237x_4.$$

但子集 $\{x_1, x_2\}$ 对应的 C_p 值是所有 C_p 值中最小的 (表中用黑体字表示), 于是若

按 C_p 准则选择自变量子集，最优子集回归为

$$y = 52.577 + 1.468x_1 + 0.662x_2.$$

可见，在不同的选择自变量准则下，与之相应的“最优”自变量子集也不尽相同. 注意到 $\{x_1, x_2\}$ 对应的 RMS_q 也比较小，所以，综合起来看，$\{x_1, x_2\}$ 是最适合采用的子集.

表 6.3.2　Hald 水泥问题参数 LS 估计及 RMS_q，C_p 和 AIC 值

模型中的自变量	β_0	β_1	β_2	β_3	β_4	RMS_q	C_p	AIC
x_1	81.479	1.869				115.0264	202.55	95.9950
x_1x_2	52.577	1.468	0.662			5.7904	**2.68**	58.0033
x_2	57.424		0.789			82.3942	142.49	91.6535
x_2x_3	72.075		0.731	−1.008		41.5443	62.44	83.6205
$x_1x_2x_3$	48.194	1.696	0.657	0.250		5.3456	3.04	57.7252
x_1x_3	72.349	2.312		0.494		122.7073	198.10	97.7001
x_3	110.203			−1.256		176.3029	315.16	102.9394
x_3x_4	131.282			−1.200	−0.724	17.5738	22.37	72.4360
$x_1x_3x_4$	111.684	1.052		−0.410	−0.643	8.2017	3.50	63.2900
$x_1x_2x_3x_4$	62.405	1.551	0.510	0.102	−0.144	5.9829	5.00	59.8197
$x_2x_3x_4$	203.642		−0.923	−1.448	−1.557	5.6485	7.34	58.4417
x_2x_4	94.160		0.311		−0.457	86.8880	138.23	93.2127
$x_1x_2x_4$	71.648	1.452	0.416		−0.237	**5.3303**	3.02	**57.6879**
x_1x_4	103.097	1.440			−0.614	7.4762	5.50	61.3251
x_4	117.568				−0.738	80.8515	138.73	91.4078

最后我们对回归自变量选择中的计算问题作一点的说明，不予详细讨论 (详细的讨论可参阅文献 [28]). 由上可知，无论哪一种变量选择准则都需要对不同的自变量子集进行比较，需要计算出对应的回归系数的估计和残差平方和，所以计算量非常大，而且误差积累也是一个不容忽视的问题. 因此，设计一个合理的计算顺序和有效的算法非常必要. 至今，人们已经提出了许多计算所有可能子集回归的有效算法，比较彻底地解决了自变量选择中的计算问题. 这些算法的基本方法是，在计算所有可能子集回归时，使得下一步要计算的子集回归和前一步的子集回归只相差一个自变量，而所用的计算都是扫描运算 (sweep operator) 或 Gauss 消去法.

除了通过计算所有可能子集回归寻求最优子集回归的方法外，还有一些不计算所有可能子集回归的变量选择算法，其中应用较多的是所谓的逐步型回归法. 逐步型回归法的基本思想是，将变量一个一个引入，引入变量的条件是其偏回归平

方和经检验是显著的. 同时, 每引入一个新变量, 对已入选模型的老变量逐个进行检验, 将经检验认为不显著的变量剔除, 以保证所得自变量子集中每个变量都是显著的, 此过程经若干步直到不能再引入新变量为止. 此方法的详细讨论可参阅文献 [14], p.127.

§6.4 回归诊断

在前面几节, 我们讨论了线性回归模型的 LS 估计及检验问题, 当进行上述讨论时, 我们对模型做了一些假设, 其中最主要的是 Gauss-Markov 假设, 即假定模型误差 e_i 满足下列条件: (1) $\mathrm{Var}(e_i)=\sigma^2$(等方差); (2) $\mathrm{Cov}(e_i,\ e_j)=0,\ i\neq j$(不相关). 有时我们还假设 e_i 服从正态分布, 即 $e_i\sim N(0,\ \sigma^2)$. 人们自然要问, 在一个具体的场合, 当有了一批数据之后, 怎样考察我们的数据基本上满足这些假设, 这就是回归诊断中要研究的第一个问题. 因为这些假设都是关于误差项的, 所以很自然我们要从分析它们的估计量 (残差) 的角度来解决. 正是这个原因, 这部分内容在文献中也称为残差分析.

回归诊断所要研究的另一个重要问题, 是探查对统计推断 (如估计或预测等) 有较大的影响的数据, 这样的数据称为强影响点. 在回归分析中, 因变量 Y 的取值 y_i 具有随机性, 而自变量 $X_1,\cdots,X_{p-1}$ 的取值 $x_i'=(x_{i1},\cdots,x_{i\ p-1})(i=1,\cdots,n)$ 也只是所有可能取到的值中的 n 组. 我们希望每组数据 $(x_i',\ y_i)$ 对未知参数的估计有一定的影响, 但这种影响不能过大, 这样, 我们得到的经验回归方程就具有一定的稳定性. 不然的话, 如果个别一两组数据对估计有异常大的影响, 我们剔除这些数据之后, 就会得到与原来差异很大的经验回归方程, 这样我们就有理由怀疑所建立的经验回归方程是否真正描述了因变量与诸自变量之间的客观存在的相依关系. 正是这个原因, 我们在做回归分析时, 有必要考察每组数据对参数估计的影响大小. 这部分内容在回归诊断中统称为影响分析.

另外, 在获得的一批数据中, 一般可能只有少量的数据不符合模型的假设, 这种数据就是所谓的异常点. 在回归分析的实际应用中, 如何识别, 判定和检验异常点也是回归诊断的重要内容. 下面我们就这三方面的内容分别讨论.

6.4.1 残差和残差图

考虑线性回归模型

$$y=X\beta+e,\quad E(e)=0,\quad \mathrm{Cov}(e)=\sigma^2 I. \tag{6.4.1}$$

在 §4.1 我们已经定义

$$\hat{e}=y-\hat{y}=y-X\hat{\beta}$$

为残差向量，其中 $\hat{y}=X\hat{\beta}$, 称为拟合值向量， $\hat{\beta}=(X'X)^{-1}X'y$ 为 β 在模型 (6.4.1) 下的 LS 估计. 如果用 $x_1',\cdots,x_n'$ 表示 X 的 n 个行向量，则

$$\hat{e}_i=y_i-x_i'\hat{\beta} \tag{6.4.2}$$

为第 i 次试验或观测的残差. 我们把 $\hat{e}_i$ 看作误差 e_i 的一次观测值, 如果模型 (6.4.1) 正确的话，它应该具有 e_i 的一些性状. 因此，我们可以通过这些 $\hat{e}_i$ 以及基于它们的一些统计量来考察模型假设的合理性. $\hat{e}$ 的性质可归纳为以下定理.

定理 6.4.1 (1) $E(\hat{e})=0, \mathrm{Cov}(\hat{e})=\sigma^2(I-P_X)$;

(2) 若 $e\sim N(0,\ \sigma^2 I)$, 则 $\hat{e}\sim N(0,\ \sigma^2(I-P_X))$;

(3) $\mathrm{Cov}(\hat{y},\ \hat{e})=0$;

(4) $\mathbf{1}'\hat{e}=0$.

注意到线性回归模型设计阵的特殊性，依 §4.1 有关定理，上述性质易证.

从定理 6.4.1 我们看到 $\mathrm{Var}(\hat{e}_i)=\sigma^2(1-p_{ii})$, 这里 p_{ii} 为 P_X 的第 i 个主对角元. 可见这个方差与因变量 Y 的度量单位以及 p_{ii} 有关，因此直接比较残差 $\hat{e}_i$ 是不适宜的. 为此将其标准化，得到

$$\frac{\hat{e}_i}{\sigma\sqrt{1-p_{ii}}},\qquad i=1,\cdots,n.$$

但其中 σ 未知，用其估计 $\hat{\sigma}=(\|y-X\hat{\beta}\|^2/(n-p))^{1/2}$ 代替，得到所谓学生化残差

$$r_i=\frac{\hat{e}_i}{\hat{\sigma}\sqrt{1-p_{ii}}},\qquad i=1,\cdots,n. \tag{6.4.3}$$

这里需要注意的是，即使在 $e\sim N(0,\ \sigma^2 I)$ 的条件下， r_i 的分布仍然比较复杂，且诸 r_i 彼此不独立. 但是在应用上可以近似地认为 r_i 相互独立且服从 $N(0,1)$(详细讨论参阅文献 [59]). 下面要讲的残差图就是主要依据这个事实进行模型假设合理性诊断.

除了上面我们介绍的两种残差外，还有多种从不同角度提出的残差的定义，例如预测残差，不相关残差，偏残差等. 有兴趣的读者可参阅文献 [28], p.95.

所谓残差图就是以某种残差为纵坐标，以任何其它的量为横坐标的散点图. 前面已经指出残差作为误差 e_i 的观察值或估计应该与 e_i 相差不远，故根据残差图的大致性状是否与应有的性质相一致，就可以对假设 $e\sim(0,\ \sigma^2 I)$ 的合理性提供一些有益的信息. 下面我们仅就以拟合值 $\hat{y}_i$ 为横坐标，学生化残差 r_i 为纵坐标的残差图为例讨论残差图的具体应用.

图 6.4.1 就是以拟合值 $\hat{y}_i$ 为横坐标，学生化残差 r_i 为纵坐标的残差图. 如果 $e\sim N(0,\ \sigma^2 I)$ 成立，根据前面的讨论， r_i 近似且服从 $N(0,\ 1)$, 且近似相互独立,

因此这些 r_i 可以近似看作来自总体 $N(0,1)$ 的一组简单随机样本. 根据标准正态分布的性质, 大约应有 95% 的 r_i 落在 $[-2,2]$ 中, 再有定理 6.4.1(3), $\hat{Y}$ 与残差 $\hat{e}$ 不相关, 因而与学生化残差 $r'=(r_1,\cdots,r_n)$ 相关性也很小. 所以在残差图中, 点 $(\hat{y}_i,r_i)(i=1,\cdots,n)$ 大致应落在宽度为 4 的水平带 $|r_i|\leq 2$ 区域内, 且不呈任何的趋势, 如图 6.4.1(a), 这时数据与假设 $e\sim N(0,\ \sigma^2 I)$ 没有不一致的征兆, 我们就可以认为假设 $e\sim N(0,\ \sigma^2 I)$ 基本上是合理的. 而图 6.4.1(b)~(d) 显示出了等方差, 即 $\mathrm{Var}(e_i)=\sigma^2(i=1,\cdots,n)$ 不满足, 其中图 (b) 显示了误差随 $\hat{y}_i$ 的增大有增加的趋势. 而图 (c) 所显示的情形正好相反, 即误差方差随 $\hat{y}_i$ 的增大而减小, 但是图 (d) 显示对较大或较小的 $\hat{y}_i$, 误差方差偏小, 而对中等大小的 $\hat{y}_i$, 误差方差偏大. 图 (e) 和 (f) 表明回归函数可能是非线性的, 或误差 e_i 之间有一定相关性或漏掉了一个或多个重要的回归自变量. 究竟属于何种情况, 还需作进一步的诊断. 这种一种 "症状" 可能产生于多种不同的 "疾病" 的情况正是回归诊断的困难所在, 在具体处理时, 和医生治病一样, 临床经验是非常重要的.

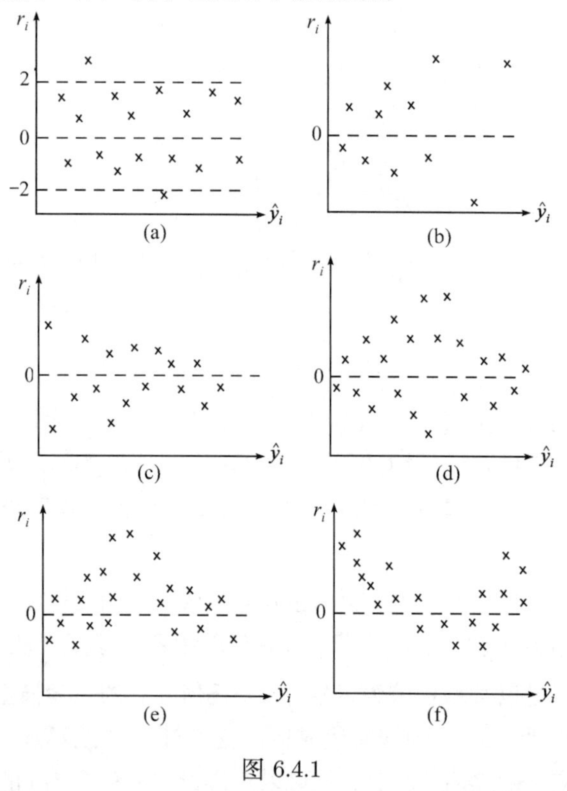

图 6.4.1

为了从不同的角度分析残差, 我们可以做其它一些残差图. 例如, 如果因变量是按时间观察的, 那么 $y_1,\cdots,y_n$ 表示了分别在时刻 $t_1,\cdots,t_n$ 的因变量观测值, 则我们可以取时间 t 或观察序号为横坐标, 构造 (t_i,r_i) 或 (i,r_i) 的残差图. 又譬如, 我们也可以将某个自变量 X_i 作为横坐标. 不同的残差图可能从不同角度提供一些有用的信息.

从残差图诊断出来的可能的“疾病”，也就是某些假设条件不成立，我们就需要对问题“对症下药”. 如果有症状使我们怀疑因变量 Y 对自变量的依赖不仅仅是线性关系，那么我们就可以考虑在回归自变量中增加某些自变量的二次项，如 X_1^2，或 X_2^2 或交叉项 X_1X_2 等. 至于增添哪些变量的二次项和那些变量的交叉项这就需要通过对实际问题的分析和实际计算，看其实际效果，若增加二次项 X_1^2, X_2^2 和交叉项 X_1X_2，可以通过引进新变量 $Z_1 = X_1^2, Z_2 = X_2^2, Z_3 = X_1X_2$，把问题化成线性回归形式. 如果残差图显示了误差方差不相等，我们可以有两种治疗方案. 其一是对因变量做变换，使得变换后的新变量具有近似相等的方差. 虽然在理论上有一些原则可遵循 (参阅文献 [28], p.122)，但在实际应用中还是要靠对具体情况的分析，提出一些可选择的变换，然后通过实际计算比较他们的客观效果. 另一种方法是应用加权 LS 估计. 关于加权 LS 估计，第四章已经讨论过了，这种方法的困难之处在于权往往是未知的，需要设法给出估计. 如果是图 (e) 和 (f) 的情形，应该仔细分析实际问题，试探各种治疗方案. 特别，有一种因变量的变换，它是从综合角度考虑 (即要求对因变量变换过之后，新的因变量关于诸自变量具有线性相依关系，且误差服从正态，等方差，相互独立等) 提出的一种 ” 治疗方案 ”，在实际应用中效果比较好，这就是著名的 Box-Cox 变换，这将在下一节讨论.

例 6.4.1 一公司为了研究产品的营销策略，对产品的销售情况进行了调查. 设 Y 表示某地区该产品的家庭人均购买量 (单位：元)，X 表示家庭人均收入 (单位：元). 表 6.4.1 记录了 53 个家庭的数据. 应用最小二乘法，求得 Y 对 X 的一元经验回归方程为

$$\hat{Y} = -0.8313 + 0.003683X.$$

相应的残差 $\hat{e}_i$ 和拟合值 $\hat{y}_i$ 也列在表 6.4.1 中，图 6.4.2 是以 $\hat{y}_i$ 为横轴，残差 $\hat{e}_i$ 为纵轴的残差图. 直观上容易看出，残差图从左向右逐渐散开呈漏斗状，这是误差方差不相等的一个征兆. 考虑对因变量 Y 作变换，先试变换 $Z = Y^{1/2}$，得到经验回归方程

$$\hat{Z} = 0.5822 + 0.000953X.$$

计算新的残差 $\widetilde{e}_i$，新的残差图为 6.4.3，从图 6.4.3 看出，残差图已无任何明显趋势，这表明我们所用的变换是合适的. 最后得到的经验回归方程为

$$\hat{Y} = \hat{Z}^2 = (0.5822 + 0.000953X)^2 = 0.3390 + 0.001X + 0.00000091X^2.$$

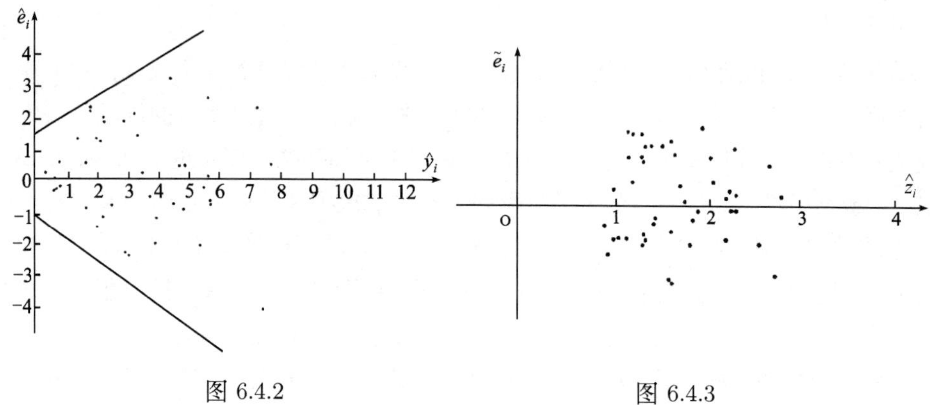

图 6.4.2　　　　图 6.4.3

表 6.4.1　家庭人均收入数据

i	X(元)	Y(元)	$\hat{y}_i$	$\hat{e}_i$	$Z=\sqrt{Y}$	$\hat{z}_i'$	$\widetilde{e}_i$
1	679	0.790	1.669	−0.879	0.889	1.229	−0.340
2	292	0.440	0.244	0.196	0.663	0.860	−0.197
3	1012	0.560	2.896	−2.336	0.748	1.547	−0.798
4	493	0.790	0.984	−0.194	0.889	1.052	−0.163
5	582	2.700	1.312	1.388	1.643	1.137	0.506
6	1156	3.640	3.426	0.214	1.908	1.684	0.224
7	997	4.730	2.840	1.890	2.175	1.532	0.643
8	2189	9.500	7.230	2.270	3.082	2.668	0.414
9	1097	5.340	3.209	2.131	2.311	1.628	0.683
10	2078	6.850	6.822	0.028	2.617	2.562	0.055
11	1818	5.840	5.864	−0.024	2.417	2.315	0.102
12	1700	5.210	5.430	−0.220	2.283	2.202	0.080
13	747	3.250	1.920	1.330	1.803	1.294	0.509
14	2030	4.430	6.645	−2.215	2.105	2.517	−0.412
15	1643	3.160	5.220	−2.060	1.778	2.148	−0.370
16	414	0.550	0.693	−0.193	0.707	0.977	−0.270
17	354	0.170	0.472	−0.302	0.412	0.920	−0.507
18	1276	1.880	3.868	−1.988	1.371	1.798	−0.427
19	745	0.770	1.912	−1.142	0.877	1.292	−0.415
20	435	1.390	0.771	0.619	1.179	0.997	0.182
21	540	0.560	1.157	−0.597	0.748	1.097	−0.348
22	874	1.560	2.388	−0.828	1.249	1.415	−0.166
23	1543	5.280	4.851	0.429	2.298	2.052	0.245
24	1029	0.640	2.958	−2.318	0.800	1.563	−0.763
25	710	4.000	1.784	2.216	2.000	1.259	0.741
26	1434	0.310	4.450	−4.140	0.557	1.949	−1.392

续表

i	X(元)	Y(元)	$\hat{y}_i$	$\hat{e}_i$	$Z=\sqrt{Y}$	$\hat{z}'_i$	$\widetilde{e}_i$
27	837	4.200	2.251	1.949	2.049	1.380	0.670
28	1255	2.630	3.791	−1.161	1.622	1.778	−0.156
29	1748	4.880	5.606	−0.726	2.209	2.248	−0.039
30	1381	3.480	4.255	−0.775	1.865	1.898	−0.033
31	1428	7.580	4.428	3.152	2.753	1.943	0.810
32	1777	4.990	5.713	−0.723	2.234	2.275	−0.042
33	370	0.590	0.531	0.059	0.768	0.935	−0.167
34	2316	8.190	7.698	0.492	2.862	2.789	0.073
35	1130	4.790	3.330	1.460	2.189	1.659	0.530
36	463	0.510	0.874	−0.364	0.714	1.023	−0.309
37	770	1.740	2.004	−0.264	1.319	1.316	0.003
38	724	4.100	1.835	2.265	2.025	1.272	0.753
39	808	3.940	2.144	1.796	1.985	1.352	0.633
40	790	0.960	2.078	−1.118	0.980	1.335	−0.355
41	783	3.290	2.052	1.238	1.814	1.328	0.486
42	406	0.440	0.664	−0.224	0.663	0.969	−0.306
43	1242	3.240	3.743	−0.503	1.800	1.766	0.034
44	658	2.140	1.592	0.548	1.463	1.209	0.254
45	1746	5.710	5.599	0.111	2.390	2.246	0.144
46	468	0.640	0.892	−0.252	0.800	1.028	−0.228
47	1114	1.900	3.271	−1.371	1.378	1.644	−0.265
48	413	0.510	0.690	−0.180	0.714	0.976	−0.262
49	1787	8.330	5.750	2.580	2.886	2.285	0.601
50	3560	14.940	12.280	2.660	3.865	3.974	−0.109
51	1495	5.110	4.675	0.435	2.261	2.007	0.254
52	2221	3.850	7.348	−3.498	1.962	2.699	−0.736
53	1526	3.930	4.789	−0.859	1.982	2.036	−0.054

6.4.2 影响分析

本段我们讨论回归诊断的第二个问题，即探查对估计或预测有较大影响的数据. 为此，我们先引进一些记号. 用 $y_{(i)}$, $X_{(i)}$ 和 $e_{(i)}$ 分别表示从 y, X 和 e 中剔除第 i 行后得到的向量或矩阵. 从线性回归模型 (6.4.1) 剔除第 i 组数据后，剩余的 $n-1$ 组数据的线性回归模型记为

$$y_{(i)} = X_{(i)}\beta + e_{(i)}, \qquad E(e_{(i)}) = 0, \qquad \operatorname{Cov}(e_{(i)}) = \sigma^2 I_{n-1}. \tag{6.4.4}$$

从模型 (6.4.4) 求到的 β 的 LS 估计记为 $\hat{\beta}_{(i)}$, 则

$$\hat{\beta}_{(i)} = (X'_{(i)}X_{(i)})^{-1}X'_{(i)}y_{(i)}. \tag{6.4.5}$$

很显然，向量 $\hat{\beta} - \hat{\beta}_{(i)}$ 反映了第 i 组数据对回归系数估计的影响大小. 但它是一个

向量，不便于定量的比较影响的大小，于是考虑它的某种数量化函数. Cook 统计量就是其中应用最为广泛的一种.

Cook 统计量定义为

$$D_i = \frac{(\hat{\beta} - \hat{\beta}_{(i)})' X' X (\hat{\beta} - \hat{\beta}_{(i)})}{p\hat{\sigma}^2}, \quad i = 1, \cdots, n, \tag{6.4.6}$$

这里 $\hat{\sigma}^2 = \|y - X\hat{\beta}\|^2/(n-p)$. 这样我们就可以用数量 D_i 来刻画第 i 组数据对回归系数估计的影响大小了. 下面定理给出一个计算 D_i 的简便公式.

定理 6.4.2

$$D_i = \frac{1}{p}\left(\frac{p_{ii}}{1-p_{ii}}\right) r_i^2, \quad i = 1, \cdots, n, \tag{6.4.7}$$

这里 p_{ii} 为矩阵 $P_X = X(X'X)^{-1}X'$ 的第 i 个主对角元， r_i 是学生化残差.

证明　设 A 为 $n \times n$ 可逆阵， u 和 v 均为 $n \times 1$ 向量. 利用恒等式

$$(A - uv')^{-1} = A^{-1} + \frac{A^{-1}uv'A^{-1}}{1 - u'A^{-1}v},$$

有

$$(X'_{(i)}X_{(i)})^{-1} = (X'X - x_i x_i')^{-1} = (X'X)^{-1} + \frac{(X'X)^{-1}x_i x_i'(X'X)^{-1}}{1 - p_{ii}}, \tag{6.4.8}$$

这里 x_i' 为 X 的第 i 行，将上式两边右乘 $X'y$, 并利用

$$X'y = X'_{(i)}y_{(i)} + y_i x_i$$

以及 (6.4.5), 我们有

$$\hat{\beta} = \hat{\beta}_{(i)} + y_i(X'_{(i)}X_{(i)})^{-1}x_i - \frac{(X'X)^{-1}x_i(x_i'\hat{\beta})}{1 - p_{ii}}. \tag{6.4.9}$$

将 (6.4.8) 右乘 x_i, 得到

$$(X'_{(i)}X_{(i)})^{-1}x_i = \frac{1}{1 - p_{ii}}(X'X)^{-1}x_i.$$

将上式代入 (6.4.9), 利用残差的定义得到

$$\hat{\beta} - \hat{\beta}_{(i)} = \frac{\hat{e}_i}{1 - p_{ii}}(X'X)^{-1}x_i. \tag{6.4.10}$$

代入 (6.4.6), 再利用学生化残差的定义，便证明了所要的结论.

此定理告诉我们，在计算 Cook 统计量时，只需要从完全数据的线性回归模型计算出学生化残差 r_i, 正交投影阵 P_X 的主对角元就可以了，不必对每一个不完全数据的线性回归模型 (6.4.4) 进行计算.

在 (6.4.7) 中，除了与 i 无关的因子 $1/p$ 外， Cook 统计量 D_i 被分解成两部分，其中一部分为

$$P_i = \frac{p_{ii}}{1-p_{ii}}.$$

它是 p_{ii} 的单调增函数，因为 p_{ii} 度量了第 i 组数据 x_i 到试验中心 $\bar{x} = \frac{1}{n}\sum_{i=1}^{n} x_i$ 的距离. 因此，本质上 P_i 刻画了第 i 组数据 x_i 距离其它数据的远近. 而另一部分为 r_i^2. 直观上，如果一组数据距离试验中心很远，并且对应的学生化残差又很大，那么它必定是强影响点. 但是，要给 Cook 统计量一个用以判定强影响点的临界值是很困难的，在应用上要视具体问题的实际情况而定.

下面我们借助例 5.2.1 的结论对 Cook 统计量 D_i 的值的大小给出概率解释. 由例 5.2.1 知

$$\frac{(\hat{\beta}-\beta)'X'X(\hat{\beta}-\beta)}{p\hat{\sigma}^2} \leq F_{p,\ n-p}(\alpha)$$

为未知参数 β 的置信系数为 $1-\alpha$ 置信椭球. 上式左端如果用 $\hat{\beta}_{(i)}$ 代替 β, 就得到了 Cook 统计量. 因此，若 $D_i = F_{p,\ n-p}(\alpha)$, 则表明将第 i 组数据剔除后， β 的估计 $\hat{\beta}_{(i)}$ 从 $\hat{\beta}$ 处移到了 β 的置信系数为 $1-\alpha$ 置信椭球边界上. 这样，我们可以借助于置信系数的大小来评价 D_i 的大小. D_i 对应的置信系数愈大，表明第 i 组数据的影响愈大.

除 Cook 统计量外，统计学家还从不同的角度提出了多种度量影响的其它统计量. 例如，从模型拟合角度提出的 Welsch-Kuh 统计量，从考虑数据对误差的估计的影响提出的 AP 统计量，从估计的广义方差出发提出的协方差比统计量，还有从比较数据剔除前后信息损失的大小提出的信息比统计量等等. 另外，研究多组数据的影响度量也是影响分析的重要内容. 由于受篇幅的限制，这里我们不一一介绍.

例 6.4.2 智力测试数据

表 6.4.2 是教育学家测试的 21 个儿童的记录，其中 X 为儿童的年龄 (以月为单位), Y 表示某种智力指标. 通过这些数据，我们要建立智力随年龄变化的关系.

考虑直线回归 $y = \alpha + \beta X + e$, α 和 β 的 LS 估计分别为 $\hat{\alpha} = 109.87$ 和 $\hat{\beta} = -1.13$, 于是经验回归直线为 $\hat{Y} = 109.87 - 1.13X$. 表 6.4.3 给出了各组数据的有关诊断统计量.

表 6.4.2 智力测试数据

序号	x	y	序号	x	y	序号	x	y	序号	x	y
1	15	95	7	18	93	13	10	83	19	17	121
2	26	71	8	11	100	14	11	84	20	11	86
3	10	83	9	8	104	15	11	102	21	10	100
4	9	91	10	20	94	16	10	100			
5	15	102	11	7	113	17	12	105			
6	20	87	12	9	96	18	42	57			

从表 6.4.3 看出, $D_{18} = 0.6781$ 是所有 D_i 中最大的, 而其它 D_i 值与 D_{18} 相比也十分小. 因此, 第 18 号数据是一个对回归估计影响很大的数据, 对此数据我们就要格外注意. 譬如, 检查原始数据的抄录是否有误, 如果有误, 则需改正后重新计算. 不然, 需要从原始数据中剔除它.

表 6.4.3　智力测试数据的诊断统计量

序号	$\hat{e}_i$	r_i	p_{ii}	D_i	t_i
1	2.0310	0.1888	0.0479	0.0009	0.1839
2	−9.5721	−0.9444	0.1545	0.0815	0.9416
3	−15.6040	−0.8216	0.0628	0.0717	0.8143
4	−8.7309	−0.8216	0.0705	0.0256	0.8143
5	9.0310	0.8397	0.0479	0.0177	0.8329
6	−0.3341	−0.0315	0.0726	0.0000	0.0307
7	3.4120	0.3189	0.0580	0.0031	0.3112
8	2.5230	0.2357	0.0567	0.0017	0.2298
9	3.1420	0.2972	0.0799	0.0038	0.2899
10	6.6659	0.6280	0.0726	0.0154	0.6177
11	11.0151	1.0480	0.0908	0.0548	1.0508
12	−3.7309	−0.3511	0.0705	0.0047	0.3429
13	−15.6040	−1.4623	0.0628	0.0717	1.5108
14	−13.4770	−1.2588	0.0567	0.0476	1.2798
15	4.5230	0.4225	0.0567	0.0054	0.4131
16	1.3960	0.1308	0.0628	0.0006	0.1274
17	8.6500	0.8060	0.0521	0.0179	0.7982
18	−5.5403	−0.8515	0.6516	**0.6781**	0.8450
19	**30.2850**	2.8234	0.0531	0.2233	3.6071
20	−11.4770	−1.0720	0.0567	0.0345	1.0765
21	1.3960	0.1308	0.0628	0.0006	0.1274

最后需要指出的是, 影响分析只是研究探查强影响数据的统计方法, 至于对已经确认的强影响数据如何处理, 这需要具体问题具体分析. 往往先要仔细核查数据, 获得全过程. 如果强影响数据是由于试验条件失控或记录失误或其它一些过失所致, 那么这些数据应该剔除. 不然的话, 应该考虑收集更多的数据或采用一些稳健估计方法以缩小强影响数据对估计的影响, 从而获得较稳定的经验回归方程.

6.4.3　异常点检验

在回归分析中, 一组数据 $(x_i',\ y_i)$ 如果它的残差 ($\hat{e}_i$ 或 r_i) 较其它组数据的残差大得多, 则称此数据为异常点. 本段我们讨论探查异常点的一种检验.

为方便讨论, 我们把正态线性回归模型改写为如下的分量形式:

$$y_i = x_i'\beta + e_i, \qquad e_i \sim N(0,\ \sigma^2), \qquad i = 1, \cdots, n, \tag{6.4.11}$$

这里 $e_i(i=1,\cdots,n)$ 相互独立. 如果第 j 组数据 (x_j',y_j) 是一个异常点, 那么它的残差之所以很大是因为它的均值 $E(y_j)$ 发生了非随机漂移 η, 从而 $E(y_j)=x_j'\beta+\eta$. 这样就产生了一个新模型

$$\begin{cases} y_i = x_i'\beta + e_i, & i \neq j, \\ y_j = x_j'\beta + \eta + e_j, & e_i \sim N(0,\ \sigma^2). \end{cases} \tag{6.4.12}$$

记 $d_j=(0,\cdots,0,1,0,\cdots,0)'$, 这是一个 n 维向量, 它的第 j 个元素为 1, 其余元素为零. 将模型 (6.4.12) 写成矩阵形式

$$y = X\beta + d_j\eta + e, \quad e \sim N(0,\ \sigma^2 I), \tag{6.4.13}$$

模型 (6.4.12) 和 (6.4.13) 称为均值漂移线性回归模型. 要判定 (x_j',y_j) 不是异常点, 等价于检验线性假设 $H\colon \eta=0$.

为了导出所要的检验统计量, 我们下面先给出漂移模型 (6.4.13) 中参数 β 和 η 的 LS 估计. 分别记这些估计为 β^* 和 η^*. 显然, 假设 $\eta=0$ 成立时, β 的 LS 估计就是 $\hat{\beta}=(X'X)^{-1}X'y$.

定理 6.4.3 对均值漂移线性回归模型 (6.4.13), β 和 η 的 LS 估计分别为

$$\beta^* = \hat{\beta}_{(j)}, \qquad \eta^* = \frac{1}{1-p_{jj}}\hat{e}_j,$$

这里 $\hat{\beta}_{(j)}$ 为非均值漂移线性回归模型 (6.4.11) 剔除第 j 组数据后得到的 β 的 LS 估计. p_{jj} 为 P_X 的第 j 个主对角元, $\hat{e}_j$ 为从模型 (6.4.11) 导出的第 j 个残差.

证明 显然, $d_j'y=j_j$, $d_j'd_j=1$. 记 $X=(x_1,\cdots,x_n)'$, 则 $X'd_j=x_j$. 于是根据定义

$$\begin{pmatrix} \beta^* \\ \eta^* \end{pmatrix} = \left[\begin{pmatrix} X' \\ d_j' \end{pmatrix}(X\ d_j)\right]^{-1}\begin{pmatrix} X' \\ d_j' \end{pmatrix}y = \begin{pmatrix} X'X & x_j \\ x_j' & 1 \end{pmatrix}^{-1}\begin{pmatrix} X'y \\ y_j \end{pmatrix},$$

根据分块矩阵的求逆公式, 以及 $p_{jj}=x_j'(X'X)^{-1}x_j$, 有

$$\begin{pmatrix} \beta^* \\ \eta^* \end{pmatrix} = \begin{pmatrix} (X'X)^{-1}+\frac{1}{1-p_{jj}}(X'X)^{-1}x_jx_j'(X'X)^{-1} & -\frac{1}{1-p_{jj}}(X'X)^{-1}x_j \\ -\frac{1}{1-p_{jj}}x_j'(X'X)^{-1} & \frac{1}{1-p_{jj}} \end{pmatrix}$$

$$\begin{pmatrix} X'y \\ y_j \end{pmatrix} = \begin{pmatrix} \hat{\beta}+\frac{1}{1-p_{jj}}(X'X)^{-1}x_jx_j'\hat{\beta}-\frac{1}{1-p_{jj}}(X'X)^{-1}x_jy_j \\ -\frac{1}{1-p_{jj}}x_j'\hat{\beta}+\frac{1}{1-p_{jj}}y_j \end{pmatrix}$$

$$= \begin{pmatrix} \hat{\beta} - \frac{1}{1-p_{jj}}(X'X)^{-1}x_j\hat{e}_j \\ \frac{1}{1-p_{jj}}\hat{e}_j \end{pmatrix}.$$

再根据公式 (6.4.10), 命题得证.

这个定理告诉我们一个很重要的事实：如果因变量的第 j 个观测值发生均值漂移，那么在相应的均值漂移的回归模型中，回归系数的 LS 估计恰等于原来模型中剔除第 j 组数据后，所获得的 LS 估计.

下面我们应用定理 5.1.1, 来求检验 $H: \eta = 0$ 的统计量. 注意到对现在的情形，把约束条件 $\eta = 0$ 代入模型 (6.4.13), 得到的约简模型就是模型 (6.4.11), 于是

$$\text{SS}_{He} = \text{模型 (6.4.11) 的残差平方和} = y'y - \hat{\beta}'X'y.$$

而模型 (6.4.13) 的无约束残差平方和

$$\text{SS}_e = y'y - \beta^{*\prime}X'y - \eta^* d_j' y. \tag{6.4.14}$$

利用定理 5.1.1 得

$$\begin{aligned} \text{SS}_{He} - \text{SS}_e &= (\beta^* - \hat{\beta})'X'y + \eta^* d_j' y \\ &= -\frac{1}{1-p_{jj}}\hat{e}_j x_j'\hat{\beta} + \frac{1}{1-p_{jj}}\hat{e}_j y_j = \frac{\hat{e}_j^2}{1-p_{jj}}, \end{aligned} \tag{6.4.15}$$

这里 $\hat{e}_j = y_i - x_j'\hat{\beta}$ 为原模型下第 j 组数据的残差.

利用 β^* 和 η^* 的具体表达式将 (6.4.14) 作进一步化简：

$$\text{SS}_e = y'y - \hat{\beta}'X'y + \frac{\hat{e}_j\hat{y}_j}{1-p_{jj}} - \frac{\hat{e}_j y_j}{1-p_{jj}} = (n-p)\hat{\sigma}^2 - \frac{\hat{e}_j^2}{1-p_{jj}},$$

其中 $\hat{\sigma}^2 = \|y - X\hat{\beta}\|^2/(n-p)$. 根据定理 5.1.1, 所求的检验统计量为

$$F = \frac{\text{SS}_{He} - \text{SS}_e}{\text{SS}_e/(n-p-1)} = \frac{(n-p-1)\frac{\hat{e}_j^2}{1-p_{jj}}}{(n-p)\hat{\sigma}^2 - \frac{\hat{e}_j^2}{1-p_{jj}}} = \frac{(n-p-1)r_j^2}{n-p-r_j^2},$$

这里

$$r_j = \frac{\hat{e}_j}{\hat{\sigma}\sqrt{1-p_{jj}}}$$

为学生化残差. 于是我们证明了如下事实：

定理 6.4.4　对于均值漂移线性回归模型 (6.4.13), 如果假设 $H: \eta = 0$ 成立，则

$$F_j = \frac{(n-p-1)r_j^2}{n-p-r_j^2} \sim F_{1,\ n-p-1}.$$

据此，我们就得到如下检验：对给定的 $\alpha(0<\alpha<1)$, 若

$$F_j=\frac{(n-p-1)r_j^2}{n-p-r_j^2}>F_{1,\ n-p-1}(\alpha), \tag{6.4.16}$$

则判定第 j 组数据 (x_j', y_j) 为异常点．当然，这个结论可能是错的，也就是说，(x_j', y_j) 可能不是异常点，而被误判为异常点．但我们犯这种错误的概率只有 α, 事先我们可以把它控制得很小．

显然，根据 t 分布和 F 分布的关系，我们也可以用 t 检验法完成上面的检验．若定义

$$t_j=F_j^{1/2}=\left(\frac{(n-p-1)r_j^2}{n-p-r_j^2}\right)^{1/2},$$

则对给定的 α, 当

$$|t_j|>t_{n-p-1}(\frac{\alpha}{2})$$

时，我们拒绝假设 $H\colon\eta=0$, 即判定第 j 组数据 (x_j', y_j) 为异常点．

例 6.4.3 (续例 6.4.2)　对于例 6.4.2 所讨论的智力测试问题，现在我们检验 21 组数据中是否有异常点．表 6.4.3 最后一列给出各组数据对应的 t_i 值．对现在问题，　$n=21, p=2, n-p-1=18$, 对给定的水平 $\alpha=0.05$,

$$t_{18}(0.025)=2.101.$$

从 6.4.3 最后一列可以看出只有 $t_{19}=3.6071$ 超过这个值．于是，我们认为第 19 号数据为异常点．

事实上，异常点的检验是一个很复杂的问题．首先，我们必须确定异常点的个数，如果只有一个异常点，那么可以应用定理 6.4.4 来检验，如果有多个异常点，我们就不能应用这个定理去逐个检验，而需要多个点的同时检验．虽然我们可以毫无困难地把定理 6.4.4 推广到多个异常点的检验情形，但是问题往往出在异常点的个数的确定上面．如果所假设的个数小于实际个数，那么可能由于未被怀疑的异常点的存在而产生掩盖现象，使得真正的异常点检验不出来．如果我们所假设的异常点个数大于实际个数，则可能把正常点误判为异常点．因此，此方向的研究目前仍比较活跃，想对这一方向作进一步了解的读者可参阅文献 [53] 和 [54].

§6.5　Box-Cox 变换

对观测得到的试验数据集 $(x_i',\ y_i),\ i=1,\cdots,n$, 若经过回归诊断后得知，它们不满足 Gauss-Markov 条件，我们就要对数据采取“治疗”措施，实践证明，数

据变换是处理有问题数据的一种好方法. 数据变换方法有多种, 本节介绍最著名的 Box-Cox 变换, 它的主要特点是引入一个参数, 通过数据本身估计该参数, 从而确定应采取的数据变换形式, 实践证明, Box-Cox 变换对许多实际数据都是行之有效的, 它可以明显地改善数据的正态性, 对称性和方差相等性.

Box-Cox 变换是对回归因变量的如下变换:

$$Y^{(\lambda)} = \begin{cases} \frac{Y^\lambda - 1}{\lambda}, & \lambda \neq 0, \\ \ln Y, & \lambda = 0, \end{cases} \tag{6.5.1}$$

这里 λ 是一个待定变换参数. Box-Cox 变换是一族变换, 它包括了许多常见的变换, 诸如对数变换 $(\lambda = 0)$, 倒数变换 $(\lambda = -1)$ 和平方根变换 $(\lambda = 1/2)$ 等等.

对因变量的 n 个观测值 $y_1, \cdots, y_n$, 应用上述变换, 得到变换后的向量

$$y^{(\lambda)} = (y_1^{(\lambda)}, \cdots, y_n^{(\lambda)})'.$$

我们要确定变换参数 λ, 使得 $y^{(\lambda)}$ 满足

$$y^{(\lambda)} = X\beta + e, \qquad e \sim N(0,\ \sigma^2 I). \tag{6.5.2}$$

这也就是说, 要求通过因变量的变换, 使得变换过的向量 $y^{(\lambda)}$ 与回归自变量之间具有线性相依关系, 误差也服从正态分布, 误差各分量是等方差且相互独立. 因此, Box-Cox 变换是通过参数 λ 的选择, 达到对原来数据的 "综合治理", 使其满足一个正态线性回归模型的所有假设条件.

我们用极大似然方法来确定 λ, 因为 $y^{(\lambda)} \sim N(X\beta,\ \sigma^2 I)$, 所以对固定的 λ, β 和 σ^2 的似然函数为

$$L(\beta,\ \sigma^2) = \frac{1}{(\sqrt{2\pi}\sigma)^n} \exp\{-\frac{1}{2\sigma^2}(y^{(\lambda)} - X\beta)'(y^{(\lambda)} - X\beta)\} J, \tag{6.5.3}$$

这里 J 为变换的 Jacobi 行列式

$$J = \prod_{i=1}^{n} |\frac{dy_i^{(\lambda)}}{dy_i}| = \prod_{i=1}^{n} y_i^{\lambda - 1}.$$

因此, 当 λ 固定时, J 是不依赖于参数 β 和 σ^2 的常数因子. $L(\beta,\ \sigma^2)$ 的其余部分关于 β 和 σ^2 求导数, 令其等于零, 可以求得 β 和 σ^2 的极大似然估计

$$\hat{\beta}(\lambda) = (X'X)^{-1} X' y^{(\lambda)}, \tag{6.5.4}$$

$$\hat{\sigma}^2(\lambda) = \frac{1}{n} y^{(\lambda)'} (I - X(X'X)^{-1}X') y^{(\lambda)} = \frac{1}{n} \mathrm{SS}_e(\lambda,\ y^{(\lambda)}),$$

这里残差平方和为

$$\mathrm{SS}_e(\lambda,\ y^{(\lambda)}) = y^{(\lambda)'} (I - X(X'X)^{-1}X') y^{(\lambda)},$$

对应的似然函数最大值为

$$L_{\max}(\lambda)=L(\hat{\beta}(\lambda),\ \hat{\sigma}^2(\lambda))=(2\pi e)^{-n/2}\cdot J\cdot\left(\frac{\mathrm{SS}_e(\lambda,\ y^{(\lambda)})}{n}\right)^{-n/2}. \tag{6.5.5}$$

这是 λ 的一元函数. 通过求它的最大值来确定 λ, 因 $\ln x$ 是 x 的单调函数, 我们的问题可以化为求 $\ln L_{\max}(\lambda)$ 的最大值, 对 (6.5.5) 求对数, 略去与 λ 无关的常数项, 得

$$\begin{aligned}\ln L_{\max}(\lambda)&=-\frac{n}{2}\ln \mathrm{SS}_e(\lambda,\ y^{(\lambda)})+\ln J\\&=-\frac{n}{2}\ln\left(\frac{y^{(\lambda)\prime}}{J^{1/n}}(I-X(X'X)^{-1}X')\frac{y^{(\lambda)}}{J^{1/n}}\right)=-\frac{n}{2}\ln \mathrm{SS}_e(\lambda,\ z^{(\lambda)}),\end{aligned} \tag{6.5.6}$$

其中

$$\mathrm{SS}_e(\lambda,\ z^{(\lambda)})=z^{(\lambda)\prime}(I-X(X'X)^{-1}X')z^{(\lambda)}, \tag{6.5.7}$$

$$z^{(\lambda)}=(z_1^{(\lambda)},\cdots,z_n^{(\lambda)})'=\frac{y^{(\lambda)}}{J^{1/n}},$$

$$z_i^{(\lambda)}=\begin{cases}\dfrac{y_i^{(\lambda)}}{(\prod_{i=1}^n y_i)^{\frac{\lambda-1}{n}}}, & \lambda\neq 0,\\(\ln y_i)(\prod_{i=1}^n y_i)^{\frac{1}{n}}, & \lambda=0.\end{cases} \tag{6.5.8}$$

(6.5.6) 式对 Box-Cox 变换在计算机上实现带来很大方便, 这是因为为了求 $\ln L_{\max}(\lambda)$ 的最大值, 我们只需要求残差平方和 $\mathrm{SS}_e(\lambda,\ z^{(\lambda)})$ 的最小值. 虽然我们很难找出使 $\mathrm{SS}_e(\lambda,\ z^{(\lambda)})$ 达到最小值的 λ 的解析表达式, 但对一系列给定的 λ 值, 通过最普通的求 LS 估计的回归程序, 我们很容易计算出对应的 $\mathrm{SS}_e(\lambda,\ z^{(\lambda)})$. 画出 $\mathrm{SS}_e(\lambda,\ z^{(\lambda)})$ 关于 λ 的曲线, 从图上可以近似地找出使 $\mathrm{SS}_e(\lambda,\ z^{(\lambda)})$ 达到最小值的 $\hat{\lambda}$.

现在我们把 Box-Cox 变换的具体步骤归纳如下:

(1) 对给定的 λ 值, 利用 (6.5.8) 计算 $z_i^{(\lambda)}$.

(2) 利用 (6.5.7) 式计算残差平方和 $\mathrm{SS}_e(\lambda,\ z^{(\lambda)})$.

(3) 对一系列的 λ 值, 重复上述步骤, 得到相应的残差平方和 $\mathrm{SS}_e(\lambda,\ z^{(\lambda)})$ 的一串值, 以 λ 为横轴, 作出相应的曲线. 用直观的方法, 找出使 $\mathrm{SS}_e(\lambda,\ z^{(\lambda)})$ 达到最小值的点 $\hat{\lambda}$.

(4) 利用 (6.5.4) 求出 $\hat{\beta}(\hat{\lambda})$.

例 6.5.1 在例 6.4.1 中, 我们对因变量 Y 作了平方根变换, 这相当于选用变换参数 $\lambda=0.5$. 应用本节的方法, 我们可以证实作这样的变换是合适的. 表 6.5.1 给出了 12 个不同 λ 值对应的残差平方和 $\mathrm{SS}_e(\lambda,\ z^{(\lambda)})$, 简单比较可以看出当 $\lambda=0.5$ 时, 残差平方和 $\mathrm{SS}_e(\lambda,\ z^{(\lambda)})$ 达到最小, 因此我们可以近似地认为 0.5 就是变换参数 λ 的最优选择.

表 6.5.1

λ	-2	-1	-0.5	0	0.125	0.25
RSS	34101.04	986.04	291.59	134.10	119.20	107.21
λ	0.375	0.5	0.625	0.75	1	2
RSS	100.26	96.95	97.29	101.69	127.87	1275.56

§6.6 均方误差及复共线性

根据前面的讨论我们知道，回归系数的 LS 估计有许多优良性质，其中最为重要的是 Gauss-Markov 定理，它保证了 LS 估计在线性无偏估计类中的方差最小性. 正是由于这一点，LS 估计在线性统计模型的估计理论与实际应用中占有绝对重要的地位. 随着电子计算机技术的飞速发展，人们愈来愈多地有能力去处理含较多回归自变量的大型回归问题，许多应用实践表明，在这些大型线性回归问题中，LS 估计有时表现不理想. 例如，有时某些回归系数的估计的绝对值异常大，有时回归系数的估计值的符号与问题的实际意义相违背等. 研究结果表明，产生这些问题的原因之一是回归自变量之间存在着近似线性关系，称为复共线性 (multicolinearity). 本节我们研究复共线性对 LS 估计的影响以及复共线性的诊断和严重程度的度量问题.

为了后面的需要，我们先引进评价一个估计优劣的标准 - 均方误差 (mean squared errors, 简记为 MSE)，并讨论它的一些性质.

设 θ 为 $p\times 1$ 的未知参数向量，$\hat{\theta}$ 为 θ 的一个估计. 定义 $\hat{\theta}$ 的均方误差为

$$\text{MSE}(\hat{\theta}) = E\|\hat{\theta}-\theta\|^2 = E(\hat{\theta}-\theta)'(\hat{\theta}-\theta).$$

它度量了估计 $\hat{\theta}$ 与未知参数向量 θ 的平均偏离的大小，一个好的估计应该有较小的均方误差.

定理 6.6.1

$$\text{MSE}(\hat{\theta}) = \text{trCov}(\hat{\theta}) + \|E\hat{\theta}-\theta\|^2, \tag{6.6.1}$$

这里 $\text{tr}(A)$ 表示 A 的迹.

证明

$$\begin{aligned}\text{MSE}(\hat{\theta}) &= E(\hat{\theta}-\theta)'(\hat{\theta}-\theta)\\ &= E[(\hat{\theta}-E\hat{\theta})+(E\hat{\theta}-\theta)]'[(\hat{\theta}-E\hat{\theta})+(E\hat{\theta}-\theta)]\\ &= E(\hat{\theta}-E\hat{\theta})'(\hat{\theta}-E\hat{\theta})+(E\hat{\theta}-\theta)'(E\hat{\theta}-\theta)\\ &= \Delta_1+\Delta_2.\end{aligned}$$

因为对任意两个矩阵 $A_{m\times n}$ 和 $B_{n\times m}$, 有 $\text{tr}AB=\text{tr}BA$, 于是上式第一项

$$\begin{aligned}\Delta_1 &= E\text{tr}(\hat{\theta}-E\hat{\theta})'(\hat{\theta}-E\hat{\theta})=E\text{tr}(\hat{\theta}-E\hat{\theta})(\hat{\theta}-E\hat{\theta})' \\ &= \text{tr}E(\hat{\theta}-E\hat{\theta})(\hat{\theta}-E\hat{\theta})'=\text{tr}\text{Cov}(\hat{\theta}).\end{aligned}$$

而第二项 $\Delta_2=(E\hat{\theta}-\theta)'(E\hat{\theta}-\theta)=\|E\hat{\theta}-\theta\|^2$. 定理证毕.

从定理 6.6.1 可以看出, $\hat{\theta}$ 的均方误差可以分解为两项之和, 其中一项为 $\hat{\theta}$ 的各分量的方差之和, 另一项为 $\hat{\theta}$ 的各分量的偏差的平方和. 因此, 一个估计的均方误差就是由它的各分量的方差和偏差所决定. 一个好的估计应该有较小的方差和偏差.

现在我们用均方误差这个标准来评价 LS 估计. 考虑线性回归模型

$$y=\alpha_0\mathbf{1}+X\beta+e, E(e)=0, \text{Cov}(e)=\sigma^2 I, \tag{6.6.2}$$

这里假定 $n\times(p-1)$ 的设计阵 X 已经中心化和标准化, 且 $\text{rk}(X)=p-1$. 由于设计阵是中心化的, 于是常数项 α_0 和回归系数 β 的 LS 估计能够分离开来, 它们分别为

$$\hat{\alpha}_0=\bar{y}=\frac{1}{n}\sum_{i=1}^{n}y_i,$$

$$\hat{\beta}=(X'X)^{-1}X'y.$$

把 α_0 与 β 的 LS 估计这样分离开来, 对研究回归系数的 LS 估计的改进带来了很大的方便, 下面我们只讨论回归系数 β 的 LS 估计的改进.

因为 $\hat{\beta}$ 是 β 的无偏估计, 于是在 $\text{MSE}(\hat{\beta})$ 的表达式中, $\Delta_2=0$. 又因为 $\text{Cov}(\hat{\beta})=\sigma^2(X'X)^{-1}$, 于是

$$\text{MSE}(\hat{\beta})=\Delta_1=\sigma^2\text{tr}(X'X)^{-1}. \tag{6.6.3}$$

记 $\lambda_1\geq\cdots\geq\lambda_{p-1}>0$ 为 $X'X$ 的特征值, 因为 $X'X$ 可逆, 所以 $(X'X)^{-1}$ 的特征值为 $\lambda_1^{-1},\cdots,\lambda_{p-1}^{-1}$, 故上式变为

$$\text{MSE}(\hat{\beta})=\sigma^2\sum_{i=1}^{p-1}\frac{1}{\lambda_i}. \tag{6.6.4}$$

从这个表达式我们可以看出, 如果 $X'X$ 至少有一个特征值非常小, 既非常接近于零, 那么 $\text{MSE}(\hat{\beta})$ 就会很大. 从均方误差的标准来看, 这时的 LS 估计 $\hat{\beta}$ 就不是一个好的估计. 这一点和 Gauss-Markov 定理并无抵触, 因为我们知道, Gauss-Markov 定理仅仅保证了 LS 估计在线性无偏估计类中的方差最小性, 但在 $X'X$ 至少有一个特征值很小时, 这个最小的方差值本身却很大, 因而导致了很大的均方误差.

另一方面

$$\mathrm{MSE}(\hat{\beta}) = E(\hat{\beta}-\beta)'(\hat{\beta}-\beta) = E(\hat{\beta}'\hat{\beta}-2\beta'\hat{\beta}+\beta'\beta) = E\|\hat{\beta}\|^2-\beta'\beta,$$

于是

$$E\|\hat{\beta}\|^2 = \|\beta\|^2+\mathrm{MSE}(\hat{\beta}) = \|\beta\|^2+\sigma^2\sum_{i=1}^{p-1}\frac{1}{\lambda_i}. \tag{6.6.5}$$

这就是说，当 $X'X$ 至少有一个特征值很小时，LS 估计 $\hat{\beta}$ 的长度平均说来要比真正的未知向量 β 的长度长得多. 这就导致了 $\hat{\beta}$ 的某些分量的绝对值太大.

总之，当 $X'X$ 至少有一个特征值很小时，LS 估计 $\hat{\beta}$ 就不再是一个好的估计.

下面我们进一步分析，$X'X$ 至少有一个特征值很小对设计阵 X 本身或回归自变量关系上意味着什么？

记 $X=(x_{(1)},\cdots,x_{(p-1)})$, 即 $x_{(i)}$ 为设计阵 X 的第 i 列. 设 λ 为 $X'X$ 的一个特征值，φ 为其对应的特征向量，其长度为 1, 即 $\varphi'\varphi=1$. 若 $\lambda\approx 0$, 则

$$X'X\varphi=\lambda\varphi\approx 0.$$

用 φ' 左乘上式，得

$$\varphi'X'X\varphi=\lambda\varphi'\varphi=\lambda\approx 0.$$

于是，我们有

$$X\varphi\approx 0.$$

若记 $\varphi=(c_1,\cdots,c_{p-1})'$, 上式即为

$$c_1x_{(1)}+\cdots+c_{p-1}x_{(p-1)}\approx 0. \tag{6.6.6}$$

这表明设计阵 X 的列向量 $x_{(1)},\cdots,x_{(p-1)}$ 之间有近似的线性关系 (6.6.6). 如果用 $X_1,\cdots.X_{p-1}$ 分别表示 $p-1$ 个回归自变量，那么 (6.6.6) 说明，从现有的 n 组数据看，回归自变量之间有近似线性关系

$$c_1X_1+\cdots+c_{p-1}X_{p-1}\approx 0. \tag{6.6.7}$$

回归设计阵的列向量之间的关系 (6.6.6) 或等价地回归自变量之间的关系 (6.6.7), 称为复共线关系. 相应地，称设计阵 X 或线性回归模型 (6.6.2) 存在复共线性，有时也称设计阵 X 是病态的 (ill-conditioned).

从上面的讨论我们知道，“$X'X$ 的特征值很小”等价于设计阵 X 之间存在复共线性关系，并且 $X'X$ 有几个特征值很小，设计阵 X 就存在几个复共线关系. 因此，复共线性是 LS 估计变坏的原因. 方阵 $X'X$ 的条件数定义为

$$k=\frac{\lambda_1}{\lambda_{p-1}},$$

也就是 $X'X$ 的最大特征值与最小特征值之比. 直观上, 条件数刻画了 $X'X$ 的特征值的散布程度, 可以用来判断复共线性是否存在以及复共线性严重程度. 从实际应用的角度, 一般若 $k < 100$, 则认为复共线性的程度很小; 若 $100 \leq k \leq 1000$, 则认为存在中等程度或较强的复共线性; 若 $k > 1000$, 则认为存在严重的复共线性.

例 6.6.1 考虑一个有六个回归自变量的线性回归问题, 表 6.6.1 给出了原始数据.

表 6.6.1 原始数据表

数据号	Y	X_1	X_2	X_3	X_4	X_5	X_6
1	10.006	8.000	1.000	1.000	1.000	0.541	−0.099
2	9.737	8.000	1.000	1.000	0.000	0.130	0.070
3	15.087	8.000	1.000	1.000	0.000	2.116	0.115
4	80422	0.000	0.000	9.000	1.000	−2.397	0.252
5	8.625	0.000	0.000	9.000	1.000	−0.046	0.017
6	16.289	0.000	0.000	9.000	1.000	0.365	1.504
7	50958	2.000	7.000	0.000	1.000	1.996	−0.865
8	9.313	2.000	7.000	0.000	1.000	0.228	−0.055
9	12.960	2.000	7.000	0.000	1.000	1.380	0.502
10	5.541	0.000	0.000	0.000	10.000	−0.798	−0.399
11	8.756	0.000	0.000	0.000	10.000	0.257	0.101
12	10.937	0.000	0.000	0.000	10.000	0.440	0.432

这里共有 12 组数据. 除第一组外, 其余 11 组数据满足线性关系

$$X_1 + X_2 + X_3 + X_4 = 10. \tag{6.6.8}$$

将设计阵中心化标准化, 为方便计, 仍用 $X_1, \cdots, X_6$ 表示. 从正态随机数表随机查出的 12 个数 $e_1, \cdots, e_{12}$. 通过理论线性回归关系

$$Y = 10 + 2.0X_1 + 1.0X_2 + 0.2X_3 - 2.0X_4 + 3.0X_4 + 10.0X_6 + e. \tag{6.6.9}$$

算出对应的因变量 12 个观测值, 这些值列在表 6.6.1 的第 1 列. 对于模型 (6.6.9), $X'X$ 为

$$\begin{bmatrix} 1.000 & 0.052 & -0.343 & -0.498 & 0.417 & -0.192 \\ & 1.000 & -0.432 & -0.371 & 0.485 & -0.317 \\ & & 1.000 & -0.355 & -0.505 & 0.494 \\ & & & 1.000 & -0.215 & -0.087 \\ & & & & 1.000 & -0.123 \\ & & & & & 1.0000 \end{bmatrix}.$$

我们知道，对中心化和标准化的设计阵 X，若把回归自变量视为随机变量，那么 $X'X$ 就是回归自变量的相关阵. 从非对角元的绝对值看，任两个回归自变量之间似乎不存在较严重的线性依赖关系，而 $X'X$ 的六个特征值分别为

$$\lambda_1 = 2.24879, \qquad \lambda_2 = 1.54615, \qquad \lambda_3 = 0.92208,$$

$$\lambda_4 = 0.79399, \qquad \lambda_5 = 0.30789, \qquad \lambda_6 = 0.00111,$$

于是条件数为

$$k = \frac{\lambda_1}{\lambda_6} = \frac{2.24879}{0.00111} = 2025.94,$$

这个条件数远远大于 1000. 根据前面我们介绍的标准，模型 (6.69) 的设计阵存在严重的复共线性. 因为 $\lambda_6 = 0.00111 \approx 0$, 算出 $X'X$ 对应于 λ_6 的特征向量为

$$\varphi' = (-0.44768,\ -0.42114,\ -0.54169,\ -0.57337,\ -0.00605,\ -0.00217).$$

因而回归自变量之间有如下复共线关系

$$0.44768X_1 + 0.42114X_2 + 0.54169X_3 + 0.57337X_4 + 0.00605X_5 + 0.00217X_6 \approx 0.$$

注意到，X_5 和 X_6 的系数和前面四个变量的系数相比要小得多，可以将其略去，得到

$$0.44768X_1 + 0.42114X_2 + 0.54169X_3 + 0.57337X_4. \tag{6.6.10}$$

我们看到，X_1, X_2, X_3 和 X_4 系数很接近，于是这个复共线关系大体上反映了原来我们构造数据时所使用的关系 (6.6.8). 因为第一组数据并不满足 (6.6.8), 因此 (6.6.10) 和 (6.6.8) 不完全相同也是自然的.

复共线性产生的原因是多方面的. 一种是由于数据“收集”的局限性所致. 虽然这样产生的复共线性是非本质的，原则上可以通过“收集”更多的数据来解决，但具体实现起来会遇到许多困难. 例如，在一些问题中，由于试验或生产过程已经完结或经费限制，不可能在产生新的数据. 另一方面，对一些情况，虽然客观上可以“收集”更多的数据，但对于多于三个自变量的情况，往往难于确定“收集”怎样的数据，才能“打破”复共线性. 最后，即便收集了一些新的数据，但为了打破复共线性，这些数据势必要远离原来的数据，可能产生强影响点，从而产生新问题 (见 §6.4).

另一种产生复共线性的重要原因是，自变量之间客观上就有近似的线性关系. 比如，在研究农村家庭用电问题中，如果把家庭收入 x_1 和住房面积 x_2 都看作自变量，那么因为家庭收入高的住房也相应的宽敞一些，在变量 x_1 和 x_2 之间就有复共线性. 一般说来，对于大型线性回归模型问题，也就是回归自变量个数 $p-1$

比较多的问题，由于人们往往对自变量之间的关系缺乏认识，很可能把一些有复共线关系的自变量引入回归方程. 这也就是为什么在大型回归问题中， LS 估计的性质往往不理想，甚至可能很坏的一个原因.

§6.7 有偏估计

从上节的讨论我们知道，当设计阵存在复共线关系时， LS 估计的性质不够理想，有时甚至很坏. 为此，统计学家做了种种努力，试图改进最小二估计. 这种努力的一方面是从模型或数据角度去考虑，前面所讨论的变量选择和回归诊断就是这方面的一部分. 这种努力的另一个重要方面就是寻求一些新的估计. Stein 于 1955 年证明了，当维数大于 2 时，正态均值向量的 LS 估计的不可容许性，即能够找到另外一个估计在某种意义下一致优于 LS 估计. 有些文献称此为 Stein 现象. 以此为开端，近 30 年来，人们提出了许多新的估计，其中主要有岭估计，主成分估计等. 从某种意义上讲，这些估计都改进了 LS 估计. 因这些估计有一个共同的特点，它们的均值并不等于待估参数，于是人们把这些估计统称为有偏估计. 本节的目的就是讨论最有影响且得到广泛应用的两种有偏估计岭估计和主成分估计.

6.7.1 岭估计

对于线性回归模型 (6.6.2), 回归系数 β 的岭估计定义为

$$\hat{\beta}(k) = (X'X + kI)^{-1}X'y, \tag{6.7.1}$$

这里 $k > 0$ 是可选择参数，称为岭参数或偏参数. 如果 k 取与实验数据 y 无关的常数, 则 $\hat{\beta}(k)$ 为线性估计, 不然的话, $\hat{\beta}(k)$ 就是非线性估计. 当 k 取不同的值, 我们得到不同的估计, 因此岭估计 $\hat{\beta}(k)$ 是一个估计类. 特别, 取 $k = 0$, $\hat{\beta}(0) = (X'X)^{-1}X'y$ 是通常的 LS 估计. 于是严格地讲， LS 估计是岭估计类中的一个估计. 但是一般情况下，当我们提起岭估计时，总是不包括 LS 估计. 因为对一切 $k \neq 0$ 和 $\beta \neq 0$, $E(\hat{\beta}(k)) = (X'X + kI)^{-1}X'X\beta \neq \beta$, 因此岭估计是有偏估计.

与 LS 估计 $\hat{\beta}$ 相比，岭估计是把 $X'X$ 换成了 $X'X + kI$ 得到的. 直观上看这样作的理由也是明显的. 因为当 X 呈病态时， $X'X$ 的特征值至少有一个非常接近于零，而 $X'X + kI$ 的特征值 $\lambda_1 + k, \cdots, \lambda_{p-1} + k$ 接近于零的程度就会得到改善，从而“打破”原来设计阵的复共线性，使岭估计比 LS 估计有较小的均方误差. 即 $\text{MSE}(\hat{\beta}(k)) < \text{MSE}(\hat{\beta})$. 下面我们将证明使这个不等式成立的 k 是存在的.

为了证明关于岭估计优良性的一个基本定理，我们引进线性回归模型 (6.6.2) 的典则形式. 设 $\lambda_1, \cdots, \lambda_{p-1}$ 为 $X'X$ 的特征值， $\phi_1, \cdots, \phi_{p-1}$ 为对应的标准正交化特征向量. 记 $\Phi = (\phi_1, \cdots, \phi_{p-1})$，则 Φ 为 $(p-1) \times (p-1)$ 标准正交阵. 再记

$\Lambda = \text{diag}(\lambda_1, \cdots, \lambda_{p-1})$, 于是 $X'X = \Phi\Lambda\Phi'$. 则线性回归模型 (6.6.2) 可改写为

$$y = \alpha_0 \mathbf{1} + Z\alpha + e, \qquad E(e) = 0, \qquad \text{Cov}(e) = \sigma^2 I, \tag{6.7.2}$$

这里 $Z = X\Phi$, $\alpha = \Phi'\beta$. 我们称 (6.7.2) 为线性回归模型的典则形式， α 称为典则回归系数. 因为 X 是中心化的，于是 Z 也是中心化的. 对典则形式 (6.6.2), α_0 和 α 的 LS 估计分别为

$$\hat{\alpha}_0 = \bar{y}, \qquad \hat{\alpha} = (Z'Z)^{-1}Z'y.$$

注意到 $Z'Z = \Phi'X'X\Phi = \Lambda$, 因而

$$\hat{\alpha} = \Lambda^{-1}Z'y,$$

$$\text{Cov}(\hat{\alpha}) = \sigma^2\Lambda^{-1}Z'Z\Lambda^{-1} = \sigma^2\Lambda^{-1}.$$

按定义典则回归系数 α 的岭估计为

$$\hat{\alpha}(k) = (Z'Z + kI)^{-1}Z'y = (\Lambda + kI)^{-1}Z'y.$$

容易证明

$$\hat{\alpha} = \Phi'\hat{\beta}, \tag{6.7.3}$$

$$\hat{\alpha}(k) = \Phi'\hat{\beta}(k). \tag{6.7.4}$$

由 (6.7.3) 看出，典则回归参数 α 的 LS 估计与原来回归参数 β 的 LS 估计之间差一个标准正交阵，因而有

$$\text{MSE}(\hat{\alpha}) = \text{MSE}(\hat{\beta}), \tag{6.7.5}$$

从 (6.7.4) 知，类似的结论也成立，即

$$\text{MSE}(\hat{\alpha}(k)) = \text{MSE}(\hat{\beta}(k)). \tag{6.7.6}$$

这两个等式很有用，它对证明岭估计的优良性带来很大的方便.

现在我们证明岭估计的优良性的基本定理.

定理 6.7.1 存在 $k > 0$, 使得

$$\text{MSE}(\hat{\beta}(k)) < \text{MSE}(\hat{\beta}). \tag{6.7.7}$$

即存在 $k > 0$, 使得在均方误差意义下，岭估计优于 LS 估计.

证明 由 (6.7.5) 和 (6.7.6) 知，只需证明存在 $k > 0$, 使得

$$\text{MSE}(\hat{\alpha}(k)) < \text{MSE}(\hat{\alpha}). \tag{6.7.8}$$

因为设计阵 Z 是中心化的，于是 $\mathbf{1}'Z=0$. 所以

$$E(\hat{\alpha}(k))=(\Lambda+kI)^{-1}Z'(\alpha_0\mathbf{1}+Z\alpha)=(\Lambda+kI)^{-1}Z'Z\alpha=(\Lambda+kI)^{-1}Z'\Lambda\alpha.$$

应用定理 3.1.3, 有

$$\mathrm{Cov}(\hat{\alpha}(k))=\sigma^2(\Lambda+kI)^{-1}Z'Z(\Lambda+kI)^{-1}=(\Lambda+kI)^{-1}\Lambda(\Lambda+kI)^{-1}.$$

再依定理 6.6.1, 得到

$$\begin{aligned}\mathrm{MSE}(\hat{\beta}(k)) &= \mathrm{trCov}(\hat{\beta}(k)+\|E(\hat{\beta}(k)-\alpha\|^2\\ &= \sigma^2\textstyle\sum_{i=1}^{p-1}\frac{\lambda_i}{(\lambda_i+k)^2}+k^2\sum_{i=1}^{p-1}\frac{\alpha_i^2}{(\lambda_i+k)^2}\\ &= f_1(k)+f_2(k)=f(k),\end{aligned}\tag{6.7.9}$$

这里 $f_1(k)$ 和 $f_2(k)$ 分别表示 (6.7.9) 的第一项和第二项. 对 k 求导数，得

$$f_1'(k)=-2\sigma^2\sum_{i=1}^{p-1}\frac{\lambda_i}{(\lambda_i+k)^3},\tag{6.7.10}$$

$$f_2'(k)=2k\sum_{i=1}^{p-1}\frac{\lambda_i\alpha_i^2}{(\lambda_i+k)^3}.\tag{6.7.11}$$

因为 $f_1'(0)<0$, $f_2'(0)=0$, 所以 $f'(0)<0$. 显然 $f_1'(k)$ 和 $f_2'(k)$ 在 $k\geq 0$ 时都连续，所以 $f'(k)$ 在 $k\geq 0$ 时也连续. 因而，当 $k>0$ 且充分小时 $f'(k)<0$, 这就是说，$f(k)=\mathrm{MSE}(\hat{\alpha}(k))$ 在 $k(>0)$ 充分小时，是 k 的单调函数，因而存在 $k^*>0$, 当 $k\in(0,\ k^*)$ 时，有 $f(k)<f(0)$. 但 $f(0)=\mathrm{MSE}(\hat{\alpha})$. 这就证明了 (6.7.8). 定理证毕.

注 1 这个定理为岭估计的实际应用奠定了理论基础，具有重要的意义. 但是，从理论证明过程我们知道，使得不等式 (6.7.7) 成立的 k 依赖于未知参数 β 和 σ^2. 因此，对固定的 k, 岭估计 $\hat{\beta}(k)$ 不是在整个参数空间上一致优于 LS 估计. 事实上可以进一步证明，它只能对相对较小的 β 成立 (关于这个事实的证明可参阅 [4]p.294, 定理 2.2).

注 2 $\hat{\beta}(k)=A_k\hat{\beta}$, 这里 $A_k=(X'X+kI)^{-1}X'X$. 这表明岭估计是 LS 估计的一个线性变换.

注 3 对任意 $k>0$ 和 $\|\hat{\beta}\|\neq 0$, 总有

$$\|\hat{\beta}(k)\|=\|\hat{\alpha}(k)\|=\|(\Lambda+kI)^{-1}\Lambda\hat{\beta}\|\leq\|\hat{\alpha}\|=\|\hat{\beta}\|,$$

这表明，岭估计 $\hat{\beta}(k)$ 的长度总比 LS 估计 $\hat{\beta}$ 的长度小. 因此 $\hat{\beta}(k)$ 是对 $\hat{\beta}$ 向原点一种压缩，所以通常也称之为一种压缩估计 (shrinked estimate). 上一节我们已经提

到，当设计阵 X 呈病态时，平均说来 LS 估计 $\hat{\beta}$ 偏长，对它作适当的压缩是应该的. 这个结果从一个侧面说明了岭估计的合理性.

在实际应用中，岭参数的选择是一个很重要的问题. 定理 6.7.1 仅说明了 $\hat{\beta}(k)$ 优于 $\hat{\beta}$ 的 k 的存在性，并没有给出具体的算法. 我们自然希望找到使 $\mathrm{MSE}(\hat{\beta}(k))$ 达到最小值的 k^*. 从 (6.7.10) 和 (6.7.11) 容易看出，这个最优值 k^* 应该在方程

$$f'(k) = f_1'(k) + f_2'(k) = 2\sum_{i=1}^{p-1} \frac{\lambda_i(k\alpha_i^2 - \sigma^2)}{(\lambda_i + k)^3} = 0 \tag{6.7.12}$$

的根中去找，显然 k 的最优值 k^* 依赖于未知参数 β 和 σ^2, 从而不可能通过解方程 $f'(k) = 0$ 去获得. 因此，统计学家从别的途径提出了选择 k 的许多方法. 但是从计算机模拟比较的结果看，在这些方法中没有一个方法能够一致地 (即对一切参数 β 和 σ^2) 优于其它方法. 下面我们介绍其中的几种方法.

1. Hoerl-Kennard 公式

岭估计是由 Hoerl 和 Kennard 于 1970 年提出的，他们所用的选择 k 的公式是

$$\hat{k} = \frac{\hat{\sigma}^2}{\max_i \hat{\alpha}_i^2}, \tag{6.7.13}$$

这个方法是基于如下的考虑. 由 (6.7.12) 知，如果 $k\alpha_i^2 - \sigma^2 < 0$, 对 $i = 1, \cdots, p-1$ 都成立，则 $f'(k) < 0$. 于是取

$$k^* = \frac{\sigma^2}{\max_i \alpha_i^2}. \tag{6.7.14}$$

当 $0 < k < k^*$ 时，$f'(k)$ 总是小于 0, 因而 $f(k)$ 总是 k 的单调函数, 故有 $f(k^*) < f(0)$, 即 $\mathrm{MSE}(\hat{\beta}(k)) < \mathrm{MSE}(\hat{\beta})$. 在 (6.7.14) 中，用 LS 估计 $\hat{\alpha}_i$ 和 $\hat{\sigma}^2$ 代替 α_i 和 σ^2, 便得到 (6.7.13).

2. 岭迹法

岭估计 $\hat{\beta}(k) = (X'X + kI)^{-1}X'y$ 是随 k 值改变而变化. 若记 $\hat{\beta}_i(k)$ 为 $\hat{\beta}(k)$ 的第 i 个分量，它是 k 的一元函数，当 k 在 $[0, +\infty)$ 上变化时，$\hat{\beta}_i(k)$ 的图形称为岭迹. 选择 k 的岭迹法是：将 $\hat{\beta}_1(k), \cdots, \hat{\beta}_{p-1}(k)$ 的岭迹画在同一个图上. 根据岭迹的变化趋势选择 k 值，使得各个回归系数的岭估计大体上稳定，并且各个回归系数的岭估计值的符号比较合理. 我们知道，LS 估计是使残差平方和达到最小的估计. k 愈大，岭估计与 LS 估计偏离愈大. 因此，它对应的残差平方和也随着 k 的增加而增加. 当我们用岭迹法选择 k 值时，还应考虑使得残差平方和不要上升太多. 在实际处理上，上述几点原则有时可能会有些互相不一致，顾此失彼的情况也经常出现，这就要根据不同情况灵活处理.

例 6.7.1 外贸数据分析

我们所考虑的因变量 Y 为进口总额，自变量 X_1 为国内总产值， X_2 为存储量， X_3 为总消费量. 为了建立 Y 对自变量 X_1, X_2 和 X_3 之间的依赖关系，收集了 11 组数据，列在表 6.7.1.

表 6.7.1 外贸数据

序号	国内总产值 (x_1)	存储量 (x_2)	总消费量 (x_3)	进口总额 (y)
1	149.3	4.2	108.1	15.9
2	161.2	4.1	114.8	16.4
3	171.5	3.1	123.2	19.0
4	175.5	3.1	126.9	19.1
5	180.8	1.1	132.1	18.8
6	190.7	2.2	137.7	20.4
7	202.1	2.1	146.0	22.7
8	212.4	5.6	154.1	26.5
9	226.1	5.0	162.3	28.1
10	231.9	5.1	164.3	27.6
11	239.0	0.7	167.6	26.3

将原始数据中心化和标准化，计算得到

$$X'X = \begin{bmatrix} 1 & 0.026 & 0.997 \\ 0.026 & 1 & 0.036 \\ 0.997 & 0.036 & 1 \end{bmatrix}.$$

再计算出它的三个特征值，分别为 $\lambda_1 = 1.999, \lambda_2 = 0.998, \lambda_3 = 0.003$. 于是 $X'X$ 的条件数 $\lambda_1/\lambda_3 = 666.333$, 可见设计阵存在中等程度的复共线性. λ_3 对应的特征向量为

$$\phi_3 = (-0.7070,\ \ -0.0070,\ \ 0.7072).$$

由上一节的讨论知，三个自变量之间存在复共线关系

$$-0.7070X_1 - 0.0070X_2 + 0.7072X_3 \approx 0.$$

注意到，自变量 X_2 的系数绝对值相对非常小，可视为零，而 X_1 和 X_3 的系数又近似相等，因此自变量之间的复共线关系可近似地写为 $X_1 = X_3$. 注意这里的 X_1 和 X_3 都是经过中心化和标准化的变量，还原为原来的变量，近似复共线关系为

$$\frac{X_1 - \bar{x}_1}{s_1} = \frac{X_3 - \bar{x}_3}{s_3}.$$

从表 6.7.1 可以算出

$$\bar{x}_1 = 194.59, \qquad s_1 = \left(\sum_{i=1}^{11}(x_{i1} - \bar{x}_1)^2\right)^{1/2} = 94.87,$$

$$\bar{x}_3 = 139.74, \qquad s_1 = \left(\sum_{i=1}^{11}(x_{i3} - \bar{x}_3)^2\right)^{1/2} = 65.25.$$

代入上式得

$$X_3 = 5.905 + 0.688X_1. \tag{6.7.15}$$

这就是总消费量和国内总产值之间的一个线性依赖关系，因为 X 是中心化和标准化的，于是 $X'X$ 是相关阵，其中 0.997 正是 X_1 的 X_3 相关系数. 可见，X_1 与 X_3 有如此大的相关系数，和我们找出它们之间的复共线关系 (6.7.15) 这一事实是吻合的. 既然自变量之间存在中等程度的复共线性，我们就采用岭估计来估计回归系数. 对于中心化和标准化的变量，计算出的岭迹列在表 6.7.2, 对应的岭迹图画在图 6.7.1. 表 6.7.2 的最后一列是岭估计对应的残差平方和. 我们看到，随着 k 的增加，

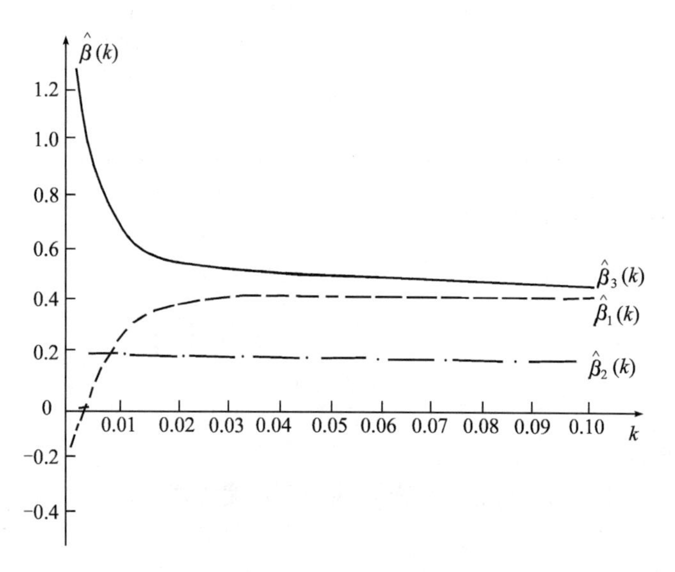

图 6.7.1　外贸数据回归的岭迹

岭估计的残差平方和也随之增加，所以残差平方和是岭参数 k 的单调增函数，这是很自然的，因为 LS 估计是使残差平方和达到最小的估计. 随着 k 的增加，岭估计与 LS 估计的偏离就愈大，因此它的残差平方和自然也就愈大. 从岭迹图上可以看出，岭迹 $\hat{\beta}_1$ 随着 k 的增加，很快增加，大约在 $k = 0.01$ 处从负值变为正值. 而 $\hat{\beta}_2$ 相对比较稳定，但 $\hat{\beta}_3$ 随着 k 的增加，骤然减少，大约在 $k = 0.04$ 以后就稳定下来. 总体来看，我们可以取 $k = 0.04$, 对应的岭估计为

$$\hat{\beta}_1(0.04) = 0.420,\ \hat{\beta}_2(0.04) = 0.213,\ \hat{\beta}_3(0.04) = 0.525.$$

各变量的平均值为

$$\bar{x}_1 = 194.59,\ \bar{x}_2 = 3.30,\ \bar{x}_3 = 139.74,\ \bar{y} = 21.89.$$

表 6.7.2 外贸数据的岭回归

k	$\hat{\beta}_1(k)$	$\hat{\beta}_2(k)$	$\hat{\beta}_3(k)$	RSS
0.000	-0.339	0.213	1.303	1.673
0.001	-0.117	0.215	1.080	1.728
0.002	0.010	0.216	0.952	1.809
0.003	0.092	0.217	0.870	1.881
0.004	0.150	0.217	0.811	1.941
0.005	0.193	0.217	0.768	1.990
0.006	0.225	0.217	0.735	2.031
0.007	0.251	0.217	0.709	2.066
0.008	0.272	0.217	0.687	2.095
0.009	0.290	0.217	0.669	2.120
0.010	0.304	0.217	0.654	2.142
0.020	0.379	0.216	0.575	2.276
0.030	0.406	0.214	0.543	2.352
0.040	0.420	0.213	0.525	2.416
0.050	0.427	0.211	0.513	2.480
0.060	0.432	0.209	0.504	2.548
0.070	0.434	0.207	0.497	2.623
0.080	0.436	0.206	0.491	2.705
0.090	0.436	0.204	0.486	2.794
0.100	0.436	0.202	0.481	2.890
0.200	0.426	0.186	0.450	4.236
0.300	0.411	0.173	0.427	6.155
0.400	0.396	0.161	0.408	8.489
0.500	0.381	0.151	0.391	11.117
0.600	0.367	0.142	0.376	13.947
0.700	0.354	0.135	0.361	16.911
0.800	0.342	0.128	0.348	19.957
0.900	0.330	0.121	0.336	23.047
1.000	0.319	0.115	0.325	26.149

相应地

$$s_1 = 94.87,\ s_2 = 5.22,\ s_3 = 65.26,\ s_y = 14.37.$$

代入经验回归方程，化简后得到如下岭回归方程

$$\hat{Y} = -8.5537 + 0.0635X_1 + 0.5859X_2 + 0.1156X_3.$$

需要说明的是，大量的计算机模拟结果都表明，当 X 呈病态时，前面两种确定岭参数 k 的方法对降低均方误差都有一定的作用，但我们不能从理论上保证它们所给出的岭估计比 LS 估计有较小的均方误差. Vinod 和 Ullah[105] 给出了一种确定岭参数 k 的方法，称为"双 h 公式". 从理论上可以证明，对一切 β 和 σ^2, 由"双 h 公式"确定的岭估计比 LS 估计有较小的均方误差 (关于这部分内容的详细讨论可参阅文献 [4], p.303).

岭估计的一种推广形式，称为广义岭估计. 对于线性回归模型 (6.6.2), 回归系数 β 的广义岭估计定义为

$$\hat{\beta}(K) = (X'X + \Phi K \Phi')^{-1} X'y,$$

这里 Φ 的定义同上文，即 Φ 为标准正交阵，使得 $\Phi'X'X\Phi = \mathrm{diag}(\lambda_1, \cdots, \lambda_{p-1})$，$K = \mathrm{diag}(k_1, \cdots, k_{p-1})$. 可以证明，存在 K 使得广义岭估计比 LS 估计有较小均方误差. 且从理论上说，广义岭估计能够比岭估计达到更低的均方误差，因为诸 k_i 不必全相等.

6.7.2 主成分估计

在研究岭估计的优良性时,给出了一般线性回归模型 (6.6.2) 的典则形式 (6.7.2). 在模型 (6.7.2) 中，新的设计阵 $Z = (z_{(1)}, \cdots, z_{(p-1)}) = (X\phi_1, \cdots, X\phi_{p-1})$, 即

$$z_{(1)} = X\phi_1, \cdots, z_{(p-1)} = X\phi_{p-1}. \tag{6.7.16}$$

于是 Z 的第 i 列 $z_{(i)}$ 是原来 $p-1$ 个回归自变量的线性组合，其组合系数为 $X'X$ 的第 i 个特征值对应的特征向量 ϕ_i. 因此， Z 的 $p-1$ 个列就对应于 $p-1$ 个以原来变量的特殊线性组合 (即以 $X'X$ 的特征向量为组合系数) 构成的新变量. 在多元统计学中，称这些新变量为主成分. 排在第一列的新变量对应于 $X'X$ 的最大特征值，称为第一主成分，排在第二列的就成为第二主成分，依此类推. 因为 X 是中心化的，即 $\mathbf{1}'X = 0$, 于是 $\mathbf{1}'Z = \mathbf{1}'X\Phi = 0$. 所以 Z 也是中心化的. 因而 Z 的各列元的平均值为

$$\bar{z}_j = \frac{1}{n}\sum_{i=1}^{n} z_{ij} = 0, j = 1, \cdots, p-1. \tag{6.7.17}$$

依 (6.7.16) 可得

$$z'_{(i)}z_{(i)} = \phi'_i X'X\phi_i = \lambda_i. \tag{6.7.18}$$

结合 (6.7.17) 知

$$\sum_{i=1}^{n}(z_{ij} - \bar{z}_j)^2 = z'_{(i)}z_{(i)} = \lambda_i, j = 1, \cdots, p-1.$$

于是 $X'X$ 的第 i 个特征值 λ_i 就度量了第 i 个主成分取值变动大小. 当设计阵 X 存在复共线关系时，有一些 $X'X$ 的特征值很小，不妨假设 $\lambda_{r+1}, \cdots, \lambda_{p-1} \approx 0$. 这时后面的 $p-r-1$ 个主成分取值变动就很小，再结合 (6.7.17)(即它们的均值都为零), 因而这些主成分取值近似为零. 因此，在用主成分作为新的回归自变量时，这后面的 $p-r-1$ 个主成分对应变量的影响就可以忽略掉，故可将他们从回归模型中剔除. 用最小二乘法做剩下的 r 个主成分的回归, 然后再变回到原来的自变量, 就得到了主成分回归.

现在将上述思想具体化. 记 $\Lambda = \text{diag}(\lambda_1, \cdots, \lambda_{p-1})$. 对 Λ, α, Z 和 Φ 做分块:

$$\Lambda = \begin{pmatrix} \Lambda_1 & 0 \\ 0 & \Lambda_2 \end{pmatrix}, \ \alpha = \begin{pmatrix} \alpha_1 \\ \alpha_2 \end{pmatrix}, \ Z = (Z_1 \vdots Z_2), \ \Phi = (\Phi_1 \vdots \Phi_2),$$

其中 Λ_1 为 $r \times r$ 矩阵, α_1 为 $r \times 1$ 向量, Z_1 为 $n \times r$ 矩阵, Φ_1 为 $(p-1) \times r$ 矩阵. 将这些分块矩阵代入 (6.7.2) 并剔除 $Z_2\alpha_2$ 项得到回归模型

$$y = \alpha_0 \mathbf{1} + Z_1\alpha_1 + e, \quad E(e) = 0, \quad \text{Cov}(e) = \sigma^2 I, \tag{6.7.19}$$

这个新的回归模型就是在剔除了后面 $p-r-1$ 个对应变量影响较小的主成分后得到的. 因此, 事实上我们是利用主成分进行了一次回归自变量的选择. 对模型 (6.7.19) 应用最小二乘法, 得到 α_0 和 α_1 的 LS 估计:

$$\hat{\alpha}_0 = \bar{y} = \frac{1}{n}\sum_{i=1}^{n} y_i,$$

$$\hat{\alpha}_1 = (Z_1'Z_1)^{-1}Z_1'y = \Lambda_1^{-1}Z_1'y.$$

前面我们从模型中剔除了后面 $p-r-1$ 个主成分, 这相当于用 $\tilde{\alpha}_2 = 0$ 去估计 α_2. 利用关系 $\beta = \Phi\alpha$, 可以获得原来参数 β 的估计

$$\hat{\beta} = \Phi \begin{pmatrix} \hat{\alpha}_1 \\ \hat{\alpha}_2 \end{pmatrix} = (\Phi_1, \ \Phi_2) \begin{pmatrix} \hat{\alpha}_1 \\ 0 \end{pmatrix} = \Phi_1\Lambda_1^{-1}Z_1'y = \Phi_1\Lambda^{-1}\Phi_1'X'y, \tag{6.7.20}$$

这就是的主成分估计.

因为根据 (6.7.20) 式有

$$E(\tilde{\beta}) = (\Phi_1, \ \Phi_2) \begin{pmatrix} \alpha_1 \\ 0 \end{pmatrix} = \Phi_1\alpha_1,$$

但

$$\beta = \Phi\alpha = \Phi_1\alpha_1 + \Phi_2\alpha_2,$$

可见, 一般说来 $E(\tilde{\beta}) \neq \beta$, 于是主成分估计也是有偏估计. 对于有偏估计, 我们应该用均方误差作为度量其优劣的标准. 下面的定理证明了, 在一定的条件下主成分估计比 LS 估计有较小均方误差.

定理 6.7.2 当设计阵存在复共线关系时, 适当选择保留的主成分个数可致主成分估计比 LS 估计有较小的均方误差, 即

$$\text{MSE}(\tilde{\beta}) < \text{MSE}(\hat{\beta}).$$

证明 利用前面的记号，假设 $X'X$ 的后面 $p-r-1$ 个特征值 $\lambda_{r+1},\cdots,\lambda_{p-1}$ 很接近于零，根据定理 6.6.1 和 (6.7.20) 式，有

$$\mathrm{MSE}(\tilde{\beta})=\mathrm{MSE}\begin{pmatrix}\hat{\alpha}_1\\ 0\end{pmatrix}=\mathrm{trCov}\begin{pmatrix}\hat{\alpha}_1\\ 0\end{pmatrix}+\left\|E\begin{pmatrix}\hat{\alpha}_1\\ 0\end{pmatrix}-\alpha\right\|^2=\sigma^2\mathrm{tr}(\Lambda_1^{-1})+\|\alpha_2\|^2.$$

因为

$$\mathrm{MSE}(\hat{\beta})=\sigma^2\mathrm{tr}(\Lambda^{-1}),$$

所以

$$\mathrm{MSE}(\tilde{\beta})=\mathrm{MSE}(\hat{\beta})+(\|\alpha_2\|^2-\sigma^2\mathrm{tr}\Lambda_2^{-1}).$$

于是

$$\mathrm{MSE}(\tilde{\beta})<\mathrm{MSE}(\hat{\beta})$$

当且仅当

$$\|\alpha_2\|^2<\sigma^2\mathrm{tr}\Lambda_2^{-1}=\sigma^2\sum_{i=r+1}^{p-1}\frac{1}{\lambda_i}. \tag{6.7.21}$$

因为我们假定 $X'X$ 的后面 $p-r-1$ 个特征值接近于零，于是上式右端很大，故不等式 (6.7.21) 成立. 定理得证.

注 因为 $\alpha_2=\Phi_2'\beta$, 于是变回到原来参数，(6.7.21) 可变形为

$$\left(\frac{\beta}{\sigma}\right)'\Phi_2\Phi_2'\left(\frac{\beta}{\sigma}\right)<\mathrm{tr}\Lambda_2^{-1}. \tag{6.7.22}$$

这就是说，仅当 β 和 σ^2 满足 (6.7.22) 时，主成分估计才能比 LS 估计有较小的均方误差，(6.7.22) 表示了参数空间中 (视 β/σ 为参数) 一个中心在原点的椭球. 于是从 (6.7.22) 我们可以得到如下的结论：

(1) 对固定的参数 β 和 σ^2, 当 $X'X$ 的后面 $p-r-1$ 个特征值很小时，主成分估计比 LS 估计有较小的均方误差.

(2) 对给定的 $X'X$, 也就是固定的 Λ_2, 对相对比较小的 β/σ, 主成分估计比 LS 估计有较小的均方误差.

在主成分估计应用中，有一个重要的问题就是如何选择保留主成分个数. 通常有两种方法，其一是保留对应的特征值相对比较大的那些主成分；其二是选择 r, 使得 $\sum_{i=1}^r\lambda_i$ 与全部 $p-1$ 个特征值之和 $\sum_{i=1}^{p-1}\lambda_i$ 的比值 (称这个比值为前 r 个主成分的贡献率) 达到预先给定的值，譬如 75% 或 80% 等.

需要说明一点，主成分作为原来变量的线性组合，是一种"人造变量"，一般并不具有任何实际含义，特别当回归自变量具有不同度量单位时，更是如此. 例如在研究农作物产量与气候条件，生产条件的关系问题中，假定 X_1 和 X_2 分别表示该

农作物生长期内平均气温和降雨量，它们的度量单位分别是摄氏度和毫米，而 X_3 表示单位面积上化学肥料的施用量，单位是公斤. 这时主成分作为这些变量的线性组合，它们的单位就什么也不是了，更谈不上其实际意义. 当然也存在一些实际问题，自变量都是同一类型的物理量，它们具有相同的度量单位，并且它们的主成分具有十分明显的实际解释.

例 6.7.2 (续例 6.7.1)　外贸数据分析问题.

在例 6.7.1 中，我们已经对这批数据作了统计分析，并且求出了回归系数的岭估计，现在我们来求它的主成分估计. $X'X$ 的三个特征值分别为

$$\lambda_1 = 1.999, \quad \lambda_2 = 0.998, \quad \lambda_3 = 0.003.$$

它们对应的三个标准正交化特征向量分别为

$$\begin{aligned} \phi_1' &= (0.7063 \quad 0.043 \quad 0.7065), \\ \phi_2' &= (-0.0357 \quad 0.9990 \quad -0.0258), \\ \phi_3' &= (-0.7070 \quad -0.0070 \quad 0.7072). \end{aligned}$$

三个主成分分别为

$$\begin{aligned} z_1 &= 0.7063X_1 + 0.0435X_2 + 0.7065X_3, \\ z_2 &= -0.0357X_1 + 0.9990X_2 - 0.0258X_3, \\ z_3 &= -0.7070X_1 - 0.0070X_2 + 0.7072X_3. \end{aligned}$$

注意这里 X_1, X_2 和 X_3 是中心化和标准化后的变量，因为 $\lambda_3 \approx 0$，且前两个主成分的贡献率

$$\sum_{i=1}^{2} \lambda_i / \sum_{i=1}^{3} = 0.999 = 99.9\%.$$

因此，我们剔除第三个主成分，只保留前两个主成分，它们的回归系数的 LS 估计分别为 $\hat{\alpha}_1 = 0.690, \hat{\alpha}_2 = 0.1913$. 还原到原来变量，得到经验回归方程

$$\hat{Y} = -9.1057 + 0.0727X_1 + 0.6091X_2 + 0.1062X_3.$$

表 6.7.3 给出了主成分估计，岭估计和 LS 估计. 总的来讲，主成分估计和岭估计比较相近. 而与 LS 估计相比，复共线关系 (6.7.15) 所包含的 X_1 和 X_3 的回归系数变化较大，并且 X_1 的回归系数的符号也发生了变化.

表 6.7.3　外贸数据分析问题的三种估计

变量	常数项	x_1	x_2	x_3
主成分估计 (r=2)	−9.1057	0.0727	0.6091	0.1062
LS 估计	−10.1300	−0.0514	0.5869	0.2868
岭估计 (k=0.04)	−8.5537	0.0635	0.5859	0.1156

习　题　六

6.1　设有四个物体，在一个化学天平上称重，方法是这样的：在天平的两个秤盘上分别放上这四个物体中的几个物体，并在其中的一个秤盘上加上砝码使之达到平衡. 这样便有一个线性回归模型

$$Y = \alpha_1 X_1 + \alpha_2 X_2 + \alpha_3 X_3 + \alpha_4 X_4 + e,$$

其中 Y 为使天平达到平衡所需的砝码的重量. 我们约定，如果砝码放在左边秤盘上，则 Y 应为负值，X_i 的值为 $0, 1$ 或 -1. 0 表示在这次称重时，第 i 个物体没有被称；1 和 -1 分别表示该物体放在左边和右边的秤盘上. 回归系数 α_i 就是第 i 个物体的重量，我们总共称了四次，其结果如下表：

Y	X_1	X_2	X_3	X_4
20.2	1	1	1	1
8.0	1	−1	1	−1
9.7	1	1	−1	−1
1.9	1	−1	−1	1

(1) 试用线性回归模型表示这些称重数据；

(2) 验证设计矩阵 X 满足 $X'X = 4I_4$, 并计算物体重量 α_i 的最小二乘估计 $\hat{\alpha}_i$;

(3) 假设模型误差的方差为 σ^2, 证明 $\mathrm{Var}(\hat{\alpha}_i) = \sigma^2/4$;

(4) 如果这些物体是用例 4.1.1 的方法分别称重.　α_i 的估计要达到这样的精度：$\mathrm{Var}(\hat{\alpha}_i) = \sigma^2/4$, 需要称多少次？

6.2　设 $y = X\beta + e$, $E(e) = 0$, $\mathrm{Cov}(e) = \sigma^2 I$, X 是 $n \times p$ 列满秩设计矩阵. 将 X, β 分块为

$$X\beta = (X_1\ X_2)\begin{pmatrix}\beta_1 \\ \beta_2\end{pmatrix}.$$

(1) 证明 β_2 的最小二乘估计 $\hat{\beta}_2$ 由下式给出：

$$\hat{\beta}_2 = [X_2'X_2 - X_2'X_1(X_1'X_1)^{-1}X_1'X_2]^{-1}[X_2'y - X_2'X_1(X_1'X_1)^{-1}X_1'y];$$

(2) 求 $\mathrm{Cov}(\hat{\beta}_2)$.

6.3 对正态线性回归模型 $y=\beta_0\mathbf{1}+X\beta+e,\ e\sim N(0,\ \sigma^2 I)$, 其中 X 为 $n\times(p-1)$ 矩阵. 试导出假设

H_1: $\beta_1=\cdots=\beta_{p-1}=c$,

H_2: $\beta_1=\cdots=\beta_{p-1}$,

H_3: $\beta_1+\cdots+\beta_{p-1}=c$

的 F 统计量. 这里 c 为给定的常数.

6.4 设 $\tilde{\sigma}_q^2$ 为 σ^2 在选模型 (6.3.2) 下的最小二乘估计, 假设全模型 (6.3.1) 正确, 试求 $E(\tilde{\sigma}_q^2)$, 并问此结果说明了什么?

6.5 对于线性回归模型 $y=X\beta+e$, 假设 X 的第一列的元全为 1, 证明:

(1) $\sum_{i=1}^n(y_i-\hat{y}_i)=0$,

(2) $\sum_{i=1}^n\hat{y}_i(y_i-\hat{y}_i)=0$,

其中 $\hat{y}_i$ 是拟合值向量 $\hat{y}=X\hat{\beta}$ 的第 i 个分量.

6.6 对某地区 18 年某种消费品销售情况数据 (见下表), 试用 RMS_q, C_p 和 AIC 准则, 建立子集回归模型.

y: 消费品的销售额 (百万元),

x_1: 居民可支配收入 (元),

x_2: 该类消费品的价格指数 (%),

x_3: 其它消费品平均价格指数 (%).

某地 18 年某种消费品销售数据

y	x_1	x_2	x_3
7.8	81.2	85.0	87.0
8.4	82.9	92.0	94.0
8.7	83.2	91.5	95.0
9.0	85.9	92.9	95.5
9.6	88.0	93.0	96.0
10.3	99.0	96.0	97.0
10.6	102.0	95.0	97.5
10.9	105.3	95.6	98.0
11.3	117.7	98.9	101.2
12.3	126.4	101.5	102.5
13.5	131.2	102.0	104.0
14.2	148.0	105.0	105.9
14.9	153.0	106.0	109.5
15.9	161.0	109.0	111.0
18.5	170.0	112.0	110.0
19.5	174.0	112.5	112.0
19.9	185.0	113.0	112.3
20.5	189.0	114.0	113.0

6.7　在林业工程中，研究树干的体积 Y 与离地面一定高度的树干直径 X_1 和树干高度 X_2 之间的关系具有重要的实用意义，因为这种关系使我们能够用简单的方法从 X_1 和 X_2 的值去估计一棵树的体积，进而估计一片森林的木材储量．下表是一组观测数据：

X_1	X_2	Y	X_1	X_2	Y
8.3	70	10.3	12.9	85	33.8
8.6	65	10.3	13.3	86	27.4
8.8	63	10.2	13.7	71	25.7
10.5	72	16.4	13.8	64	24.9
10.7	81	18.8	14.0	78	34.5
10.8	83	19.7	14.2	80	31.7
11.0	66	15.6	14.5	74	36.3
11.0	75	18.2	13.0	72	38.3
11.1	80	22.6	16.3	77	42.6
11.2	75	19.9	17.3	81	55.4
11.3	79	24.2	17.5	82	55.7
11.4	76	21.0	17.9	80	58.3
11.4	76	21.4	18.0	80	51.5
11.7	69	21.3	18.0	80	51.0
12.0	75	19.1	20.6	87	77.0
12.0	74	22.2			

试用计算机完成下面的统计分析：

(1) 假设 Y 与 X_1 和 X_2 有如下线性回归关系：　$Y = \alpha + \beta_1 X_1^2 + \beta_2 X_2 + e$, 做最小二乘分析，并做相应的残差图．试计算 Box-Cox 变换参数 λ 的值．

(2) 对 (1) 中计算出的变换参数 λ 值，做相应的 Box-Cox 变换，并对变换后的因变量做对 X_1 和 X_2 的最小二乘回归．并做残差图．

6.8　证明定理 6.4.1.

6.9　对正态线性回归模型 $y = X\beta + e,\quad e \sim N(0,\ \sigma^2 I)$, 设 $\tilde{\beta} = Ay$ 为 β 的一个线性估计

(1) 证明使均方误差矩阵 $\mathrm{MSEM}(\tilde{\beta}) = E(\tilde{\beta}-\beta)(\tilde{\beta}-\beta)'$ 达到极小的 $A^* = \beta\beta' X'(X\beta\beta' X' + \sigma^2 I)^{-1}$.

(2) 证明

$$\tilde{\beta} = A^* y = \frac{\beta' X' y}{\sigma^2 + \beta' X' X \beta}\ \beta.$$

注：若用最小二乘估计 $\hat{\beta}, \hat{\sigma}^2$ 代替 β, σ^2, 便得到 β 的非线性估计

$$\tilde{\beta} = \frac{\hat{\beta}' X' y}{\hat{\sigma}^2 + \hat{\beta}' X' X \hat{\beta}}\ \hat{\beta}.$$

6.10　对于 §6.7 引进的回归系数岭估计的推广形式：广义岭估计 $\hat{\beta}(K) = (X'X + \Phi K \Phi')^{-1} X' y$, 试证明存在 $K = \mathrm{diag}(k_1, \cdots, k_{p-1}) > 0$, 使得 $\mathrm{MSE}(\hat{\beta}(K)) < \mathrm{MSE}(\hat{\beta})$, 这里 $\hat{\beta}$ 为 β 的最小二乘估计.

6.11 做了 10 次试验得观测数据如下：

y	16.3	16.8	19.2	18.0	19.5	20.9	21.1	20.9	20.3	22.0
X_1	1.0	1.4	1.7	1.7	1.8	1.8	1.9	2.0	2.3	2.4
X_2	1.1	1.5	1.8	1.7	1.9	1.8	1.8	2.1	2.4	2.5

(1) 若以 X_1, X_2 为回归自变量，问它们之间是否存在复共线关系？

(2) 试用岭迹法求 y 关于 X_1, X_2 的岭回归方程，并画出岭迹图.

6.12 对某种商品的销售量 Y 进行调查，并考虑有关的四个因素：X_1: 居民可支配收入，X_2: 该商品的平均价格指数，X_3: 该商品的社会拥有量，X_4: 其它消费品平均价格指数. 下面是调查数据：

序号	X_1	X_2	X_3	X_4	Y
1	82.9	92.0	17.0	94.0	8.4
2	88.0	93.0	21.3	96.0	9.6
3	99.9	96.0	25.1	97.0	10.4
4	105.3	94.0	29.0	97.0	11.4
5	117.7	100.0	34.0	100.0	12.2
6	131.0	101.0	40.0	101.0	14.2
7	148.2	105.0	44.0	104.0	15.8
8	161.8	112.0	49.0	109.0	17.9
9	174.2	112.0	51.0	111.0	19.6
10	184.7	112.0	53.0	111.0	20.8

利用主成分方法建立 Y 与 X_1, X_2, X_3, X_4 的回归方程.

6.13 考虑正态线性回归模型

$$y = X\beta + e, \quad e \sim N_n(0, \ \sigma^2 I).$$

记 $\hat{\beta} = (X'X)^{-1}X'y$, $\hat{\sigma}^2 = \frac{1}{n-p}\|y - X\hat{\beta}\|^2$.

(1) 求 $\mathrm{Var}(\hat{\sigma}^2)$;

(2) 设 $A = \frac{1}{n-p-2}(I - XX^+)$, 计算 $E(y'Ay - \sigma^2)^2$;

(3) 证明 $y'Ay$ 作为 σ^2 的一个估计，比 $\hat{\sigma}^2$ 具有较小的均方误差，即有 $E(y'Ay - \sigma^2)^2 \leq E(\hat{\sigma}^2 - \sigma^2)^2$.

第七章　方差分析模型

从第一章我们知道，方差分析模型是应用非常广泛的一类线性模型. 这种模型多有一定的试验设计背景，因而也称试验设计模型. 对于这种模型有两种不同的统计分析方法. 第一种方法是将数据总变差平方和按其来源 (各种因子和随机误差) 进行分解，得到各因子平方和及误差平方和. 接下来的统计分析是基于各因子平方和与误差平方和大小的比较，这种方法叫做平方和分解法. 这种方法需要的预备知识较少，一般在一些初等统计书中都采用此方法. 第二种方法是，既然方差分析模型是一类线性模型，我们就可以把前面讨论的一般线性模型的估计与检验的结果应用于这种模型. 因为这种方法与上章线性回归模型大同小异，因此被冠以回归分析法之名. 此法对各种方差分析模型都采用统一处理模式，叙述简洁，重点突出. 本章将采用后者.

§7.1　单向分类模型

在第一章我们已经用实例引进了这种模型. 一般，设因子 A 有 a 个水平，分别记为 $A_1, A_2, \cdots, A_a$, 且在水平 A_i 下作 $n_i(i=1,2,\cdots,a,)$ 次重复观测. 记 y_{ij} 为在第 i 个水平 A_i 下第 j 次的观测值，即有模型

$$y_{ij} = \mu + \alpha_i + e_{ij}, \qquad i=1,2,\cdots,a, \quad j=1,2,\cdots,n_i, \tag{7.1.1}$$

这里 μ 为总平均， e_{ij} 表示随机误差，且假定 $e_{ij} \sim \mathrm{N}(0,\sigma^2)$, 诸 e_{ij} 都相互独立，α_i 为第 i 个水平的效应. 不失一般性，我们常假设

$$\sum_{i=1}^{a} n_i\alpha_i = 0. \tag{7.1.2}$$

此因若 $\sum_{i=1}^a n_i\alpha_i = d \neq 0$, 则用 $\mu^* = \mu + d/N$ 和 $\alpha_i^* = \alpha_i - d/N$ 分别代替 μ 和 α_i, 这里 $N = \sum_i n_i$, 得到新模型 $y_{ij} = \mu^* + \alpha_i^* + e_{ij}$, 满足 $\sum_{i=1}^a n_i\alpha_i^* = 0$. 有些文献称 (7.1.2) 为边界条件，我们也采用这个术语. 对模型 (7.1.1), 若 $n_1 = n_2 = \cdots = n_a$, 则称模型为平衡的，否则，称为非平衡的. 对平衡的模型，边界条件变为 $\sum_{i=1}^a \alpha_i = 0$. 若记 $y' = (y_{11}, y_{12}, \cdots, y_{1n_1}, y_{21}, \cdots, y_{2n_2}, \cdots, y_{a1}, y_{a2}, \cdots, y_{an_a}), \beta' = (\mu, \alpha_1, \alpha_2, \cdots, \alpha_a), e' = (e_{11}, e_{12}, \cdots, e_{1n_1}, e_{21}, \cdots, e_{2n_2}, \cdots, e_{a1}, e_{a2}, \cdots, e_{an_a})$, 则模型 (7.1.1) 的设计阵为

$$X = \begin{pmatrix} \mathbf{1}_{n_1} & \mathbf{1}_{n_1} & \mathbf{0} & \cdots & \mathbf{0} \\ \mathbf{1}_{n_2} & \mathbf{0} & \mathbf{1}_{n_2} & \cdots & \mathbf{0} \\ \vdots & \vdots & \vdots & \ddots & \vdots \\ \mathbf{1}_{n_a} & \mathbf{0} & \mathbf{0} & \cdots & \mathbf{1}_{n_a} \end{pmatrix}. \tag{7.1.3}$$

于是，单向分类模型 (7.1.1) 表示成了线性模型的一般形式 $y = X\beta + e$. 对这个模型，和上一章不同的是，设计阵 X 是列降秩的，即秩小于它的列数.

7.1.1 参数估计

对于单向分类模型 (7.1.1), 其正则方程 $X'X\beta = X'y$ 为

$$N\mu + \sum_{i=1}^{a} n_i\alpha_i = y_{\cdot\cdot}\,, \tag{7.1.4}$$

$$n_i\mu + n_i\alpha_i = y_{i\cdot}\,, \qquad i = 1, \cdots, a, \tag{7.1.5}$$

其中 $y_{\cdot\cdot} = \sum_i \sum_j y_{ij}$, $y_{i\cdot} = \sum_j y_{ij}$, $N = \sum_i n_i$. 由于设计阵 X 的秩 $\mathrm{rk}(X) = a$, 于是 X 是列降秩的，即秩小于列数. 这还可以从正则方程 (7.1.4) 、 (7.1.5) 看出. 因为将 (7.1.5) 的 a 个方程相加即得 (7.1.4), 而 (7.1.5) 的 a 个方程又相互独立. 从第四章知，对任一 $c \in \mathcal{M}(X')$, 线性函数 $c'\beta$ 是可估函数，且 $c'\widehat{\beta}$ 是 $c'\beta$ 的 LSE, 其中 $\widehat{\beta} = (X'X)^- X'y$ 是任一 LS 解 (即正则方程的解). 即对可估函数而言，它的 LS 估计不依赖于 LS 解的选择. 因此，我们只需要求正则方程的任一特解即可. 我们看到把边界条件 (7.1.2) 加入到正则方程 (7.1.4) 、 (7.1.5) 中，可容易得在此约束条件下的 μ 和 α_i 的一组 LS 解

$$\hat{\mu} = \frac{1}{N} y_{\cdot\cdot} \overset{\triangle}{=} \overline{y}_{\cdot\cdot}\,, \tag{7.1.6}$$

$$\hat{\alpha}_i = \frac{1}{n_i} y_{i\cdot} - \widehat{\mu} = \overline{y}_{i\cdot} - \overline{y}_{\cdot\cdot}, \quad i = 1, \cdots, a. \tag{7.1.7}$$

需要注意的是， $\hat{\mu}$ 和 $\hat{\alpha}_i$, $i = 1, \cdots, a$, 并不是 μ 和 α_i, $i = 1, \cdots, a$ 的无偏估计. 因为这些参数都是不可估的.

因为 $\mathrm{rk}(X) = a$, 所以此时至多只有 a 个线性无关的可估函数，我们容易得到 $\mu + \alpha_i$, $\; i = 1, \cdots, a$ 都是可估的，且线性无关，于是任一可估函数都可表示为它们的线性组合，即具有形式

$$\sum_{i=1}^{a} c_i(\mu + \alpha_i) = \mu \sum_{i=1}^{a} c_i + \sum_{i=1}^{a} c_i\alpha_i. \tag{7.1.8}$$

如果想得到一个只包含效应 $\alpha_i(i=1,\cdots,a)$ 而不包含总均值 μ 的可估函数，则应取 $\sum_{i=1}^a c_i=0$. 这个事实的逆也是对的，即若 $\sum_{i=1}^a c_i=0$, 必有 $\sum_{i=1}^a c_i\alpha_i$ 可估. 于是 $\sum_{i=1}^a c_i\alpha_i$ 可估 $\Longleftrightarrow \sum_{i=1}^a c_i=0$. 我们称满足条件 $\sum_{i=1}^a c_i=0$ 的函数 $\sum_{i=1}^a c_i\alpha_i$ 为一个对照，由于诸 $\mu_i=\mu+\alpha_i$, 因此对照 $\sum_{i=1}^a c_i\alpha_i$ 又可表示为 $\sum_{i=1}^a c_i\mu_i$. 例如 $\mu_i-\mu_j(i\neq j), 2\mu_i-\mu_j-\mu_k(i,j,k$ 互不相等$), \alpha_i-\alpha_j(i\neq j), 2\alpha_i-\alpha_j-\alpha_k(i,j,k$ 互不相等) 都是对照. 根据 Gauss–Markov 定理，结合 (7.1.8) 式得：对照 $\sum_{i=1}^a c_i\alpha_i$ 的 BLU 估计为 $\sum_{i=1}^a c_i\widehat{\alpha}_i=\sum_{i=1}^a c_i\overline{y}_{i\cdot}$. 这个事实可表述为：效应 α_i 的任一对照的 BLU 估计等于各组样本均值 $\overline{y}_{i\cdot}$ 的同一对照. 于是我们证明了如下定理：

定理 7.1.1　对于单向分类模型 (7.1.1)

(1) $\sum\limits_{i=1}^a c_i\alpha_i$ 可估 $\Longleftrightarrow \sum\limits_{i=1}^a c_i\alpha_i$ 是一个对照，即 $\sum\limits_{i=1}^a c_i=0$,

(2) 对照 $\sum\limits_{i=1}^a c_i\alpha_i$ 的 BLU 估计为 $\sum\limits_{i=1}^a c_i\overline{y}_{i\cdot}$.

例如由此定理得对任意 $\alpha_i-\alpha_j,\ i\neq j$ 都是可估函数，其 BLU 估计为 $\widehat{\alpha}_i-\widehat{\alpha}_j=\overline{y}_{i\cdot}-\overline{y}_{j\cdot}$.

7.1.2　假设检验

对于单向分类模型，我们感兴趣的是考察因子 A 的 a 个水平效应是否有显著差异，即检验假设

$$H_0\text{：}\ \alpha_1=\alpha_2=\cdots=\alpha_a\ , \tag{7.1.9}$$

或等价地检验假设

$$H_0\text{：}\ \alpha_1-\alpha_a=\alpha_2-\alpha_a=\cdots=\alpha_{a-1}-\alpha_a=0\ , \tag{7.1.10}$$

由定理 7.1.1 知，$\alpha_i-\alpha_a,\ i=1,2,\cdots,a-1$ 都是可估函数，所以假设 H_0 被称为可检验假设. 若 H_0 为真，诸 α_i 相等. 设其公共值为 α, 将此 α 并入总平均值 μ, 得到约简模型

$$y_{ij}=\mu+e_{ij},\qquad i=1,2,\cdots,a,\quad j=1,2,\cdots,n_i. \tag{7.1.11}$$

它的正则方程为 $N\mu=\mathbf{1}'y$, 其中 $N=\sum_{i=1}^a n_i$, $\mathbf{1}$ 为所有元素都是 1 的 $N\times 1$ 的向量. 于是 μ 在 H_0 下的约束 LS 解为

$$\widehat{\mu}_{H_0}=\frac{1}{N}\mathbf{1}'y=\frac{1}{N}y_{\cdot\cdot}=\overline{y}_{\cdot\cdot}\ . \tag{7.1.12}$$

根据 §5.1 的结果：回归平方和等于未知参数的 LE 解与正则方程右端向量的内积，有回归平方和

$$\text{RSS}(\mu)=\widehat{\mu}'_{H_0}\mathbf{1}'y=y_{\cdot\cdot}^2/N\ . \tag{7.1.13}$$

另一方面, 利用 (7.1.6) 式和 (7.1.7) 式及正则方程, 容易算出 μ 和 $\alpha_1, \alpha_2, \cdots, \alpha_a$ 的回归平方和

$$\begin{aligned}\mathrm{RSS}(\mu,\alpha) &\triangleq \mathrm{RSS}(\mu,\alpha_1,\alpha_2,\cdots,\alpha_a)\\ &= \widehat{\mu}y_{..}+\sum_{i=1}^{a}\widehat{\alpha}_i y_{i.}\\ &= y_{..}^2/N+\sum_{i=1}^{a}y_{i.}(y_{i.}/n_i-y_{..}/N)\\ &= \sum_{i=1}^{a}y_{i.}^2/n_i\ . \end{aligned}\tag{7.1.14}$$

由于 残差平方和等于总平方和减去回归平方和, 于是相应的残差平方和为

$$\begin{aligned}\mathrm{SS}_e &= y'y-\mathrm{RSS}(\mu,\alpha)=\sum_{i=1}^{a}\sum_{j=1}^{n_i}y_{ij}^2-\sum_{i=1}^{a}y_{i.}^2/n_i\\ &= \sum_{i=1}^{a}\sum_{j=1}^{n_i}(y_{ij}-\overline{y}_{i.})^2\ . \end{aligned}\tag{7.1.15}$$

因为 $\overline{y}_{i.}$ 为因子 A 的第 i 个水平 A_i 下的所有观测 (也称第 i 组观测值) 的平均值, 所以 $\sum_{j=1}^{n_i}(y_{ij}-\overline{y}_{i.})^2$ 表示出了第 i 个水平 A_i 下的所有观测 $y_{ij}(j=1,\cdots,n_i)$ 之间的变差平方和． (7.1.15) 为所有 a 组观测的总变差平方和，常被称为组内平方和，它度量了随机误差对观测数据的影响. 如果采用 (7.1.1) 式结构计算一下 (7.1.15) 意义就更加清楚了. 由于 $y_{ij}=\mu+\alpha_i+e_{ij}$, $\overline{y}_{i.}=\mu+\alpha_i+\overline{e}_{i.}$, 其中 $\overline{e}_{i.}=\frac{1}{n_i}\sum_{j=1}^{n_i}e_{ij}$, 所以 $y_{ij}-\overline{y}_{i.}=e_{ij}-\overline{e}_{i.}$. 因此 $\sum_{i=1}^{a}\sum_{j=1}^{n_i}(y_{ij}-\overline{y}_{i.})^2=\sum_{i=1}^{a}\sum_{j=1}^{n_i}(e_{ij}-\overline{e}_{i.})^2$, 完全是由误差引起的. 实际计算中常采用如下便于计算的形式

$$\mathrm{SS}_e=\sum_{i=1}^{a}\sum_{j=1}^{n_i}y_{ij}^2-\sum_{i=1}^{a}y_{i.}^2/n_i\ . \tag{7.1.16}$$

根据 §4.1 的结果知

$$\widehat{\sigma}^2=\mathrm{SS}_e/(N-a)=\sum_{i=1}^{a}\sum_{j=1}^{n_i}(y_{ij}-\overline{y}_{i.})^2/(N-a)\triangleq MS_e\ . \tag{7.1.17}$$

从 (7.1.13) 和 (7.1.14) 得到平方和

$$\begin{aligned}\mathrm{SS}_{H_0} &\triangleq \mathrm{RSS}(\mu,\alpha)-\mathrm{RSS}(\mu)=\sum_{i=1}^{a}y_{i.}/n_i-y_{..}^2/N\\ &= \sum_{i=1}^{a}n_i(\overline{y}_{i.}-\overline{y}_{..})^2\ . \end{aligned}\tag{7.1.18}$$

这是由因子 A 的水平变化所引起的观测数据的变差平方和，故常称为因子 A 的平

方和，也记为 SS_A. 若把因子 A 的每个水平 A_i 下的观测数据看成一组，(7.1.18) 式也称为组间平方和. 因为假设 H_0 只含 $a-1$ 个独立方程，所以 SS_A 的自由度为 $a-1$, 根据 §5.1, 从 (7.1.17) 和 (7.1.18) 得到检验假设 H_0 的 F 统计量为

$$F=\frac{SS_A/(a-1)}{SS_e/(N-1)}=\frac{MS_A}{MS_e}, \tag{7.1.19}$$

其中 $MS_A=SS_A/(a-1)$, $MS_e=SS_e/(N-a)$ 分别为因子 A 和误差的均方. 当 H_0 为真时，$F\sim F_{a-1,N-a}$.

F 统计量 (7.1.19) 的直观意义是明显的. 分子中 SS_A 为因子 A 的组间平方和，它反映了因子 A 各水平对观测数据影响的大小. 分母中分子中 SS_e 为误差平方和，它度量了随机误差的对观测数据的影响的大小. 作 F 检验就是把这两部分 (用各自的均方) 进行比较. 若 MS_A 与 MS_e 相差不多，则 F 统计量的值应相对比较小，则接受原假设，认为因子 A 诸水平效应相等. 反之，若 MS_A 比 MS_e 大很多，即 F 统计量的值很大，则我们拒绝原假设 H_0, 认为因子 A 的各水平效应有显著差异.

通常把主要计算结果列成表格，如表 7.1.1, 称为方差分析表.

表 7.1.1　单因素方差分析表

方差源	自由度	平方和	均方	F 值
组间差 (因子 A)	$a-1$	SS_A	$MS_A=SS_A/(a-1)$	$F=\dfrac{MS_A}{MS_e}$
组内差 (误差)	$N-a$	SS_e	$MS_e=SS_e/(N-a)$	
总　　和	$N-1$	$SS_T=SS_A+SS_e$		

例 7.1.1　为一种儿童糖果的新产品设计了 4 种不同的包装 (造型不同，包装纸的色彩和图案不同). 为了考察儿童对这 4 种包装方案的喜爱程度，将甲，丁式包装各 2 批，乙，丙式包装各 3 批，共 10 批随机地分给 10 家食品商店各一批试销，观察它们的销售量. 选择的这 10 家食品店所处地段的繁华程度，商店的规模，糖果广告橱窗的布置都相仿. 最后的糖果销售量如表 7.1.2. 问当显著性水平为 $\alpha=0.05$ 时，儿童们对糖果的 4 种包装方式的喜爱程度是否有显著差异.

表 7.1.2　糖果销售量

包装方式	销售量 y_{ij}			$y_{i\cdot}$	$y_{i\cdot}^2$
甲	12	18		30	900
乙	14	17	13	39	1521
丙	19	17	21	57	3249
丁	24	30		54	2916

解 在这个问题里，考察的指标 (数据) 是销售量，因子 A 是包装方式，其水平 A_1, A_2, A_3, A_4, 分别是甲，乙，丙，丁 4 种包装. 表 7.1.2 中双竖线右侧数据是为了计算诸平方和而根据左侧原始数据先行计算的，诸平方和计算如下：

$$\sum_i \sum_j y_{ij}^2 = (12)^2 + (18)^2 + \cdots + (30)^2 = 3544,$$

$$y_{\cdot\cdot} = \sum_i \sum_j y_{ij} = 12 + 18 + \cdot + 30 = 180,$$

总平方和 $\mathrm{SS}_T = 304$, 因子 A 平方和 $\mathrm{SS}_A = 258$, 误差平方和 $\mathrm{SS}_e = 46$. 方差分析计算结果如表 7.1.3 所示：

表 7.1.3 方差分析表

方差源	自由度	平方和	均方	F 值
组间差 (因子 A)	3	258	86	11.21
组内差 (误差)	6	46	7.67	
总　　和	9	304		

查 F 分布表， $F_{3,6}(0.05) = 4.76 < 11.21$. 所以当显著性水平为 $\alpha = 0.05$ 时，儿童们对糖果的 4 种包装方式的喜爱程度有显著差异.

事实上，若用软件 (如 SAS, matlab 等) 作方差分析计算的话，在上表中还有一列是与检验统计量 F 值相对应的 p 值，它是随机变量 $F_{a-1,N-a}$ 取大于 $F_{a-1,N-a}(\alpha)$ 值的概率. 若 p 值小于给定的显著性水平，则拒绝原假设，此题若用软件进行方差分析计算，得到的 p 值为 0.0071, 小于 0.05, 从而拒绝原假设，认为儿童们对糖果的 4 种包装方式的喜爱程度有显著差异.

7.1.3 同时置信区间

如果经方差分析的 F 检验，假设 H_0: $\alpha_1 = \alpha_2 = \cdots = \alpha_a$ 被拒绝，则因子 A 的 a 个水平的效应不全相等，这时我们希望对效应之差 $\alpha_i - \alpha_j$, $i \neq j$ 作出置信区间，以便知道哪些效应不相等. 更一般地，对任一可估函数 $\sum_i c_i\alpha_i$ 作置信区间. 依定理 7.1.1, $\sum_i c_i\alpha_i$ 可估当且仅当 $\sum_i c_i\alpha_i$ 为一对照. 所以，以下只考虑对照的置信区间. 现在我们先给出 Bonferroni 区间和 Scheffè 区间，尔后详细讨论构造置信区间的另一种方法： Tukey 法.

设 $c' = (c_1, c_2, \cdots, c_a)$, $c'\mathbf{1} = 0$, 即 $\sum_i c_i\alpha_i$ 为一对照. 容易验证，它的 BLU 估计 $\sum_i c_i\overline{y}_{i\cdot}$ 的方差为

$$\mathrm{Var}\Big(\sum_i c_i\overline{y}_{i\cdot}\Big) = \sigma^2 \sum_{i=1}^{a} \frac{c_i^2}{n_i}\ . \tag{7.1.20}$$

根据 §5.3, 任意 m 个对照 $\sum_i c_i^{(k)}\alpha_i\ (k=1,2,\cdots,m)$ 的置信系数为 $1-\alpha$ 的 Bonferroni 同时置信区间为

$$\sum_i c_i^{(k)}\overline{y}_{i\cdot} \pm t_{N-a}\left(\frac{\alpha}{2m}\right)\widehat{\sigma}\sqrt{\sum_i (c_i^{(k)})^2/n_i}\ ,\quad k=1,2,\cdots,m. \tag{7.1.21}$$

方差 σ^2 的估计 $\widehat{\sigma}^2$ 如 (7.1.17) 式.

特别, 对 m 个形如 $\alpha_i-\alpha_j$ 的对照的置信系数为 $1-\alpha$ 的 Bonferroni 同时置信区间为

$$(\overline{y}_{i\cdot}-\overline{y}_{j\cdot}) \pm t_{N-a}\left(\frac{\alpha}{2m}\right)\widehat{\sigma}\sqrt{\frac{1}{n_i}+\frac{1}{n_j}}\ . \tag{7.1.22}$$

而由 §5.3, 所有对照 $\sum\limits_i c_i\alpha_i$, 置信系数为 $1-\alpha$ 的 Scheffè 置信区间为

$$\sum_i c_i\overline{y}_{i\cdot} \pm \widehat{\sigma}\sqrt{(a-1)F_{a-1,N-a}(\alpha)\sum_i \frac{c_i^2}{n_i}}\ , \tag{7.1.23}$$

特别, 全部 C_a^2 个对照 $\alpha_i-\alpha_j$, $i\neq j$ 的置信系数为 $1-\alpha$ 的 Scheffè 置信区间为

$$\sum_i c_i\overline{y}_{i\cdot} \pm \widehat{\sigma}\sqrt{(a-1)F_{a-1,N-a}(\alpha)\left(\frac{1}{n_i}+\frac{1}{n_j}\right)}\ . \tag{7.1.24}$$

现在我们考虑 Tukey 方法. 为此先给出如下定义：

定义 7.1.1　设 $Z_1,Z_2,\cdots,Z_m\sim N(0,1), mW^2\sim\chi_m^2$, 且所有这些随机变量都相互独立, 则称随机变量

$$q_{n,m}=\frac{\max Z_i-\min Z_i}{W}$$

的分布为参数为 n,m 的学生化极差分布 (studentized range distribution). 它的上侧 α 分位点记为 $q_{n,m}(\alpha)$, 即

$$P\{q_{n,m}\leq q_{n,m}(\alpha)\}=1-\alpha.$$

文献 [1] 给出了 $q_{n,m}(\alpha)$ 的表 (见文献 [1] 中附表三).

下面的定理给出了构造同时置信区间的 Tukey 方法.

定理 7.1.2　设 $Y_i\sim N(\mu_i,\sigma^2)\ (i=1,2,\cdots,n)$, $U=m\dfrac{\widehat{\sigma}^2}{\sigma^2}\sim\chi_m^2$, 且 U, $Y_1,\cdots,Y_n$ 相互独立, 则所有的 $\mu_i-\mu_j$, $i\neq j$ 的置信系数为 $1-\alpha$ 同时置信区间为

$$Y_i-Y_j-q_{n,m}(\alpha)\widehat{\sigma}\leq\mu_i-\mu_j\leq Y_i-Y_j+q_{n,m}(\alpha)\widehat{\sigma}\ . \tag{7.1.25}$$

证明 定义

$$Z_i = \frac{Y_i - \mu_i}{\sigma}, \qquad i = 1, \cdots, n, \tag{7.1.26}$$

则 $Z_i \sim N(0,1)$. 于是由定义 7.1.1 有

$$\frac{\max Z_i - \min Z_i}{\widehat{\sigma}/\sigma} \sim q_{n,m}.$$

所以

$$P\{\max Z_i - \min Z_i \leq \frac{\widehat{\sigma}}{\sigma} q_{n,m}(\alpha)\} = 1 - \alpha,$$

等价地

$$P\{\max_{i,j} |Z_i - Z_i| \leq \frac{\widehat{\sigma}}{\sigma} q_{n,m}(\alpha)\} = 1 - \alpha,$$

也就是

$$P\{|Z_i - Z_i| \leq \frac{\widehat{\sigma}}{\sigma} q_{n,m}(\alpha), \text{对所有 } i, j\} = 1 - \alpha.$$

将 (7.1.26) 代入上式，即得

$$P\{|(Y_i - Y_j) - (\mu_i - \mu_j)| \leq \widehat{\sigma} q_{n,m}(\alpha), \text{对所有 } i, j\} = 1 - \alpha.$$

这就证明了所要的结论.

不难看出，这个定理只适用于平衡方差分析模型. 例如对平衡单向分类模型，设 $n_1 = n_2 = \cdots = n_a = n$, 则 $N = na$, $\overline{y}_{i\cdot} \sim N(\mu + \alpha_i, \frac{\sigma^2}{n})$, 且对 $i \neq j$, $\overline{y}_{i\cdot}$ 与 $\overline{y}_{j\cdot}$ 相互独立，又 $U = (N-a)\widehat{\sigma}^2/\sigma^2 \sim \chi^2_{N-a}$. 应用定理 7.1.2 可得，对一切 $\alpha_i - \alpha_j$, $i \neq j$ 的置信系数为 $1 - \alpha$ 的同时置信区间为

$$\overline{y}_{i\cdot} - \overline{y}_{j\cdot} \pm q_{a,N-a}(\alpha) \frac{\widehat{\sigma}}{\sqrt{n}}\,, \tag{7.1.27}$$

这就是所谓的 Tukey 区间.

为了把 Tukey 区间推广到所有的对照 $\sum_i c_i \alpha_i$, 我们先证明如下引理：

引理 7.1.1 设 $a_1, a_2, \cdots, a_m$ 为实数，且对一切 $i \neq j$, $|a_i - a_j| \leq b$, 当且仅当 $\sum_i c_i \alpha_i \leq b \sum_i |c_i|/2$, 对一切满足 $\sum_i c_i = 0$ 的 $c_1, c_2, \cdots, c_m$ 都成立.

证明 充分性的证明很容易. 事实上，若 $\sum_i c_i \alpha_i \leq b \sum_i |c_i|/2$ 成立，则 $|a_i - a_j| = |a_i + (-a_j)| \leq b(1+1)/2 = b$, 对一切 i, j 成立.

必要性. 若 c_i 都等于 0, 结论自然成立. 假定至少有一个 $c_i \neq 0$, 那么，记

$$\begin{aligned} I_1 &= \{i, \quad c_i > 0\}, \\ I_2 &= \{i, \quad c_i < 0\}, \\ d &= \sum_i |c_i|/2, \end{aligned}$$

且有

$$\sum_{i\in I_1} c_i+\sum_{i\in I_2} c_i=0,\qquad 2d=\sum_{i\in I_1} c_i-\sum_{i\in I_2} c_i=2\sum_{i\in I_1} c_i. \tag{7.1.28}$$

利用这些关系式，容易推得

$$\begin{aligned} d\sum_i c_i\alpha_i &= d\left(\sum_{i\in I_1} c_i\alpha_i-\sum_{i\in I_2} c_i\alpha_i\right)\\ &= \sum_{i\in I_1}\sum_{j\in I_2} c_i(-c_j)\alpha_i+\sum_{i\in I_1}\sum_{j\in I_2} c_i(c_j)\alpha_j\\ &= \sum_{i\in I_1}\sum_{j\in I_2} -c_ic_j(\alpha_i-\alpha_j)\,. \end{aligned} \tag{7.1.29}$$

但对于 $i\in I_1$，$j\in I_2$ 有

$$|-c_ic_j(\alpha_i-\alpha_j)|=-c_jc_i|\alpha_j-\alpha_i|\le -c_ic_jb. \tag{7.1.30}$$

对 (7.1.29) 取绝对值并将 (7.1.30) 代入得

$$\begin{aligned} \left|d\sum_i c_i\alpha_i\right| &\le \sum_{i\in I_1}\sum_{j\in I_2}|-c_ic_j(\alpha_i-\alpha_j)|\\ &\le b\sum_{i\in I_1}\sum_{j\in I_2}(-c_ic_j)\\ &= bd^2. \end{aligned} \tag{7.1.31}$$

因 $d>0$, 从上式立得所证.

定理 7.1.3　对平衡单向分类模型 (7.1.1), 所有对照 $\sum_i c_i\alpha_i$ 的置信系数为 $1-\alpha$ 的 Tukey 区间为

$$\sum_i c_i\overline{y}_{i\cdot}\pm q_{a,a(n-1)}(\alpha)\frac{\widehat{\sigma}}{2\sqrt{n}}\sum_i|c_i|. \tag{7.1.32}$$

证明　因为

$$\begin{aligned} &P\Big\{\sum_{i=1}^a c_i\alpha_i\in\sum_i c_i\overline{y}_{i\cdot}\pm q_{a,a(n-1)}(\alpha)\frac{\widehat{\sigma}}{2\sqrt{n}}\sum_i|c_i|,\quad \text{对所有满足}\sum_i c_i=0\text{的}c_i\Big\}\\ =&P\Big\{\Big|\sum_i c_i(\overline{y}_{i\cdot}-\alpha_i)\Big|\le q_{a,a(n-1)}(\alpha)\frac{\widehat{\sigma}}{2\sqrt{n}}\sum_i|c_i|,\quad \text{对所有满足}\sum_i c_i=0\text{的}c_i\Big\}, \end{aligned}$$

利用引理 7.1.1 及 (7.1.27) 式，上式等于

$$P\{|(\overline{y}_{i\cdot}-\overline{y}_{j\cdot})-(\alpha_i-\alpha_j)|\le q_{a,a(n-1)}(\alpha)\frac{\widehat{\sigma}}{\sqrt{n}}\sum_i|c_i|,\quad \text{对一切 } i\ne j\}=1-\alpha.$$

定理得证.

最后, 对平衡单向分类模型 (7.1.1), 即 $n_i = n(i = 1, \cdots, a)$, 我们把 Tukey 区间 (7.1.32) 和 Scheffè 区间 (7.1.23) 加以比较. 这两种置信区间的中心都相同, 于是区间短者为好. 这两种区间的长度分别为

$$\frac{\widehat{\sigma}}{\sqrt{n}} q_{a,a(n-1)}(\alpha) \sum_i |c_i|$$

和

$$\frac{2\widehat{\sigma}}{\sqrt{n}} \sqrt{(a-1) F_{a-1,a(n-1)}(\alpha) \sum_i c_i^2},$$

不难看出, 对一些对照, Tukey 区间较短, 而对另外一些对照, 则 Scheffè 区间较短. 一般说来, 对大部分 $c_i = 0$ 的简单对照 Tukey 区间较短些, 对较复杂的对照 Scheffè 区间则短些. 关于这两种区间的一些数字比较可以在文献 [55] 中找到.

例 7.1.2 某单位研制出一种治疗头痛的新药, 现把此新药与阿司匹林和安慰剂 (并不是真正的药, 而是生理盐水, 葡萄糖剂等) 作比较. 观测值为病人服药后头不痛所持续的时间. 数据按药的品种列入表 7.1.4

表 7.1.4 持续的时间表

药的品种	观测值 y_{ij}	数据个数 n_i	各组总和 $y_{i\cdot}$	各组平均值 $\overline{y}_{i\cdot}$
安慰剂	0.0, 1.0	2	1.0	0.5
新药	2.3, 3.5, 2.8, 2.5	4	11.1	2.775
阿司匹林	3.1, 2.7, 3.8	3	9.6	3.2

解 经计算 (手算或计算机软件) 得方差分析表如表 7.1.5

表 7.1.5 数据方差分析表

方差源	自由度	平方和	均 方	F 值
组间差	2	9.701	4.851	14.94
组内差 (误差)	6	1.948	0.325	
总 和	8	11.649		

由表得 $\widehat{\sigma}^2 = MS_e = 0.325$, 取显著性水平 $\alpha = 0.05$, 因为 $F_{2,6} = 5.14 < F = 14.94$, 所以应拒绝原假设: $\alpha_1 = \alpha_2 = \alpha_3$. 即三种药效有显著差异. 若用计算机软件进行单因素方差分析, 在给出上表的同时还有一项 p 值, 可得此题的 $p = 0.0047 < 0.05$, 也可得出拒绝原假设的结论.

下面我们进一步作新药与安慰剂，新药与阿司匹林的效应之差 $\alpha_i-\alpha_j$，$i>j$ 的同时置信区间 (因为这个例子是非平衡模型，所以我们不能应用 Tukey 方法构造同时置信区间)：

1. 置信系数为 0.95 的 Bonferroni 区间

$$\alpha_3-\alpha_2\text{: }(\overline{y}_{3.}-\overline{y}_{2.})\pm t_6\left(\frac{0.05}{2\times 3}\right)\widehat{\sigma}\left(\frac{1}{3}+\frac{1}{4}\right)=0.425\pm 1.430=[-1.005,\ 1.855]$$

$\alpha_3-\alpha_1$: $[0.990,\ 4.410]$ $***$ $\alpha_2-\alpha_1$: $[0.653,\ 3.897]$ $***$

2. 置信系数为 0.95 的 Scheffè 区间

$$\alpha_3-\alpha_2\text{: }(\overline{y}_{3.}-\overline{y}_{2.})\pm\widehat{\sigma}\left(2F_{2,6}\left(0.05\right)\left(\frac{1}{3}+\frac{1}{4}\right)\right)^{1/2}=0.425\pm 1.396=[-0.971,\ 1.821]$$

$\alpha_3-\alpha_1$: $[1.032,\ 4.368]$ $***$ $\alpha_2-\alpha_1$: $[0.693,\ 3.857]$ $***$

对于这些结果我们可以得到如下结论：

(1) 凡置信区间不包含 0 的，这两个效应的差异就是显著的. 在其右侧用 $***$ 表出. 其它没有标出的就是无显著差异的. 这说明新药比安慰剂显著有效，但新药与阿司匹林的疗效无显著差异.

(2) 对这个例子，从 Bonferroni 区间和 Scheffè 区间所得出的结论一致，但 Bonferroni 区间比 Scheffè 区间要长.

(3) 所有这些两效应之差的同时置信区间都可在 SAS 软件通过方差分析计算得到.

§7.2 两向分类模型 (无交互效应)

假设在一项试验中，除因子 A 和 B 之外所有其它因子都处于完全控制状态. 我们的目的是要研究因子 A 和 B 各个水平对因变量 Y 的影响. 假设因子 A 有 a 个水平，分别记为 $A_1,A_2,\cdots,A_a$，因子 B 有 b 个水平，分别记为 $B_1,B_2,\cdots,B_b$. 在因子 A 的第 i 个水平 A_i 与因子 B 的第 j 个水平 B_j(又称水平组合 (A_i,B_j)) 之下进行 c 次重复试验，并记其第 k 次试验的观测为 y_{ijk} $(i=1,\cdots,a,\ j=1,\cdots,b,\ k=1,\cdots,c)$. 对于无交互效应的两向分类模型在第一章已经给出，此时一般不必进行重复试验，每个水平组合下只作一次试验就可以了. 所以我们在这一节只讨论 $c=1$ 的情形. 对于 $c>1$ 的情形，统计分析方法完全相同. 依第一章讨论知，此时的模型为

$$y_{ij}=\mu+\alpha_i+\beta_j+e_{ij},\qquad i=1,\cdots,a,\quad j=1,\cdots,b,\tag{7.2.1}$$

这里 μ 表示总平均，α_i 和 β_j 分别表示水平 A_i 和 B_j 的效应，随机误差 $e_{ij}\sim N(0,\sigma^2)$，且对所有 i,j，e_{ij} 都相互独立. 和上节类似，引进矩阵

$$
\begin{aligned}
y' &= (y_{11}, y_{12}, \cdots, y_{1b}, y_{21}, \cdots, y_{2b}, \cdots, y_{a1}, y_{a2}, \cdots, y_{ab}),\\
\gamma' &= (\mu, \alpha_1, \alpha_2, \cdots, \alpha_a, \beta_1, \beta_2, \cdots, \beta_b),\\
e' &= (e_{11}, e_{12}, \cdots, e_{1b}, e_{21}, \cdots, e_{2b}, \cdots, e_{a1}, e_{a2}, \cdots, e_{ab}),
\end{aligned}
$$

则模型 (7.2.1) 的设计阵为

$$
X = \begin{pmatrix} \mathbf{1}_b & \mathbf{1}_b & & & I_b \\ \mathbf{1}_b & & \mathbf{1}_b & & I_b \\ \vdots & & & \ddots & I_b \\ \mathbf{1}_b & & & \mathbf{1}_b & I_b \end{pmatrix} = (\mathbf{1}_{ab} \ \vdots \ I_a \otimes \mathbf{1}_b \vdots \mathbf{1}_a \otimes I_b)\,, \tag{7.2.2}
$$

这里 $\otimes$ 表示矩阵的 Kroneker 乘积. 于是, 两向分类模型 (7.2.1) 表成了线性模型的一般形式 $y = X\gamma + e$, 这里 $e \sim N(0, \sigma^2 I)$. 对这个模型, 它的设计阵 X 仍是列降秩的, 即秩小于它的列数.

7.2.1 参数估计

因为设计阵 (7.2.2) 是列降秩的 ($\text{rk}(X) = a+b-1$), 所以所有参数 μ, $\alpha_1, \alpha_2, \cdots$, $\alpha_a, \beta_1, \beta_2, \cdots, \beta_b$ 都是不可估的. 依照和上节完全类似的方法, 我们先导出参数的一组 LS 解, 再表征所有可估函数.

对两向分类模型 (7.2.1), 不难验证正则方程 $X'X\gamma = X'y$ 为

$$
\begin{cases}
ab\mu + b\sum\limits_{i=1}^{a}\alpha_i + a\sum\limits_{j=1}^{b}\beta_j = y_{\cdot\cdot}\,, \\
b\mu + b\alpha_i + \sum\limits_{j=1}^{b}\beta_j = y_{i\cdot}\,, \qquad i = 1, \cdots, a, \\
a\mu + \sum\limits_{i=1}^{a}\alpha_i + a\beta_j = y_{\cdot j}\,, \qquad j = 1, \cdots, b,
\end{cases} \tag{7.2.3}
$$

其中 $y_{\cdot\cdot} = \sum_{i=1}^{a}\sum_{j=1}^{b} y_{ij}$, $y_{i\cdot} = \sum_{j=1}^{b} y_{ij}$, $y_{\cdot j} = \sum_{i=1}^{a} y_{ij}$. 从 (7.2.2) 或 (7.2.3) 容易得到 $\text{rk}(X) = a + b - 1$. 和上节同样的道理, 我们只需求任意一组 LS 解. 因为未知参数有 $a + b + 1$ 个, 我们可以找另外两个独立方程. 类似上节关于边界条件 (7.1.1) 讨论, 对两向分类模型 (7.2.1) 我们引进如下边界条件

$$
\sum_{i=1}^{a}\alpha_i = 0, \quad \sum_{j=1}^{b}\beta_j = 0, \tag{7.2.4}
$$

把这两个条件加入到方程组 (7.2.3) 中. 正则方程 (7.2.3) 变为

$$\begin{cases} ab\mu = y_{\cdot\cdot}\,, \\ b\mu + b\alpha_i = y_{i\cdot}\,, \qquad i = 1, \cdots, a, \\ a\mu + a\beta_j = y_{\cdot j}\,, \qquad j = 1, \cdots, b. \end{cases} \tag{7.2.5}$$

由 (7.2.5) 可解得一组 LS 解

$$\begin{aligned} \hat{\mu} &= \frac{1}{ab} y_{\cdot\cdot} \triangleq \overline{y}_{\cdot\cdot}\,, \\ \hat{\alpha}_i &= \frac{1}{b} y_{i\cdot} - \widehat{\mu} = \overline{y}_{i\cdot} - \overline{y}_{\cdot\cdot}\,, \qquad i = 1, \cdots, a, \\ \hat{\beta}_j &= \frac{1}{a} y_{\cdot j} - \widehat{\mu} = \overline{y}_{\cdot j} - \overline{y}_{\cdot\cdot}\,, \qquad j = 1, \cdots, b. \end{aligned} \tag{7.2.6}$$

在两向分类模型中, 我们总是分别比较因子 A 和 B 各水平的效应, 于是对形如 $\sum_{i=1}^a c_i\alpha_i$ 和 $\sum_{j=1}^b d_j\beta_j$ 的线性函数感兴趣, 下面我们就寻求这样的函数的可估条件. 设 $\sum_{i=1}^a \sum_{j=1}^b l_{ij}y_{ij}$ 为 y 的任一线性函数. 因为

$$E\left(\sum_{i=1}^a \sum_{j=1}^b l_{ij}y_{ij}\right) = \mu\left(\sum_{i=1}^a \sum_{j=1}^b l_{ij}\right) + \sum_{i=1}^a \left(\sum_{j=1}^b l_{ij}\right)\alpha_i + \sum_{j=1}^b \left(\sum_{i=1}^a l_{ij}\right)\beta_j\,,$$

所以, 欲使 $E(\sum_{i=1}^a \sum_{j=1}^b l_{ij}y_{ij}) = \sum_{i=1}^a c_i\alpha_i$ 当且仅当对所有 j, 满足 $\sum_{i=1}^a l_{ij} = 0$, 且 $\sum_{i=1}^a \left(\sum_{j=1}^b l_{ij}\right)\alpha_i = \sum_{i=1}^a c_i\alpha_i$. 于是, $\sum_{i=1}^a c_i = \sum_{i=1}^a \sum_{j=1}^b l_{ij} = 0$. 这就证明了：若 $\sum_{i=1}^a c_i\alpha_i$ 可估, 必有 $\sum_{i=1}^a c_i = 0$. 反过来, 易见若 $\sum_{i=1}^a c_i = 0$, $\sum_{i=1}^a c_i\alpha_i$ 必可估. 于是 $\sum_{i=1}^a c_i\alpha_i$ 可估 $\Longleftrightarrow$ $\sum_{i=1}^a c_i\alpha_i$ 为一对照. 完全类似地, $\sum_{j=1}^b d_j\beta_j$ 可估的充要条件是 $\sum_{j=1}^b d_j\beta_j$ 为一对照.

根据 Gauss–Markov 定理, 结合 (7.2.6) 式得：对照 $\sum_{i=1}^a c_i\alpha_i$ 的 BLU 估计为 $\sum_{i=1}^a c_i\widehat{\alpha}_i = \sum_{i=1}^a c_i\overline{y}_{i\cdot}$. 同样, 对照 $\sum_{j=1}^b d_j\beta_j$ 的 BLU 估计为 $\sum_{j=1}^b d_j\widehat{\beta}_j = \sum_{j=1}^b d_j\overline{y}_{\cdot j}$. 于是我们证明了如下定理：

定理 7.2.1 对于两向分类模型 (7.2.1)

(1) $\sum_{i=1}^a c_i\alpha_i$ 可估 $\Longleftrightarrow$ $\sum_{i=1}^a c_i\alpha_i$ 是一个对照, 即 $\sum_{i=1}^a c_i = 0$, 这时, 它的 BLU 估计为 $\sum_{i=1}^a c_i\overline{y}_{i\cdot}$.

(2) $\sum_{j=1}^b d_j\beta_j$ 可估 $\Longleftrightarrow$ $\sum_{j=1}^b d_j\beta_j$ 为一对照, 即 $\sum_{j=1}^b d_j = 0$, 这时, 它的 BLU 估计为 $\sum_{j=1}^b d_i\widehat{\beta}_j = \sum_{j=1}^b d_j\overline{y}_{\cdot j}$.

例如由此定理得，任意 $\alpha_i-\alpha_{i'}$， $\beta_j-\beta_{j'}$ 都是可估函数，它们的 BLU 估计分别为 $\widehat{\alpha}_i-\widehat{\alpha}_{i'}=\overline{y}_{i\cdot}-\overline{y}_{i'\cdot}$. 和 $\widehat{\beta}_j-\widehat{\beta}_{j'}=\overline{y}_{\cdot j}-\overline{y}_{\cdot j'}$.

7.2.2 假设检验

对于两向分类模型，我们感兴趣的主要有两个. 其一是考察因子 A 的 a 个水平效应是否有显著差异，即检验假设

$$H_1\text{：}\quad \alpha_1=\alpha_2=\cdots=\alpha_a\ , \tag{7.2.7}$$

其二是因子 B 的 b 个水平的效应是否有显著差异，即检验假设

$$H_2\text{：}\quad \beta_1=\beta_2=\cdots=\beta_b\ . \tag{7.2.8}$$

我们先导出检验 H_1 的统计量. 根据 §5.1, 回归平方和

$$\begin{aligned}\mathrm{RSS}(\mu,\alpha,\beta)&=y_{\cdot\cdot}\widehat{\mu}+\sum_{i=1}^{a}y_{i\cdot}\widehat{\alpha}_i+\sum_{j=1}^{b}y_{\cdot j}\widehat{\beta}_j\\&=\frac{y_{\cdot\cdot}^2}{ab}+\left(\sum_{i=1}^{a}\frac{y_{i\cdot}^2}{b}-\frac{y_{\cdot\cdot}^2}{ab}\right)+\left(\sum_{j=1}^{b}\frac{y_{\cdot j}^2}{a}-\frac{y_{\cdot\cdot}^2}{ab}\right).\end{aligned} \tag{7.2.9}$$

残差平方和为

$$\begin{aligned}\mathrm{SS}_e&=y'y-\mathrm{RSS}(\mu,\alpha,\beta)\\&=\sum_{i=1}^{a}\sum_{j=1}^{b}y_{ij}^2-\frac{y_{\cdot\cdot}^2}{ab}-\left(\sum_{i=1}^{a}\frac{y_{i\cdot}^2}{b}-\frac{y_{\cdot\cdot}^2}{ab}\right)-\left(\sum_{j=1}^{b}\frac{y_{\cdot j}^2}{a}-\frac{y_{\cdot\cdot}^2}{ab}\right).\end{aligned} \tag{7.2.10}$$

其自由度为 $ab-(a+b-1)=(a-1)(b-1)$. 上式也可变形为

$$\mathrm{SS}_e=\sum_{i=1}^{a}\sum_{j=1}^{b}(y_{ij}-\overline{y}_{i\cdot}-\overline{y}_{\cdot j}+\overline{y}_{\cdot\cdot})^2. \tag{7.2.11}$$

于是 σ^2 的无偏估计为

$$\widehat{\sigma}^2=\mathrm{SS}_e/[(a-1)(b-1)]\triangleq MS_e. \tag{7.2.12}$$

若 H_1 为真，则诸 α_i 相等. 设其公共值为 α, 将此 α 并入总平均值 μ, 得到约简模型

$$y_{ij}=\mu+\beta_j+e_{ij}\qquad i=1,2,\cdots,a,\quad j=1,2,\cdots,b, \tag{7.2.13}$$

这是一个单向分类模型. 利用 §7.1 的结果, 立得 μ 和 β_j, $j=1,\cdots,b$ 的一组 LS 解

$$\begin{aligned}\hat{\mu}_{H_1} &= \frac{1}{ab}y_{\cdot\cdot} \triangleq \overline{y}_{\cdot\cdot} \quad, \\ \hat{\beta}_{j_{H_1}} &= \frac{1}{a}y_{\cdot j} - \frac{y_{\cdot\cdot}}{ab} = \overline{y}_{\cdot j} - \overline{y}_{\cdot\cdot}, \qquad j=1,\cdots,b.\end{aligned} \tag{7.2.14}$$

于是可以算出对应的 μ 和 $\beta_1,\beta_2,\cdots,\beta_a$ 的回归平方和

$$\begin{aligned}\mathrm{RSS}(\mu,\beta) &= \widehat{\mu}_{H_1} y_{\cdot\cdot} + \sum_{j=1}^{b} \widehat{\beta}_{j_{H_1}} y_{\cdot j} \\ &= \frac{y_{\cdot\cdot}^2}{ab} + \left(\sum_{j=1}^{b}\frac{y_{\cdot j}^2}{a} - \frac{y_{\cdot\cdot}^2}{ab}\right).\end{aligned} \tag{7.2.15}$$

由 (7.2.9) 和 (7.2.15) 得到因子 A 的平方和为

$$\mathrm{SS}_A = \mathrm{RSS}(\mu,\alpha,\beta) - \mathrm{RSS}(\mu,\beta) = \sum_{i=1}^{a}\frac{y_{i\cdot}^2}{b} - \frac{y_{\cdot\cdot}^2}{ab} = \sum_{i=1}^{a}\sum_{j=1}^{b}(\overline{y}_{i\cdot} - \overline{y}_{\cdot\cdot})^2 . \tag{7.2.16}$$

和单向分类模型一样, SS_A 是因子 A 的水平变化所引起的观测数据的变差平方和. 因为假设 H_1 含 $a-1$ 个独立方程, 所以 SS_A 的自由度为 $a-1$. 根据 §5.1, 从 (7.2.16) 和 (7.2.10) 得到检验假设 H_1 的 F 统计量为

$$F_1 = \frac{\mathrm{SS}_A/(a-1)}{\mathrm{SS}_e/(a-1)(b-1)} = \frac{MS_A}{MS_e}, \tag{7.2.17}$$

其中 $MS_A = \mathrm{SS}_A/(a-1)$, $MS_e = \mathrm{SS}_e/(a-1)(b-1)$ 分别为因子 A 和误差的均方. 当 H_1 为真时, $F_1 \sim F_{a-1,(a-1)(b-1)}$. F_1 统计量 (7.2.17) 的直观意义与 (7.1.19) 类似.

用完全类似的方法, 可以导出检验假设 H_2 的 F 统计量. 此时, 因子 B 的平方和为

$$\mathrm{SS}_B = \sum_{j=1}^{b}\frac{y_{\cdot j}^2}{a} - \frac{y_{\cdot\cdot}^2}{ab} = \sum_{i=1}^{a}\sum_{j=1}^{b}(\overline{y}_{\cdot j} - \overline{y}_{\cdot\cdot})^2. \tag{7.2.18}$$

和 SS_A 一样, SS_B 是因子 B 的水平变化所引起的观测数据的变差平方和. 因为假设 H_2 含 $b-1$ 个独立方程, 所以 SS_B 的自由度为 $b-1$, 同样根据 §5.1, 得到检验假设 H_2 的 F 统计量为

$$F_2 = \frac{\mathrm{SS}_B/(b-1)}{\mathrm{SS}_e/(a-1)(b-1)} = \frac{MS_B}{MS_e}, \tag{7.2.19}$$

其中 $MS_B = \mathrm{SS}_B/(a-1)$, $MS_e = \mathrm{SS}_e/(a-1)(b-1)$ 分别为因子 B 和误差的均方. 当 H_2 为真时, $F_2 \sim F_{b-1,(a-1)(b-1)}$.

对于两向分类模型, 方差分析表如表 7.2.1.

表 7.2.1 无重复试验无交互效应两因素方差分析表

方差源	自由度	平方和	均　方	F 值
因子 A	$a-1$	SS_A	$MS_A=\mathrm{SS}_A/(a-1)$	$F_1=\dfrac{MS_A}{MS_e}$
因子 B	$b-1$	SS_B	$MS_B=\mathrm{SS}_B/(b-1)$	$F_2=\dfrac{MS_B}{MS_e}$
误　差	$(a-1)(b-1)$	SS_e	$MS_e=\mathrm{SS}_e/(a-1)(b-1)$	
总　和	$ab-1$	$\mathrm{SS}_T=\mathrm{SS}_A+\mathrm{SS}_B+\mathrm{SS}_e$		

例 7.2.1 一种火箭使用了四种燃料、三种推进器进行射程试验. 对于每种燃料与推进器的组合作一次试验, 得到的试验数据如表 7.2.2, 问各种燃料之间及各种推进器之间有无显著差异?

表 7.2.2 火箭试验数据

		推进器B			
		B_1	B_2	B_3	$y_{i\cdot}$
燃	A_1	58.2	56.2	65.3	179.7
料	A_2	49.1	54.1	51.6	154.8
A	A_3	60.1	70.9	39.2	170.2
	A_4	75.8	58.2	48.7	182.7
$y_{\cdot j}$		243.2	239.4	204.8	

解 这是一个双因素试验, 且不考虑交互效应. 记"燃料"为因子 A, 它有 4 个水平, 各个水平的效应记为 α_i $(i=1,2,3,4)$. "推进器"为因子 B, 它有 3 个水平, 记水平的效应为 β_j $(j=1,2,3)$. 我们在显著性水平为 $\alpha=0.05$ 下检验

$$H_1: \quad \alpha_1=\alpha_2=\alpha_3=\alpha_4,$$

$$H_2: \quad \beta_1=\beta_2=\beta_3.$$

用表 7.2.2 中数据做方差分析计算, 并把计算结果填入如下的方差分析表 7.2.3.

表 7.2.3 火箭数据方差分析表

方差源	自由度	平方和	均　方	F 值
因子 A	3	157.59	52.53	$F_1=0.43$
因子 B	2	223.85	111.93	$F_2=0.92$
误　差	6	731.98	122.00	
总　和	11	1113.42		

因为 $F_{3,6}(0.05) = 4.76 > F_1 = 0.43$, 接受 H_1. 又因为 $F_{2,6}(0.05) = 5.14 > F_2 = 0.92$, 所以接受 H_2, 即认为各种燃料和各种推进器之间的差异对火箭射程无显著影响.

7.2.3 同时置信区间

如果经 F 检验, 假设 H_1 被拒绝, 则表明因子 A 的 a 个水平的效应不全相等. 和单向分类模型一样, 这时我们希望构造对照 $\alpha_i - \alpha_{i'}$ 的同时置信区间. 类似地, 如果 H_2 被拒绝, 则表明因子 B 的 b 个水平的效应不全相等, 于是构造对照 $\beta_j - \beta_{j'}$ 的同时置信区间. 下面只给出这两类较简单对照的同时置信区间, 这些结果很容易推广到更一般形式的对照 $\sum_{i=1}^a b_i\alpha_i$ 和 $\sum_{j=1}^b d_j\beta_j$ 的同时置信区间, 读者可自己完成. 根据 §5.3 同时置信区间的一般结果, 很容易推得下列事实.

1. Bonferroni 区间

任意 m 个 $\alpha_i - \alpha_{i'}, i \neq i'$ 的置信系数为 $1-\alpha$ 的 Bonferroni 同时置信区间为

$$(\overline{y}_{i\cdot} - \overline{y}_{i'\cdot}) \pm t_{(a-1)(b-1)}\left(\frac{\alpha}{2m}\right)\widehat{\sigma}\left(\frac{2}{b}\right)^{\frac{1}{2}}. \tag{7.2.20}$$

类似地, 任意 m 个 $\beta_j - \beta_{j'}, j \neq j'$ 的置信系数为 $1-\alpha$ 的 Bonferroni 同时置信区间为

$$(\overline{y}_{\cdot j} - \overline{y}_{\cdot j'}) \pm t_{(a-1)(b-1)}\left(\frac{\alpha}{2m}\right)\widehat{\sigma}\left(\frac{2}{a}\right)^{\frac{1}{2}}, \tag{7.2.21}$$

其中 $\widehat{\sigma}$ 如 (7.2.12) 所示.

2. Scheffè 区间

所有形如 $\alpha_i - \alpha_{i'}, i \neq i'$ 的对照有 $a-1$ 个线性无关, 所以对这种形式的对照的全体, 置信系数为 $1-\alpha$ 的 Scheffè 同时置信区间为

$$(\overline{y}_{i\cdot} - \overline{y}_{i'\cdot}) \pm \widehat{\sigma}\sqrt{(a-1)F_{a-1,(a-1)(b-1)}(\alpha)\left(\frac{2}{b}\right)}. \tag{7.2.22}$$

对于所有对照 $\beta_j - \beta_{j'}, j \neq j'$ 的置信系数为 $1-\alpha$ 的 Scheffè 同时置信区间为

$$(\overline{y}_{\cdot j} - \overline{y}_{\cdot j'}) \pm \widehat{\sigma}\sqrt{(b-1)F_{b-1,(a-1)(b-1)}(\alpha)\left(\frac{2}{a}\right)}. \tag{7.2.23}$$

3. Tukey 区间

对所有对照 $\alpha_i - \alpha_{i'}, i \neq i'$ 的置信系数为 $1-\alpha$ 的 Tukey 同时置信区间为

$$(\overline{y}_{i\cdot} - \overline{y}_{i'\cdot}) \pm q_{a,\ (a-1)(b-1)}(\alpha)\frac{\widehat{\sigma}}{\sqrt{b}}. \tag{7.2.24}$$

对所有对照 $\beta_j - \beta_{j'}, j \neq j'$ 的置信系数为 $1-\alpha$ 的 Tukey 同时置信区间为

$$(\overline{y}_{\cdot j} - \overline{y}_{\cdot j'}) \pm q_{b,\ (a-1)(b-1)}(\alpha)\,\frac{\widehat{\sigma}}{\sqrt{a}}. \tag{7.2.25}$$

(7.2.24) 和 (7.2.25) 成立是因为

$$\overline{y}_{i\cdot} \sim N\left(\mu + \alpha_i + \frac{1}{b}\sum_{j=1}^{b}\beta_j,\ \frac{\sigma^2}{b}\right), \qquad i = 1, \cdots, a,$$

$$\overline{y}_{\cdot j} \sim N\left(\mu + \beta_j + \frac{1}{a}\sum_{i=1}^{a}\alpha_i,\ \frac{\sigma^2}{a}\right), \qquad j = 1, \cdots, b,$$

以及 $(a-1)(b-1)\widehat{\sigma}^2/\sigma^2 \sim \chi^2_{(a-1)(b-1)}$, 再应用定理 7.1.2 推得.

例 7.2.2 为了考察高温合金中碳的含量 (因子 A) 和锑与铝的含量之和 (因子 B) 对合金强度的影响. 因子 A 取 3 个水平 0.03, 0.04, 0.05(上述数字表示碳的含量占合金总量的百分比), 因子 B 取 4 个水平 3.3, 3.4, 3.5, 3.6(上述数字意义同上). 在每个水平组合下各作一次试验, 试验结果如表 7.2.4 所示.

表 7.2.4 合金强度试验数据

		B 锑与铝的含量之和				
		3.3	3.4	3.5	3.5	$y_{i\cdot}$
碳	0.03	63.1	63.9	65.6	66.8	259.4
含	0.04	65.1	66.4	67.8	69.0	268.3
量	0.05	67.2	71.0	71.9	73.5	283.6
$y_{\cdot j}$		195.4	201.3	205.3	209.3	

解 计算诸平方和并将数值填入方差分析表, 如表 7.2.5

表 7.2.5 方差分析表

方差源	自由度	平方和	均 方	F 值
因子 A	2	74.91	37.46	$F_1 = 70.05$
因子 B	3	35.17	11.72	$F_2 = 21.92$
误 差	6	3.21	0.535	
总 和	11	113.29		

查表 $F_{2,6}(0.05) = 5.14 < 70.05 = F_1$, $F_{3,6}(0.05) = 4.76 < 21.92 = F_2$, 所以当显

著性水平 $\alpha = 0.05$ 时，因子 A 的 3 个水平之间和因子 B 的 4 个水平之间对合金强度的影响都有显著差异，因子 A 和因子 B 都是显著的.

为了进一步比较因子的各水平效应间差异，可以构造同时置信区间.

我们现在计算 Tukey 同时置信区间. 由文献 [1] 中的表三，查得 $q_{2,6} = 4.34$, $\hat{\sigma} = 0.731$, $1/\sqrt{a} = 1/\sqrt{3} = 0.58$. 依 (7.2.24), 第 i 和第 i' 碳含量效应之差 $\alpha_i - \alpha_{i'}, i \neq i'$ 的 Tukey 同时置信区间为

$$(\overline{y}_{i\cdot} - \overline{y}_{i'\cdot}) \pm 1.84. \tag{7.2.26}$$

例如对含量 3 的水平 0.05 效应与含量 2 的水平 0.04 效应之差 $\alpha_3 - \alpha_2$ 有

$$(70.90 - 67.08) \pm 1.84 = [1.98,\ 5.66],$$

即 $1.98 \leq \alpha_3 - \alpha_2 \leq 5.66$. 这个区间不包含原点，所以，这两个效应有显著差异. 其它对照的 Tukey 区间也类似容易写出. 经计算因子 A 的各个水平效应间都有显著差异，而对因子 B 的 4 个水平，效应 β_1 和 β_4, β_2 和 β_4 及 β_1 和 β_3 之间存在显著差异.

用 Bnferroni 及 Scheffè 同时置信区间计算，除了区间不同外，最后得到的结论和 Tukey 方法一致.

§7.3 两向分类模型 (交互效应存在)

在上节的两向分类模型中，如果因子 A 和 B 之间有交互效应 (关于交互效应的概念见 §1.2), 并用 γ_{ij} 记水平 A_i 和 B_j 的交互效应，要分析交互效应，在各个水平组合下需要作重复试验. 设每种组合下试验次数为 c, 且第 k 次观测值为 y_{ijk}, 则得到模型

$$y_{ijk} = \mu + \alpha_i + \beta_j + \gamma_{ij} + e_{ijk}, \quad i = 1, \cdots, a, \quad j = 1, \cdots, b, \quad k = 1, \cdots, c, \tag{7.3.1}$$

这里 μ 表示总平均，α_i 和 β_j 分别表示水平 A_i 和 B_j 的主效应，e_{ijk} 表示在水平组合 A_i 和 B_j 的第 k 次观测的随机误差，并假定 $e_{ijk} \sim N(0, \sigma^2)$, 且对所有 i, j, k, e_{ij} 都相互独立. 和以前类似，通过引进矩阵记号，模型 (7.3.1) 可表示为标准的线性模型的形式.

7.3.1 参数估计

依照和前面完全类似的方法，我们先导出参数的一组 LS 解，再表征所有可估函数.

对两向分类模型 (7.3.1), 不难验证正则方程为

$$abc\mu + bc\sum_{i=1}^{a}\alpha_i + ac\sum_{j=1}^{b}\beta_j + c\sum_{i=1}^{a}\sum_{j=1}^{b}\gamma_{ij} = y_{\cdots}\,, \tag{7.3.2}$$

$$bc\mu + bc\alpha_i + c\sum_{j=1}^{b}\beta_j + c\sum_{j=1}^{b}\gamma_{ij} = y_{i\cdot\cdot}\,, \qquad i=1,\cdots,a, \tag{7.3.3}$$

$$ac\mu + c\sum_{i=1}^{a}\alpha_i + ac\beta_j + c\sum_{j=1}^{b}\gamma_{ij} = y_{\cdot j\cdot}\,, \qquad j=1,\cdots,b, \tag{7.3.4}$$

$$c\mu + c\alpha_i + c\beta_j + c\gamma_{ij} = y_{ij\cdot}\,, \quad i=1,\cdots,a, \quad j=1,\cdots,b, \tag{7.3.5}$$

其中 $y_{\cdots} = \sum_{i=1}^{a}\sum_{j=1}^{b}\sum_{k=1}^{c} y_{ijk}$, $y_{i\cdot\cdot} = \sum_{j=1}^{b}\sum_{k=1}^{c} y_{ijk}$, $y_{\cdot j\cdot} = \sum_{i=1}^{a}\sum_{k=1}^{c} y_{ijk}$, $y_{ij\cdot} = \sum_{k=1}^{c} y_{ijk}$. 现在模型的设计阵 X 有 $a+b+ab+1$ 列, 即模型未知参数有 $a+b+ab+1$ 个. 另一方面, 容易看出, 正则方程中只有 (7.3.5) 的 ab 个方程是独立方程, 所以 $\mathrm{rk}(X) = ab < a+b+ab+1$. 为了获得一组 LS 解, 我们可以附加 $(a+b+ab+1)-(ab) = a+b+1$ 个独立约束条件, 即边界条件. 类似于前面几节的讨论, 边界条件可取为:

$$\begin{aligned} &\sum_{i=1}^{a}\alpha_i = 0, && \sum_{j=1}^{b}\beta_j = 0, \\ &\sum_{i=1}^{a}\gamma_{ij} = 0, \quad j=1,\cdots,b, && \sum_{j=1}^{b}\gamma_{ij} = 0, \quad i=1,\cdots,a. \end{aligned} \tag{7.3.6}$$

这里共有 $a+b+2$ 个方程, 但因 $\sum_{i=1}^{a}\sum_{j=1}^{b}\gamma_{ij} = 0$, 所以实际上只有 $a+b+1$ 个是独立方程. 把这些约束条件加入到方程组 (7.3.3) 中, 很容易求出参数 $\mu, \alpha_i, \beta_j, \gamma_{ij}$ 的一组特定的 LS 解:

$$\widehat{\mu} = \overline{y}_{\cdots}\,, \tag{7.3.7}$$

$$\widehat{\alpha}_i = \overline{y}_{i\cdot\cdot} - \overline{y}_{\cdots}, \qquad i=1,\cdots,a, \tag{7.3.8}$$

$$\widehat{\beta}_j = \overline{y}_{\cdot j\cdot} - \overline{y}_{\cdots}, \qquad j=1,\cdots,b. \tag{7.3.9}$$

$$\widehat{\gamma}_{ij} = \overline{y}_{ij\cdot} - \overline{y}_{i\cdot\cdot} - \overline{y}_{\cdot j\cdot} + \overline{y}_{\cdots}, \quad i=1,\cdots,a,\ j=1,\cdots,b, \tag{7.3.10}$$

其中 $\overline{y}_{\cdots} = \frac{1}{abc}y_{\cdots}$, $\overline{y}_{i\cdot\cdot} = \frac{1}{a}y_{i\cdot\cdot}$, $\overline{y}_{\cdot j\cdot} = \frac{1}{b}y_{\cdot j\cdot}$, $\overline{y}_{ij\cdot} = \frac{1}{ab}y_{ij\cdot}$.

现在我们讨论对模型 (7.3.1), 哪些参数的函数是可估的. 从 (7.3.3) 知, 对正则方程的任一组解有

$$\frac{y_{i\cdot\cdot} - y_{u\cdot\cdot}}{bc} = \widehat{\alpha}_i - \widehat{\alpha}_u + \frac{1}{b}\left(\sum_{j=1}^{b}\widehat{\gamma}_{ij} - \sum_{j=1}^{b}\widehat{\gamma}_{uj}\right). \tag{7.3.11}$$

注意: 这里 (7.3.11) 中 $\widehat{\alpha}_i$, $\widehat{\alpha}_u$, $\widehat{\gamma}_{ij}$ 和 $\widehat{\gamma}_{uj}$ 是正则方程的任一组解, 故不必满足 (7.3.6) 式, 此事实以及类似的 $\sum_{i=1}^{a}\alpha_i = 0, \sum_{j=1}^{b}\beta_j = 0$, $\sum_{i=1}^{a}\gamma_{ij} = 0$ 不必成立同样对后

面的 (7.3.12)~(7.3.14) 也是对的. 从 (7.3.4) 有

$$\frac{y_{\cdot j\cdot}-y_{\cdot v\cdot}}{ac}=\widehat{\beta}_j-\widehat{\beta}_v+\frac{1}{a}\left(\sum_{i=1}^{a}\widehat{\gamma}_{ij}-\sum_{i=1}^{a}\widehat{\gamma}_{iv}\right). \tag{7.3.12}$$

更进一步, 将 (7.3.2), (7.3.3), (7.3.4) 和 (7.3.5) 分别除以 abc, bc, ac 和 c, 然后将所得到的第一个方程与最后一个方程相加再减去中间两个得到

$$\overline{y}_{ij\cdot}-\overline{y}_{i\cdot\cdot}-\overline{y}_{\cdot j\cdot}+\overline{y}_{\cdots}=\widehat{\gamma}_{ij}-\frac{1}{b}\sum_{j=1}^{b}\widehat{\gamma}_{ij}-\frac{1}{a}\sum_{i=1}^{a}\widehat{\gamma}_{ij}+\frac{1}{ab}\sum_{i=1}^{a}\sum_{j=1}^{b}\widehat{\gamma}_{uj}\ . \tag{7.3.13}$$

从 (7.3.2) 有

$$\overline{y}_{\cdots}=\widehat{\mu}+\frac{1}{a}\sum_{i=1}^{a}\widehat{\alpha}_i+\frac{1}{b}\sum_{j=1}^{b}\widehat{\beta}_j+\frac{1}{ab}\sum_{i=1}^{a}\sum_{j=1}^{b}\widehat{\gamma}_{ij}\ . \tag{7.3.14}$$

从 (7.3.11)~(7.3.14) 说明了线性函数

$$\alpha_i-\alpha_u+\overline{\gamma}_{i\cdot}-\overline{\gamma}_{u\cdot}\,,\qquad \text{对所有}i\neq j, \tag{7.3.15}$$

$$\beta_j-\beta_v+\overline{\gamma}_{\cdot j}-\overline{\gamma}_{\cdot v}\,,\qquad \text{对所有}j\neq v, \tag{7.3.16}$$

$$\delta_{ij}\overset{\triangle}{=}\gamma_{ij}-\overline{\gamma}_{i\cdot}-\overline{\gamma}_{\cdot j}+\overline{\gamma}_{\cdot\cdot}\,,\qquad \text{对所有}i,\ j, \tag{7.3.17}$$

$$\mu+\frac{1}{a}\sum_{i=1}^{a}\alpha_i+\frac{1}{b}\sum_{j=1}^{b}\beta_j+\overline{\gamma}_{\cdot\cdot} \tag{7.3.18}$$

都是可估的. 这里

$$\overline{\gamma}_{i\cdot}=\frac{1}{b}\sum_{j=1}^{b}\gamma_{ij},\qquad \overline{\gamma}_{\cdot j}=\frac{1}{a}\sum_{i=1}^{a}\gamma_{ij},\qquad \overline{\gamma}_{\cdot\cdot}=\frac{1}{ab}\sum_{i=1}^{a}\sum_{j=1}^{b}\gamma_{ij}.$$

下面我们对这些可估函数再作进一步分析, 以便从中找出 ab 个线性无关的可估函数 (因为对模型 (7.3.1), 设计阵的秩为 ab, 所以一个线性无关的可估函数组最多只含有 ab 个可估函数), 不难看出 (7.3.15) 中的每个可估函数皆为如下 a 个函数

$$\alpha_i+\overline{\gamma}_{i\cdot},\qquad i=1,2,\cdots,a \tag{7.3.19}$$

中的两个函数之差, 于是其中只有 $a-1$ 个是线性无关的. 类似地, (7.3.16) 中的每个可估函数皆为 b 个函数

$$\beta_j+\overline{\gamma}_{\cdot j},\qquad j=1,2,\cdots,b \tag{7.3.20}$$

中的两个函数之差, 因而其中也只有 $b-1$ 个是线性无关的. 再看 (7.3.17), 虽然这里有 ab 个可估函数, 但它们满足

$$\sum_{i=1}^{a}\delta_{ij}=0,\quad j=1,\cdots,b,\qquad \sum_{j=1}^{b}\delta_{ij}=0,\quad i=1,\cdots,a. \tag{7.3.21}$$

这些条件中有 $a+b-1$ 个是独立的. 于是 (7.3.17) 中也只有 $ab-(a+b-1)=(a-1)(b-1)$ 个线性无关的可估函数. 不妨取 δ_{ij} $(i=1,2,\cdots,a-1,\ j=1,2,\cdots,b-1)$. 至此, 我们总共有 ab 个线性无关的可估函数, 它们构成了可估函数的一个极大线性无关组. 因此任一个可估函数都可以表示它们的线性组合. 根据 Gauss–Markov 定理, 对任一可估函数, 将未知参数用其任一组 LS 解 (7.3.7)~(7.3.10) 代替, 即得到该可估函数的 BLU 估计. 综合上述讨论, 我们得到:

定理 7.3.1 对有交互效应的两向分类模型 (7.3.1), 下列 ab 个函数构成了极大线性无关的可估函数组

$$\alpha_i-\alpha_{i+1}+\overline{\gamma}_{i\cdot}-\overline{\gamma}_{(i+1)\cdot}\,,\qquad i=1,\cdots,a-1, \tag{7.3.22}$$

$$\beta_j-\beta_{j+1}+\overline{\gamma}_{\cdot j}-\overline{\gamma}_{\cdot(j+1)}\,,\quad j=1,\cdots,b-1, \tag{7.3.23}$$

$$\delta_{ij}\triangleq\gamma_{ij}-\overline{\gamma}_{i\cdot}-\overline{\gamma}_{\cdot j}+\overline{\gamma}_{\cdot\cdot}\,,\quad i=1,\cdots,a-1,\quad j=1,\cdots,b-1, \tag{7.3.24}$$

$$\mu+\frac{1}{a}\sum_{i=1}^{a}\alpha_i+\frac{1}{b}\sum_{j=1}^{b}\beta_j+\overline{\gamma}_{\cdot\cdot}\,. \tag{7.3.25}$$

这些可估函数具有明显的实际意义, 从关系式 $\mu_{ij}=\mu+\alpha_i+\beta_j+\gamma_{ij}$ 可以看出, 当 $\gamma_{ij}\neq0$ 时, α_i 并不能反映因子水平 A_i 的优劣, 因为因子水平 A_i 的优劣还与因子 B 的水平有关. 如果对因子 B 的 b 个水平求平均, 得到

$$\overline{\mu}_{i\cdot}=\mu+\alpha_i+\frac{1}{b}\sum_{j=1}^{b}\beta_j+\overline{\gamma}_{i\cdot}\ .$$

这个量是在因子 B 的诸水平求平均的意义下, 对因子水平 A_i 优劣的度量. 类似地, 有

$$\overline{\mu}_{(i+1)\cdot}=\mu+\alpha_{i+1}+\frac{1}{b}\sum_{j=1}^{b}\beta_j+\overline{\gamma}_{(i+1)\cdot}\ .$$

将上面两式相减即得 (7.3.22). 因此, 可估函数 (7.3.22) 就是在对因子 B 的诸水平求平均的意义下, 对因子水平 A_i 和 A_{i+1} 的效应差异的度量. (7.3.23) 实际意义与 (7.3.22) 完全相似.

(7.3.24) 的实际意义可从如下两方面去看. 如果考虑了参数约束 (7.3.6), 对一切 $i,\ j$, 则 $\delta_{ij}=\gamma_{ij}$, 于是它们就是交互效应. 另一方面, 若 $\delta_{ij}=0$, 则 $\gamma_{ij}=\overline{\gamma}_{i\cdot}+\overline{\gamma}_{\cdot j}-\overline{\gamma}_{\cdot\cdot}$, 代入模型 (7.3.1), 得

$$\begin{aligned}y_{ijk}&=(\mu-\overline{\gamma}_{\cdot\cdot})+(\alpha_i+\overline{\gamma}_{i\cdot})+(\beta_j+\overline{\gamma}_{\cdot j})+e_{ijk}\\&\triangleq\mu^0+\alpha_i^0+\beta_j^0+e_{ijk}\,,\end{aligned} \tag{7.3.26}$$

其中

$$\mu^0=\mu-\overline{\gamma}_{\cdot\cdot}\,,\qquad \alpha_i^0=\alpha_i+\overline{\gamma}_{i\cdot}\,,\qquad \beta_j^0=\beta_j+\overline{\gamma}_{\cdot j}\ .$$

于是 (7.3.26) 就是一个无交互效应的两向分类模型. 这也说明了 δ_{ij} 度量了 A_i 和 B_j 的交互效应.

至于 (7.3.25), 它是在总平均 μ 上加了些与 i, j 都无关的量, 它还是总平均. 这是因为模型 (7.3.1) 以及一般的任一方差分析模型, 总平均无实际意义, 它只是一个度量的起点. 现在在 μ 上增加了一些与 i, j 都无关的量, 只表明度量的起点发生了改变.

7.3.2 假设检验

从参数估计的讨论我们看到, 对有交互效应的两向分类模型, 由于交互效应的存在, α_i 并不能反映因子水平 A_i 的优劣, 因为因子水平 A_i 的优劣还与因子 B 的水平有关. 对不同的 B_j, A_i 的优劣也不相同. 因此, 对这样的模型, 单纯检验 $\alpha_1 = \cdots = \alpha_a = 0$ 与检验 $\beta_1 = \cdots = \beta_b = 0$ 都是没有实际意义的. 然而一个重要的检验问题是交互效应是否存在.

1. 交互效应是否存在的检验

这就是检验假设：$\gamma_{ij} = 0\ (i = 1, 2, \cdots, a, \quad j = 1, 2, \cdots, b)$. 但 γ_{ij} 不是可估函数. 根据上段的讨论, 我们可以改为检验一个等价的假设

$$H_1:\quad \delta_{ij} = 0, \quad i = 1, 2, \cdots, a, \quad j = 1, 2, \cdots, b.$$

从正则方程 (7.3.2)~(7.3.5) 以及 LS 解 (7.3.7)~(7.3.10) 容易算出回归平方和

$$\begin{aligned} &\mathrm{RSS}(\mu, \alpha, \beta, \gamma) \\ =\ & \widehat{\mu} y_{\cdots} + \widehat{\alpha}_i \sum_{i=1}^{a} y_{i\cdot\cdot} + \widehat{\beta}_j \sum_{j=1}^{b} y_{\cdot j\,\cdot} + \widehat{\gamma}_{ij} \sum_{i=1}^{a}\sum_{j=1}^{b} y_{ij\,\cdot} \\ =\ & \frac{1}{c}\sum_{i=1}^{a}\sum_{j=1}^{b} y_{ij\,\cdot}^2 . \end{aligned} \tag{7.3.27}$$

残差平方和为

$$\begin{aligned} \mathrm{SS}_e &= \sum_{i=1}^{a}\sum_{j=1}^{b}\sum_{k=1}^{c} y_{ijk}^2 - \mathrm{RSS}(\mu, \alpha, \beta, \gamma) \\ &= \sum_{i=1}^{a}\sum_{j=1}^{b}\sum_{k=1}^{c} y_{ijk}^2 - \frac{1}{c}\sum_{i=1}^{a}\sum_{j=1}^{b} y_{ij\,\cdot}^2 \\ &= \sum_{i=1}^{a}\sum_{j=1}^{b}\sum_{k=1}^{c} (y_{ijk} - \overline{y}_{ij\,\cdot})^2 , \end{aligned} \tag{7.3.28}$$

其自由度为 $abc - ab = ab(c-1)$. 如果 $c = 1$, 即对 A 与 B 的每个水平组合 (文献中常称为一个格子 cell) 只有一个观测, 在交互效应存在的情况下, 残差平方和的

自由度为 0, 这时我们只能作估计而不能作检验, 但检验对方差分析来讲是不可缺少的. 所以在交互效应存在的情形, 我们要求每个水平组合的重复观测数据个数 $c>1$. 若 $c>1$, σ^2 的无偏估计为

$$\widehat{\sigma}^2=\frac{\mathrm{SS}_e}{ab(c-1)}\triangleq MS_e. \tag{7.3.29}$$

在假设 H_1 下, 模型 (7.3.1) 化为无交互效应的两向分类模型, 应用 §7.2 的结果, 此时的回归平方和为

$$\mathrm{RSS}(\mu,\alpha,\beta)=\frac{y_{\cdots}^2}{abc}+\left(\sum_{i=1}^{a}\frac{y_{i\cdot\cdot}^2}{bc}-\frac{y_{\cdots}^2}{abc}\right)+\left(\sum_{j=1}^{b}\frac{y_{\cdot j\cdot}^2}{ac}-\frac{y_{\cdots}^2}{abc}\right). \tag{7.3.30}$$

结合 (7.3.27), 得到平方和

$$\begin{aligned}\mathrm{SS}_{H_1}&=\mathrm{RSS}(\mu,\alpha,\beta,\gamma)-\mathrm{RSS}(\mu,\alpha,\beta)\\&=\left(\frac{1}{c}\sum_{i=1}^{a}\sum_{j=1}^{b}y_{ij\cdot}^2-\frac{y_{\cdots}^2}{abc}\right)-\left(\sum_{i=1}^{a}\frac{y_{i\cdot\cdot}^2}{bc}-\frac{y_{\cdots}^2}{abc}\right)-\left(\sum_{j=1}^{b}\frac{y_{\cdot j\cdot}^2}{ac}-\frac{y_{\cdots}^2}{abc}\right)\\&=\sum_{i=1}^{a}\sum_{j=1}^{b}\sum_{k=1}^{c}(\overline{y}_{ij\cdot}-\overline{y}_{\cdots})^2\\&\quad-\sum_{i=1}^{a}\sum_{j=1}^{b}\sum_{k=1}^{c}(\overline{y}_{i\cdot\cdot}-\overline{y}_{\cdots})^2-\sum_{i=1}^{a}\sum_{j=1}^{b}\sum_{k=1}^{c}(\overline{y}_{\cdot j\cdot}-\overline{y}_{\cdots})^2.\end{aligned} \tag{7.3.31}$$

根据直观意义, 这三项分别为格间平方和, 行间平方和与列间平方和. 后面将会看到行间平方和与列间平方和也就是因子 A,B 的平方和. 我们称 SS_{H_1} 为交互效应平方和, 也常记为 $\mathrm{SS}_{A\times B}$. 此因 SS_{H_1} 是由于交互效应引起的观测数据变差平方和. 不难证明

$$\mathrm{SS}_{A\times B}=\sum_{i=1}^{a}\sum_{j=1}^{b}\sum_{k=1}^{c}(\overline{y}_{ij\cdot}-\overline{y}_{i\cdot\cdot}-\overline{y}_{\cdot j\cdot}+\overline{y}_{\cdots})^2.$$

它的自由度等于假设 H_1 所含独立方程个数 $(a-1)(b-1)$. 根据 §5.1, 检验假设 H_1 的 F 统计量为

$$F_{A\times B}=\frac{\mathrm{SS}_{H_1}/[(a-1)(b-1)]}{\mathrm{SS}_e/[ab(c-1)]}=\frac{\mathrm{SS}_{A\times B}/[(a-1)(b-1)]}{\mathrm{SS}_e/[ab(c-1)]}. \tag{7.3.32}$$

当 H_1 成立时, $F_{A\times B}\sim F_{(a-1)(b-1),ab(c-1)}$. 对给定的显著性水平 α, 若 $F_{A\times B}<F_{(a-1)(b-1),ab(c-1)}(\alpha)$, 则我们认为因子 A 与因子 B 的相互效应不存在. 这时就可以回到上节内容去检验因子 A 和 B 的各水平效应的差异.

2. 关于因子效应的检验

前面已经指出，对有交互效应的两向分类模型，由于交互效应的存在， α_i 并不能反映因子水平 A_i 的优劣，这是因为因子水平 A_i 的优劣还与因子 B 的水平有关．对不同的 B_j, A_i 的优劣也不相同．这时，我们只能退而求其次，在对因子水平 B_j 求平均的意义下，比较因子 A 的诸水平优劣．对因子 B 也是一样．于是，我们讨论如下两个假设：

H_2： $\alpha_1+\overline{\gamma}_{i\cdot}=\cdots=\alpha_a+\overline{\gamma}_{a\cdot}$,

H_3： $\beta_1+\overline{\gamma}_{\cdot 1}=\cdots=\beta_a+\overline{\gamma}_{\cdot b}$

的检验问题．由定理 7.3.1, H_2 和 H_3 都是可检验假设．

若 H_2 成立，则模型 (7.3.1) 可改写为如下约简模型，

$$\begin{aligned} y_{ijk} &= \mu+(\alpha_i+\overline{\gamma}_{i\cdot})+\beta_j+(\gamma_{ij}-\overline{\gamma}_{i\cdot})+e_{ij} \\ &= \mu^\star+\beta_j^\star+\gamma_{ij}^\star+e_{ij}\ , \end{aligned} \tag{7.3.33}$$

其中 $\mu^\star=\mu+\alpha_i+\overline{\gamma}_{i\cdot}$， $\beta_j^\star=\beta_j$， $\gamma_{ij}^\star=\gamma_{ij}-\overline{\gamma}_{i\cdot}$ ．对任意的 i, $\sum_{j=1}^b\gamma_{ij}^\star=0$, 当 H_2 成立时， $\mu^\star$ 与 i 无关．应用 Lagrange 乘子法，极小化辅助函数

$$\sum_{i=1}^a\sum_{j=1}^b\sum_{k=1}^c(y_{ijk}-\mu^\star-\beta_j^\star-\gamma_{ij}^\star)^2+2\sum_{i=1}^a\lambda_i\sum_{j=1}^b\gamma_{ij}^\star\ ,$$

这里 λ_i 为 Lagrange 乘子系数．将上式对 $\mu^\star$, $\beta_j^\star$, $\gamma_{ij}^\star$ 求导数，并令其等于 0, 得到正则方程

$$\begin{cases} abc\mu^\star+ac\sum_{j=1}^b\beta_j^\star+c\sum_{i=1}^a\sum_{j=1}^b\gamma_{ij}^\star=y_{\cdots}\ , \\ ac\mu^\star+ac\beta_j^\star+c\sum_{i=1}^a\gamma_{ij}^\star=y_{\cdot j\cdot}\ , \\ c\mu^\star+c\beta_j^\star+c\gamma_{ij}^\star+\lambda_i=y_{ij\cdot}\ . \end{cases} \tag{7.3.34}$$

再应用 $\sum_{j=1}^b\beta_j^\star=0$, $\sum_{j=1}^b\gamma_{ij}^\star=0$, 很容易求到 LS 解

$$\begin{cases} \widehat{\mu}^\star=\overline{y}_{\cdots}\ , \qquad \widehat{\beta}_j^\star=\overline{y}_{\cdot j\cdot}-\overline{y}_{\cdots}\ , \\ \widehat{\gamma}_{ij}^\star=\overline{y}_{ij\cdot}-\overline{y}_{i\cdot\cdot}-\overline{y}_{\cdot j\cdot}+\overline{y}_{\cdots}\ . \end{cases} \tag{7.3.35}$$

除了没有 $\hat{\alpha}_i$ 之外，它们与 (7.3.7), (7.3.9) 和 (7.3.10) 完全一样．于是对约简模型 (7.3.33), 回归平方和为

$$\text{RSS}(\mu^\star,\beta^\star,\gamma^\star)=y_{\cdots}\widehat{\mu}^\star+\widehat{\beta}_j^\star\sum_{j=1}^b y_{\cdot j\cdot}+\widehat{\gamma}_{ij}^\star\sum_{i=1}^a\sum_{j=1}^b y_{ij\cdot}\ ,$$

结合 (7.3.27), 得到平方和

$$
\begin{aligned}
\mathrm{SS}_{H_2} &= \mathrm{RSS}(\mu,\alpha,\beta,\gamma)-\mathrm{RSS}(\mu^\star,\beta^\star,\gamma^\star)\\
&= \hat{\alpha}_i\sum_{i=1}^a \overline{y}_{i\cdot\cdot} = \sum_{i=1}^a\sum_{j=1}^b\sum_{k=1}^c(\overline{y}_{i\cdot\cdot}-\overline{y}_{\cdots})^2 .
\end{aligned} \tag{7.3.36}
$$

它正是 (7.3.31) 中的第二项, 即行间平方和. 其自由度等于 H_2 所含独立方程个数 $a-1$. 从 (7.3.36) 可以看出, SS_{H_2} 是因子 A 的水平变化所引起的观测数据变差平方和, 因此可以称为因子 A 的平方和, 有时也记作 SS_A. 根据 §5.1, 可得假设 H_2 的 F 检验统计量

$$
F_A=\frac{\mathrm{SS}_{H_2}/(a-1)}{\mathrm{SS}_e/ab(c-1)}=\frac{\mathrm{SS}_A/(a-1)}{\mathrm{SS}_e/ab(c-1)} . \tag{7.3.37}
$$

若 H_2 为真, $F_A\sim F_{a-1,ab(c-1)}$.

用完全同样的方法, 可以证明对于 H_3 有平方和

$$
\mathrm{SS}_{H_3}=\sum_{j=1}^b\frac{y_{\cdot j\cdot}^2}{ac}-\frac{y_{\cdots}^2}{abc}=\sum_{i=1}^a\sum_{j=1}^b\sum_{k=1}^c(\overline{y}_{\cdot j\cdot}-\overline{y}_{\cdots})^2 ,
$$

其自由度为 $b-1$. 同样的理由, 把 SS_{H_2} 称为因子 B 的平方和, 记为 SS_B, 它是 (7.3.31) 中的第三项, 即列间平方和. 假设 H_3 的 F 检验统计量

$$
F_B=\frac{\mathrm{SS}_{H_3}/(b-1)}{\mathrm{SS}_e/ab(c-1)}=\frac{\mathrm{SS}_B/(b-1)}{\mathrm{SS}_e/ab(c-1)} . \tag{7.3.38}
$$

若 H_3 为真, $F_B\sim F_{b-1,ab(c-1)}$.

经常把以上主要计算结果列成如下的方差分析表, 如表 7.3.1.

表 7.3.1 有交互效应两因素方差分析表

方差源	自由度	平方和	均 方	F 值
因子 A	$a-1$	SS_A	$MS_A=\mathrm{SS}_A/(a-1)$	$F_A=\frac{MS_A}{MS_e}$
因子 B	$b-1$	SS_B	$MS_B=\mathrm{SS}_B/(b-1)$	$F_B=\frac{MS_B}{MS_e}$
交互效应 $(A\times B)$	$(a-1)(b-1)$	$\mathrm{SS}_{A\times B}$	$MS_{A\times B}=\mathrm{SS}_{A\times B}/(a-1)(b-1)$	$F_{A\times B}=\frac{MS_{A\times B}}{MS_e}$
误 差	$ab(c-1)$	SS_e	$MS_e=\mathrm{SS}_e/ab(c-1)$	
总 和	$abc-1$	$\sum_{i,j,k}y_{ijk}^2-\frac{y_{\cdots}^2}{abc}$		

关于置信区间, 基本做法与前面诸节类似, 这里就不再讨论了.

如果对于因子 A,B 的水平组合 (A_i,B_j) 下, 重复观测数据的个数为 $n_{ij}(i=1,\cdots,a,\ j=1,\cdots,b)$, 且 n_{ij} 不全相同, 这时两向分类模型 (7.2.1) 和 (7.3.1) 称为非

平衡的. 对于非平衡的方差分析模型, 原则上我们仍可以用前面的方法来处理. 但是对于可估函数的表征及检验统计量等问题, 一般难以给出像平衡情形那样简洁的讨论. 所以, 对一个一般的非平衡方差分析问题, 我们只能采取 §4.1 关于线性模型的一般理论和方法去处理. 关于非平衡方差分析模型的讨论请参看文献 [60].

例 7.3.1 为了考察某种电池的最大输出电压受板极材料与使用电池的环境温度的影响, 材料类型 (因子 A) 取 3 个水平 (即 3 种不同的材料), 温度也取 3 个水平, 每个水平组合下重复 4 次试验, 所得数据如表 7.3.2.

表 7.3.2 电池试验数据

		温度 B			
		15°	25°	35°	$y_{i\cdot\cdot}$
A 材料类型	1	130 155 174 180 (639)	34 40 80 75 (229)	20 70 82 58 (230)	1098
	2	150 188 159 126 (623)	136 122 106 115 (479)	25 70 58 45 (198)	1300
	3	138 110 168 160 (576)	174 120 150 139 (583)	96 104 82 60 (342)	1501
$y_{\cdot j\cdot}$		1838	1291	770	$3899 = y_{\cdots}$

分析 数据表括号中的数据是诸 $y_{ij\cdot}$, 在这个问题中 $a=3$, $b=3$, $c=4$. 诸平方和计算如下：

$$\mathrm{SS}_T = \sum_{i=1}^{a}\sum_{j=1}^{b}\sum_{k=1}^{c} y_{ijk}^2 - \frac{y_{\cdots}^2}{abc} = (130)^2+(155)^2+\cdots+(60)^2-\frac{(3899)^2}{36}=81063.64,$$

$$\mathrm{SS}_A = \sum_{i=1}^{a}\frac{y_{i\cdot\cdot}^2}{bc}-\frac{y_{\cdots}^2}{abc}=\frac{1}{12}\left[(1098)^2+(1300)^2+(1501)^2\right]-\frac{(3899)^2}{36}=6767.06,$$

$$\mathrm{SS}_B = \sum_{j=1}^{b}\frac{y_{\cdot j\cdot}^2}{ac}-\frac{y_{\cdots}^2}{abc}=\frac{1}{12}\left[(1838)^2+(1291)^2+(770)^2\right]-\frac{(3899)^2}{36}=47535.39,$$

$$\begin{aligned}\mathrm{SS}_{AB} &= \sum_{i=1}^{a}\sum_{j=1}^{b}\frac{y_{ij\cdot}^2}{c}-\frac{y_{\cdots}^2}{abc}-\mathrm{SS}_A-\mathrm{SS}_B\\ &= \frac{1}{4}\left[(639)^2+(229)^2+\cdots+(342)^2\right]-\frac{(3899)^2}{36}-6767.06-47535.39\end{aligned}$$

$$\begin{aligned} &= 13180.44, \\ \text{SS}_e &= \text{SS}_T - \text{SS}_A - \text{SS}_B - \text{SS}_{AB} = 81063.64 \\ &\quad -6767.06 - 47535.39 - 13180.44 = 13580.75. \end{aligned}$$

把上述结果填入对应的方差分析表 (表 7.3.3):

表 7.3.3 方差分析表

方差源	自由度	平方和	均　方	F 值
因子 A	2	6767.06	3383.53	$F_A = 6.73$
因子 B	2	47535.39	23767.70	$F_B = 47.25$
交互效应 $(A\times B)$	4	13180.44	3295.11	$F_{A\times B} = 6.55$
误　差	27	13580.75	502.99	
总　和	35	81063.64		

由于 $F_{2,27}(0.05) = 3.35, F_{4,27}(0.05) = 2.73$, 所以因子 A, 因子 B 以及交互效应 $A\times B$ 当显著性水平为 $\alpha = 0.05$ 时都是显著的.

前面几节我们分别讨论了单向分类模型, 两向分类模型. 如果试验中所含的因素多于两个, 则需要多向分类模型. 例如, 假设有三个因子 A, B, C, 水平数分别为 a, b, c. 在 A, B, C 之间可能还存在着交互效应, 于是, 在因子水平组合 A_i, B_j 和 C_k 的第 l 次观测 y_{ijkl} 可以分解为

$$y_{ijkl} = \mu + \alpha_i + \beta_j + \gamma_k + (\alpha\beta)_{ij} + (\beta\gamma)_{jk} + (\alpha\gamma)_{ij} + (\alpha\beta\gamma)_{ijk} + e_{ijkl}\ , \tag{7.3.39}$$

$$i = 1, \cdots, a, \quad j = 1, \cdots, b, \quad k = 1, \cdots, c, \quad l = 1, \cdots, n_{ijk}\ ,$$

其中 μ, α_i, β_j, γ_k 的意义和前面相同 . $(\alpha\beta)_{ij}$ 表示水平组合 A_i 和 B_j 的交互效应, 余类推. $(\alpha\beta\gamma)_{ijk}$ 表示水平组合 A_i, B_j 和 C_k 的交互效应. 一般称 $(\alpha\beta)_{ij}$ 为一级交互效应, 称 $(\alpha\beta\gamma)_{ijk}$ 为二级交互效应. 模型 (7.3.39) 称为三向分类模型, 仿此, 读者可以写出四向、五向分类模型. 原则上, 我们可以把模型推广到任意向分类模型. 对于这些模型的统计分析, 其原理和具体方法与前面几节基本相同. 有了前面的基础, 原则上我们能够处理含任意多个因素的方差分析模型的统计分析. 于是, 对这些模型的统计分析我们不再详细讨论了.

§7.4 套分类模型

前面所讨论的两向分类模型有一个特点, 就是因子 A 和 B 的任意两个水平都可以相遇, 这时因子 A 和 B 处于交叉状态, 于是这类模型又称为交叉分类模型. 但

是在一些情况下，因子 A 和 B 并不是所有的水平都能相遇. 例如在化工试验中，要比较甲，乙两种催化剂，同时还要选择每种催化剂所适应的温度. 往往不同的催化剂所要求的温度不同. 例如催化剂甲可能要求的温度高一些，而催化剂乙则要求的温度低一些. 因此在进行试验时，对不同的催化剂温度水平的选择就不一样. 如果对催化剂甲选择的温度是 200℃, 220℃ 和 240℃, 而对催化剂乙选择的温度是 150℃, 170℃ 和 190℃, 这时催化剂甲就不能与温度低的水平 150℃, 170℃ 和 190℃ 相遇，而催化剂乙就不能与温度高的水平 200℃, 220℃ 和 240℃ 相遇. 我们称催化剂是一级因素，温度是二级因素. 二级因素像是套在一级因素里面，于是把这种安排试验的方法叫做套设计 (nested design). 对应的模型叫做套分类模型 (nested classification model). 刚才的例子含催化剂和温度两个因素，叫做两级套分类模型.

一般假设因子 A 有 a 个水平，且在因子 A 的第 i 个水平下因子 B 有 b_i 个水平，并记套在因子水平 A_i 的因子 B 的第 j 个水平为 $b_{j(i)}$ 且在水平组合 A_i 和 $B_{j(i)}$ 下重复观测 n_{ij} 次，记 y_{ijk} 为在此组合下的第 k 个观测值 (见表 7.4.1), 则两级套分类模型可表为如下形式：

$$y_{ijk} = \mu + \alpha_i + \beta_{j(i)} + e_{ij}, \quad i = 1, \cdots, a, \quad j = 1, \cdots b_i, \quad k = 1, \cdots, n_{ij}, \tag{7.4.1}$$

这里 μ, α, e_{ijk} 的意义和以前讨论的各种模型都相同. 并假定 $e_{ijk} \sim N(0, \sigma^2)$, 所有 e_{ijk} 相互独立，且称 $\beta_{j(i)}$ 为水平 $B_{j(i)}$ 的效应.

引入矩阵符号，可以把 (7.4.1) 式表为矩阵形式，即线性模型的一般形式. 因此我们能够和前面几节一样把线性模型的估计和检验理论应用于这个模型的统计分析.

表 7.4.1 两级套分类模型数据形式表

因 子 A										
A_1				A_2			$\cdots$	A_a		
$B_{1(1)}$	$B_{2(1)}$	$\cdots$	$B_{b_1(1)}$	$B_{1(2)}$	$\cdots$	$B_{b_2(2)}$	$\cdots$	$B_{1(a)}$	$\cdots$	$B_{b_a(a)}$
y_{111}	y_{121}	$\cdots$	y_{1b_11}	y_{211}	$\cdots$	y_{2b_21}	$\cdots$	y_{a11}	$\cdots$	y_{ab_a1}
y_{112}	y_{122}	$\cdots$	y_{1b_12}	y_{212}	$\cdots$	y_{2b_22}	$\cdots$	y_{a12}	$\cdots$	y_{ab_a2}
$\vdots$	$\vdots$	$\ddots$	$\vdots$	$\vdots$	$\ddots$	$\vdots$	$\ddots$	$\vdots$	$\ddots$	$\vdots$
$y_{11n_{11}}$	$y_{12n_{12}}$	$\cdots$	$y_{1b_1n_{1b_1}}$	$y_{21n_{21}}$	$\cdots$	$y_{2b_2n_{2b_2}}$	$\cdots$	$y_{a1n_{a1}}$	$\cdots$	$y_{ab_an_{ab_a}}$

7.4.1 参数估计

写出设计阵 X, 不难推得正则方程为

$$n_{\cdot\cdot}\mu + \sum_{i=1}^{a} n_{i\cdot}\ \alpha_i + \sum_{i=1}^{a}\sum_{j=1}^{b_i} n_{ij}\beta_{j(i)} = y_{\cdots}, \tag{7.4.2}$$

$$n_{i\cdot}\ \mu + n_{i\cdot}\ \alpha_i + \sum_{j=1}^{b_i} n_{ij}\beta_{j(i)} = y_{i\cdot\cdot}, \qquad i = 1, \cdots, a, \tag{7.4.3}$$

$$n_{ij}\mu + n_{ij}\alpha_i + n_{ij}\beta_{j(i)} = y_{ij\ \cdot}, \qquad j = 1, \cdots, b_i, \tag{7.4.4}$$

其中 $n_{i\cdot} = \sum_{j=1}^{b_i} n_{ij}$, $n_{\cdot\cdot} = \sum_{i=1}^{a}\sum_{j=1}^{b_i} n_{ij}$. 从正则方程容易看出，只有 (7.4.4) 所含的 $\sum_{i=1}^{a} b_i$ 个方程是独立的，即 $\text{rk}(X) = \sum_{i=1}^{a} b_i$. 因为未知参数有 $\sum_{i=1}^{a} b_i + a + 1$ 个，因此和前几节一样，我们还需寻找未知量间另外 $a+1$ 个独立方程，即所谓的边界条件. 但对现在的情况，从 (7.4.4) 容易看到，取边界条件为

$$\mu = 0, \qquad \alpha_i = 0, \qquad\qquad i = 1, 2, \cdots, a \tag{7.4.5}$$

是很方便求解的. 由 (7.4.4) 和 (7.4.5) 解得

$$\widehat{\beta}_{j(i)} = \frac{y_{ij\ \cdot}}{n_{ij}}, \qquad i = 1, 2, \cdots, a, \quad j = 1, 2, \cdots, b_i\ . \tag{7.4.6}$$

它们与

$$\widehat{\mu} = 0, \qquad \widehat{\alpha}_i = 0, \qquad i = 1, 2, \cdots, a \tag{7.4.7}$$

一起构成未知参数的一组 LS 解.

显然 $\mu_{ij} = \mu + \alpha + \beta_{j(i)}$ $(i = 1, 2, \cdots, a,\ j = 1, 2, \cdots, b_i)$ 都是可估的，且构成了极大线性无关的可估函数组. 容易证明，参数函数

$$\beta_{j(i)} - \beta_{j\,'(i)}, \qquad \text{对一切} i, j \neq j\,' \tag{7.4.8}$$

都是可估的. 对于固定的 i, $\beta_{j(i)} - \beta_{j\,'(i)}$ 为因子 B 的水平 $B_{j(i)}$ 和 $Bj'(i)$ 效应之差. 对本节一开头的例子，它就是对某种催化剂，两种不同温度效应之差. 但是 $\alpha_i - \alpha_{i'}$, $i \neq i'$, 更一般地，任何形如 $\sum_i c_i\alpha_i$ 的函数都是不可估计的. 如果 $b_i = b$, $i = 1, \cdot, a$, 即对因子 A 的每个水平，因子 B 的水平数都相同，且 $n_{ij} = c(i = 1, 2, \cdots, a,\ j = 1, 2, \cdots, b)$. 记 $\sum_j \beta_{j(i)}/b = \overline{\beta}_{\cdot(i)}$, 则

$$(\alpha_i + \overline{\beta}_{\cdot(i)}) - (\alpha_{i'} + \overline{\beta}_{\cdot(i')}), \qquad i \neq i' \tag{7.4.9}$$

都是可估的. 它的实际意义和 (7.3.22), (7.3.23) 相类似. 即在对因子 B 求平均的意义下，因子 A 的两个水平 i 和 i' 的效应之差. 对催化剂的那个例子， (7.4.9) 就是对温度平均的意义下，催化剂甲和乙的效应之差. 容易验证，可估函数 (7.4.8) 和 (7.4.9) 的 BLU 估计分别为

$$\frac{y_{ij\cdot}}{n_{ij}} - \frac{y_{ij'\cdot}}{n_{ij'}}, \qquad 对一切i \neq j \tag{7.4.10}$$

和 (对一切 i, j, $b_i = b$, $n_{ij} = c$ 的条件下)

$$\overline{y}_{i\cdot\cdot} - \overline{y}_{i'\cdot\cdot}\ .$$

7.4.2 假设检验

我们首先考虑二级因子诸水平效应是否相等的假设，即

$$H_1:\quad \beta_{1(i)} = \cdots = \beta_{b_i(i)}, \quad i = 1, \cdots, a. \tag{7.4.11}$$

根据正则方程 (7.4.2)~(7.4.4) 和 LS 解 (7.4.6) 和 (7.4.7), 立得回归平方和

$$\mathrm{RSS}(\mu, \alpha, \beta) = y_{\cdots}\widehat{\mu} + \sum_{i=1}^{a} y_{i\cdot\cdot}\widehat{\alpha}_i + \sum_{i=1}^{a}\sum_{j=1}^{b_i} y_{ij\cdot}\widehat{\beta}_{j(i)} = \frac{1}{n_{ij}}\sum_{i=1}^{a}\sum_{j=1}^{b_i} y_{ij\cdot}^2,$$

残差平方和

$$\begin{aligned} \mathrm{SS}_e &= \sum_{i=1}^{a}\sum_{j=1}^{b_i}\sum_{k=1}^{n_{ij}} y_{ijk}^2 - \mathrm{RSS}(\mu, \alpha, \beta) \\ &= \sum_{i=1}^{a}\sum_{j=1}^{b_i}\sum_{k=1}^{n_{ij}} y_{ijk}^2 - \frac{1}{n_{ij}}\sum_{i=1}^{a}\sum_{j=1}^{b_i} y_{ij\cdot}^2 \\ &= \sum_{i=1}^{a}\sum_{j=1}^{b_i}\sum_{k=1}^{n_{ij}} (y_{ijk} - \overline{y}_{ij\cdot})^2. \end{aligned} \tag{7.4.12}$$

其自由度等于 $n_{\cdot\cdot} - m$, 这里 $m = \sum_i b_i$. 当假设 H_1 成立时， $\beta_{j(i)}$ 只与 i 有关与 j 无关，用 β_i 记之. 于是约简模型为

$$y_{ijk} = \mu + \alpha_i + \beta_i + e_{ijk} \triangleq \mu^0 + \alpha_i^0 + e_{ijk}\ , \tag{7.4.13}$$

这里 $\mu^0 = \mu$, $\alpha_i^0 = \alpha_i + \beta_i$, 这是一个单向分类模型. 应用 §7.1 的结果，立得回归平方和

$$\mathrm{RSS}(\mu^0, \alpha^0) = \sum_{i=1}^{a} \frac{y_{i\cdot\cdot}^2}{n_{i\cdot}}\ . \tag{7.4.14}$$

结合 (7.3.13), 得到平方和

$$\begin{aligned} \mathrm{SS}_{H_1} &= \mathrm{RSS}(\mu, \alpha, \beta) - \mathrm{RSS}(\mu^0, \alpha^0) \\ &= \frac{1}{n_{ij}}\sum_{i=1}^{a}\sum_{j=1}^{b_i} y_{ij\cdot}^2 - \sum_{i=1}^{a}\frac{y_{i\cdot\cdot}^2}{n_{i\cdot}}\ . \end{aligned} \tag{7.4.15}$$

它是二级因子 B 的水平变化所引起的观测数据变差平方和，故称为因子 B 的平方和，也记为 SS_B，其自由度等于假设 H_1 所含独立方程个数 $m-a$，这里 $m=\sum_i b_i$. 根据 §5.1，检验 H_1 的 F 统计量为

$$F_1=\frac{\mathrm{SS}_{H_1}/(m-a)}{\mathrm{SS}_e/(n_{..}-m)}\ . \tag{7.4.16}$$

当 H_1 为真时， $F_1\sim F_{m-a,\ n_{..}-m}$.

下面讨论一级因子 A 诸水平效应相等性检验. 因为 $\alpha_1=\cdots=\alpha_a$ 是不可检验假设. 我们退一步考虑对因子 B 诸水平平均的意义下，因子 A 各水平效应相等性检验. 为简单起见，假设因子 B 的水平 b_i 都相等，即假定 $b_i=b(i=1,\cdots,a)$，又设对一切 i,j，$n_{ij}=c$，则问题归结为检验假设

$$H_2:\quad \alpha_1+\overline{\beta}_{\cdot(1)}=\cdots=\alpha_a+\overline{\beta}_{\cdot(a)}\ . \tag{7.4.17}$$

由 (7.4.9) 处的讨论知， H_2 是可检验假设. 对 b_i 或 n_{ij} 不都相等的情形，读者可参阅文献 [98].

若 H_2 成立， $\alpha_i+\overline{\beta}_{\cdot(i)}$ 与 i 无关. 采用与 §7.3 类似的方法，把模型 (7.4.1) 改写为

$$\begin{aligned} y_{ijk} &= \mu+(\alpha_i+\overline{\beta}_{\cdot(i)})+(\beta_{j(i)}-\overline{\beta}_{\cdot(i)})+e_{ijk} \\ &= \mu^*+\beta^*_{j(i)}+e_{ijk}\ , \end{aligned} \tag{7.4.18}$$

其中

$$\mu^*=\mu+\alpha_i+\overline{\beta}_{\cdot(i)},\ \text{它与}\ i\ \text{无关},\qquad \beta^*_{j(i)}=\beta_{j(i)}-\overline{\beta}_{\cdot(i)}$$

满足 $\sum_{j=1}^b\beta^*_{j(i)}=0$，应用 Lagrange 乘子法，极小化辅助函数

$$\sum_{i=1}^a\sum_{j=1}^b\sum_{k=1}^c(y_{ijk}-\mu^*-\beta^*_{j(i)})^2+2\sum_{i=1}^a\sum_{j=1}^b\lambda_i\beta^*_{j(i)}\ ,$$

可以求出 μ^* 和 $\beta^*_{j(i)}$ 的约束 LS 解. 正则方程为

$$\begin{cases} abc\widehat{\mu}^*+c\displaystyle\sum_{i=1}^a\sum_{j=1}^b\widehat{\beta}^*_{j(i)}=y_{\cdots}\ , \\ c\widehat{\mu}^*+c\widehat{\beta}^*_{j(i)}+c\lambda_i=y_{ij\cdot}\ ,\qquad i=1,\cdots,a,\quad j=1,\cdots,b. \end{cases}$$

$\beta^*_{j(i)}$ 的约束 LS 解为

$$\widehat{\beta}^*_{j(i)}=\overline{y}_{ij\,\cdot}-\overline{y}_{i\cdot\cdot},\qquad i=1,\cdots,a,\quad j-1,\cdots,b. \tag{7.4.19}$$

根据这些结果，对约简模型 (7.4.18)，μ^*，$\beta^*_{j(i)}$ 等的回归平方和为

$$\mathrm{RSS}(\mu^*,\ \beta^*_{j(i)})=\widehat{\mu}^*y_{\cdots}+\sum_{i=1}^a\sum_{j=1}^b\widehat{\beta}^*_{j(i)}y_{ij\,\cdot}=\frac{y^2_{\cdots}}{abc}+\sum_{i=1}^a\sum_{j=1}^b(\overline{y}_{ij\,\cdot}-\overline{y}_{i\cdot\cdot})y_{ij\,\cdot}\ . \tag{7.4.20}$$

于是从 (7.4.12) 和 (7.4.20) 算得平方和

$$\begin{aligned}\mathrm{SS}_{H_2} &= \mathrm{RSS}(\mu,\alpha,\beta)-\mathrm{RSS}(\mu^*,\beta^*)\\ &= \sum_{i=1}^{a}\frac{y_{i..}^2}{bc}-\frac{y_{...}^2}{abc}\\ &= \sum_{i=1}^{a}\sum_{j=1}^{b}\sum_{k=1}^{c}(\overline{y}_{i..}-\overline{y}_{...})^2 \ .\end{aligned} \tag{7.4.21}$$

从 (7.4.21) 可以看出，SS_{H_2} 是因子 A 各水平下所有观测值的平均对总平均的变差平方和，故也称 SS_{H_2} 为因子 A 的平方和，相应地也记为 SS_A. 很明显，这个平方和的自由度为 $a-1$, 根据 §5.1, 检验假设 H_2 的 F 统计量为

$$F_2=\frac{\mathrm{SS}_{H_2}/(a-1)}{\mathrm{SS}_e/ab(c-1)}\ , \tag{7.4.22}$$

当 H_2 为真时，$F_2\sim F_{a-1,\ ab(c-1)}$.

例 7.4.1　比较甲，乙，丙，丁四种催化剂，每种催化剂要求的温度范围不完全相同．对每种催化剂，温度都取了三个水平 (℃)：

甲 (A_1)　50，55，60，　　乙 (A_2)　70，80，90，

丙 (A_3)　55，65，75，　　丁 (A_4)　90，95，100

观测数据如表 7.4.2.

表 7.4.2　催化剂数据表

温度　催化剂	A_1	A_2	A_3	A_4
B_1	85，89	82，84	65，61	67，71
B_2	72，70	91，88	59，62	75，78
B_3	70，67	85，83	60，56	85，89

解　对此例 $a=4,\ b=3,\ c=2,\ n_{i.}=6,\ n_{.j}=8,\ n_{..}=24,\ \sum_i b_i=12.$

$$\mathrm{SS}_{H_1}=\sum_{i=1}^{a}\sum_{j=1}^{b}y_{ij.}^2/2-\sum_{i=1}^{a}y_{i..}^2/6=136866-136062=804(=\mathrm{SS}_B),$$

其自由度为 8.

$$\mathrm{SS}_{H_2}=\sum_{i=1}^{a}y_{i..}^2/6-\sum_{i=1}^{a}\sum_{j=1}^{b}y_{...}^2/24=1960.5(=\mathrm{SS}_A),$$

其自由度为 3. 残差平方和

$$\mathrm{SS}_e=\sum_{i=1}^{a}\sum_{j=1}^{b}\sum_{k=1}^{c}y_{ijk}^2-\sum_{i=1}^{a}\sum_{j=1}^{b}y_{ij.}^2/2=64,$$

其自由度为 12. 将计算结果列于表 7.4.3 中,

表 7.4.3 方差分析表

方差源	自由度	平方和	均 方	F 值
温度 (B)	8	804.0	100.5	$F_1 = 19.0$
催化剂 (A)	3	1960.5	653.5	$F_2 = 122.5$
误 差	12	64.0	5.3	
总 和	23	2828.5		

从表中可以看出, $F_1 = 19.0 > F_{8,12}(0.01)$, $F_2 = 122.5 > F_{3,12}(0.01)$. 所以在显著性水平 $\alpha = 0.01$, 我们拒绝两个原假设. 即对这四种催化剂, 温度不同水平的差异是显著的, 并且就三种温度平均说来, 四种催化剂的差异也都是显著的. 要进一步搞清楚, 对固定的催化剂是哪些温度之间有差异, 以及在四种催化剂中, 哪些催化剂之间有显著的差异, 需要做 $\beta_{j(i)} - \beta_{j'(i)}$, $j \neq j'$ 和 $(\alpha_i + \beta_{.(i)}) - (\alpha'_i + \beta_{.(i')})$ 的同时置信区间. 感兴趣的读者可以把这些工作作为练习.

在例 7.4.1 中, 如果除了催化剂和温度之外, 还考虑反应压力. 而且对不同的温度所需要的反应压力也不完全相同, 这样试验就需要先按催化剂分类, 然后在每一类中再按温度分类, 最后按压力分类. 这样就形成了压力套在温度各水平内, 而温度又套在催化剂的各水平内的状况, 这就是三级套分类试验, 其中催化剂是一级因素, 温度是二级因素, 反应压力是三级因素. 三级套分类模型一般形式为

$$y_{ijkl} = \mu + \alpha_i + \beta_{j(i)} + \gamma_{k(ij)} + e_{ijkl}\ , \tag{7.4.23}$$

$$i = 1, \cdots, a, \quad j = 1, \cdots, b_i, \quad k = 1, \cdots, n_{ij}, \quad l = 1, \cdots, n_{ijk}\ .$$

如果把三个因素分别记为 A, B, C, 则 y_{ijkl} 就是在水平组合 A_i, $B_{j(i)}$, $C_{k(ij)}$ 下的第 l 次观测值. (7.4.23) 中 μ, α_i, $\beta_{j(i)}$ 的意义与上节意义相同, $\gamma_{k(ij)}$ 是水平 $C_{k(ij)}$ 的效应, 即因子 A 在水平 A_i, 因子 B 在水平 $B_{j(i)}$, 因子 C 的第 k 个水平 $C_{k(ij)}$ 的效应.

更一般地, 可以有任意 k 级套分类模型.

有时在一些试验中, 一部分因子处于交叉状态, 而另一些因子处于镶套状态, 这时就产生了混合分类模型. 例如, 试验者考虑三个因子 A, B, C 的试验, 如果 A 和 B 是交叉的, 而因子 C 套在因子 B 内, 假设诸因子没有交叉效应, 则这个试验的模型为

$$y_{ijkl} = \mu + \alpha_i + \beta_j + \gamma_{k(j)} + e_{ijkl}\ ,$$

$$i = 1, \cdots, a, \quad j = 1, \cdots, b, \quad k = 1, \cdots, c_j, \quad l = 1, \cdots, n_{ijk}\ .$$

这就是一个混合分类模型.

关于这些模型的统计分析，本质上与两级套分类模型相同，此处不再详细讨论了，读者可以把它们当做练习去完成. 至于其它试验设计模型的统计分析，读者可参阅文献 [2].

§7.5 误差方差齐性及正态性检验

在前面所有模型假设检验问题的讨论中，我们都假定观测误差向量 e 满足：(1) 诸分量相互独立；(2) 正态性；(3) 方差齐性 (即每个观测值的方差相等). 如果某一条假设不满足的话，方差分析的检验统计量一般不会服从 F 分布，这时方差分析的结果就不可靠，甚至会导致错误的结论. 一般说来，对一个具体问题，这些假设是否满足并不是明显的. 我们容易理解，只要在试验过程中随机化得到很好的实现，试验结果的相互独立性一般是容易满足的. 但是，因变量 (响应变量，即指标) 的方差齐性或正态性却不然. 所以本节我们讨论后两种假设的检验.

7.5.1 方差齐性检验

若把单因素方差分析的每个水平下所有可能的观测当做一个总体， a 个水平的实际试验观测值相当于从 a 个总体抽取的 a 个样本. 单因素的方差分析问题是在各总体方差相等的条件下分析各总体的均值的变化. 假若各总体的方差不等，它将对均值的分析结果产生一定的影响. 因此本节要介绍如何检验多总体样本方差是否相等的问题. 通常称为方差齐性检验. 下面我们不加证明地介绍几种常用的方法，关心证明的读者可参看文献 [48] 和 [56] 等.

对单向分类模型，若误差方差不相等，则模型可表为

$$\begin{cases} y_{ij} = \mu + \alpha_i + e_{ij}, \\ \text{诸 } e_{ij} \text{ 相互独立}, \quad e_{ij} \sim N(0, \sigma_i^2), \qquad i = 1, \cdots, a, \quad j = 1, \cdots, n_i. \end{cases} \tag{7.5.1}$$

那么我们要检验的假设为

$$H_0\text{:} \quad \sigma_1^2 = \sigma_2^2 = \cdots = \sigma_a^2 \ . \tag{7.5.2}$$

设第 i 个水平的误差平方和为 $\text{SS}_{e_i} = \sum\limits_{j=1}^{n_i}(y_{ij} - \overline{y}_{i.})^2$. 在正态性假设下， SS_{e_i} 是服从 $\sigma_i^2\chi^2_{n_i-1}$ 的变量. 记 $\text{MS}_{e_i} = \text{SS}_{e_i}/(n_i - 1)$ 为其均方.

1. Levene 检验法

Levene 检验法只能用于平衡数据，即在每个水平组合下重复观测数相同. 记

第 i 个水平下第 j 次观测的残差为

$$\hat{e}_{ij} = y_{ij} - \overline{y}_{i\cdot}\,, \qquad i = 1, \cdots, a, \qquad j = 1, \cdots, n.$$

令

$$\varepsilon_{ij} = (\hat{e}_{ij})^2, \qquad i = 1, \cdots, a, \qquad j = 1, \cdots, n.$$

则

$$\mathrm{E}(\varepsilon_{ij}) = \frac{n-1}{n}\sigma_i^2, \qquad i = 1, \cdots, a, \qquad j = 1, \cdots, n.$$

把 ε_{ij} 看做观察值，其真值为 $\sigma_i^2(n-1)/n$, 当做单因素试验数据处理，计算组内和组间平方和

$$\begin{aligned} \mathrm{SS}^2_{\text{组内}} &= \sum_{i=1}^{a}\sum_{j=1}^{n}(\varepsilon_{ij} - \overline{\varepsilon}_{i\cdot})^2, \\ \mathrm{SS}^2_{\text{组间}} &= \sum_{i=1}^{a} n(\overline{\varepsilon}_{i\cdot} - \overline{\varepsilon}_{\cdot\cdot})^2\ . \end{aligned} \tag{7.5.3}$$

统计量

$$L = \frac{a(n-1)}{a-1} \cdot \frac{\mathrm{SS}^2_{\text{组间}}}{\mathrm{SS}^2_{\text{组内}}} \tag{7.5.4}$$

在原假设 H_0 成立的条件下，$L \overset{\text{近似}}{\sim} F_{a-1,a(n-1)}$, 当 (7.5.4) 的 L 的值大于 $F_{a-1,a(n-1)}(\alpha)$ 值时，我们将拒绝 H_0, 认为各水平间的方差不全相等.

Levene 检验法对总体分布偏离正态分布有较好的稳健性. 值得注意的是，在用 Levene 法时，一般要求重复次数 n 不要太小，一般要大于 3 次. 如对 SAS 软件，重复次数小于 3 次时，一般系统不予计算输出 Levene 检验结果.

2. 最大 F 比法 (Hartley 法)

原则上， Hartley 检验法也可用于非平衡情形 (由 Hartley 在 1950 年建立的), 这个方法所用的统计量为

$$F_{\max} = \frac{\max_i(\mathrm{MS}_{e_i})}{\min_i(\mathrm{MS}_{e_i})}, \tag{7.5.5}$$

称为最大 F 比法. 当 $n_1 = n_2 = \cdots = n_a = n$ 时， $F_{\max}$ 的临界值可从文献 [120] 的表中查到，表中的 k 为参加比较的方差的个数，即这里的水平数 a, 表中的 ν 即为 MS_{e_i} 的自由度，即这里的 $n-1$. 当由 (7.5.5) 计算的值超过临界值时，将拒绝原假设 H_0.

当不等重复或 a 值较大时，没有适当的表可查. 此时可用通常的 F 表. 其自由度分别由 $\max_i(\mathrm{MS}_{e_i})$ 与 $\min_i(\mathrm{MS}_{e_i})$ 所对应的自由度决定. 若计算的 (7.5.5) 中 $F_{\max}$ 值没有超过通常的 F 的临界值，更不会超过正确的临界值. 接受 H_0, 所犯的第二类错误的概率不会超过正确临界值的概率.

Hartley 最大 F 比检验对于正态性的偏离十分敏感. 因此, 如果样本所来自总体的分布稍微偏离正态但方差相等时, H_0 也会被拒绝, 从而认为方差不相等. 因此, 当总体分布非正态时, Hartley 最大 F 比检验不适合用来作为方差齐性的检验. 相比较, Levene 检验对总体正态性的偏离不很敏感, 但是当总体服从正态分布时, 用 Hartley 检验比 Levene 检验具有更高的功效. Conover 等 (Techmometrics(1981), 23: 351—361) 对包括 Hartley 检验和 Levene 检验在内的各种方差齐性检验进行了模拟研究. 他们的研究表明, 当总体分布严重偏离正态时, Hartley 检验的真实水平会膨胀. 此时, 他们推荐使用 Levene 检验.

3. χ^2 检验法 (Bartlett 法)

记 $f_{e_i} = n_i - 1$, $f_e = \sum_{i=1}^a n_i - a$. 定义

$$c = 1 + \left\{ \left(\sum_{i=1}^{a} 1/f_{e_i} \right) - \frac{1}{f_e} \right\} /3(a-1)\,, \tag{7.5.6}$$

$$q = f_e \ln(\mathrm{MS}_e) - \sum_{i=1}^{a} f_{e_i} \ln(\mathrm{MS}_{e_i}) \tag{7.5.7}$$

和统计量

$$B = 2.3026q/c\,. \tag{7.5.8}$$

可以证明, 在误差正态假定下, 若 H_0 成立, $B \sim \chi^2_{a-1}$. 当假设 H_0 成立时, 诸样本方差的观测值的差别一般不大, q 的值一般将很小 (特别当诸样本方差的观测值相等时, $q=0$). 当假设 H_0 不成立时, 诸样本方差的观测值的差别将较大, q 的值也将较大. 因此, 当由 (7.5.8) 中计算的 B 值大于 $\chi^2_{a-1}(\alpha)$ 时, 将拒绝 H_0.

Bartlett 检验不受重复数的限制 (即每个水平下重复观测的次数不必相同), 但对误差非正态性是很敏感的. 因此, 误差偏离正态性时, 不能使用这个方法.

4. 最大方差检验法 (Cochran 法)

因为 Hartley 法和 Bartlett 法对较小的 SS_{e_i} 值很敏感, 所以当 SS_{e_i} 中存在一个值为 0 或者很小时, Hartley 法和 Bartlett 法均不能使用. 但是当重复数 n_i 较小时, 这种情况是经常会出现的. 下面介绍的 Cochran 法可避免这个问题. 但是 Cochran 的方差齐性检验法只适用于等重复的情形, 其统计量为

$$C = \frac{\max_i(\mathrm{MS}_{e_i})}{\sum\limits_{i=1}^{a} \mathrm{MS}_{e_i}}. \tag{7.5.9}$$

其临界值表可见文献 [38](p.579~580, 表 4). 当由 (7.5.9) 计算的 C 大于表中相对应的临界值, 就拒绝方差相等的零假设, 认为方差不全相等.

特别当 n 较小时, 这个方法在实际中应用较为广泛.

在 SAS 软件上，对方差齐性的检验可直接利用的方法除了本节介绍的 Levene 法和 Bartlett 法外，还有 BF (Brown 和 Forsythe) 法和 Obrien 法，都是 Levene 检验法的改进． BF 检验法和 Levene 检验法对总体分布偏离正态分布有较好的稳健性，即对总体偏离正态时不很敏感，但是模拟结果显示，在控制犯第一类错误的前提下， BF 检验法比 Levene 检验法具有更大的功效函数．

当方差均匀性的假定不成立时，为了检验各水平下均值是否相等可对数据进行适当变换，使变换后的数据具有齐性的方差，一般来说，变换后的数据可能不再具有原来的正态性．可是对于统计推断的结果来说，方差齐性的要求远比正态性假设更为重要．因此，宁可偏离一点正态性也要保证方差的齐性．对于方差齐性的经验变换，有兴趣的读者可参看文献 [38], p.215~216.

需要注意的是，对方差齐性的检验一般是针对单向分类模型，因为对单因素问题，我们研究的主要目的是水平变化对指标 (或观测值) 的影响，而对两向 (或多向) 分类模型，我们不仅要比较各水平组合下指标理论值间的差异，更重要的是要通过数据分析了解各个因素以及各因素之间的搭配对理论真值的影响．例如对两向分类模型 (7.2.1), 如果仅仅是想比较所有 $a\times b$ 个水平组合的理论真值，那么可把每个水平组合作为因素，就变成了 ab 个水平的单因素问题，就有必要先进行方差齐性的模型检验．另外对两向 (或多向) 分类模型还涉及各因子效应是否是随机的问题 (详见第九章介绍)．例如对无交互两向分类模型 (7.2.1), 若两个效应中有一个随机效应，即混合效应模型，例如 α_i 是随机效应部分，一般假定 $\alpha_i\sim N(0,\sigma_\alpha^2)$, 这时一般关心的主要是随机效应方差是否为 0, 即对假设 H_0: $\sigma_\alpha^2=0$ 进行检验；若两个效应都是随机的，即随机效应模型，又设 $\beta_j\sim N(0,\sigma_\beta^2)$ 此时要检验的假设一般是 $\sigma_\alpha^2=\sigma_\beta^2=0$ 是否成立．

7.5.2 正态性检验

在单向分类模型的方差分析中，记第 i 水平下第 j 次观测的残差为

$$\hat{e}_{ij}=y_{ij}-\overline{y}_{i\cdot}\,,\qquad i=1,\cdots,a,\qquad j=1,\cdots,n_i\,.$$

其均值和方差分别为

$$\mathrm{E}(\hat{e}_{ij})=0,\qquad \mathrm{Var}(\hat{e}_{ij})=\frac{n_i-1}{n_i}\sigma^2,$$

$$\mathrm{Cov}(\hat{e}_{ij},\hat{e}_{i'j'})=\begin{cases}0, & i\neq i'\,,\\ -\dfrac{\sigma^2}{n_i}, & i=i',\ j\neq j'\,.\end{cases}$$

也就是在同一水平下残差方差相同但不独立，而在不同水平下残差方差不等，但是相互独立．若作如下线性变换

$$z_{il} = \sqrt{\frac{l}{l+1}} \left(\frac{1}{l} \sum_{j=1}^{l} \hat{e}_{ij} - \hat{e}_{i,j+1} \right) = \sqrt{\frac{l}{l+1}} \left(\frac{1}{l} \sum_{j=1}^{l} y_{ij} - y_{i,j+1} \right), \qquad (7.5.10)$$

$$l = 1, 2, \cdots, n_i - 1, \quad i = 1, 2, \cdots, a.$$

将 $N = \sum_i n_i$ 个残差变为 $N - a$ 个 z_{il}, 这 $N - a$ 个统计量具有均值为 0, 而

$$\text{Var}(z_{il}) = \sigma^2, \qquad \text{Cov}(z_{il}, z_{i'l'}) = 0.$$

这样, 我们可把 $\{z_{il},\ i = 1, 2, \cdots, a, \quad l = 1, 2, \cdots, n_i - 1\}$ 作为从 $N(0, \sigma^2)$ 总体抽取的一组独立样本. 通过它可以检验误差分布的正态性. 因为我们在初等统计学中, 对一组 (或单个变量) 独立样本正态性的检验已经学过很多方法, 如 χ^2 检验, Kolmogorov 检验法, Shapiro-Wilk 法, 偏度检验法, 峰度检验法等等.

方差分析法对总体分布偏离正态分布有较好的稳健性. 但当总体分布偏离正态分布较大时, 方差分析法对于检验均值的均匀性可能就不敏感, 此时, 使用非参数法较为合适. SAS 软件提供了对两个或多个总体进行比较的多种非参数检验法.

我们将在下面这个例子中举例说明几种检验的计算. 但是, 大多数情况下, 我们推荐使用计算机软件进行检验, 如 SAS 和 Matlab 软件.

例 7.5.1 (饲料对比试验) 为发展我国机械化养鸡, 某研究所根据我国的资源情况, 研究用槐树粉、苜蓿粉等原料代替国外用鱼粉做饲料的方法. 他们研究了三种饲料配方：第一种, 以鱼粉为主的鸡饲料; 第二种, 以槐树粉, 苜蓿粉为主, 加少量鱼粉; 第三种, 以槐树粉, 苜蓿粉为主, 加少量化学药品. 后两种是他们研制的新配方. 为比较三种饲料在养鸡增肥上的效果, 各喂养 10 只母雏鸡, 于 60 天后观察它们的重量. 如表 7.5.1 所示.

表 7.5.1 鸡饲料试验原始数据表

饲料	鸡重 (克)									
第一种	1073	1058	1071	1037	1066	1026	1053	1049	1065	1051
第二种	1016	1058	1038	1042	1020	1045	1044	1061	1034	1049
第三种	1084	1069	1106	1078	1075	1090	1079	1094	1111	1092

在这项试验中, 60 天的鸡重是指标; 因素是饲料. 在试验方案中共取了三个水平, 试验的目的是要比较三种饲料在养鸡增肥的效果上有何差别. 为了比较三种饲料在养鸡增肥的效果上有何差别, 就需要作均值间的比较检验, 因为这是一个单因素方差分析问题, 可用 §7.1 介绍的方法进行各均值相等性检验, 然后作所有两两均值差的同时置信区间以进一步得到每两种喂养效应间有无显著差异. 有兴趣的读者可以做均值的检验比较, 但在此例中我们只介绍方差齐性检验的结果. 因为 Bartlett 和 Hartley 检验法对正态性比较敏感, 我们先对数据作正态性检验.

(1) 正态性检验

无论是对数据先按本节介绍的线性变换后再在作常规单变量正态性检验，还是直接对数据作常规检验，如使用 χ^2 检验，Kolmogorov 检验法，Shapiro-Wilk 法，画 QQ 图等，都能得出这批数据服从正态性的结论．具体计算数据略，我们只把计算结果写出，根据正态性线性变换 (7.5.10)，得到残差数据值 $\widehat{e}_{ij}$ $(i=1,2,\cdots,3,\quad j=1,2,\cdots,10)$ 及其变换后数据值 z_{il} $(i=1,2,3,\quad l=1,2,\cdots,9)$，如表 7.5.2.

表 7.5.2　残差及其正态线性变换数据表

	第一种饲料		第二种饲料		第三种饲料	
	$\widehat{e}_{ij}$	z_{il}	$\widehat{e}_{ij}$	z_{il}	$\widehat{e}_{ij}$	z_{il}
1	18.1	10.6066	−24.7	−29.6985	−3.8	10.6066
2	3.1	−4.4907	17.3	−0.8165	−18.8	−24.0866
3	16.1	26.2694	−2.7	−4.0415	18.2	7.2169
4	−17.9	−5.5902	1.3	16.5469	−9.8	8.2735
5	11.1	31.9505	−20.7	−9.3113	−12.8	−6.9378
6	−28.9	2.0059	4.3	−6.9437	2.2	4.3205
7	−1.9	5.4789	3.3	−21.9154	−8.8	−10.2896
8	−5.9	−10.2530	20.3	6.1283	6.2	−25.1023
9	10.1	4.1110	−6.7	−8.7490	23.2	−4.4272
10	−3.9		8.3		4.2	

对 z_{il} $(i=1,2,3,\quad l=1,2,\cdots,9)$ 再作单变量正态性检验，如 Shapiro-Wilk 检验， Kolmogorov-Smirnov 检验， Cramer-von Mises 检验， Anderson-Darling 检验， QQ 图检验等，都能接受正态性的结论．

(2) 方差齐性检验

因为数据服从正态分布且数据是平衡的，故我们以上介绍的四种检验方差齐性的方法都可用．

(i) Levene 检验法

由表 7.5.2 中的残差数据 $\widehat{e}_{ij}$，代入 (7.5.3) 可算得

$$\mathrm{SS}^2_{组内}=134984,\qquad \mathrm{SS}^2_{组间}=8193,$$

故

$$L=\frac{a(n-1)}{a-1}\frac{\mathrm{SS}^2_{组间}}{\mathrm{SS}^2_{组内}}=0.08,$$

而 $F_{a-1,a(n-1)} = F_{2,27}(0.05) = 3.35$. 故在显著性水平 0.05 下，没有发现误差方差不等.

(ii) Harley 最大 F 比法

首先计算 MS_{e_i}, 经计算得

$$\mathrm{MS}_{e_1} = 226, \qquad \mathrm{MS}_{e_2} = 211, \qquad \mathrm{MS}_{e_3} = 182.$$

故

$$F_{\max} = \frac{\max_i(\mathrm{MS}_{e_i})}{\min_i(\mathrm{MS}_{e_i})} = \frac{226}{182} = 1.24,$$

而此时的临界值表 $F_{\max} = (3,9) = 5.34 > 1.24$. 统计结论与 Levene 法相同.

(iii) Bartlett 的 χ^2 检验法

经计算得 $\mathrm{MS}_e = 206, \quad c = 1.05, q/c \approx 0.06, B = 0.138$. 但 $\chi^2_2(0.05) = 5.99 > B$. 统计结论与 Levene 法相同.

(iv) Cochran 检验法

由前面的计算结果得

$$C = \frac{\max(\mathrm{MS}_{e_i})}{\mathrm{MS}_{e_1} + \mathrm{MS}_{e_2} + \mathrm{MS}_{e_3}} = \frac{226}{619} \approx 0.365.$$

由表查得 $C_{n-1,a}(\alpha) = C_{9,3}(0.05) = 0.6167 > 0.365$. 统计结论与 Levene 法相同.

若用 SAS 软件用 BF 检验法， Obrien 检验法检验得到的结论与 Levene 法相同.

习 题 七

7.1 试验 6 种农药对杀虫效果的影响，所得数据如下：

农药编号	杀虫量			
1	87.4	85.0	80.2	
2	90.5	88.5	87.3	94.3
3	56.2	62.4		
4	55.0	48.2		
5	92.0	99.2	95.3	91.5
6	75.2	72.3	81.3	

(1) 写出试验的统计模型;

(2) 在 $\alpha=0.05$ 时，不同农药的杀虫效果有显著差异吗？

(3) 试给出诸参数的一组 LS 解;

(4) 试写出第 5 号农药的平均杀虫量的 95% 置信区间.

7.2 对单向分类模型 (7.1.1), 试把平方和 SS_A 和 SS_e 表成观测向量 $y'=(y_{11},y_{12},\cdots,y_{1n_1},y_{21},\cdots,y_{2n_2},\cdots,y_{a1},y_{a2},\cdots,y_{an_a})$ 的二次型，并利用第二章的结果，证明:

(1) $\mathrm{SS}_A\sim\chi^2_{a-1,\lambda}$, 写出非中心参数 λ;

(2) 当 H_0: $\alpha_1=\cdots=\alpha_a$ 成立时， $\mathrm{SS}_A\sim\chi^2_{a-1}$;

(3) $\mathrm{SS}_e\sim\chi^2_{N-a}$, 且与 SS_A 相互独立.

7.3 对单向分类模型 (7.1.1), 给定 $c_1,c_2,\cdots,c_a$, 试导出检验线性假设 H_0:

$$\frac{\mu+\alpha_1}{c_1}=\frac{\mu+\alpha_2}{c_2}=\cdots=\frac{\mu+\alpha_a}{c_a}$$

的 F 统计量.

7.4 设 $y_{ij}=\mu_i+e_{ij},\quad i=1\cdots,a,\quad j=1,\cdots,b$, 其中诸 e_{ij} 是独立同分布的, $e_{ij}\sim N(0,\sigma^2)$.

(1) 试求 $a=4$ 时检验 H_0: $\mu_1=2\mu_2=3\mu_3$ 的 F 统计量;

(2) 试验证当 $b=2$ 时检验 H_0: $\mu_1=\mu_2$ 的 F 统计量即检验具有共同方差的两个正态总体的均值是否相等的 t 统计量的平方.

7.5 对线性模型 $y=X_1\beta_1+X_2\beta_2+e,\quad e\sim(0,\sigma^2I)$, 若对 β_1 和 β_2 的任一可估函数 $c_1'\beta_1$ 和 $c_2'\beta_2$, 用 $c_1'\widehat{\beta}_1$ 和 $c_2'\widehat{\beta}_2$ 分别表示它们的 BLU 估计. 若对任意两个可估函数 $c_1'\beta_1$ 和 $c_2'\beta_2$, 有 $\mathrm{Cov}(c_1'\widehat{\beta}_1,c_2'\widehat{\beta}_2)=0$, 则称 β_1 和 β_2 正交. 对两向分类模型

$$y_{ij}=\mu+\alpha_i+\beta_j+e_{ij},\qquad i=1,\cdots,a,\quad j=1,\cdots,b,$$

$e_{ij}\sim N(0,\sigma^2)$, 且所有 e_{ij} 相互独立. 证明 $\alpha'=(\alpha_1,\alpha_2,\cdots,\alpha_a)$ 与 $\beta'=(\beta_1,\beta_2,\cdots,\beta_b)$ 相互正交.

7.6 对无交互效应两向分类模型 (7.2.1), 引入相同的矩阵向量符号, 记 $J_m=\mathbf{1}_m\mathbf{1}_m'$, $\bar{J}_a=\frac{1}{m}J_m$, 则易得 $\bar{J}_{ab}=\bar{J}_a\otimes\bar{J}_b$. 试证明

$$\begin{aligned}
\mathrm{SS}_T &= \sum_{i=1}^{a}\sum_{j=1}^{b}(y_{ij}-\bar{y}_{\cdot\cdot})^2=y'\left[I_{ab}-\bar{J}_{ab}\right]y,\\
\mathrm{SS}_A &= \sum_{i=1}^{a}\frac{y_{i\cdot}^2}{b}-\frac{y_{\cdot\cdot}^2}{ab}=y'\left[\left(I_a-\bar{J}_a\right)\otimes\bar{J}_b\right],\\
\mathrm{SS}_B &= \sum_{j=1}^{b}\frac{y_{\cdot j}^2}{a}-\frac{y_{\cdot\cdot}^2}{ab}=y'\left[\bar{J}_a\otimes\left(I_b-\bar{J}_b\right)\right],\\
\mathrm{SS}_e &= \mathrm{SS}_e=\sum_{i=1}^{a}\sum_{j=1}^{b}(y_{ij}-\bar{y}_{i\cdot}-\bar{y}_{\cdot j}+\bar{y}_{\cdot\cdot})^2=y'\left[\left(I_a-\bar{J}_a\right)\otimes\left(I_b-\bar{J}_b\right)\right]y\,.
\end{aligned}$$

7.7　对有交互效应两向分类模型 (7.3.1), 并引入相同的矩阵向量符号, 符号 $\bar{J}_m$ 同上, 试证明

$$\mathrm{SS}_T=\sum_{i=1}^{a}\sum_{j=1}^{b}\sum_{k=1}^{k}y_{ijk}^2-\frac{y_{\cdots}^2}{abc}=y'\left[I_{abc}-\bar{J}_{abc}\right]y,$$

$$\mathrm{SS}_A=\sum_{i=1}^{a}\sum_{j=1}^{b}\sum_{k=1}^{c}(\overline{y}_{i\cdot\cdot}-\overline{y}_{\cdots})^2=y'\left[\left(I_a-\bar{J}_a\right)\otimes\bar{J}_{bc}\right],$$

$$\mathrm{SS}_B=\sum_{i=1}^{a}\sum_{j=1}^{b}\sum_{k=1}^{c}(\overline{y}_{\cdot j\cdot}-\overline{y}_{\cdots})^2=y'\left[\bar{J}_a\otimes\left(I_b-\bar{J}_b\right)\otimes\bar{J}_c\right],$$

$$\mathrm{SS}_{A\times B}=\sum_{i=1}^{a}\sum_{j=1}^{b}\sum_{k=1}^{c}(\overline{y}_{ij\cdot}-\overline{y}_{i\cdot\cdot}-\overline{y}_{\cdot j\cdot}+\overline{y}_{\cdots})^2=y'\left[\left(I_a-\bar{J}_a\right)\otimes\left(I_b-\bar{J}_b\right)\otimes\bar{J}_c\right]y,$$

$$\mathrm{SS}_e=\sum_{i=1}^{a}\sum_{j=1}^{b}\sum_{k=1}^{c}(y_{ijk}-\overline{y}_{ij\cdot})^2=y'\left[I_a\otimes I_b\otimes\left(I_c-\bar{J}_c\right)\right]y.$$

7.8　对无交互效应的三向分类模型

$$y_{ijk}=\mu+\alpha_i+\beta_j+\gamma_k+e_{ijk},\quad i=1,\cdots,a,\quad j=1,\cdots,b,\quad k=1,\cdots,c,$$

这里 $e_{ijk}\sim N(0,\sigma^2I)$, 并且所有的 e_{ijk} 相互独立.

(1) 如果增加边界条件为 $\sum_i\alpha_i=0$, $\sum_j\beta_j=0$, $\sum_k\gamma_k=0$, 则诸参数的一组 LS 解为

$$\widehat{\mu}=\overline{y}_{\cdots},\qquad \widehat{\alpha}_i=\overline{y}_{i\cdot\cdot}-\overline{y}_{\cdots},$$

$$\widehat{\beta}_j=\overline{y}_{\cdot j\cdot}-\overline{y}_{\cdots},\qquad \widehat{\gamma}=\overline{y}_{\cdot\cdot k}-\overline{y}_{\cdots}.$$

(2) 试导出检验假设 H_0：　$\alpha_1=\alpha_2=\cdots=\alpha_a$ 的 F 统计量.

7.9　试将两级套分类模型 (7.4.1), 写成线性模型的一般形式 $y=X\beta+e$, 并将各平方和写成形如前两个习题的 Kronecker 乘积的形式.

7.10　对两级套分类模型 (7.4.1), 设 $b_i=b$, $i=1\cdots,a$,　$n_{ij}=c$. 对一切 i, j, 试导出形如

$$(\alpha_i+\overline{\beta}_{\cdot(i)})-(\alpha_{i'}+\overline{\beta}_{\cdot(i')}),\qquad i\neq i'$$

的可估函数的 Bonferroni 区间， Scheffè 区间和 Tukey 区间.

第八章　协方差分析模型

在第一章我们通过实例引进了协方差分析模型. 本质上讲, 它是方差分析模型和线性回归模型的一种“混合”. 这里“混合”二字是指, 它的设计矩阵可以分成两部分, 一部分的元素由 0 、1 两个数组成, 是方差分析模型的设计阵. 另一部分的元素可以取任意实数值, 是线性回归模型的设计阵. 对于一个协方差分析模型, 方差分析部分是主要的, 我们的基本目的是作方差分析, 而回归部分仅仅是因为回归变量即协变量不能完全控制而引入. 基于这些特点可以期望这种模型的统计分析能够从略去回归部分所得到的纯方差分析模型的方差分析作适当修正来完成. 本章的目的是对实现上述思想提供具体实施方法.

因为从形式上讲, 协方差分析模型可以看成一般分块线性模型的特殊情况, 因此我们先讨论一般分块线性模型.

§8.1　一般分块线性模型

考虑一般分块线性模型

$$y = X\beta + Z\gamma + e, \qquad \mathrm{E}(e) = 0, \qquad \mathrm{Cov}(e) = \sigma^2 I_n\ , \tag{8.1.1}$$

这里 X 是 $n \times p$ 矩阵, Z 是 $n \times q$ 矩阵, 记 $W = (X \vdots Z)$, $\delta = (\beta', \gamma')'$. 从这个模型可得到 δ 的 LS 解:

$$\delta^* = \begin{pmatrix} \beta^* \\ \gamma^* \end{pmatrix} = (W'W)^- W'y\ .$$

当 $\mathrm{rk}(W) = p + q$ 时, 它是 δ 的 LS 估计. 如果略去 $Z\gamma$ 部分, 得到

$$E(y) = X\beta + e, \qquad \mathrm{E}(e) = 0, \qquad \mathrm{Var}(e) = \sigma^2 I_n\ . \tag{8.1.2}$$

从中可得到 β 的 LS 解

$$\widehat{\beta} = (X'X)^- X'y\ .$$

为叙述方便计, 我们称 (8.1.1) 和 (8.1.2) 分别为全模型和子模型. 从这两个模型我们可以得到 β 的两个 LS 解, 当 $\mathrm{rk}(X) = p$ 时, 它们就是两个 LS 估计. 一个重要问题是研究这两个估计之间的关系. 特别是, 如何把 β^* 用 $\widehat{\beta}$ 来表示, 以便通过后者能简单地计算前者.

在以下的讨论中, 我们对 X 的秩不作假设, 但总是假定 Z 是列满秩, 并且 Z 的列与 X 的列线性无关, 即

$$\mathcal{M}(X) \cap \mathcal{M}(Z) = \{0\}, \tag{8.1.3}$$

$$\mathrm{rk}(Z) = q. \tag{8.1.4}$$

对任一矩阵 A, 记 $N_A = I - A'(A'A)^- A'$.

定理 8.1.1　在条件 (8.1.3) 和 (8.1.4) 下,

(1) $c'\beta$ 可估 $\Longleftrightarrow c \in \mathcal{M}(X')$.

(2) γ 可估.

(3) $Z'N_X Z$ 可逆.

证明　(1) 因为

$$c'\beta = (c' \quad 0')\begin{pmatrix} \beta \\ \gamma \end{pmatrix},$$

于是 $c'\beta$ 可估当且仅当

$$\begin{aligned} &\begin{pmatrix} c \\ 0 \end{pmatrix} \in \mathcal{M}\begin{pmatrix} X' \\ Z' \end{pmatrix} \\ \Longleftrightarrow\quad & \text{存在 } \alpha, \text{使得 } c = X'\alpha,\ Z'\alpha = 0 \\ \Longleftrightarrow\quad & c \in S = \{X'\alpha,\ Z'\alpha = 0\}. \end{aligned}$$

根据定理 2.1.2, 并利用 (8.1.3), 有

$$\dim S = \mathrm{rk}\begin{pmatrix} X' \\ Z' \end{pmatrix} - \mathrm{rk}(Z) = \mathrm{rk}(X).$$

由 $S \subset \mathcal{M}(X')$ 知 $S = \mathcal{M}(X')$. (1) 得证. 同法可证 (2).

现证 (3)　设 $Z'N_X Za = 0$, 则由 N_X 的幂等性得

$$a'Z'N_X'N_X Za = a'Z'N_X Za = 0\ ,$$

即 $N_X Za = 0$. 因而 $Za = X(X'X)^- X'Za \stackrel{\triangle}{=} Xb$, 这里 $b = (X'X)^- X'Z\mathbf{a}$. 由于 Z 的列与 X 的列线性无关，此式意味着 $a = 0$. 由于从 $Z'N_X Za = 0$, 可以推出 $a = 0$, 所以 $Z'N_X Z$ 的列线性无关. 因此它是非奇异的.　(3) 得证. 定理证毕.

这个定理的第一条结论说明，对于全模型和子模型 $c'\beta$ 的可估性是一样的.

下面的定理刻画了全模型和子模型 LS 解之间的关系及其性质.

定理 8.1.2　　$(1)\gamma^* = (Z'N_X Z)^{-1} Z'N_X y$,

(2) $\beta^* = \widehat{\beta} - X_Z \gamma^*$,

(3) 对任一可估函数 $c'\delta$, $\operatorname{Var}(c'\delta^*)=\sigma^2c'Mc$, 这里 $X_z=(X'X)^-X'Z$,

$$M=\begin{pmatrix}(X'X)^-+X_z(Z'N_xZ)^{-1}X_z', & -X_z(Z'N_xZ)^{-1}\\ -(Z'N_xZ)^{-1}X_z', & (Z'N_xZ)^{-1}\end{pmatrix}. \tag{8.1.5}$$

证明 我们先证 (2). 给定 $y=X\beta+Z\gamma+e$, 则

$$\begin{aligned}e'e &= (y-X\beta-Z\gamma)'(y-X\beta-Z\gamma)\\ &= y'y-2\beta'X'y-2\gamma'Z'y+2\beta'X'Z\gamma+\beta'X'X\beta+\gamma'Z'Z\gamma\,.\end{aligned} \tag{8.1.6}$$

为求 β^* 和 γ^*, 我们对上式分别对 β 和 γ 求导，利用矩阵微商，得到

$$-2X'y+2X'Z\gamma^*+2X'X\beta^* = 0\,, \tag{8.1.7}$$

$$-2Z'y+2Z'X\gamma^*+2Z'Z\beta^* = 0\,. \tag{8.1.8}$$

由 (8.1.7) 我们有

$$\beta^*=(X'X)^-X'(y-Z\gamma^*), \tag{8.1.9}$$

于是 (2) 得证.

现在证 (1). 把 (8.1.9) 代入 (8.1.8) 就可得出

$$Z'Z\gamma^*=Z'y-Z'X(X'X)^-X'(y-Z\gamma^*),$$

所以

$$Z'[I_n-X(X'X)^-X']Z\gamma^*=Z'[I_n-X(X'X)^-X']y,$$

即

$$Z'N_xZ\gamma^*=Z'N_xy\,. \tag{8.1.10}$$

从上一定理知， $Z'N_xZ$ 可逆，因而

$$\gamma^*=(Z'N_xZ)^{-1}Z'N_xy\,. \tag{8.1.11}$$

(3)

$$\begin{aligned}\operatorname{Cov}(\gamma^*) &= \sigma^2(Z'N_xZ)^{-1}ZN_xZ(Z'N_xZ)^{-1}\\ &= \sigma^2(Z'N_xZ)^{-1},\\ \operatorname{Cov}(\widehat{\beta},\ \gamma^*) &= \operatorname{Cov}\left[(X'X)^-X'y,\ (Z'N_xZ)^{-1}ZN_xy\right]\\ &= \sigma^2(X'X)^-X'N_xZ(Z'N_xZ)^{-1}=0\,.\end{aligned} \tag{8.1.12}$$

利用 (1), 我们得到

$$\begin{aligned}\mathrm{Cov}(\beta^*,\ \gamma^*) &= \mathrm{Cov}(\widehat{\beta} - X_z\gamma^*,\ \gamma^*)\\ &= \mathrm{Cov}(\widehat{\beta},\ \gamma^*) - X_z\mathrm{Cov}(\gamma^*)\\ &= -\sigma^2 X_z(Z'N_xZ)^{-1} \quad (\text{利用(8.1.12)式}),\end{aligned} \tag{8.1.13}$$

从而

$$\begin{aligned}\mathrm{Cov}(\beta^*) &= \mathrm{Cov}(\widehat{\beta} - X_z\gamma^*)\\ &= \mathrm{Cov}(\widehat{\beta}) - 2\mathrm{Cov}(\widehat{\beta},\ X_z\gamma^*) + \mathrm{Cov}(X_z\gamma^*)\\ &= \sigma^2\left[(X'X)^-(X'X)(X'X)^- + X_z(Z'N_xZ)^{-1}X_z'\right]\\ &\qquad (\text{利用(8.1.12)式}).\end{aligned} \tag{8.1.14}$$

将 c 表示为 $c' = (c_1', c_2')$, 这里 c_1 为 $p \times 1$. 依上一定理，存在 α 使得 c_1 可表示为 $c_1 = X'\alpha$. 据此可证得

$$\mathrm{Cov}(c_1'\beta^*) = \sigma^2 c_1'\left[(X'X)^- + X_z(Z'N_xZ)^{-1}X_z'\right]c_1 .$$

定理证毕.

对于全模型和子模型, 它们的残差平方和分别为 $\mathrm{SS}_e^* = y'N_W y$ 和 $\mathrm{SS}_e = y'N_X y$. 容易证明，它们有如下关系

$$\mathrm{SS}_e^* = \mathrm{SS}_e - \gamma^{*'}Z'N_x y .$$

事实上,

$$\begin{aligned}y - X\beta^* - Z\gamma^* &= y - X(X'X)^-X'(y - Z\gamma^*) - Z\gamma^*\\ &= [I_n - X(X'X)^-X'](y - Z\gamma^*)\\ &= N_x(y - Z\gamma^*) ,\end{aligned} \tag{8.1.15}$$

所以

$$\begin{aligned}y'N_W y &= (y - W\delta^*)'(y - W\delta^*)\\ &= (y - X\beta^* - Z\gamma^*)'(y - X\beta^* - Z\gamma^*)\\ &= (y - Z\gamma^*)'N_x(y - Z\gamma^*)\\ &= y'N_x y - 2\gamma^{*'}Z'N_x y + \gamma^{*'}Z'N_x Z\gamma^*\\ &= y'N_x y - \gamma^{*'}Z'N_x y - \gamma^{*'}(Z'N_x y - Z'N_x' Z\gamma^*)\\ &= y'N_x y - \gamma^{*'}Z'N_x y \qquad (\text{利用(8.1.10)式}).\end{aligned} \tag{8.1.16}$$

若 X 为列满秩的，即 $\mathrm{rk}(X)=p$, 则 β 可估．此时 β^* 和 $\widehat{\beta}$ 分别为全模型和子模型的 LS 估计，并且 $\mathrm{Cov}(\delta^*)=\sigma^2 M$, 这时 M 的表达式 (8.1.5) 中的 $(X'X)^-$ 就自然变成了 $(X'X)^{-1}$.

§8.2 参数估计

我们考虑一般的协方差分析模型

$$y=X\beta+Z\gamma+e\overset{\triangle}{=}W\delta+e,\qquad e\sim N(0,\sigma^2 I),\tag{8.2.1}$$

这里 y 为 $n\times 1$ 观测向量，设 $X\beta$ 为模型的方差分析部分， $X=(x_{ij})$ 为 $n\times p$ 已知矩阵，其元素 x_{ij} 皆为 0 或 1，β 为因子效应向量． $Z\gamma$ 为模型的回归部分，$Z=(z_{ij})$ 为 $n\times q$ 已知矩阵，其元素 (z_{ij}) 可以取任意实数值． $\gamma_{q\times 1}$ 为回归系数．在下面的讨论中我们总假设 (8.1.3) 和 (8.1.4) 成立．因此上节关于一般分块线性模型的结论对协方差分析模型 (8.2.1) 都成立．

定理 8.1.1 的结论 (1) 和 (2) 表明，对协方差分析模型 (8.2.1), γ 总是可估的，参数函数 $c'\beta$ 的可估性与对应的纯方差分析模型 $y=X\beta+e$ 中 $c'\beta$ 的可估性相同．

由定理 8.1.2, 对模型 (8.2.1), 回归系数 γ 的 LS 估计为

$$\gamma^*=(Z'N_XZ)^{-1}Z'N_Xy,\tag{8.2.2}$$

这里幂等阵 $N_x=I-X(X'X)^-X'$ 是纯方差分析模型

$$y=X\beta+e,\qquad e\sim N(0,\sigma^2 I)\tag{8.2.3}$$

作方差分析时残差平方和 $\mathrm{SS}_e=y'y-\widehat{\beta}'X'y=y'N_Xy$ 的二次型的方阵．所以 γ^* 的计算可以利用纯方差分析模型 (8.2.3) 的方差分析结果．

同样由定理 8.1.2, 对模型 (8.2.1), 得到 β 的 LS 解为

$$\beta^*=\widehat{\beta}-(X'X)^-X'Z\gamma^*=\widehat{\beta}-X_z\gamma^*\ ,\tag{8.2.4}$$

其中

$$\widehat{\beta}=(X'X)^-X'y,\qquad X_z=(X'X)^-X'Z.\tag{8.2.5}$$

对任意 $c\in\mathcal{M}(X')$, 可估函数 $c'\beta$ 的 BLU 估计为 $c'\beta^*=c'\widehat{\beta}-c'X_z\gamma^*$. 其中第一项为从纯方差分析模型 (8.2.3) 得到的 $c'\beta$ 的 BLU 估计．而第二项为引进了协变量之后对 $c'\widehat{\beta}$ 所做的修正．若 $X'Z=0$, 则 $X_z=0$, 此时 $\beta^*=\widehat{\beta}$. 这表明当设计阵 X 和 Z 的列向量相互正交时协变量的引入对可估函数 $c'\beta$ 的 BLU 估计并没有产生任何影响．

对任一可估函数 $c'\beta$, 其 BLU 估计 $c'\beta^*$ 的方差 $\mathrm{Var}(c'\beta^*) = c'\mathrm{Cov}(\beta^*)c$. 从定理 8.1.2 得，对任一可估函数 $c'\beta$, 有

$$\mathrm{Var}(c'\beta^*) = \sigma^2[c'(X'X)^-c + c'X_z(Z'N_XZ)^{-1}X_zc]. \tag{8.2.6}$$

从 (8.2.4) 和 (8.2.6) 可以看出，对协方差分析模型的可估函数 $c'\beta$ 而言，它的 BLU 估计及其方差可以从对应的方差分析模型的 BLU 估计经过简单修正得到.

下面举一个例子说明上面的结果.

例 8.2.1 具有一个协变量的两向分类模型为

$$y_{ij} = \mu + \alpha_i + \beta_j + \gamma z_{ij} + e_{ij}, \qquad i = 1, \cdots, a, \quad j = 1, \cdots, b, \tag{8.2.7}$$

这里 $e_{ij} \sim N(0, \sigma^2)$, 且所有 e_{ij} 都相互独立， $\sum_i \alpha_i = \sum_j \beta_j = 0$. 相应的纯方差分析模型为

$$y_{ij} = \mu + \alpha_i + \beta_j + e_{ij}, \qquad i = 1, \cdots, a, \quad j = 1, \cdots, b. \tag{8.2.8}$$

由 (7.2.9), 残差平方和

$$\mathrm{SS}_e = \sum_{i=1}^{a}\sum_{j=1}^{b}(y_{ij} - \overline{y}_{i\cdot} - \overline{y}_{\cdot j} + \overline{y}_{\cdot\cdot})^2 \triangleq y'N_Xy\ . \tag{8.2.9}$$

根据这个表达式，容易知道

$$\begin{aligned} Z'N_Xy &= \sum_{i=1}^{a}\sum_{j=1}^{b}(y_{ij} - \overline{y}_{i\cdot} - \overline{y}_{\cdot j} + \overline{y}_{\cdot\cdot})(z_{ij} - \overline{z}_{i\cdot} - \overline{z}_{\cdot j} + \overline{z}_{\cdot\cdot}), \\ Z'N_XZ &= \sum_{i=1}^{a}\sum_{j=1}^{b}(z_{ij} - \overline{z}_{i\cdot} - \overline{z}_{\cdot j} + \overline{z}_{\cdot\cdot})^2. \end{aligned}$$

依 (8.2.2), 回归系数 γ 的 LS 估计为

$$\begin{aligned} \gamma^* &= \frac{Z'N_Xy}{Z'N_XZ} \\ &= \frac{\sum\limits_{i=1}^{a}\sum\limits_{j=1}^{b}(y_{ij} - \overline{y}_{i\cdot} - \overline{y}_{\cdot j} + \overline{y}_{\cdot\cdot})(z_{ij} - \overline{z}_{i\cdot} - \overline{z}_{\cdot j} + \overline{z}_{\cdot\cdot})}{\sum\limits_{i=1}^{a}\sum\limits_{j=1}^{b}(z_{ij} - \overline{z}_{i\cdot} - \overline{z}_{\cdot j} + \overline{z}_{\cdot\cdot})^2}. \end{aligned} \tag{8.2.10}$$

又从纯方差分析模型解得 α_i 的 LS 解 (见 §7.2) 为 $\widehat{\alpha}_i = \overline{y}_{i\cdot} - \overline{y}_{\cdot\cdot}$. 对应于 (8.2.5) 的 X_z, 取 $\widehat{\alpha}_{z_i} = \overline{z}_{i\cdot} - \overline{z}_{\cdot\cdot}$, 由 (8.2.4) 得到协方差分析模型 α_i 的 LS 解

$$\alpha_i^* = \widehat{\alpha}_i - \widehat{\alpha}_{z_i}\gamma^* = \overline{y}_{i\cdot} - \overline{y}_{\cdot\cdot} - \gamma^*(\overline{z}_{i\cdot} - \overline{z}_{\cdot\cdot}),$$

类似地

$$\mu^* = \overline{y}_{\cdot\cdot} - \gamma^* \overline{z}_{\cdot\cdot}\,,$$

$$\beta_j^* = \overline{y}_{\cdot j} - \overline{y}_{\cdot\cdot} - \gamma^*(\overline{z}_{\cdot j} - \overline{z}_{\cdot\cdot})\,.$$

根据定理 8.1.2 和定理 7.2.1 知，任意对照 $\sum_i c_i\alpha_i$ 和 $\sum_j d_j\beta_j$ 都可估，且它们的 BLU 估计分别为

$$\sum_i c_i(\overline{y}_{i\cdot} - \gamma^*\overline{z}_{i\cdot}), \qquad \text{这里} \quad \sum_i c_i = 0$$

和

$$\sum_j d_j(\overline{y}_{\cdot j} - \gamma^*\overline{z}_{\cdot j}), \qquad \text{这里} \quad \sum_j d_j = 0.$$

特别， $\alpha_i - \alpha_u$ 的 BLU 估计为

$$\alpha_i^* - \alpha_u^* = \overline{y}_{i\cdot} - \overline{y}_{u\cdot} - \gamma^*(\overline{z}_{i\cdot} - \overline{z}_{u\cdot}), \tag{8.2.11}$$

$\beta_j - \beta_v$ 的 BLU 估计为

$$\beta_j^* - \beta_v^* = \overline{y}_{\cdot j} - \overline{y}_{\cdot j} - \gamma^*(\overline{z}_{\cdot j} - \overline{z}_{\cdot v}). \tag{8.2.12}$$

(8.2.11) 和 (8.2.12) 与纯方差分析模型的结果 (定理 7.2.1) 相比，都多了一个由协变量引起的修正项，它们的方差分别为

$$\mathrm{Var}(\alpha_i^* - \alpha_u^*) = \sigma^2\left[\frac{2}{b} + \frac{(\overline{z}_{i\cdot} - \overline{z}_{u\cdot})^2}{Z'N_X Z}\right] \tag{8.2.13}$$

和

$$\mathrm{Var}(\beta_j^* - \beta_v^*) = \sigma^2\left[\frac{2}{a} + \frac{(\overline{z}_{\cdot j} - \overline{z}_{\cdot v})^2}{Z'N_X Z}\right]. \tag{8.2.14}$$

利用这些结果可以给出 $\alpha_i - \alpha_u$, $i \neq u$ 和 $\beta_j - \beta_v$, $j \neq v$ 的各种同时置信区间.

从这个例子我们可以看出，对协方差分析模型 (8.2.7) 的参数估计的计算利用对应的纯方差分析模型 (8.2.8) 的残差平方和 (8.2.9), 使计算大大简化.

§8.3 假设检验

本章一开始就已经指出，对协方差分析模型我们的基本兴趣放在方差分析部分，即主要目的是对方差分析部分的参数作检验. 所以这一节我们先导出检验线性假设 $H\beta = 0$ 的 F 统计量，这里 $H\beta$ 为 m 个线性无关的可估函数，尔后给出检验假设 $\gamma = 0$ 的 F 统计量，这个检验的直观意义也是很明显的.

首先，模型 (8.2.1) 的残差平方和为

$$\begin{aligned}\mathrm{SS}_e^* &= (y - X'\beta^* - Z\gamma^*)'(y - X'\beta^* - Z\gamma^*) \\ &= y'N_X y - \gamma^{*'} Z' N_X y \\ &= y'N_X y - y'N_X Z(Z'N_X Z)^{-1}(Z'N_X y)\,, \end{aligned} \tag{8.3.1}$$

其中第一项为纯方差分析模型 (8.2.3) 作方差分析时的残差平方和 $\mathrm{SS}_e = y'N_X y$. 第二项则是由于在模型中引进了协变量致使残差平方和所减少的量. (8.3.1) 式表明，对协方差分析模型 (8.2.1), 残差平方和 SS_e^* 可以由纯方差分析模型 (8.2.3) 的残差平方和 SS_e 减去一个修正量 $y'N_X Z(Z'N_X Z)^{-1}(Z'N_X y)$ 得到. 而且此修正量只依赖于 y 和 Z 的列向量 $z_1, z_2, \cdots, z_q$ 的若干形如 $z_i N_X z_j\ (i, j = 1, \cdots, q)$ 和 $z_i N_X y (i = 1, \cdots, q)$ 的二次型和双线性型，这些二次型和双线性型的矩阵都是残差平方和 $\mathrm{SS}_e = y'N_X y$ 的二次型方阵 N_X. 因此，对协方差分析模型 (8.2.1), 协方差分析的残差平方和 SS_e^* 可直接利用纯方差分析模型 (8.2.3) 的残差平方和 SS_e 来计算.

若以 $\widehat{\beta}_H$ 记纯方差分析模型 (8.2.3) 中参数 β 在约束 $H\beta = 0$ 下的 LS 解，则对应的残差平方和

$$\mathrm{SS}_{e_H} = y'y - \widehat{\beta}_H' X'y \stackrel{\triangle}{=} y'Qy. \tag{8.3.2}$$

若记协方差分析模型 (8.2.1) 在约束 $H\beta = 0$ 下参数 β 和 γ 的约束 LS 解对应的残差平方和为 $\mathrm{SS}_{e_H}^*$. 因为 $\mathrm{SS}_{e_H}^*$ 与 SS_{e_H} 的关系和 SS_e^* 与 SS_e 的关系完全一样，故从 (8.3.1) 和 (8.3.2) 知

$$\mathrm{SS}_{e_H}^* = y'Qy - y'QZ(Z'QZ)^{-1}(Z'Qy)\,, \tag{8.3.3}$$

这里 $Z'QZ$ 是可逆阵，其证明与定理 8.1.1(3) 相类似. 上式表明， $\mathrm{SS}_{e_H}^*$ 是由 SS_{e_H} 减去由于引进协变量而产生的修正项得到的. 比较 (8.3.1) 和 (8.3.3), 再结合 (8.3.1) 式后面的讨论可以知道， $\mathrm{SS}_{e_H}^*$ 的计算可以利用 SS_{e_H} 来完成. 根据 §5.1 及 (8.3.1) 和 (8.3.3), 对协方差分析模型 (8.2.1), 假设检验 $H\beta = 0$ 的 F 统计量为

$$F_1 = \frac{\mathrm{SS}_{e_H}^* - \mathrm{SS}_{e_H}/m}{\mathrm{SS}_e^*/(n - r - q)}\,. \tag{8.3.4}$$

当 $H\beta = 0$ 为真时， $F_1 \sim F_{m,\ n-r-q}$, 这里 $r = \mathrm{rk}(X)$, $m = \mathrm{rk}(H)$.

上面的讨论说明，在协方差分析模型 (8.2.1) 的统计分析中，相应的纯方差分析模型 (8.2.3) 起着中心的作用. 要对协方差分析模型 (8.2.1) 假设检验 $H\beta = 0$, 可以先对对应的纯方差分析模型 (8.2.3) 作同样的检验，导出 $\mathrm{SS}_e = y'N_X y$ 和 $\mathrm{SS}_{e_H} = y'Qy$, 计算出各自的修正量，利用 (8.3.1) 和 (8.3.3) 简便的计算出 $\mathrm{SS}_{e_H}^*$ 和 SS_{e_H}, 这样大大节省了计算量. 这正是本章一开始所指出的我们研究协方差分析的目的所在.

对于线性假设 $\gamma=0$, 读者容易明白, F 统计量为

$$F_2=\frac{\mathrm{SS}_e-\mathrm{SS}_e^*/q}{\mathrm{SS}_e^*/(n-r-q)}\ . \tag{8.3.5}$$

当 $\gamma=0$ 成立时, $F_2\sim F_{q,n-r-q}$. 如果经检验, 假设 $\gamma=0$ 被接受, 则可以认为协变量的影响不存在, 我们只要研究纯方差分析模型 (8.2.3) 就够了.

例 8.3.1 对具有一个协变量的两向分类模型

$$y_{ij}=\mu+\alpha_i+\beta_j+\gamma z_{ij}+e_{ij},\qquad i=1,\cdots,a\quad j=1,\cdots,b,$$

这里 $e_{ij}\sim N(0,\ \sigma^2)$, 且所有 e_{ij} 相互独立. 考虑假设

(1) H_1: $\beta_1=\cdots=\beta_b$,

(2) H_0: $\gamma=0$

的检验问题.

解 对于纯方差分析模型

$$y_{ij}=\mu+\alpha_i+\beta_j+e_{ij},\qquad i=1,\cdots,a,\quad j=1,\cdots,b. \tag{8.3.6}$$

由例 8.2.1 知, 残差平方和残差平方和

$$\mathrm{SS}_e=\sum_{i=1}^a\sum_{j=1}^b(y_{ij}-\overline{y}_{i\cdot}-\overline{y}_{\cdot j}+\overline{y}_{\cdot\cdot})^2\triangleq y'N_Xy,$$

以及

$$Z'N_Xy=\sum_{i=1}^a\sum_{j=1}^b(y_{ij}-\overline{y}_{i\cdot}-\overline{y}_{\cdot j}+\overline{y}_{\cdot\cdot})(z_{ij}-\overline{z}_{i\cdot}-\overline{z}_{\cdot j}+\overline{z}_{\cdot\cdot}),$$

$$Z'N_XZ=\sum_{i=1}^a\sum_{j=1}^b(z_{ij}-\overline{z}_{i\cdot}-\overline{z}_{\cdot j}+\overline{z}_{\cdot\cdot})^2.$$

由 (8.3.1) 得

$$\begin{aligned}\mathrm{SS}_e^*&=y'N_Xy-\frac{(z'N_Xy)^2}{Z'N_XZ}\\&=\sum_{i=1}^a\sum_{j=1}^b(y_{ij}-\overline{y}_{i\cdot}-\overline{y}_{\cdot j}+\overline{y}_{\cdot\cdot})^2\\&\quad-\frac{\left[\sum\limits_{i=1}^a\sum\limits_{j=1}^b(y_{ij}-\overline{y}_{i\cdot}-\overline{y}_{\cdot j}+\overline{y}_{\cdot\cdot})(z_{ij}-\overline{z}_{i\cdot}-\overline{z}_{\cdot j}+\overline{z}_{\cdot\cdot})\right]^2}{\sum\limits_{i=1}^a\sum\limits_{j=1}^b(z_{ij}-\overline{z}_{i\cdot}-\overline{z}_{\cdot j}+\overline{z}_{\cdot\cdot})^2}\ .\end{aligned} \tag{8.3.7}$$

(1) 在假设 H_1 下, 纯方差分析模型 (8.3.6) 变为单向分类模型. 由 (7.1.15) 知, 残差平方和

$$\mathrm{SS}_{e_{H_1}} = \sum_{i=1}^{a}\sum_{j=1}^{b}(y_{ij}-\overline{y}_{i\cdot})^2 \triangleq y'Qy\ ,$$

于是

$$\begin{aligned} Z'Qy &= \sum_{i=1}^{a}\sum_{j=1}^{b}(y_{ij}-\overline{y}_{i\cdot})(z_{ij}-\overline{z}_{i\cdot})\ , \\ Z'QZ &= \sum_{i=1}^{a}\sum_{j=1}^{b}(z_{ij}-\overline{z}_{i\cdot})^2. \end{aligned}$$

由 (8.3.3), 立得

$$\begin{aligned} \mathrm{SS}^*_{e_{H_1}} &= y'Qy - \frac{(Z'Qy)^2}{Z'QZ} \\ &= \sum_{i=1}^{a}\sum_{j=1}^{b}(y_{ij}-\overline{y}_{i\cdot})^2 - \frac{\left[\sum\limits_{i=1}^{a}\sum\limits_{j=1}^{b}(y_{ij}-\overline{y}_{i\cdot})(z_{ij}-\overline{z}_{i\cdot})\right]^2}{\sum\limits_{i=1}^{a}\sum\limits_{j=1}^{b}(z_{ij}-\overline{z}_{i\cdot})^2}\ . \end{aligned} \tag{8.3.8}$$

根据这些结果, 容易写出检验假设 H_1 的 F 统计量.

(2) 在 (1) 中已计算出 SS_e 和 SS_e^*, 依 (8.3.5), 也可立即写出检验假设 H_0: $\gamma=0$ 的 F 统计量. 如果这个检验显著, 说明协变量 z 不能忽视. 当 H_0 被拒绝时, 我们希望求 γ 的置信区间. 应用一般的回归理论到模型 (8.2.1) 式, 易得 γ 的置信区间.

§8.4 计算方法

前几节的讨论说明了在对协方差分析模型作统计分析时, 可以先对对应的纯方差分析模型作统计分析, 在此基础上可以较容易地计算出协方差分析所需要的各种统计量. 例 8.2.1 和例 8.3.1 以含一个协变量的两向分类模型为例说明了协方差分析的基本方法. 但是, 从 (8.2.10), (8.3.7) 和 (8.3.8) 可以看出, 与上章的方差分析相比较, 引进适当的记号和表格, 采用恰当的计算步骤对协方差分析更为必要. 本节继续以两向分类模型为例具体说明这一点.

对具有一个协变量的两向分类模型

$$y_{ij} = \mu + \alpha_i + \beta_j + \gamma z_{ij} + e_{ij}, \qquad i=1,\cdots,a \quad j=1,\cdots,b,$$

我们把 $\alpha_1,\alpha_2,\cdots,\alpha_a$ 看作因子 A 的 a 个水平的效应，把 $\beta_1,\beta_2,\cdots,\beta_b$ 看作因子 B 的 b 个水平的效应. 和前面一样假定 $e_{ij}\sim N(0,\ \sigma^2)$, 且所有 e_{ij} 相互独立.

记

$$\begin{aligned}
S_{yy} &= \sum_{i=1}^{a}\sum_{j=1}^{b}(y_{ij}-\overline{y}_{..})^2=\sum_{i=1}^{a}\sum_{j=1}^{b}y_{ij}^2-\frac{y_{..}^2}{ab}\ ,\\
S_{zz} &= \sum_{i=1}^{a}\sum_{j=1}^{b}(z_{ij}-\overline{z}_{..})^2=\sum_{i=1}^{a}\sum_{j=1}^{b}z_{ij}^2-\frac{z_{..}^2}{ab}\ ,\\
S_{yz} &= \sum_{i=1}^{a}\sum_{j=1}^{b}(y_{ij}-\overline{y}_{..})(z_{ij}-\overline{z}_{..})=\sum_{i=1}^{a}\sum_{j=1}^{b}y_{ij}z_{ij}-\frac{y_{..}z_{..}}{ab}\ ,\\
A_{yy} &= \sum_{i=1}^{a}\sum_{j=1}^{b}(\overline{y}_{i.}-\overline{y}_{..})^2=\sum_{i=1}^{a}\frac{y_{i.}^2}{b}-\frac{y_{..}^2}{ab}\triangleq \mathrm{SS}_A\ ,\\
A_{zz} &= \sum_{i=1}^{a}\sum_{j=1}^{b}(\overline{z}_{i.}-\overline{z}_{..})^2=\sum_{i=1}^{a}\frac{z_{i.}^2}{b}-\frac{z_{..}^2}{ab}\ ,\\
A_{yz} &= \sum_{i=1}^{a}\sum_{j=1}^{b}(\overline{y}_{i.}-\overline{y}_{..})(\overline{z}_{i.}-\overline{z}_{..})=\sum_{i=1}^{a}\frac{y_{i.}z_{i.}}{b}-\frac{y_{..}z_{..}}{ab}\ ,\\
B_{yy} &= \sum_{i=1}^{a}\sum_{j=1}^{b}(\overline{y}_{.j}-\overline{y}_{..})^2=\sum_{j=1}^{b}\frac{y_{.j}^2}{a}-\frac{y_{..}^2}{ab}\triangleq \mathrm{SS}_B\ ,\\
B_{zz} &= \sum_{i=1}^{a}\sum_{j=1}^{b}(\overline{z}_{.j}-\overline{z}_{..})^2=\sum_{j=1}^{b}\frac{z_{.j}^2}{a}-\frac{z_{..}^2}{ab}\ ,\\
B_{yz} &= \sum_{i=1}^{a}\sum_{j=1}^{b}(\overline{y}_{.j}-\overline{y}_{..})(\overline{z}_{.j}-\overline{z}_{..})=\sum_{i=1}^{a}\frac{y_{.j}z_{.j}}{a}-\frac{y_{..}z_{..}}{ab}\ ,\\
E_{yy} &= y'N_Xy=\sum_{i=1}^{a}\sum_{j=1}^{b}(y_{ij}-\overline{y}_{i.}-\overline{y}_{.j}+\overline{y}_{..})^2\ ,\\
E_{zz} &= Z'N_XZ\ ,\\
E_{yz} &= y'N_XZ.
\end{aligned}$$

由 (7.2.10), 我们有关系式

$$E_{yy}=S_{yy}-A_{yy}-B_{yy}\ .$$

于是，也就有关系

$$\begin{aligned}
E_{zz} &= S_{zz}-A_{zz}-B_{zz}\ ,\\
E_{yz} &= S_{yz}-A_{yz}-B_{yz}\ .
\end{aligned}$$

若 (8.3.7) 式的 SS_e^* 利用这些记号，则 (8.3.7) 式的 SS_e^* 可表为

$$\mathrm{SS}_e^* = E_{yy} - E_{yz}^2/E_{zz}\ .$$

因为

$$\sum_{i=1}^{a}\sum_{j=1}^{b}(y_{ij}-\overline{y}_{i\cdot})^2 = \sum_{i=1}^{a}\sum_{j=1}^{b}y_{ij}^2 - \sum_{i=1}^{a}\frac{y_{i\cdot}^2}{b} = E_{yy}+B_{yy}\ ,$$

$$\sum_{i=1}^{a}\sum_{j=1}^{b}(y_{ij}-\overline{y}_{i\cdot})(z_{ij}-\overline{z}_{i\cdot}) = \sum_{i=1}^{a}\sum_{j=1}^{b}y_{ij}z_{ij} - \sum_{i=1}^{a}\frac{y_{i\cdot}z_{i\cdot}}{b} = E_{yz}+B_{yz}\ ,$$

$$\sum_{i=1}^{a}\sum_{j=1}^{b}(z_{ij}-\overline{z}_{i\cdot})^2 = \sum_{i=1}^{a}\sum_{j=1}^{b}z_{ij}^2 - \sum_{i=1}^{a}\frac{z_{i\cdot}^2}{b} = E_{zz}+B_{zz}\ ,$$

所以 (8.3.8) 变为

$$\mathrm{SS}_{e_{H_1}} = (E_{yy}+B_{yy}) - \frac{(E_{yz}+B_{yz})^2}{E_{zz}+B_{zz}}\ .$$

从而检验假设 H_1：$\beta_1=\cdots=\beta_b$ 的 F 统计量为

$$F_1 = \frac{\left[(E_{yy}+B_{yy})-(E_{yz}+B_{yz})^2/(E_{zz}+B_{zz})-(E_{yy}-E_{yz}^2/E_{zz})\right]/(b-1)}{E_{yy}-E_{yz}^2/E_{zz}/[(a-1)(b-1)-1]}.$$

类似地，检验假设 H_2：$\alpha_1=\cdots=\alpha_a$ 的 F 统计量为

$$F_2 = \frac{\left[(E_{yy}+A_{yy})-(E_{yz}+A_{yz})^2/(E_{zz}+A_{zz})-(E_{yy}-E_{yz}^2/E_{zz})\right]/(a-1)}{E_{yy}-E_{yz}^2/E_{zz}/[(a-1)(b-1)-1]}.$$

对假设 H_0：$\gamma=0$, 因为

$$\mathrm{SS}_e - \mathrm{SS}_e^* = E_{yy} - \left(E_{yy}-\frac{E_{yz}^2}{E_{zz}}\right) = \frac{E_{yz}^2}{E_{zz}}\ ,$$

所以假设 H_0 的 F 统计量为

$$F_0 = \frac{E_{yz}^2/E_{zz}}{(E_{yy}-E_{yz}^2/E_{zz})/[(a-1)(b-1)-1]}\ .$$

根据上面的公式计算各种统计量,并把主要结果列成表 8.4.3. 在此表中把 SS_e^*, SS_{e_H} 等平方和称为修正平方和，表示由于引进了协变量后从原来平方和 SS_e, SS_{e_H} 作修正得到的平方和.

例 8.4.1(数据取自文献 [1])　在化学纤维生产中影响化纤弹性的因素有收缩率 A 和总拉伸倍数 B. 对 A, B 各取四个水平进行试验，各个试验重复一次. 但由于试验中电流周波 (z) 不能完全控制，把它作为协变量，试验数据如表 8.4.1.

为了简化计算，在计算时将原始数据作如下变换：将 z_i 减去 49 再乘上 10, 而将 y_i 减去 70. 计算结果列在表 8.4.2.

表 8.4.1 试验原始数据表

伸缩率 A 总拉伸倍数 B		A_1		A_2		A_3		A_4	
B_1	z	49.0	49.2	49.8	49.9	49.9	49.9	49.7	49.8
	y	71	73	73	75	76	73	75	73
B_2	z	49.5	49.3	49.9	49.8	50.2	50.1	49.4	49.4
	y	72	73	76	74	79	77	73	72
B_3	z	49.7	49.5	50.1	50.0	49.7	50.0	49.5	49.6
	y	75	73	78	77	74	75	70	71
B_4	z	49.9	49.7	49.6	49.3	49.5	49.2	49.0	48.9
	y	77	75	74	74	74	73	69	69

表 8.4.2 试验数据协方差分析表

方差源	自由度	平方和与交叉乘积之和			修正 平方和	修正 自由度	均方	F 值
		y	z	yz				
因子 A	3	70.694	99.925	77.063	13.135	3	4.375	3.022
因子 B	3	8.594	64.625	20.688	5.617	3	1.872	1.992
误差	25	101.031	186.625	111.187	34.79	24	1.499	
总和	31	180.219	350.875	208.937				
因子 A +误差		171.725	286.250	208.250	47.925			
因子 B +误差		109.625	251.250	131.875	40.407			
协变量	1				66.24	1	66.24	45.714

因为 $F_1 = 3.022 > F_{3,24}(0.05) = 3.0$, 而 $F_2 = 1.292 < F_{3,24}(0.05)$, 所以因子 A, 即收缩率对化纤弹性有显著影响, 而总拉伸倍数的影响却不显著. 又 $F_0 = 45.714 > F_{1,24}(0.05) = 4.3$, 所以回归系数 γ 显著不为零. 即协变量 (电流周波) 对化纤弹性有一定的影响. 对给定的水平组合 A_i 和 B_j, 化纤弹性和电流周波有线性回归关系, 回归系数 γ^* 由 (8.2.10) 算出, 用本节的记号

$$\gamma^* = \frac{E_{yz}^2}{E_{zz}} = \frac{111.187}{186.625} = 0.97\,,$$

它与 i, j 无关, 是 $4 \times 4 = 16$ 个水平组合的 y 与 z 的公共线性回归系数.

如欲知道收缩率的四个水平 A_1, A_2, A_3, A_4 的优劣, 可以进一步对 $\alpha_i - \alpha_u,\ i \neq u$ 作同时置信区间. 建议读者先根据 (8.2.11) 和 (8.2.13) 导出对照 $\alpha_i - \alpha_u,\ i \neq u$ 的 Bonferroni 区间和 Scheffè 区间和的一般形式, 然后对本例计算 $\alpha_i - \alpha_u,\ i < u$ 的这两种区间.

表 8.4.3 具有一个协变量的两向分类模型协方差分析表

方差源	自由度	平方和与交叉乘积之和		
		y	z	yz
因子 A	$a-1$	A_{yy}	A_{zz}	A_{yz}
因子 B	$b-1$	B_{yy}	B_{zz}	B_{yz}
误　差	$(a-1)(b-1)$	E_{yy}	E_{zz}	E_{yz}
总　和	$ab-1$	S_{yy}	S_{zz}	S_{yz}
因子 A+ 误差		$A_{yy}+E_{yy}$	$A_{zz}+E_{zz}$	$A_{yz}+E_{yz}$
因子 B+ 误差		$B_{yy}+E_{yy}$	$B_{zz}+E_{zz}$	$B_{yz}+E_{yz}$
协变量	1			

方差源	修正平方和	修正自由度	均方	F 值
因子 A	$Q_1=T_1-Q_0$	$a-1$	$Q_1/(a-1)$	$\frac{Q_1/(a-1)}{Q_0/f}$
因子 B	$Q_2=T_2-Q_0$	$b-1$	$Q_2/(b-1)$	$\frac{Q_2/(b-1)}{Q_0/f}$
误　差	$Q_0=E_{yy}-E_{yz}^2/E_{zz}$	$f\triangleq(a-1)(b-1)-1$	Q_0/f	
总　和				
因子 A+ 误差	$T_1=(A_{yy}+E_{yy})-\frac{(A_{yz}+E_{yz})^2}{A_{zz}+E_{zz}}$			
因子 B+ 误差	$T_2=(B_{yy}+E_{yy})-\frac{(B_{yz}+E_{yz})^2}{B_{zz}+E_{zz}}$			
协变量	$T_3=E_{yz}^2/E_{zz}\triangleq Q_3$	1	Q_3	$\frac{Q_3}{Q_0/f}$

习　题　八

8.1　证明 $y'N_X y - y'N_W y = \gamma^{*'}(Z'N_X Z)^{-1}\gamma^*$, 此处各符号与定理 8.1.2 相同.

8.2　对模型 (8.1.1), 设 $\mathrm{rk}(X)=p,\ \beta^*=(\beta_i^*)$, 且 $\widehat{\beta}=(\widehat{\beta}_i)$, 证明

$$\mathrm{Var}(\beta_i^*) \geq \mathrm{Var}(\widehat{\beta}_i).$$

8.3　对线性模型 $y=X\beta+e,\quad e\sim N(0,\sigma^2 I_n)$, 设计阵 $X_{n\times p}$ 是列降秩的, 为克服 β 的不确定性, 我们需要一组适当的约束条件, 称为可识别性约束条件 (或边界条件). 如果

H 是 $m \times p$ 矩阵，则约束 $H\beta = 0$ 是可识别性约束，当且仅当

(1) $\mathcal{M}(X') \cap \mathcal{M}(H') = 0$(即 X 的行与 H 的行线性无关), 并且

(2) $G = \begin{pmatrix} X \\ H \end{pmatrix}$ 的列线性无关，即 $\text{rk}(G) = p$.

设 $H\beta = 0$ 是对模型 $y = X\beta$ 的可识别性约束条件. 证明它也是对模型 $y = X\beta + Z\gamma$ 的可识别性约束条件，由此证明此时 β 的估计为

$$\beta_H^* = (G'G)^{-1}X'(y - Z\gamma^*),$$

其中 $\gamma^* = (Z'N_X Z)^{-1}Z'N_X y$.

8.4 对有一个协变量的单向分类模型

$$y_{ij} = \mu + \alpha_i + \gamma z_{ij} + e_{ij}, \qquad i = 1, \cdots, a, \quad j = 1, \cdots, n,$$

其中 $e_{ij} \sim N(0, \sigma^2)$, 所有 e_{ij} 相互独立,

(1) 求对照 $\alpha_i - \alpha_u$，$i \neq u$ 的 BLU 估计;

(2) 求回归系数 γ 的 BLU 估计;

(3) 导出假设 H_0: $\gamma = 0$ 和 H_1：$\alpha_1 = \cdots = \alpha_a$ 的 F 检验统计量;

(4) 列出相应的协方差分析表.

8.5(检验回归线是否平衡) 令

$$y_{ij} = \mu_i + \gamma_i z_{ij} + \varepsilon_{ij}, \qquad i = 1, 2, \cdots, a, \quad j = 1, 2, \cdots, b,$$

其中 ε_{ij} 是相互独立同分布，均服从 $N(0, \sigma^2)$, 这里有 a 条回归线，每条线有 b 个观测值，试导出希望检验

$$H\text{：} \gamma_1 = \gamma_2 = \cdots = \gamma_a (\triangleq \gamma)$$

的检验统计量.

8.6 对例 8.2.1 的协方差分析模型，导出对照 $\alpha_i - \alpha_u$，$i \neq u$ 和 $\beta_j - \beta_v$，$j \neq v$ 的 Bonferroni 区间和 Scheffè 区间.

8.7 具有单个协变量的某个随机区组试验，见下面的数据表，试完成协方差分析并做适当结论.

随机区组试验

方差源	自由度	平方和与交叉乘积之和		
		y	z	yz
区组	8	1200	200	600
处理	4	800	100	300
误差	32	1400	600	700

第九章　混合效应模型

考虑混合效应模型的最一般形式

$$y = X\beta + U_1\xi_1 + U_2\xi_2 + \cdots + U_k\xi_k, \tag{9.0.1}$$

其中 y 为 $n\times 1$ 观测向量，X 为 $n\times p$ 已知设计阵，β 为 $p\times 1$ 非随机的参数向量，称为固定效应，ξ_i 为 $t_i\times 1$ 随机向量，称为随机效应，且 $E(\xi_i)=0$, $i=1,\cdots,k$. 通常假设

$$\mathrm{Cov}(\xi_i)=\sigma_i^2 I_{t_i}, \quad \mathrm{Cov}(\xi_i,\xi_j)=0, \quad i\neq j. \tag{9.0.2}$$

于是，我们有

$$E(y)=X\beta, \quad \mathrm{Cov}(y)=\sum_{i=1}^k \sigma_i^2 U_i U_i' \triangleq \Sigma(\sigma^2),$$

这里 $\sigma^2=(\sigma_1^2,\cdots,\sigma_k^2)'$. σ_i^2 称为方差分量 (variance components), 相应地模型 (9.0.1) 也称为方差分量模型 (variance component model).

如第一章所述, 混合效应模型在生物, 医学, 经济, 金融等领域具有广泛应用, 因此，近 30 年来，关于混合效应模型的参数估计一直是线性模型的最活跃的研究方向之一. 这方面已有一些专著，如文献 [63], [93], [94], [96], 其中， [63] 将混合效应模型应用于处理纵向数据 (longitudinal data) 分析.

对于混合效应模型，我们感兴趣的参数分两类：固定效应 β 和方差分量 $\sigma^2=(\sigma_1^2,\cdots,\sigma_k^2)'$, 它们分别包含在均值 $E(y)$ 和协方差阵 $\mathrm{Cov}(y)$ 中，因此在处理方法上本章与前几章讨论的固定效应模型将有一些不同，问题也就变得更复杂了.

本章的重点放在方差分量的估计上. 对于方差分量，文献中已有的估计有方差分析估计 (analysis of variance estimate, ANOVA 估计) 、极大似然估计 (maximum likelihood estimate, ML 估计) 、限制极大似然估计 (restricted maximum likelihood estimate, REML 估计) 、最小范数二次无偏估计 (minimum norm quadratic unbised estimate MINQU 估计) 和最近由本书部分作者提出的谱分解估计 (spectral decomposition estimate, SD 估计). 限于本书的性质和篇幅，本章的主要目的是对一般的混合效应模型，集中讨论方差分量的几种重要估计的一些基础性理论并论及固定效应的估计和随机效应的预测.

§9.1　固定效应的估计

为符号简单计，在考虑固定效应的估计时，我们将模型写为如下形式

$$y = X\beta + U\xi + e, \tag{9.1.1}$$

其中 β 为固定效应，ξ 为随机效应. 且 $E(\xi) = 0$, $E(e) = 0$,$\text{Cov}(\xi, e) = 0$, 并且这里假设 ξ 和 e 的协方差阵具有较一般的形式 $\text{Cov}(\xi) = D \geq 0$, $\text{Cov}(e) = R > 0$, 于是我们有 $\Sigma = \text{Cov}(y) = UDU' + R > 0$. 当然，若假设 (9.0.2) 成立，则 $R = \sigma_e^2 I_n$,$D = \text{diag}(\sigma_1^2 I_{t_1}, \cdots, \sigma_k^2 I_{t_{k-1}})$, 从而有 $\text{Cov}(y) = \Sigma(\sigma^2)$.

暂时视 D,R 已知，应用 LS 法得到正则方程

$$X'\Sigma^{-1}X\beta^* = X'\Sigma^{-1}y,$$

据此可以求到 β 的广义 LS 解 $\beta^* = (X'\Sigma^{-1}X)^- X'\Sigma^{-1}y$. 因此，任意的可估函数 $c'\beta$ 的 BLU 估计为

$$c'\beta^* = c'(X'\Sigma^{-1}X)^- X'\Sigma^{-1}y. \tag{9.1.2}$$

实际上 D, R 未知，若用它们的估计 $\widehat{D}, \widehat{R}$ 代替，即用 $\widehat{\Sigma} = U\widehat{D}U' + \widehat{R}$ 代替 Σ, 便得到 $c'\beta$ 的两步估计

$$c'\tilde{\beta}(\widehat{\Sigma}) = c'(X'\widehat{\Sigma}^{-1}X)^- X'\widehat{\Sigma}^{-1}y. \tag{9.1.3}$$

在假设 (9.0.2) 下，$c'\beta$ 的两步估计又可变形为

$$c'\tilde{\beta}(\widehat{\sigma}^2) = c'(X'\Sigma(\widehat{\sigma}^2)^{-1}X)^- X'\Sigma(\widehat{\sigma}^2)^{-1}y, \tag{9.1.4}$$

这里 $\widehat{\sigma}^2 = (\widehat{\sigma}_1^2, \cdots, \widehat{\sigma}_k^2)$, 其中 $\widehat{\sigma}_i^2$ 为方差分量 σ_i^2 一种估计. 下面我们将证明，在一定条件下，$c'\tilde{\beta}(\widehat{\sigma}^2)$ 是 $c'\beta$ 的无偏估计. 本质上它的证明是定理 4.6.1 的修正.

定理 9.1.1 对于混合效应模型 (9.1.1), 假设 e, ξ 的联合分布关于原点对称. 设 $\widehat{\sigma}^2 = \widehat{\sigma}^2(y)$ 是 σ^2 的一个估计，它是 y 的偶函数且具有变换不变性. 对一切可估函数 $c'\beta$, 若 $E(c'\tilde{\beta}(\widehat{\sigma}^2))$ 存在，则两步估计 $c'\tilde{\beta}(\widehat{\sigma}^2)$ 必为 $c'\beta$ 无偏估计.

证明 因为 $c'\beta$ 可估，故存在 α 使得 $c = X'\alpha$. 于是

$$c'\tilde{\beta}(\widehat{\sigma}^2) - c'\beta = \alpha' X(X'\Sigma^{-1}(\widehat{\sigma}^2)X)^- X'\Sigma^{-1}(\widehat{\sigma}^2)(U\xi + e).$$

从 $\widehat{\sigma}^2$ 是 y 的偶函数以及不变性可得

$$\widehat{\sigma}^2 = \widehat{\sigma}^2(y) = \widehat{\sigma}^2(U\xi + e) = \widehat{\sigma}^2(-y) = \widehat{\sigma}^2(-U\xi - e).$$

记

$$u(\xi, e) = c'\tilde{\beta}(\widehat{\sigma}^2) - c'\beta = c'(X'\Sigma^{-1}(\widehat{\sigma}^2)X)^- X'\Sigma^{-1}(\widehat{\sigma}^2)(U\xi + e).$$

从上式容易推出 $u(-\xi, -e) = -u(\xi, e)$, 即 $u(\xi, e)$ 为 ξ, e 的奇函数. 结合条件：ξ, e 的联合分布关于原点对称，利用引理 4.6.1 我们可以证得 $u(\xi, e)$ 的分布也关于原点对称，故有

$$E(u(\xi, e)) = E(c'\tilde{\beta}(\widehat{\sigma}^2) - c'\beta) = 0.$$

定理证毕.

定理中关于 ξ, e 分布的假设在许多情况下是满足的. 例如, 当 ξ, e 服从多元正态或各自的分布关于原点对称并且相互独立, 此时 ξ, e 的联合分布都关于原点对称. 另外可以证明方差分析法, 极大似然法, 限制极大似然法和 MINQUE 法, 所产生的估计 $\widehat{\sigma}_i^2$ 都是 y 的偶函数, 且是变换不变的, 参见文献 [29]. 因此, 对于混合效应模型的固定效应, 定理 9.1.1 给出了一大类两步估计的无偏性.

我们可以看到, 方差分量的不同估计, 往往会产生不同的两步估计, 而且结合具体的应用背景, 除了 LS 估计, 模型还可能存在另外一些简单估计, 如 Panel 数据下的 Between 估计和 Within 估计, 见 §4.4 和 §4.6 以及文献 [51] 和 [52]; 简约估计, 见文献 [117]. 如何评价这些的优良性, 王松桂, 范永辉[19] 针对 Panel 数据模型给出了一个两步估计协方差阵的精确表达式, 并获得了该两步估计优于 LS 估计, Within 估计的一些简单的充分条件. 但总的来说, 目前这方面的理论结果还很少, 其主要原因是两步估计通常是观测向量 y 非线性函数, 它的分布往往特别复杂, 这使得它的应用受到了一定的限制.

在结束这一节之前, 我们指出一种重要情形. 从第四章的最小二乘估计稳健性定理 (4.5.2) 知, 当协方差阵和设计阵满足一组彼此等价关系中的任意一个时, 可估函数 $c'\beta$ 的 LS 估计

$$c'\widehat{\beta} = c'(X'X)^{-}X'y \tag{9.1.5}$$

等于 BLU 估计, 例如, 其中的一个较易验证的条件是: $P_X\Sigma$ 为对称阵, 这里 $P_X = X(XX)^{-}X'$. 下面举一例.

例 9.1.1　单向分类模型

我们考虑平衡单向分类模型

$$y_{ij} = \mu + \alpha_i + e_{ij}, \quad i = 1, \cdots, a,\ j = 1, \cdots, b,$$

其中 μ 是固定效应, $\alpha = (\alpha_1, \cdots, \alpha_a)'$ 为随机效应. 假设所有 α_i, e_{ij} 都不相关, 且均值为 0,$\mathrm{Var}(\alpha_i) = \sigma_\alpha^2$,$i = 1, \cdots, a$, 对一切 i, j, $\mathrm{Var}(e_{ij}) = \sigma_e^2$. 这个模型的矩阵形式为

$$y = (\mathbf{1}_a \otimes \mathbf{1}_b)\mu + (I_a \otimes \mathbf{1}_b)\alpha + e,$$

其中 $\otimes$ 为 Kronecker 乘积. 不难验证

$$\mathrm{Cov}(y) = \sigma_\alpha^2(I_a \otimes \mathbf{1}_b\mathbf{1}_b') + \sigma_e^2 I_{ab},$$

$$P_X\mathrm{Cov}(y) = \mathrm{Cov}(y)P_X = \Big(\frac{b\sigma_\alpha^2 + \sigma_e^2}{ab}\Big)\mathbf{1}_a\mathbf{1}_a' \otimes \mathbf{1}_b\mathbf{1}_b',$$

这里 $X = \mathbf{1}_a \otimes \mathbf{1}_b$. 因此, μ 的 BLU 估计等于其 LS 估计, 即 $\mu^* = \widehat{\mu} = \overline{y}_{..}$.

事实上，对许多常见的平衡数据的混合效应模型，固定效应的可估函数的 LS 估计都是其 BLU 估计，参见文献 [97].

§9.2 随机效应的预测

在第五章，我们讨论了如下预测问题.

已知历史数据服从以下线性模型

$$y = X\beta + e, \quad E(e) = 0, \quad \mathrm{Cov(e)} = \sigma^2\Sigma,$$

这里 y 为 $n \times 1$ 观测向量， $rk(X_{n\times p}) = r$, Σ 为已知正定阵. 我们要预测 m 个点 $x_{0i} = (x_{0i1}, \ldots, x_{0ip})'$, $i = 1, \ldots m$ 所对应的因变量 $y_{01}, \ldots, y_{0m}$ 的值，且已知 y_{0i} 和历史数据服从同一个线性模型，即

$$y_{0i} = x_{0i}'\beta + \varepsilon_{0i}, \qquad i = 1, \ldots, m\,.$$

采用矩阵形式，则这个模型变为

$$y_0 = X_0\beta + \varepsilon_0, \quad E(\varepsilon_0) = 0, \quad \mathrm{Cov}(\varepsilon_0) = \sigma^2\Sigma_0,$$

这里

$$y_0 = \begin{pmatrix} y_{01} \\ \vdots \\ y_{0m} \end{pmatrix}, \quad X_0 = \begin{pmatrix} x_{011} & \ldots & x_{01p} \\ \vdots & & \vdots \\ x_{0m1} & \ldots & x_{0mp} \end{pmatrix}, \quad \varepsilon_0 = \begin{pmatrix} \varepsilon_{01} \\ \vdots \\ \varepsilon_{0m} \end{pmatrix}.$$

假设 $\mathcal{M}(X_0') \subset \mathcal{M}(X')$ 且 y_0 与 y 相关，记 $\mathrm{Cov}(e, \varepsilon_0) = \sigma^2 V' \neq 0$. 则

$$\mathrm{Cov}\begin{pmatrix} y \\ y_0 \end{pmatrix} = \sigma^2\begin{pmatrix} \Sigma & V' \\ V & \Sigma_0 \end{pmatrix}.$$

在广义预测均方误差 (generalized Prediction MSE 简记为 PMSE) 准则下， y_0 的最佳线性无偏预测 (best linear unbiased predictor, BLUP) 为

$$\tilde{y}_0 = X_0\beta^* + V\Sigma^{-1}(y - X\beta^*). \tag{9.2.1}$$

我们现在利用这个结果来求混合效应模型 (9.1.1) 中随机效应 ξ 的 BLU 预测. 因为

$$y = X\beta + U\xi + e, \quad E(e) = 0, \quad \mathrm{Cov}(e) = R > 0,$$

$$E(\xi) = 0, \quad \mathrm{Cov}(\xi) = D \geq 0,$$

并且

$$\mathrm{Cov}\begin{pmatrix} y \\ \xi \end{pmatrix} = \begin{pmatrix} UDU' + R & UD \\ DU' & D \end{pmatrix},$$

利用 (9.2.1) 得 ξ 的 BLUP

$$\widehat{\xi} = DU'(UDU' + R)^{-1}(y - X\beta^*), \tag{9.2.2}$$

这里我们假设 D, R 都是已知的. 如果它们含有未知参数, 在实用中用它们的估计代替.

我们也可以用另外的方法导出 (9.2.2). 如果假设 ξ, e 的联合分布为多元正态分布, 则

$$\begin{pmatrix} y \\ \xi \end{pmatrix} \sim N\left(\begin{pmatrix} X\beta \\ 0 \end{pmatrix}, \quad \begin{pmatrix} UDU' + R & UD \\ DU' & D \end{pmatrix}\right).$$

在均方误差意义下, ξ 的最佳预测 (best prediction, 简记为 BP) 指的是使 $E(\xi - g(y))^2$ 达到最小的 $g(y)$, 记为 $g_0(y)$. 不难证明: $g_0(y) = E(\xi|y)$. 依多元正态分布的性质 (定理 3.3.6), 我们可以得到

$$E(\xi|y) = DU'(UDU' + R)^{-1}(y - X\beta).$$

再用 $X\beta$ 的 BLU 估计 $X\beta^*$ 代替 $X\beta$ 便得到 (9.2.2).

Henderson[66], Harville[64] 还进一步研究了线性组合 $c'\beta + d'\xi$ 的估计 (或称预测) $c'\beta^* + d'\widehat{\xi}$ 的优良性.

§9.3 混合模型方程

现在我们引进一个著名的混合模型方程, 该方程组形式上类似于正则方程, 然而它却能同时给出固定效应可估函数的最佳线性无偏估计 (BLUE), 及其随机效应的最优线性无偏预测 (BLUP).

考虑模型 (9.1.1), 我们假设 $R > 0$, $D > 0$, 若视 ξ 为固定效应, 则估计 β, ξ 的正则方程为

$$\begin{pmatrix} X'R^{-1}X & X'R^{-1}U \\ U'R^{-1}X & U'R^{-1}U \end{pmatrix}\begin{pmatrix} \beta \\ \xi \end{pmatrix} = \begin{pmatrix} X'R^{-1}y \\ U'R^{-1}y \end{pmatrix}. \tag{9.3.1}$$

在系数矩阵的右下角的 $U'R^{-1}U$ 上加上 D^{-1}, 得到

$$\begin{pmatrix} X'R^{-1}X & X'R^{-1}U \\ U'R^{-1}X & U'R^{-1}U+D^{-1} \end{pmatrix}\begin{pmatrix} \widetilde{\beta} \\ \widetilde{\xi} \end{pmatrix}=\begin{pmatrix} X'R^{-1}y \\ U'R^{-1}y \end{pmatrix}, \tag{9.3.2}$$

称为混合模型方程 (mixed model equation), 它的解记为 $\widetilde{\beta}$, $\widetilde{\xi}$, 称为混合模型解 (mixed model solution) 我们将证明混合模型解的一个重要性质.

定理 9.3.1 对混合效应模型 (9.1.1),

$$\widetilde{\beta}=\beta^*, \quad \widetilde{\xi}=\widehat{\xi},$$

这里 $\beta^*=(X'\Sigma^{-1}X)^-X'\Sigma^{-1}y$, 是 GLS 解, $\widehat{\xi}$ 是由 (9.2.2) 给出的 BLUP.

证明 从 (9.3.2) 第二方程有

$$\widetilde{\xi}=(U'R^{-1}U+D^{-1})^{-1}(U'R^{-1}y-U'R^{-1}X\widetilde{\beta}), \tag{9.3.3}$$

代入第一方程, 得到

$$\begin{aligned} &X'(R^{-1}-R^{-1}U(U'R^{-1}U+D^{-1})U'R^{-1})X\widetilde{\beta} \\ &=X'(R^{-1}-R^{-1}U(U'R^{-1}U+D^{-1})U'R^{-1})y. \end{aligned} \tag{9.3.4}$$

若记 $W=R^{-1}-R^{-1}U(U'R^{-1}U+D^{-1})U'R^{-1}$, 则上式为

$$X'WX\widetilde{\beta}=X'Wy. \tag{9.3.5}$$

易验证 $W\Sigma=I$, 即 $W=\Sigma^{-1}$, 第一条结论得证. 由 (9.3.2) 并结合已证部分, $\widetilde{\xi}$ 可重新写为

$$\begin{aligned} \widetilde{\xi} &= (U'R^{-1}U+D^{-1})^{-1}U'R^{-1}\Sigma\Sigma^{-1}(y-X\widetilde{\beta}) \\ &= (U'R^{-1}U+D^{-1})^{-1}U'R^{-1}(UDU'+R)\Sigma^{-1}(y-X\beta^*) \\ &= (U'R^{-1}U+D^{-1})^{-1}(U'R^{-1}U+D^{-1})DU'\Sigma^{-1}(y-X\beta^*) \\ &= DU'\Sigma^{-1}(y-X\beta^*)=\widehat{\xi}, \end{aligned}$$

定理证毕.

这样我们可以利用方程 (9.3.2) 来计算 $\beta^*(\Sigma)$ 和 $\widehat{\xi}$, 它用 R^{-1}, D^{-1} 的计算取代了 Σ^{-1} 的计算. 当 R, D 为对角阵时, Σ 不必为对角阵, 此时用 (9.3.2) 有相当的好处. 例如 $R=\sigma_e^2I_n$,$D=\mathrm{diag}(\sigma_1^2I_{t_1},\cdots,\sigma_k^2I_{t_k})$ (即方差分量模型), 此时 (9.3.2) 变

为

$$\begin{pmatrix} X'X & X'U_1 & \cdots & X'U_{k-1} \\ U_1'X & V_1+\frac{\sigma_e^2}{\sigma_1^2}I & & \\ \vdots & & \ddots & \\ U_{k-1}'X & & & V_{k-1}+\frac{\sigma_e^2}{\sigma_{k-1}^2}I \end{pmatrix} \begin{pmatrix} \widetilde{\beta} \\ \widetilde{\xi}_1 \\ \vdots \\ \widetilde{\xi}_{(k-1)} \end{pmatrix} = \begin{pmatrix} X'y \\ U_1'y \\ \vdots \\ U_{k-1}'y \end{pmatrix}, \quad (9.3.6)$$

这里 $V_i = U_iU_i', i = 1,\cdots,k-1$. 它不涉及到任何形式的逆矩阵计算，只包含了方差参数之比 $\sigma_e^2/\sigma_i^2, i = 1,\cdots,k-1$. 由于 σ_e^2, σ_i^2 皆未知，若用它们的估计 (有关方差参数的估计我们将在后面讨论) 取代真值，我们就可得到两步估计 $c'\widehat{\beta}(\widehat{\sigma}_e^2/\widehat{\sigma}_1^2,\cdots,\widehat{\sigma}_e^2/\widehat{\sigma}_{k-1}^2)$ 和随机效应的近似 BLUP.

§9.4　方差分析估计

从本节起, 我们将介绍几种常用的方差分量的估计方法. 我们先从方差分析法谈起. 顾名思义, 这种方法渊源于固定效应模型的方差分析我们用下面的简单例子来阐明它的原理和方法.

例 9.4.1　单向分类模型

对于平衡单向分类模型

$$y_{ij} = \mu + \alpha_i + e_{ij}, \qquad i = 1,\cdots,a, \quad j = 1,\cdots,b,$$

和以前一样，μ 为总均值，是固定效应，$\alpha_1,\cdots,\alpha_a$ 为随机效应. 假定所有 α_i, e_{ij} 都不相关, 且其均值为 0, 方差为 $\mathrm{Var}(\alpha_i) = \sigma_\alpha^2$, $\mathrm{Var}(e_{ij}) = \sigma_e^2$. 记 $y' = (y_{11},\cdots,y_{ab})$. 暂时先把 α_i 看作因子 A 的 i 水平 A_i 的固定效应，按照 §7.1 单向分类模型方差分析的结果，有

$$\mathrm{RSS}(\mu) = y_{..}^2/(ab) \triangleq \mathrm{SS}_\mu, \quad (9.4.1)$$

其自由度为 1. 对应于 $\alpha_1,\cdots,\alpha_a$ 的平方和，即因子 A 的平方和

$$\mathrm{SS}_A = \mathrm{RSS}(\mu,\alpha) - \mathrm{RSS}(\mu) = \sum_i\sum_j(\overline{y}_{i.} - \overline{y}_{..})^2, \quad (9.4.2)$$

其自由度 $a-1$, 而残差平方和为

$$\mathrm{SS}_e = y'y - \mathrm{RSS}(\mu,\alpha) = \sum_i\sum_j(y_{ij} - \overline{y}_{i.})^2, \quad (9.4.3)$$

其自由度 $a(b-1)$. 由 (9.4.1) 、(9.4.2) 和 (9.4.3), 可以推出总平方和的分解式

$$\begin{aligned} y'y &= \text{SS}_\mu + \text{SS}_A + \text{SS}_e \\ &= \bar{y}_{..}^2/(ab) + (\bar{y}_{i.} - \bar{y}_{..})^2 + (y_{ij} - \bar{y}_{i.})^2 \,. \end{aligned} \tag{9.4.4}$$

将各平方和除以自由度，得到均方：

$$Q_0 = \bar{y}_{..}^2/(ab),$$

$$Q_1 = (\bar{y}_{i.} - \bar{y}_{..})^2/(a-1),$$

$$Q_2 = (y_{ij} - \bar{y}_{i.})^2/[a(b-1)].$$

再按照 α_i 为随机效应的假设，求出各均方的均值：

$$\begin{aligned} E(Q_0) &= ab\mu^2 + b\sigma_\alpha^2 + \sigma_e^2, \\ E(Q_1) &= b\sigma_\alpha^2 + \sigma_e^2, \\ E(Q_2) &= \sigma_e^2. \end{aligned} \tag{9.4.5}$$

我们看到，后两式的右端为方差分量 σ_α^2 、σ_e^2 的线性函数，令 $E(Q_1) = Q_1$, $i = 1$, 2, 便得到关于 σ_α^2 、σ_e^2 的线性方程组

$$\begin{cases} b\sigma_\alpha^2 + \sigma_e^2 = Q_1, \\ \sigma_e^2 = Q_2. \end{cases}$$

解此方程组得

$$\widehat{\sigma}_e^2 = Q_2, \qquad \widehat{\sigma}_\alpha^2 = (Q_1 - Q_2)/b.$$

它们就是方差分量 σ_α^2 、σ_e^2 的方差分析估计 (ANOVA 估计) .

从上述求解过程，我们不难理解文献中称这个方法为方差分析法的原因.

从上面的讨论，我们可以把方差分析法归纳如下：

(1) 对一个方差分量模型，现将其随机效应应看作固定效应，按通常方差分析方法算出各效应对应的平方和 (或均方).

(2) 求这些平方和 (或均方) 的均值 (此时的随机效应不再看作固定效应), 他们是方差分量的线性函数.

(3) 令这些平方和 (或均方) 等于它们各自的均值，得到关于方差分量的一个线性方程组，解此方程组便得到方差分量的估计.

现在把上面的方法用于一般的混合效应模型. 为简单计，考虑方差分类模型

$$y = X\beta + U_1\xi_1 + U_2\xi_2 + e \,, \tag{9.4.6}$$

即模型 (9.0.1) 中 $k=3$, 且 $U_3=I$, $\xi_3=e$. 关于 ξ_1, ξ_2 和 e 的假设同模型 (9.0.1), 改记 $\sigma_3^2=\sigma_e^2$. 所以 $\text{Cov}(y)=\sigma_1^2U_1U_1'+\sigma_2^2U_2U_2'+\sigma_e^2I\triangleq\Sigma(\sigma^2)$.

按照前面的步骤, 暂时视 ξ_1 、 ξ_2 为固定效应, 对总平方和 $y'y$ 作平方和分解

$$y'y=\text{SS}_\beta+\text{SS}_{\xi_1}+\text{SS}_{\xi_2}+\text{SS}_e\,, \tag{9.4.7}$$

这里 SS_β 为模型 $y=X\beta+e$ 中 β 的回归平方和

$$\text{SS}_\beta=\text{RSS}(\beta)=\widehat{\beta}'X'y,\ \text{其中}\ \widehat{\beta}=(X'X)^-X'y,$$

而 SS_{ξ_1} 为在模型 $y=X\beta+U_1\xi_1+e$ 中, 消去 β 的影响后, ξ_1 的平方和

$$\text{SS}_{\xi_1}=\text{RSS}(\beta,\xi_1)-\text{RSS}(\beta)\,,$$

类似地, SS_{ξ_2} 为在模型 $y=X\beta+U_1\xi_1+U_2\xi_2+e$ 中, 消去 β 和 ξ_1 的影响后, ξ_2 的平方和

$$\text{SS}_{\xi_2}=\text{RSS}(\beta,\xi_1,\xi_2)-\text{RSS}(\beta,\xi_1)\,,$$

最后, SS_e 为残差平方和

$$\text{SS}_e=y'y-\text{RSS}(\beta,\xi_1,\xi_2)\,.$$

不难验证

$$\begin{aligned}\text{SS}_\beta&=y'P_{\text{X}}y\,,\\ \text{SS}_{\xi_1}&=y'(P_{(\text{x}:\text{u}_1)}-P_{\text{X}})y\,,\\ \text{SS}_{\xi_2}&=y'(P_{(\text{x}:\text{u}_1:\text{u}_2)}-P_{(\text{x}:\text{u}_1)})y\,,\\ \text{SS}_e&=y'(I-P_{(\text{x}:\text{u}_1:\text{u}_2)})y\,,\end{aligned} \tag{9.4.8}$$

这里 $P_A=A(A'A)^-A'$, 即为 A 的列空间上的正交投影阵, 且 $\text{rk}(P_A)=\text{rk}(A)$.

接下来计算各平方和的均值, 此时, ξ_1,ξ_2 不再被看作固定效应, 而为随机效应. 先计算 $E(\text{SS}_{\xi_1})$. 由定理 (3.2.1) 有

$$\begin{aligned}E(\text{SS}_{\xi_1})\ =\ &\beta'X'(P_{(\text{x}:\text{u}_1)}-P_{\text{X}})X\beta\\ &+\text{tr}[(P_{(\text{x}:\text{u}_1)}-P_{\text{X}})(\sigma_1^2U_1U_1'+\sigma_2^2U_2U_2'+\sigma_e^2I)]\,.\end{aligned} \tag{9.4.9}$$

由于 $(P_{(\text{x}:\text{u}_1)}-P_{\text{X}})X=X-X=0$, 因而上式第一项为 0, 利用定理 (2.3.3), 即正交投影阵的迹等于它的秩, 于是有

$$\text{tr}(P_{(\text{x}:\text{u}_1)}-P_{\text{X}})=\text{tr}(P_{(\text{x}:\text{u}_1)})-\text{tr}(P_{\text{X}})=\text{rk}(X:U_1)-\text{rk}(X)\,.$$

因此 (9.4.9) 可写成

$$E(\text{SS}_{\xi_1})=a_1\sigma_1^2+(a_2-a_3)\sigma_2^2+r_2\sigma_e^2\,, \tag{9.4.10}$$

其中

$$
\begin{aligned}
a_1 &= \mathrm{tr}[U_1U_1'(I-P_{\mathrm{X}})],\\
a_2 &= \mathrm{tr}[U_2U_2'(I-P_{\mathrm{X}})],\\
a_3 &= \mathrm{tr}[U_2U_2'(I-P_{(\mathrm{X}:\mathrm{u}_1)})],\\
r_1 &= \mathrm{rk}(X),\quad r_1+r_2=\mathrm{rk}(X:U_1)\,.
\end{aligned}
$$

用类似的方法可以证明

$$E(\mathrm{SS}_{\xi_2}) = a_2\sigma_2^2+\gamma_3\sigma_e^2\,, \tag{9.4.11}$$

$$E(\mathrm{SS}_e) = (n-r_1-r_2-r_3)\sigma_e^2\,, \tag{9.4.12}$$

这里 r_3 由 $\mathrm{rk}(X:U_1:U_2)=r_1+r_2+r_3$ 确定， n 为 y 的维数.

令 (9.4.10) 、 (9.4.11) 和 (9.4.12) 各平方和的均值等于对应的平方和，得到关于方差分量 σ_1^2 、σ_2^2 和 σ_e^2 的线性方程组

$$
\begin{cases}
a_1\sigma_1^2+(a_2-a_3)\sigma_2^2+r_2\sigma_e^2=\mathrm{SS}_{\xi_1},\\
a_2\sigma_2^2+\gamma_3\sigma_e^2=\mathrm{SS}_{\xi_2},\\
(n-r_1-r_2-r_3)\sigma_e^2=\mathrm{SS}_e\,.
\end{cases} \tag{9.4.13}
$$

解此方程组，得到 σ_1^2 、σ_2^2 和 σ_e^2 的估计. 它们就是这些方差分量的 ANOVA 估计.

更一般地, 对方差分量模型 (9.0.1), 设 $q'=(Q_1,\cdots,Q_k)$ 为对应于效应 $\xi_1,\cdots,\xi_k$ 的均方，则 $E(q)$ 为 $\sigma^{2'}=(\sigma_1^2,\cdots,\sigma_k^2)$ 的线性函数，记为 $E(q)=A\sigma^2$. 令均方向量 q 等于它们的均值 $A\sigma^2$, 得到关于 σ^2 的线性方程组

$$A\sigma^2=q. \tag{9.4.14}$$

当 $|A|\neq 0$, 解得方差分量的估计 $\widehat{\sigma}^2=A^{-1}q$, 且 $E(\widehat{\sigma}^2)=E(A^{-1}q)=A^{-1}A\sigma^2=\sigma^2$, 因此只要 $|A|\neq 0$, $\widehat{\sigma}^2$ 就是 σ^2 的无偏估计.

由于方差分析法给出的估计 $\widehat{\sigma}^2$ 作为一个线性方程组的解，他们未必是正的. 这是方差分析法的一个缺陷. 至于如何对待方差分量的负估计，目前尚无一致的看法. 一种观点认为，若某个 $\widehat{\sigma}_i^2<0$, 则说明 $\sigma_i^2=0$ 或者至少这是 $\sigma_i^2=0$ 的一种证据，此时可用 0 作为 σ_i^2 的估计. 而另一种观点认为，发生这种情况的原因是数据不够充分. 可能是数据不多或不够“好”，应当再收集一些数据. 再有一种看法是，这是方法本身所致，此时应改用其它方法，如极大似然法，限制极大似然法等等. 当然，目前较难下结论，认定哪一种观点是对的. 关于方差分析法的改进，近年来有一些结果，如文献 [12] 及 [70] 等.

对于一般的混合效应模型 (9.0.1), 文献中也称上述方法为 Henderson 方法三 (见文献 [98]), 即拟合常数法 (fitting constants method), 之所以称其为拟合常数法就是因为在构造估计方程时, 我们把随机效应看成固定效应, 即常数. 对于平衡数据模型 (即对所有因子的水平组合, 重复试验次数相同的那种模型), 该方法的平方和分解 (9.4.7) 是惟一的, 且可根据方差分析表得到.

例 9.4.2　两向分类混合模型

考虑具有交互效应的两向分类模型

$$
\begin{aligned}
&y_{ijk} = \mu + \alpha_i + \beta_j + \gamma_{ij} + e_{ijk}, \\
&i = 1, \cdots, a, j = 1, \cdots, b, \quad k = 1, \cdots, c,
\end{aligned}
\tag{9.4.15}
$$

这里 μ, α_i 为固定效应, β_j, γ_{ij} 为随机效应, 并满足通常的假设, 即所有的 $\beta_j, \gamma_{ij}, e_{ijk}$ 都不相关, 且具有均值为 0, 方差为 $\mathrm{Var}(\beta_j) = \sigma_\beta^2$, $\mathrm{Var}(\gamma_{ij}) = \sigma_\gamma^2$, $\mathrm{Var}(e_{ijk}) = \sigma_e^2$.

暂时视 β_j, γ_{ij} 为固定效应, 由 §7.3 知总平方和有如下分解

$$
y'y = \mathrm{SS}_\mu + \mathrm{SS}_\alpha + \mathrm{SS}_\beta + \mathrm{SS}_\gamma + \mathrm{SS}_e, \tag{9.4.16}
$$

这里

$$
\begin{aligned}
&\mathrm{SS}_\mu = abc\,\overline{y}_{...}^2, && \text{自由度为 } 1, \\
&\mathrm{SS}_\alpha = bc\sum_i (\overline{y}_{i..} - \overline{y}_{...})^2, && \text{自由度为 } a-1, \\
&\mathrm{SS}_\beta = ac\sum_j (\overline{y}_{.j.} - \overline{y}_{...})^2, && \text{自由度为 } b-1, \\
&\mathrm{SS}_\gamma = \mathrm{SS}_{\alpha\times\beta} = c\sum_i\sum_j (\overline{y}_{ij.} - \overline{y}_{i..}\overline{y}_{.j.} - \overline{y}_{...})^2, && \text{自由度为 } (a-1)(b-1), \\
&\mathrm{SS}_e = \sum_i\sum_j\sum_k (\overline{y}_{ijk} - \overline{y}_{ij.})^2, && \text{自由度为 } ab(c-1).
\end{aligned}
$$

对随机效应的平方和用各自的自由度去除, 得到均方 $Q_1 = \mathrm{SS}_\beta/(b-1)$, $Q_2 = \mathrm{SS}_\gamma/(a-1)(b-1)$, $Q_3 = \mathrm{SS}_e/[ab(c-1)]$, 求出它们的均值, 并令这些均值等于对应的均方, 得到关于 $\sigma_\beta^2, \sigma_\gamma^2, \sigma_e^2$ 的线性方程组

$$
\begin{cases}
ac\sigma_\beta^2 + c\sigma_\gamma^2 + \sigma_e^2 = Q_1, \\
c\sigma_\gamma^2 + \sigma_e^2 = Q_2, \\
\sigma_e^2 = Q_3.
\end{cases}
\tag{9.4.17}
$$

解此方程组, 得到方差分量的估计:

$$
\begin{aligned}
&\widehat{\sigma}_\beta^2 = (Q_1 - Q_2)/(ac), \quad \widehat{\sigma}_\gamma^2 = (Q_2 - Q_3)/c, \\
&\widehat{\sigma}_e^2 = Q_3.
\end{aligned}
$$

若模型 (9.4.15) 中 α_i 也为随机效应，则该模型就变为一个随机模型．下面我们来考虑这种情形．

例 9.4.3 两向分类随机模型 (交互效应存在)

考虑随机模型

$$y_{ijk} = \mu_+\alpha_i + \beta_j + \gamma_{ij} + \epsilon_{ijk}, \quad i = 1, \cdots, a,$$

$$j = 1, \cdots, b, 1, \quad k = 1, \cdots, c\,,$$

这里 μ 为总平均，是固定效应， α_i, β_j, γ_{ij} 都为随机效应，假设 $\alpha_i \sim N(0,\, \sigma_\alpha^2)$, $\beta_j \sim N(0,\, \sigma_\beta^2)$, $\gamma_{ij} \sim N(0,\, \sigma_\gamma^2)$, $\epsilon_{ijk} \sim N(0,\, \sigma_\alpha^2)$ 且都相互独立．

根据 § 7.3 的结果，容易得到 $y'y$ 与 (9.4.16) 有相同的分解：

$$\begin{aligned} y'y &= \mathrm{SS}_\mu + \mathrm{SS}_\alpha + \mathrm{SS}_\beta + \mathrm{SS}_\gamma + \mathrm{SS}_e \\ &= abc\,\overline{y}_{\dots}^2 + bc\sum_i(\overline{y}_{i..} - \overline{y}_{\dots})^2 + ac\sum_j(\overline{y}_{.j.} - \overline{y}_{\dots})^2 \\ &\quad + c\sum_i\sum_j(\overline{y}_{ij.} - \overline{y}_{i..}\overline{y}_{.j.} - \overline{y}_{\dots})^2 + \sum_i\sum_j\sum_k(\overline{y}_{ijk} - \overline{y}_{ij.})^2. \end{aligned}$$

自由度分别为 1,$a-1$, $b-1$, $(a-1)(b-1)$, $ab(c-1)$. 对随机效应的平方和用各自的自由度去除，得到均方 $Q_1 = \mathrm{SS}_\alpha/(a-1)$, $Q_2 = \mathrm{SS}_\beta/(b-1)$, $Q_3 = \mathrm{SS}_\gamma/(a-1)(b-1)$, $Q_4 = \mathrm{SS}_e/[ab(c-1)]$, 求出它们的均值，并令这些均值等于对应的均方，得到关于 σ_α^2, σ_β^2, σ_γ^2, σ_e^2 的线性方程组

$$\begin{cases} bc\sigma_\alpha^2 + c\sigma_\gamma^2 + \sigma_e^2 = Q_1, \\ ac\sigma_\beta^2 + c\sigma_\gamma^2 + \sigma_e^2 = Q_2, \\ c\sigma_\gamma^2 + \sigma_e^2 = Q_3, \\ \sigma_e^2 = Q_4. \end{cases} \tag{9.4.18}$$

解此方程组的解为

$$\begin{aligned} \widehat{\sigma}_\alpha^2 &= (Q_1 - Q_3)/(bc), \\ \widehat{\sigma}_\beta^2 &= (Q_2 - Q_3)/(ac), \\ \widehat{\sigma}_\gamma^2 &= (Q_3 - Q_4)/c, \\ \widehat{\sigma}_e^2 &= Q_4. \end{aligned}$$

它们是 σ_α^2, σ_β^2, σ_γ^2, σ_e^2 的方差分析的估计．与例 9.4.2 相比，我们不难发现，两例中关于 σ_β^2, σ_γ^2, σ_e^2 的估计相等．

若 y 服从正态分布，则 $\widehat{\sigma}_\alpha^2$, $\widehat{\sigma}_\beta^2$, $\widehat{\sigma}_\gamma^2$, $\widehat{\sigma}_e^2$ 这些估计也是 MVU(minimum variance unbiased) 估计．这结论对于许多常见的随机模型成立．证明参见文献 [48].

§9.5　极大似然估计

对一般的混合效应模型，上节讨论的方差分析法只能给出方差分量的估计．本节将介绍的极大似然法则不然，它能同时获得固定效应和方差分量的估计．

我们考虑一般的混合效应模型

$$y = X\beta + U_1\xi_1 + \cdots + U_k\xi_k, \tag{9.5.1}$$

这里假设 $\xi_i \sim N(0,\, \sigma_i^2 I_{t_i})$，$i = 1, \cdots, k$, 所有 ξ_i 都相互独立．记 $V_i = U_i U_i'$, $\sigma^2 = (\sigma_1^2, \cdots, \sigma_k^2)'$, 于是

$$\mathrm{Cov}(y) = \sum_{i=1}^{k} \sigma_i^2 U_i U_i' = \sum_{i=1}^{k} \sigma_i^2 V_i \triangleq \Sigma(\sigma^2).$$

我们假设 $\Sigma(\sigma^2) > 0$, 因此 $y \sim N_n(0,\, \Sigma(\sigma^2))$, 所以未知参数 $\beta, \sigma_1^2, \cdots, \sigma_k^2$ 的似然函数为

$$L(\beta,\, \sigma^2|y) = (2\pi)^{-\frac{n}{2}} |\Sigma(\sigma^2)|^{-\frac{1}{2}} \exp\Big\{-\frac{1}{2}(y - X\beta)'\Sigma(\sigma^2)^{-1}(y - X\beta)\Big\},$$

取对数，略去常数项及常数倍，得

$$\begin{aligned} l(\beta,\, \sigma^2|y) &= -\ln|\Sigma(\sigma^2)| - (y - X\beta)'\Sigma(\sigma^2)^{-1}(y - X\beta) \\ &= -\ln|\Sigma(\sigma^2)| - \mathrm{tr}\Sigma(\sigma^2)^{-1}(y - X\beta)(y - X\beta)'. \end{aligned} \tag{9.5.2}$$

利用如下事实 (参见 § 2.7 (例 2.7.15 和例 2.7.16)):

(1) $\dfrac{\partial Ax}{\partial x} = A$,

(2) $\dfrac{\partial x'Ax}{\partial x} = 2Ax$,

(3) $\dfrac{\partial A(t)^{-1}}{\partial t} = -A(t)^{-1}\dfrac{\partial A(t)}{\partial t}A(t)^{-1}$,

(4) $\dfrac{\partial}{\partial t}\ln|A(t)| = \mathrm{tr}\left[A(t)^{-1}\dfrac{\partial A(t)}{\partial t}\right]$,

这里 $A(t)$ 是矩阵，它的元素为 t 的函数.

我们可得

$$\frac{\partial l}{\partial \sigma_i^2} = -\mathrm{tr}(V_i\Sigma(\sigma^2)^{-1}) + \mathrm{tr}[(\Sigma(\sigma^2)^{-1}V_i\Sigma(\sigma^2)^{-1})(y - X\beta)(y - X\beta)'],$$

$$i = 1, \cdots, k,$$

$$\frac{\partial l}{\partial \beta} = -2X'\Sigma(\sigma^2)^{-1}X\beta + 2X'\Sigma(\sigma^2)^{-1}y.$$

令这些导数等于零，得到似然方程

$$\begin{cases} X'\Sigma(\sigma^2)^{-1}X\beta = X'\Sigma(\sigma^2)^{-1}y, \\ \operatorname{tr}(V_i\Sigma(\sigma^2)^{-1}) = (y-X\beta)'(\Sigma(\sigma^2)^{-1}V_i\Sigma(\sigma^2)^{-1})(y-X\beta), \end{cases} \tag{9.5.3}$$

$$i=1,\cdots,k.$$

下面我们可以把这个方程进一步简化，因为

$$\begin{aligned} \operatorname{tr}[V_i\Sigma(\sigma^2)^{-1}] &= \operatorname{tr}(V_i\Sigma(\sigma^2)^{-1}\Sigma(\sigma^2)\Sigma(\sigma^2)^{-1}) \\ &= \sum_{j=1}^{k}\operatorname{tr}[V_i\Sigma(\sigma^2)^{-1}V_j\Sigma(\sigma^2)^{-1}]\sigma_j^2, \end{aligned}$$

且不难证明 (9.5.3) 的第一方程等价于

$$X\beta = X(X'\Sigma(\sigma^2)^{-1}X)^{-}X'\Sigma(\sigma^2)^{-1}y \triangleq P_\sigma y,$$

于是似然方程可变形为

$$\begin{cases} X\beta = X(X'\Sigma(\sigma^2)^{-1}X)^{-}X'\Sigma(\sigma^2)^{-1}y, \\ \sum\limits_{j=1}^{k}\operatorname{tr}[V_i\Sigma(\sigma^2)^{-1}V_j\Sigma(\sigma^2)^{-1}]\sigma_j^2 \\ \quad = y'(I-P_\sigma)'(\Sigma(\sigma^2)^{-1}V_i\Sigma(\sigma^2)^{-1})(I-P_\sigma)y, \qquad i=1,\cdots,k\,. \end{cases} \tag{9.5.4}$$

若记

$$\begin{aligned} &H(\sigma^2) = (h_{ij}(\sigma^2))_{k\times k}, \\ &h_{ij}(\sigma^2) = \operatorname{tr}[V_i\Sigma(\sigma^2)^{-1}V_j\Sigma(\sigma^2)^{-1}], \\ &h(y,\sigma^2) = (h_i(y,\sigma^2))_{k\times 1}, \\ &h_i(y,\sigma^2) = y'(I-P_\sigma)'(\Sigma(\sigma^2)^{-1}V_i\Sigma(\sigma^2)^{-1})(I-P_\sigma)y, \end{aligned}$$

则 (9.5.4) 可写成为

$$\begin{cases} X\beta = P_\sigma y, \\ H(\sigma^2)\sigma^2 = h(y,\sigma^2). \end{cases} \tag{9.5.5}$$

这就是我们要求的似然方程. 由 (9.5.4) 的第一方程，任意可估函数 $c'\beta$ 的 ML 估计为 $c'\widehat{\beta}(\widehat{\sigma}^2) = X(X'\Sigma(\widehat{\sigma}^2)^{-1}X)^{-}X'\Sigma(\widehat{\sigma}^2)^{-1}y$, 其中 $\widehat{\sigma}^2$ 为 σ^2 的 ML 估计.

在一般情况下，似然方程 (9.5.5) 没有显式解. 即便在有显式解的情形， σ^2 的解未必是非负的，若为负值，它就没有落在参数空间内，所以并不是 ML 估计. 这时，一般采取截断法，即取 $\max\{\widehat{\sigma}_i^2, 0\}$ 作为 ML 估计．在没有显式解的情形只能用迭代法求解.

Anderson 等 [46] 提出一种迭代法是

$$\widehat{\sigma}_i^{2\,(m+1)} = H(\widehat{\sigma}_i^{2\,(m)})^{-1} h(y, \widehat{\sigma}^{2\,(m)}),$$

这里 $\widehat{\sigma}^{2\,(m)}$ 为 σ^2 的第 m 次迭代值 $\widehat{\sigma}^{2\,(m)}$. 当 $\widehat{\sigma}^2$ 的两次相邻迭代值相差不大时，迭代停止，这就得到了方差分量的估计．代入 (9.5.5) 的第一方程，便可得到固定效应的估计.

另外一种迭代法是由 Hartley 和 Rao[65] 提出的，其推广形式是

$$\widehat{\sigma}_i^{2\,(m+1)} = \widehat{\sigma}_i^{2\,(m)} \cdot \frac{h_i\big(y, \widehat{\sigma}^{2\,(m)}\big)}{\operatorname{tr}(\Sigma(\widehat{\sigma}^{2\,(m)})^{-1} V_i)}, \qquad i = 1, \cdots, k\,.$$

这个迭代的一个好处是，当初始值为非负时，后面的迭代值永远不会取负值．同样, 这个迭代的收敛问题还没有解决. 另外还有一些迭代方法, 如 Newton-Raphson 方法，得分方法，以及近年来提出的一种有效的新的迭代方法： EM 算法，有兴趣的读者可参阅文献 [96].

例 9.5.1 单向分类随机模型

考虑单向分类随机模型

$$y_{ij} = \mu + \alpha_i + e_{ij}, \qquad i = 1, \cdots, a, \quad j = 1, \cdots, n_i,$$

这里 α_i 为随机效应， $\alpha_i \sim N(0, \sigma_\alpha^2)$, $e_{ij} \sim N(0, \sigma_e^2)$, 且所有 α_i,e_{ij} 都相互独立．因为 n_i 不必相等，所以这是非平衡模型．不难验证

$$\Sigma(\sigma^2) = \sigma_e^2 I_n + \sigma_\alpha^2 \operatorname{diag}(n_1 \bar{J}_{n_1}, \cdots, n_a \bar{J}_{n_a}),$$

这里 $\bar{J}_{n_1} = \mathbf{1}_{n_i}\mathbf{1}_{n_i}'/n_i$, $n = \sum\limits_{i=1}^{a} n_i$. 于是

$$\begin{aligned} |\Sigma(\sigma^2)| &= \sigma_e^{2\,(n-a)} \prod_{i=1}^{a} (\sigma_e^2 + n_i \sigma_\alpha^2) \\ \Sigma(\sigma^2)^{-1} &= \sigma_e^{-2} I_n + \operatorname{diag}\Big(\Big(\frac{1}{\sigma_e^{-2} + n_1\sigma_\alpha^2} - \frac{1}{\sigma_e^{-2}}\Big)\bar{J}_{n_1}, \cdots, \\ &\qquad \Big(\frac{1}{\sigma_e^{-2} + n_a\sigma_\alpha^2} - \frac{1}{\sigma_e^{-2}}\Big)\bar{J}_{n_a}\Big), \end{aligned}$$

似然函数的对数为

$$\begin{aligned} \ln L(\mu, \sigma_e^2, \sigma_\alpha^2 | y) &= c - \frac{1}{2}(n-a)\ln\sigma_e^2 - \frac{1}{2}\sum_{i=1}^{a}\ln(\sigma_e^2 + n_i\sigma_\alpha^2) \\ &\quad -(2\sigma_e^2)^{-1}\sum_{i=1}^{a}\sum_{j=1}^{n_i}(y_{ij} - \bar{y}_{i.})^2 - \frac{1}{2}\sum_{i=1}^{a}\frac{n_i(\bar{y}_{i.} - \mu)^2}{\sigma_e^2 + n_i\sigma_\alpha^2}. \end{aligned}$$

对 μ 、σ_α^2 、σ_e^2 求导并令导数等于零，得到似然方程

$$\begin{aligned}
&\widehat{\mu}=\sum_{i=1}^{a}\frac{n_i\overline{y}_{i.}}{\widehat{\sigma}_e^2+n_i\widehat{\sigma}_\alpha^2}\Big/\sum_{i=1}^{a}\frac{n_i}{\widehat{\sigma}_e^2+n_i\widehat{\sigma}_\alpha^2},\\
&\frac{n-a}{\widehat{\sigma}_e^2}+\sum_{i=1}^{a}(\widehat{\sigma}_e^2+n_i\widehat{\sigma}_\alpha^2)^{-1}-\sum_i\sum_j\frac{(y_{ij}-\overline{y}_{i.})^2}{\widehat{\sigma}_e^4}-\sum_{i=1}^{a}\frac{n_i(\overline{y}_{i.}-\widehat{\mu})^2}{(\widehat{\sigma}_e^2+n_i\widehat{\sigma}_\alpha^2)^2}=0,\\
&\sum_{i=1}^{a}\frac{n_i}{\widehat{\sigma}_e^2+n_i\widehat{\sigma}_\alpha^2}-\sum_{i=1}^{a}\frac{n_i^2((\overline{y}_{i.}-\widehat{\mu})^2)}{(\widehat{\sigma}_e^2+n_i\widehat{\sigma}_\alpha^2)^2}=0.
\end{aligned}$$

这些方程也可以直接由 (9.5.5) 得到. 很显然，这个方程组没有显式解. 可以用迭代法求解.

但对于 $n_1=\cdots=n_a=b$ 的平衡情形，容易得到上面方程组的显式解

$$\begin{aligned}
&\widehat{\mu}=\overline{y}_{..},\\
&\widehat{\sigma}_e^2=\sum_i\sum_j(y_{ij}-\overline{y}_{i.})^2/[a(b-1)]=Q_2,\\
&\widehat{\sigma}_\alpha^2=\sum_i\sum_j(\overline{y}_{i.}-\overline{y}_{..})^2/(ab)-\widehat{\sigma}_e^2/b=\frac{a-1}{ba}Q_1-\frac{1}{b}Q_2.
\end{aligned}$$

与 §9.4 方差分析法的结果相比，只有 σ_e^2 的估计是相同的. 显然，$\widehat{\sigma}_\alpha^2$ 可能取负值. 这个例子表明，似然方程的解未必为参数的 ML 估计，在应用上，采用 $\max\{\widehat{\sigma}_\alpha^2,0\}$ 作为 σ_α^2 估计.

例 9.5.2 两向分类混合模型

对两向分类混合模型

$$y_{ij}=\mu+\alpha_i+\beta_j+e_{ij},\quad i=1,\cdots,a,\ j=1,\cdots,b,\tag{9.5.6}$$

这里 μ, α_i 为固定效应，β_j 为随机效应，$\beta_j\sim N(0,\sigma_\beta^2)$, $e_{ij}\sim N(0,\sigma_e^2)$, 且所有 β_j, e_{ij} 都相互独立. 该模型的矩阵形式为

$$y=X_1\mu+X_2\alpha+U\beta+e,\tag{9.5.7}$$

我们可以用 Kronecker 乘积表示设计阵 X_1, X_2 和 U:

$$\begin{aligned}
X_1&=\mathbf{1}_{ab}=\mathbf{1}_a\otimes\mathbf{1}_b,\\
X_2&=\mathbf{1}_{ab}=I_a\otimes\mathbf{1}_b,\\
U&=\mathbf{1}_a\otimes I_b.
\end{aligned}$$

固定效应的设计阵为 $X=(X_1\vdots X_2)$, 协方差阵为 $\Sigma(\sigma^2)=\sigma_\beta^2\mathbf{1}_a\mathbf{1}_a'\otimes I_b+\sigma_e^2I_{ab}$. 显然 $\mathcal{M}(X_1)\subset\mathcal{M}(X_2)$, 于是我们有 $P_X=P_{X_2}=I_a\otimes\bar{J}_b$, 这里 $\bar{J}_b=\mathbf{1}_b\mathbf{1}_b'/b$. 不难看

出 $P_X\Sigma(\sigma^2)=(a\sigma_\beta^2+\sigma_e^2)I_a\otimes\bar{J}_b$ 对称，因此，固定效应 $\mu, \alpha_1, \cdots, \alpha_a$ 的 LS 解也是似然方程 (9.5.5) 的解. 因此 (9.5.5) 的第一方程为 $X_1\widehat{\mu}+X_2\widehat{\alpha}=P_X\,y$. 将其代入 (9.5.5) 的第二方程，我们得到

$$a\widehat{\sigma}_\beta^2+\widehat{\sigma}_e^2=\frac{1}{b}\sum_{j=1}^{b}(\overline{y}_{.j}-\overline{y}_{..})^2,$$

$$\frac{b}{a\widehat{\sigma}_\beta^2+\widehat{\sigma}_e^2}+\frac{(a-1)b}{\widehat{\sigma}_e^2}=\frac{1}{(a\widehat{\sigma}_\beta^2+\widehat{\sigma}_e^2)^2}\sum_{j=1}^{b}(\overline{y}_{.j}-\overline{y}_{..})^2+\frac{(a-1)b}{\widehat{\sigma}_e^4}\sum_i\sum_j(y_{ij}-\overline{y}_{i.}-\overline{y}_{.j}+\overline{y}_{..})^2.$$

容易求得上面方程组的显式解

$$\widehat{\sigma}_e^2=\frac{1}{(a-1)b}\sum_i\sum_j(y_{ij}-\overline{y}_{i.}-\overline{y}_{.j}+\overline{y}_{..})^2,$$

$$\widehat{\sigma}_\beta^2=\frac{1}{ab}\sum_{j=1}^{b}(\overline{y}_{.j}-\overline{y}_{..})^2-\frac{1}{a}\widehat{\sigma}_e^2.$$

和上例一样，$\widehat{\sigma}_\beta^2$ 也可能取负值.

对于平衡数据，例 9.5.1 与例 9.5.2 似然方程的显式解都存在，但我们并不能推广这个结论到一切平衡数据的混合效应模型. 下面一个例子便是一个反例.

例 9.5.3 两向分类随机模型 (交互效应存在)

考虑随机模型

$$y_{ijk}=\mu+\alpha_i+\beta_j+\gamma_{ij}+\epsilon_{ijk},$$

$$i=1,\cdots,a,\quad j=1,\cdots,b,1,\quad k=1,\cdots,c,$$

这里 μ 为总平均，是固定效应，α_i, β_j, γ_{ij} 都为随机效应，假设 $\alpha_i\sim N(0,\sigma_\alpha^2)$, $\beta_j\sim N(0,\sigma_\beta^2)$, $\gamma_{ij}\sim N(0,\sigma_\gamma^2)$, $\epsilon_{ijk}\sim N(0,\sigma_\alpha^2)$ 且都相互独立. 该模型的矩阵形式为

$$y=X\mu+U_1\alpha+U_2\beta+U_3\gamma+\epsilon,$$

这里

$X=\mathbf{1}_a\otimes\mathbf{1}_b\otimes\mathbf{1}_c$, $U_1=I_a\otimes\mathbf{1}_b\otimes\mathbf{1}_c$, $U_2=\mathbf{1}_a\otimes I_b\otimes\mathbf{1}_c$, $U_1=I_a\otimes I_b\otimes\mathbf{1}_c$, 其协方差阵为

$$\Sigma(\sigma^2)=\sigma_\alpha^2I_a\otimes\mathbf{1}_b\mathbf{1}_b'\otimes\mathbf{1}_c\mathbf{1}_c'+\sigma_\beta^2\mathbf{1}_a\mathbf{1}_a'\otimes I_b\otimes\mathbf{1}_c\mathbf{1}_c+\sigma_\gamma^2I_a\otimes I_b\otimes\mathbf{1}_c\mathbf{1}_c'+\sigma_\epsilon^2I_{abc}.$$

易证 $P_X\Sigma(\sigma^2)$ 对称，故 μ 为 ML 估计等于 LS 估计： $\widehat{\mu}=\mathbf{1}'_{abc}\,y=\overline{y}_{\dots}$. 此外,

$$\begin{aligned}\Sigma(\sigma^2)^{-1}=&\frac{1}{\sigma_\epsilon^2}I_a\otimes I_b\otimes(I_c-\bar{J}_c)+\frac{1}{c\sigma_\gamma^2+\sigma_\epsilon^2}(I_a-\bar{J}_a)\otimes(I_b-\bar{J}_b)\otimes\bar{J}_c\\&+\frac{1}{bc\sigma_\alpha^2+c\sigma_\gamma^2+\sigma_\epsilon^2}(I_a-\bar{J}_a)\otimes\bar{J}_b\otimes\bar{J}_c\\&+\frac{1}{ac\sigma_\beta^2+c\sigma_\gamma^2+\sigma_\epsilon^2}\bar{J}_a\otimes(I_b-\bar{J}_b)\otimes\bar{J}_c\\&+\frac{1}{bc\sigma_\alpha^2+ac\sigma_\beta^2+c\sigma_\gamma^2+\sigma_\epsilon^2}\bar{J}_a\otimes\bar{J}_b\otimes\bar{J}_c.\end{aligned}$$

我们将其代入 (9.5.5), 化简得

$$\begin{aligned}&bc\sigma_\alpha^2+c\sigma_\gamma^2+\sigma_\epsilon^2=Q_1-\Delta_1,\\&ac\sigma_\beta^2+c\sigma_\gamma^2+\sigma_\epsilon^2=Q_2-\Delta_2,\\&c\sigma_\gamma^2+\sigma_\epsilon^2=Q_3-\Delta_3,\\&\sigma_\epsilon^2=Q_4,\end{aligned}$$

其中

$$\begin{aligned}\Delta_1&=\frac{1}{(a-1)}\cdot\frac{(bc\sigma_\alpha^2+c\sigma_\gamma^2+\sigma_\epsilon^2)^2}{bc\sigma_\alpha^2+ac\sigma_\beta^2+c\sigma_\gamma^2+\sigma_\epsilon^2},\\\Delta_2&=\frac{1}{(b-1)}\cdot\frac{(ac\sigma_\beta^2+c\sigma_\gamma^2+\sigma_\epsilon^2)^2}{bc\sigma_\alpha^2+ac\sigma_\beta^2+c\sigma_\gamma^2+\sigma_\epsilon^2},\\\Delta_3&=-\frac{1}{(a-1)(b-1)}\cdot\frac{(c\sigma_\gamma^2+\sigma_\epsilon^2)^2}{bc\sigma_\alpha^2+ac\sigma_\beta^2+c\sigma_\gamma^2+\sigma_\epsilon^2}.\end{aligned}$$

很显然，此方程组没有显式解. 尽管与上面两个例子一样，固定效应的 ML 估计与方差分量无关. 此例表明并非所有平衡数据的混合效应模型都存在 ML 显式解. 对平衡数据的混合效应模型，关于似然方程显式解存在性问题，文献中已有一个的判定定理，有兴趣的读者可参阅文献 [102] 或 [96].

§9.6 限制极大似然估计

方差分量的 ML 估计的一个缺点是在导出方差分量的估计的过程中，我们没有考虑到固定效应 β 的估计所引起的自由度的减少. 为此，Patterson 和 Thompon[86] 提出的一种修正方法，称为限制极大似然法 (restricted (or residual) maximum likelihood 简记为 REML). 该方法的思想是基于 LS 估计残差，利用极大似然法导出方差分量的估计. 与 ML 估计相比， REML 估计的偏差减少很多，且对于许多常

见模型，REML 方程的解与方差分析法所得的估计相等．当然，在一般情况下，REML 方程的求解只能依赖于迭代法，其迭代的收敛性问题依然存在.

我们考虑模型 (9.5.1)

$$y = X\beta + \varepsilon, \quad \varepsilon = \sum_{i=1}^{k} U_i \xi_i \sim N(0,\ \Sigma(\sigma^2)), \tag{9.6.1}$$

这里 $\sigma^2 = (\sigma_1^2, \cdots, \sigma_k^2)'$, $\Sigma(\sigma^2) = \sum\limits_{i=1}^{k} \sigma_i^2 U_i U_i' = \sum\limits_{i=1}^{k} \sigma_i^2 V_i > 0$. 该模型的最小二乘估计的残差为 $N_X\, y$, 其中 $N_X = I_n - X(X'X)^- X'$. 假设 X 为 $n \times p$ 向量，$rk(X) = r$, 则 $rk(N_X) = n - rk(X) = n - r$, 即 N_X 的列向量中仅有 $n-r$ 个线性独立向量，我们可用这 $n-r$ 个线性独立向量作为列向量，得到一个 $n \times (n-r)$ 列满秩阵 B, 显然

$$N_X B = B, \quad B'X = 0.$$

因此，$B'y \sim N(0,\ B'\Sigma(\sigma^2)B)$, 且 $B'\Sigma(\sigma^2)B > 0$. 记 $B = (b_1, \cdots, b_{n-r})$, 则 $b_i' = b_i' N_X$. 故 $B'y$ 的每一个元素 $b_i' y$, 实际上，就是一个误差对照．方差分量的 REML 估计就是对 $B'y$ 求未知参数 σ^2 的 ML 估计．下面我们导出限制极大似然方程组.

$B'y$ 关于方差分量 σ^2 的对数似然函数为

$$l(\sigma^2|B'y) = -\frac{1}{2}(n-r)\ln 2\pi - \frac{1}{2}\ln|B'\Sigma(\sigma^2)B| - \frac{1}{2}y'B(B'\Sigma(\sigma^2)B)^{-1}B'y. \tag{9.6.2}$$

我们记

$$y^* = B'y, \quad X^* = B'X = 0, \quad V_i^* = B'V_iB,$$

$$\Sigma^*(\sigma^2) = B'\Sigma(\sigma^2)B = \sum_{i=1}^{k} \sigma_i^2 B'V_iB = \sum_{i=1}^{k} \sigma_i^2 V_i^*.$$

直接套用 (9.5.3) 得限制极大似然方程组

$$\mathrm{tr}(V_i^* \Sigma^*(\sigma^2)) = y^{*'} \Sigma^*(\sigma^2)^{-1} V_i^* \Sigma^*(\sigma^2)^{-1} y^*, \quad i = 1, \cdots, k,$$

即

$$\mathrm{tr}(V_iB(B'\Sigma(\sigma^2)B)^{-1}B') = y'B(B'\Sigma(\sigma^2)B)^{-1}B'V_iB(B'\Sigma(\sigma^2)B)^{-1}B'y, \quad i = 1, \cdots, k. \tag{9.6.3}$$

记 $M_\sigma = B(B'\Sigma(\sigma^2)B)^{-1}B'$, 可以证明

$$M_\sigma = \Sigma(\sigma^2)^{-1} - \Sigma(\sigma^2)^{-1}X(X'\Sigma(\sigma^2)^{-1}X)^{-1}X'\Sigma(\sigma^2)^{-1}, \tag{9.6.4}$$

因此

$$M_\sigma = \Sigma(\sigma^2)^{-1}(I_n - P_\sigma) = (I_n - P_\sigma)'\Sigma(\sigma^2)^{-1},$$

这里 P_σ 如 § 9.5 所定义. 于是 (9.6.3) 等价于

$$\operatorname{tr}(V_i M_\sigma) = y'(I_n - P_\sigma)'\Sigma(\sigma^2)^{-1}V_i\Sigma(\sigma^2)^{-1}(I_n - P_\sigma)y, \quad i = 1, \cdots, k. \tag{9.6.5}$$

利用关系 $M_\sigma\Sigma(\sigma^2)M_\sigma = M_\sigma$, 我们容易证明限制极大似然方程可写成

$$\begin{aligned}&\sum_{j=1}^{k}\operatorname{tr}(V_i\Sigma(\sigma^2)^{-1}(I_n - P_\sigma)V_j\Sigma(\sigma^2)^{-1}(I_n - P_\sigma)'\sigma_j \\ =\ & y'(I_n - P_\sigma)'\Sigma(\sigma^2)^{-1}V_i\Sigma(\sigma^2)^{-1}(I_n - P_\sigma)y, \quad i = 1, \cdots, k.\end{aligned} \tag{9.6.6}$$

将 (9.6.6) 与极大似然方程组 (9.5.5) 相比，对于每个 i, 两方程的右边相等，且若将 (9.6.6) 左边的投影阵 $I_n - P_\sigma$ 换成单位阵 I_n 便可得到极大似然方程组 (9.5.5) 中的相应方程. 注意到 (9.6.6) 不包含 B, 尽管在推导 (9.6.4) 利用了 B, 但 (9.6.4) 等式成立于 B 的选择无关，仅要求 B 为 $n \times (n-r)$ 列满秩矩阵，且 $B'X = 0$. 因此，限制极大似然方程与具体 B 的选择无关.

(9.6.6) 通常没有显式解，我们可以利用解似然方程的迭代技巧来求得其迭代解.

例 9.6.1 两向分类随机模型 (交互效应存在)

$$y_{ijk} = \mu_+\alpha_i + \beta_j + \gamma_{ij} + \epsilon_{ijk},$$

$$i = 1, \cdots, a, \quad j = 1, \cdots, b, 1, \quad k = 1, \cdots, c,$$

这里 μ 为总平均，是固定效应， α_i,β_j,γ_{ij} 都为随机效应，假设 $\alpha_i \sim N(0, \sigma_\alpha^2)$, $\beta_j \sim N(0, \sigma_\beta^2)$, $\gamma_{ij} \sim N(0, \sigma_\gamma^2)$, $\epsilon_{ijk} \sim N(0, \sigma_\alpha^2)$ 且都相互独立. 该模型的矩阵形式为

$$y = X\mu + U_1\alpha + U_2\beta + U_3\gamma + \epsilon,$$

这里 $X = \mathbf{1}_a \otimes \mathbf{1}_b \otimes \mathbf{1}_c$, $U_1 = I_a \otimes \mathbf{1}_b \otimes \mathbf{1}_c$, $U_2 = \mathbf{1}_a \otimes I_b \otimes \mathbf{1}_c$, $U_1 = I_a \otimes I_b \otimes \mathbf{1}_c$, 方差阵

$$\Sigma(\sigma^2) = \sigma_\alpha^2 I_a \otimes \mathbf{1}_b\mathbf{1}_b' \otimes \mathbf{1}_c\mathbf{1}_c' + \sigma_\beta^2\mathbf{1}_a\mathbf{1}_a' \otimes I_b \otimes \mathbf{1}_c\mathbf{1}_c' + \sigma_\gamma^2 I_a \otimes I_b \otimes \mathbf{1}_c\mathbf{1}_c' + \sigma_\epsilon^2 I_{abc}.$$

易证 $P_X\Sigma(\sigma^2)$ 对称，依 (9.15), 它等价于

$$P_\sigma = P_X = \bar{J}_{abc}.$$

直接代入限制极大似然方程 (9.6.6) 得

$$\frac{(a-1)bc}{a_1} = \frac{bc}{a_1^2}\sum_{i=1}^{a}(\overline{y}_{i..} - \overline{y}_{...})^2,$$

$$\frac{ac(b-1)}{a_2} = \frac{1}{a_2^2}\sum_{j=1}^{b}(\overline{y}_{.j.} - \overline{y}_{...})^2,$$

$$\frac{(a-1)(b-1)c}{a_3} + \frac{(a-1)c}{a_1} + \frac{(b-1)c}{a_2}$$

$$= \frac{c}{a_3^2}\sum_{i=1}^{a}\sum_{j=1}^{b}(\overline{y}_{ij.} - \overline{y}_{i..}\overline{y}_{.j.} + \overline{y}_{...})^2$$

$$+\frac{c}{a_1^2}\sum_{i=1}^{a}(\overline{y}_{i..} - \overline{y}_{...})^2 + \frac{c}{a_2^2}\sum_{j=1}^{b}(\overline{y}_{.j.} - \overline{y}_{...})^2,$$

$$\frac{ab(c-1)}{a_4} + \frac{(a-1)(b-1)}{a_3} + \frac{a-1}{a_1} + \frac{b-1}{a_2} = \frac{1}{a_4}\sum_{i=1}^{a}\sum_{j=1}^{b}\sum_{k=1}^{c}(y_{ijk} - \overline{y}_{ij.})^2$$

$$+\frac{c}{a_3^2}\sum_{i=1}^{a}\sum_{j=1}^{b}(\overline{y}_{ij.} - \overline{y}_{i..}\overline{y}_{.j.} + \overline{y}_{...})^2 + \frac{c}{a_1^2}\sum_{i=1}^{a}(\overline{y}_{i..} - \overline{y}_{...})^2 + \frac{c}{a_2^2}\sum_{j=1}^{b}(\overline{y}_{.j.} - \overline{y}_{...})^2,$$

这里

$$a_1^2 = bc\sigma_\alpha^2 + c\sigma_\gamma^2 + \sigma_\epsilon^2,$$

$$a_2^2 = ac\sigma_\beta^2 + c\sigma_\gamma^2 + \sigma_\epsilon^2,$$

$$a_3^2 = c\sigma_\gamma^2 + \sigma_\epsilon^2,$$

$$a_4^2 = \sigma_\epsilon^2.$$

我们记

$$Q_1 = \sum_{i=1}^{a}(\overline{y}_{i..} - \overline{y}_{...})^2/(a-1),$$

$$Q_2 = \sum_{j=1}^{b}(\overline{y}_{.j.} - \overline{y}_{...})^2/ac(b-1),$$

$$Q_3 = \sum_{i=1}^{a}\sum_{j=1}^{b}(\overline{y}_{ij.} - \overline{y}_{i..} - \overline{y}_{.j.} + \overline{y}_{...})^2/(a-1)(b-1),$$

$$Q_4 = \sum_{i=1}^{a}\sum_{j=1}^{b}\sum_{k=1}^{c}(y_{ijk} - \overline{y}_{ij.})^2/ab(c-1),$$

则上方程组可简化为

$$bc\sigma_\alpha^2 + c\sigma_\gamma^2 + \sigma_\epsilon^2 = Q_1,$$

$$ac\sigma_\beta^2 + c\sigma_\gamma^2 + \sigma_\epsilon^2 = Q_2,$$

$$c\sigma_\gamma^2 + \sigma_\epsilon^2 = Q_3,$$

$$\sigma_\epsilon^2 = Q_4.$$

这与方差分析法所得到的线性方程组相同，因此限制极大似然方程的解与 ANOVA 估计相同．对平衡数据的混合效应模型，这种现象通常成立，见文献 [47].

§9.7 最小范数二次无偏估计

方差分量的最小范数二次无偏估计 (minimum norm quadratic unbiased estimator, 简记为 MINQUE) 是由 C.R.Rao 于 20 世纪 70 年代初期提出的，他所采用的做法与前面提到的方法截然不同. 因为 ANOVA 法， ML 法和 REML 法都是先按已有的一定程式去求估计，至于所得估计有何性质，事先并不知道. 而最小范数二次无偏估计的基本思想是先提出估计应具有的性质，然后把为满足这些性质所加的条件提成一个极值问题，即所谓最小迹问题 (minimum trace problem). 解所得的最小迹问题，便得到所要的估计.

考虑最一般形式的方差分量模型

$$y = X\beta + U_1\xi_1 + \cdots + U_k\xi_k, \tag{9.7.1}$$

这里 $X_{n\times p}, U_{i,\, n\times t_i}$ 为已知设计矩阵， β 为 $p\times 1$ 固定效应向量， ξ_i 为 $t_i\times 1$ 随机效应向量，满足 $E(\xi_i)=0$, $\mathrm{Cov}(\xi_i)=\sigma_i^2 I_{t_i}$, ξ_i 都不相关. 往往 $U_k=I_n$, $\xi_k=e$, $\sigma_k^2=\sigma_e^2>0$, 即最后一项为随机误差. 若记

$$U=(U_1 \,\vdots\, U_2 \,\vdots\, \cdots \,\vdots\, U_k), \quad \xi'=(\xi_1', \xi_2', \cdots, \xi_k'),$$

则模型 (9.7.1) 可改写为

$$y = X\beta + U\xi, \qquad E(y)=X\beta, \tag{9.7.2}$$

$$\mathrm{Cov}(y)=\sum_{i=1}^{k}\sigma_i^2 V_i \triangleq \Sigma\,,$$

其中 $V_i=U_iU_i'$, 我们的基本目的是估计方差分量 $\sigma_1^2,\cdots,\sigma_k^2$ 及其线性函数 $\varphi=c'\sigma^2$, 这里 $\sigma^2=(\sigma_1^2,\cdots,\sigma_k^2)'$, $c'=(c_1,\cdots,c_k)$.

我们先看所求的估计量应具有的一些性质，因为现在要估计的参数是方差，所以自然考虑二次型估计 $y'Ay$, 这里 A 为对称阵，我们要求这个估计具有下述性质.

(1) 不变性　即估计 $y'Ay$ 关于参数 β 具有不变性.

若将 β 平移得到 $\gamma=\beta-\beta_0$, 此时模型 (9.7.2) 变为 $y-X\beta_0=X\gamma+U\xi$, 那么二次型估计就变为 $(y-X\beta_0)'A(y-X\beta_0)$, 我们要求对一切 β_0, $(y-X\beta_0)'A(y-X\beta_0)=y'Ay$, 这个要求是合理的. 因为现在待估计的 $\varphi=c'\sigma^2$ 是方差分量的线性函数，所以，它的估计量应该与 $E(y)=X\beta$ 无关. 由于

$$(y-X\beta_0)'A(y-X\beta_0)=y'Ay-2y'AX\beta_0+\beta_0'X'AX\beta_0, \tag{9.7.3}$$

欲使 $(y-X\beta_0)'A(y-X\beta_0)=y'Ay$ 对一切的 β_0 成立，当且仅当 $AX=0$. 这个事实的充分性是显然的，至于必要性，注意到 (9.7.3) 右端后两项是 β_0 的多项式，要

它恒等于零，其系数必等于零，即 $AX=0$. 于是二次型估计要满足不变性当且仅当 $AX=0$.

(2) 无偏性　我们在满足不变性的前提下考虑二次型估计 $= y'Ay$ 的无偏性. 此时依定理 (3.2.1) 有

$$E(y'Ay) = \beta'X'AX\beta + \mathrm{tr}(A\Sigma) = \sum_{i=1}^{k} \sigma_i^2 \mathrm{tr}(AV_i).$$

所以 $E(y'Ay) = \varphi = c'\sigma^2$, 对一切 σ^2 成立，当且仅当

$$\mathrm{tr}(AV_i) = c_i, \quad i = 1, \cdots, k. \tag{9.7.4}$$

(3) 最小范数准则

可以设想，若 $t_i \times 1$ 的向量 $\xi_i, i = 1, \cdots, k$ 皆已知，那么 σ_i^2 应该用 $\xi'\xi/t_i$ 来估计. 于是 $\varphi = c'\sigma^2$ 的自然估计为

$$c_1\Big(\frac{\xi_1'\xi_1}{t_1}\Big) + c_2\Big(\frac{\xi_2'\xi_2}{t_2}\Big) + \cdots + c_k\Big(\frac{\xi_k'\xi_k}{t_k}\Big) \triangleq \xi'\Delta\xi, \tag{9.7.5}$$

此处

$$\Delta = \mathrm{diag}\Big(\frac{c_1}{t_1} I_{t_1}, \cdots, \frac{c_k}{t_k} I_{t_k}\Big).$$

现在若用 $y'Ay$ 去估计 $\varphi = c'\sigma^2$, 在满足不变性的条件下,

$$y'Ay = \xi'U'AU\xi\,. \tag{9.7.6}$$

欲使 $y'Ay$ 为一个好的估计，那么自然对一切 ξ, (9.7.5) 和 (9.7.6) 应该相差很小，即矩阵 $U'AU$ 与 Δ 在某种意义下相差很小. 若用矩阵范数 $||U'AU - \Delta||$ 来度量 $U'AU$ 与 Δ 相差大小，则我们应该选择 A 极小化范数 $||U'AU - \Delta||$.

综合上面三条要求，我们给出如下定义.

定义 9.7.1　若线性函数 $\varphi = c'\sigma^2$ 的估计 $y'Ay$ 满足

$$AX = 0,$$
$$\mathrm{tr}(AV_i) = c_i, \quad i = 1, \cdots, k\,,$$

且使范数 $||U'AU - \Delta||$ 达到极小，则称 $y'Ay$ 为 $\varphi = c'\sigma^2$ 的最小范数二次无偏估计 (MINQUE).

这里采用加权欧氏范数，令权矩阵 $W = \mathrm{diag}\{\sigma_{0,1}^2 I_{t_1}, \cdots, \sigma_{0,k}^2 I_{t_k}\}$ 其中 $\sigma_{0,i}^2$ 为 σ_i^2 的一个预先指定值 (先验值), 因此 W 也就是 $\mathrm{Cov}(\xi)$ 的一个预先指定阵 (先验阵). 定义 $F = W^{\frac{1}{2}}(U'AU - \Delta)W^{\frac{1}{2}}$, 则加权欧氏范数

$$\begin{aligned}||U'AU - \Delta|| &= \mathrm{tr}(F'F) = \mathrm{tr}[W^{\frac{1}{2}}(U'AU - \Delta)W(U'AU - \Delta)W^{\frac{1}{2}}] \\ &= \mathrm{tr}(W^{\frac{1}{2}}U'AUWU'AUW^{\frac{1}{2}}) - 2\mathrm{tr}(W^{\frac{1}{2}}U'AUW\Delta W^{\frac{1}{2}}) + \mathrm{tr}(\Delta W)^2.\end{aligned}$$

利用无偏性，上式第二项

$$\begin{aligned}\mathrm{tr}(W^{\frac{1}{2}}U'AUW\Delta W^{\frac{1}{2}}) &= \mathrm{tr}(U'AUWU'A\Delta W)\\ &= \sum_{i=1}^{k}\frac{c_i\sigma_{0,i}^4}{t_i}\mathrm{tr}(AV_i) = \sum_{i=1}^{k}\frac{c_i^2\sigma_{0,i}^4}{t_i} = \mathrm{tr}(\Delta W)^2.\end{aligned}$$

再记 $V_w = \sum\limits_{i=1}^{k}\sigma_{0,i}^2 V_i$, 因为 $V_k = I_n$, $V_i \geq 0$, 且 $\sigma_{0,k}^2 > 0$, $\sigma_{0,i}^2 \geq 0$, 所以 $V_w > 0$. 于是

$$||U'AU - \Delta|| = \mathrm{tr}(AV_w)^2 - \mathrm{tr}(\Delta W)^2.$$

这样，对加权欧氏范数求 $\varphi = c'\sigma^2$ 的 MINQUE 的问题，归结为求下述极值的解

$$\begin{aligned}&\min\ \mathrm{tr}(AV_w)^2\\ &\begin{cases}AX = 0\\ \mathrm{tr}(AV_i) = c_i, i = 1,\cdots,k\,.\end{cases}\end{aligned} \tag{9.7.7}$$

它的目标函数是矩阵的迹，所以称 (9.7.7) 为最小迹问题.

剩下的问题是, 极值问题 (9.7.7) 的解是否存在？如果存在的话, 它等于什么？下面的定理圆满地回答了这个问题.

定理 9.7.1 极值问题 (9.7.7) 的解为

$$A^* = B_w\left(\sum_{i=1}^{k}\lambda_i\,V_i\right)B_w, \tag{9.7.8}$$

其中

$$B_w = V_w^{-1} - V_w^{-1}X(X'V_w^{-1}X)^{-}X'V_w^{-1}, \tag{9.7.9}$$

且 λ_i, $i = 1,\cdots,k$ 为方程组

$$\sum_{i=1}^{k}\mathrm{tr}(B_wV_iB_wV_j)\lambda_i = c_j, \quad j = 1,\cdots,k \tag{9.7.10}$$

的解，这里 $V_i = U_iU_i$,$V_w = \sum\limits_{i=1}^{k}\sigma_{0,i}^2 V_i$.

前面已指出过，$V_w > 0$, 于是 V_w^{-1} 存在. 如果做变换 $\widetilde{A} = V_w^{\frac{1}{2}}AV_w^{\frac{1}{2}}$, $\widetilde{V}_i = V_w^{-\frac{1}{2}}V_iV_w^{-\frac{1}{2}}$, $\widetilde{X} = V_w^{-\frac{1}{2}}X$, 极值问题 (9.7.7) 等价于

$$\begin{aligned}&\min\ \mathrm{tr}\widetilde{A}^2\\ &\begin{cases}\widetilde{A}\widetilde{X} = 0\\ \mathrm{tr}(\widetilde{A}\widetilde{V}_i) = c_i,\ i = 1,\cdots,k\,.\end{cases}\end{aligned}$$

为符号清晰，我们略去“～”得到

$$\min \operatorname{tr}A^2$$
$$\begin{cases} AX = 0 \\ \operatorname{tr}(AV_i) = c_i, \quad i = 1, \cdots, k\,. \end{cases} \tag{9.7.11}$$

相应地，证明定理 9.7.1 等价于要证明如下定理.

定理 9.7.2 极值问题 (9.7.11) 的解为

$$A^* = N\left(\sum_{i=1}^{k} \lambda_i V_i\right) N, \tag{9.7.12}$$

其中 $N = I - X(X'X)^{-}X$, λ_i, $i = 1, \cdots, k$ 为方程组

$$\sum_{i=1}^{k} \operatorname{tr}(NV_iNV_j)\lambda_i = c_j, \quad j = 1, \cdots, k \tag{9.7.13}$$

的解.

证明 证明分两步.

(1) 先证方程组 (9.7.13) 相容. 设 A_0 满足 (9.7.11) 的约束条件,

$$\operatorname{tr}(A_0V_j) = c_j, \quad j = 1, \cdots, k, \tag{9.7.14}$$

$$A_0X = 0, \tag{9.7.15}$$

由 (9.7.15) 知 $\mathcal{M}(A_0') \subset \mathcal{M}(X)^{\perp}$, 因 N 为往 $\mathcal{M}(X)^{\perp}$ 上的正交投影阵，于是 $A_0 = A_0N = NA_0N$. 记 $V_j^* = NV_jN$ $(j = 1, \cdots, k)$, 则 (9.7.14) 变为

$$c_j = \operatorname{tr}(A_0V_j) = \operatorname{tr}(NA_0NV_j) = \operatorname{tr}(A_0V_j^*), \quad j = 1, \cdots, k\,. \tag{9.7.16}$$

记 $g_i = \operatorname{Vec}(V_i^*)$, $g_0 = \operatorname{Vec}(A_0)$, P_A 为往子空间 $\mathcal{M}(A)$ 上的正交投影阵. 定义

$$u_1 = P_{(g_1, \cdots, g_k)} g_0\,,$$
$$u_2 = g_0 - u_1.$$

则存在常数 $\lambda_1^0, \cdots, \lambda_k^0$, 使得

$$u_1 = \sum_{i=1}^{k} \lambda_i^0 g_i.$$

所以

$$g_0 = u_1 + u_2 = \sum_{i=1}^{k} \lambda_i^0 g_i + u_2\,,$$
$$u_2' g_j = 0, \quad j = 1, \cdots, k\,.$$

从 (9.7.16) 有

$$\begin{aligned} c_j &= \operatorname{tr}(A_0 V_j^*) = g_0' g_j = \left(\sum_{i=1}^k \lambda_i^0 g_i' + u_2'\right) g_j \\ &= \sum_{i=1}^k \lambda_i^0 g_i' g_j = \sum_{i=1}^k \lambda_i^0 \operatorname{tr}(V_i^* V_j^*) = \sum_{i=1}^k \lambda_i^0 \operatorname{tr}(N V_i N V_j), \quad j = 1, \cdots, k\,. \end{aligned}$$

这就证明了 $\lambda_1^0, \cdots, \lambda_k^0$ 为 (9.7.13) 的一组解.

(2) 证明 A^* 为 (9.7.11) 的解. 容易验证 A^* 满足 (9.7.11) 的约束条件. 如 A 为另一个满足 (9.7.11) 约束条件的对称方阵, 记 $D = A - A^*$, 则 D 对称, $DX = 0$, $\operatorname{tr}(DV_i) = 0$, 且 $ND = D$. 于是

$$\operatorname{tr}(A^* D) = \sum_{j=1}^k \lambda_j \operatorname{tr}(N V_j N D) = \sum_{j=1}^k \lambda_j \operatorname{tr}(N V_j D) = \sum_{j=1}^k \lambda_j \operatorname{tr}(V_j D) = 0.$$

利用这个事实, 得

$$\operatorname{tr}(A^2) = \sum_{j=1}^k \operatorname{tr}(A^* + D)(A^* + D) = \operatorname{tr}(A^*)^2 + \operatorname{tr}(D)^2 \geq \operatorname{tr}(A^*)^2.$$

等号成立的充分必要条件为 $D = 0$, 即 $A = A^*$. 这就证明了 A^* 是 (9.7.11) 的解.

定理 9.7.3 对方差分量模型 (9.7.1), 线性函数 $\varphi = c'\sigma^2$ 的 MINQUE 为 $c'\widehat{\sigma}^2$, 其中 $\widehat{\sigma}^2$ 为线性方程组

$$H\sigma^2 = d \tag{9.7.17}$$

的解, 这里

$$H = (h_{ij})_{k\times k}, \qquad h_{ij} = \operatorname{tr}(B_w V_i B_w V_j), \text{对一切}\, i, j\,, \tag{9.7.18}$$

$$d = \begin{pmatrix} d_1 \\ \vdots \\ d_k \end{pmatrix}, \qquad d_i = y' B_w V_i B_w y, \quad i = 1, \cdots, k,$$

B_w 由 (9.7.9) 所定义.

证明 依定理 9.7.1, $\varphi = c'\sigma^2$ 的 MINQUE 为

$$y' A^* y = \sum_{i=1}^k \lambda_i y' B_w V_i B_w y = \lambda' d,$$

这里 $\lambda' = (\lambda_1, \cdots, \lambda_k)$ 满足 (9.7.10), 即 $H\lambda = c$, $\lambda = H^- c$, 再利用 H 的对称性, 有

$$y' A^* y = c' H^- d = c' \widehat{\sigma}^2.$$

定理证毕.

若 H 可逆, 则线性方程组 (9.7.17) 有惟一解 $\widehat{\sigma}^2=(\widehat{\sigma}_1^2,\cdots,\widehat{\sigma}_k^2)'=H^{-1}d$. 与方差分析法类似, MINQUE 也不必为非负估计. 于是如何修正 MINQUE 以便得到非负估计在文献中也颇受人们的注意.

另外, 注意到线性方程组 (9.7.17) 的等价形式为

$$\sum_{j=1}^{k}\sigma_j^2\mathrm{tr}(B_wV_iB_wV_j)=y'B_wV_iB_wy,\qquad i=1,\cdots,k,\tag{9.7.19}$$

这里 $B_w=V_w^{-1}(I-X(X'V_w^{-1}X)^-X'V_w^{-1})=(I-V_w^{-1}X(X'V_w^{-1}X)^-X')V_w^{-1}$, 用 Σ 取代方程组 (9.7.19) 中的 V_w, 便可得到 REML 方程组 (9.6.6). 两者区别在于 (9.7.19) 中, V_w 是已知的, 可直接解出方程组的解, 即 MINQUE, 而 (9.6.6) 中, Σ 中含有未知的方差分量, 因此通常限制极大似然方程组只能用迭代法求解.

如前面已提到的, MINQUE 的权矩阵 W 中的 $\sigma_{0,i}^2$ 为 σ_i^2 的先验值, 当我们没有关于 σ_i^2 的任何先验信息时, 我们就令 $\sigma_{0,i}^2=1(i=1,\cdots,k)$, 即权矩阵 $W=I$, 这就是 Rao[90] 所讨论的欧氏范数.

除了 MINQUE 之外, Rao 还研究了不具有不变性或无偏性的最小范数估计以及最小方差二次无偏估计 (minimum variance quadratatic unbiased estimator, 简记为 MIVUE), 见文献 [94].

例 9.7.1　固定效应模型误差方差的 MINQUE.

我们曾指出, 固定效应模型

$$y=X\beta+e,\quad Ee=0,\qquad \mathrm{Cov}(e)=\sigma^2I_n$$

可以看作方差分量模型 (9.7.1) 的特殊情形: $U_1=\cdots=U_{k-1}=0, U_k=I_n$, $\xi_k=e$. 容易验证 σ^2 的 MINQUE 为

$$y'A^*y=y'Ny/(n-r)=||y-X\widehat{\beta}||^2/(n-r)=\widehat{\sigma}^2,$$

这里 $r=rk(X),\widehat{\beta}=(X'X)^-X'y$ 为 β 的 LS 估计. 于是在第四章我们所求的误差方差 σ^2 的 LS 估计是 MINQUE.

到现在为止, 我们讨论了 ANOVA 估计、ML 估计、REML 估计、和 MINQU 估计. 这些估计不同程度地存在一些缺点, 例如, ANOVA 估计和 MINQU 估计不能保证估计的非负性, 而 ML 估计和 REML 估计都需要求解非线性方程组, 一般没有显式解, 只能获得迭代解. 此外, MINQU 估计很强地依赖初始值的选取, 人为主观随意性较大.

最近, 王松桂和尹素菊[10]提出了同时估计固定效应和方差分量的一种新方法, 称为谱分解估计 (spectral decomposition estimate, SD 估计). 新方法能给出固定效

应若干个 SD 估计，它们都是线性无偏估计. 而方差分量的 SD 估计是二次不变无偏估计，且在任何情况下， SD 估计和 ANOVA 估计一样都有显式解. 当然，方差分量 SD 估计也不能保证估计的非负性，这是它的一个缺点. Wu 和 Wang[118] 证明了对一些模型，方差分量 SD 估计和 ANOVA 估计相等，从而方差分量的 SD 估计具有 ANOVA 估计的一些优良性. 关于这个估计的更深入性质还有待进一步研究.

§9.8 方差分量的检验

在这一节, 我们考虑方差分量的检验问题, 主要介绍一种最常见的方法：Wald 检验，它与 §9.4 讨论的方差分析法 (Henderson 方法三) 有密切的联系.

考虑混合效应模型

$$y = X\beta + U_1\xi_1 + U_2\xi_2 + e, \tag{9.8.1}$$

这里，我们假设 $\xi_1 \sim N(0, \sigma_1^2 I_s)$, $\xi_2 \sim N(0, \sigma_2^2 I_q)$, $e \sim N(0, \sigma_e^2 I_n)$, 且它们彼此独立. 其中， s, q 分别为已知阵 U_1 和 U_2 的列数. 于是

$$\mathrm{Cov}(y) = \sigma_1^2 U_1 U_1' + \sigma_2^2 U_2 U_2' + \sigma_e^2 I_n.$$

在 §9.4, 基于拟合常数的思想，我们给出了此模型方差分量 σ_1^2,σ_2^2 和 σ_1^2 的估计，下面我们应用同样的技巧来构造随机效应 ξ_2 是否存在的检验问题，即

$$H_0\text{：}\quad \sigma_2^2 = 0 \longleftrightarrow H_1\text{：}\quad \sigma_2^2 \neq 0$$

的检验统计量.

将模型 (9.8.1) 中随机效应 ξ_1 和 ξ_2 的暂视为固定效应，模型拟合之后的残差平方和为

$$\begin{aligned} \mathrm{SS}_e &= y'y - \mathrm{RSS}(\beta,\, \xi_1,\, \xi_2) \\ &= y'(I_n - P_{(X:U_1:U_2)})\, y\,. \end{aligned} \tag{9.8.2}$$

若 $\sigma_2^2 = 0$, 则模型 (9.8.1) 变为 $y = X\beta + U_1\xi_1 + e$, 同样暂视其中的随机效应 ξ_1 的为固定效应时，模型拟合之后的残差平方和变为

$$\begin{aligned} \mathrm{SS}_{e0} &= y'y - \mathrm{RSS}(\beta,\, \xi_1,) \\ &= y'(I_n - P_{(X:U_1)})\, y\,. \end{aligned} \tag{9.8.3}$$

直观上，当 $\sigma_2^2 = 0$ 时，模型拟合之后的残差平方和 SS_{e0} 与 SS_e 应很接近，即 $\mathrm{SS}_{e0} - \mathrm{SS}_e$ 相对于 SS_e 应很小，若不然，我们就认为随机效应 ξ_2 作用显著，即接

受 $\sigma_2^2 \neq 0$. 令

$$F = \frac{(\mathrm{SS}_{e0} - \mathrm{SS}_e)/t_2}{\mathrm{SS}_e/t_1}\,, \tag{9.8.4}$$

这里 $t_1 = n - \mathrm{rk}(X : U_1 : U_2)$,$t_2 = \mathrm{rk}(X : U_1 : U_2) - \mathrm{rk}(X : U_1)$.

下面我们将证明在原假设 H_0 下, $F \sim F_{t_2,\,t_1}$.

定理 9.8.1 对于模型 (9.8.1),

(1) $\mathrm{SS}_e/\sigma_e^2 \sim \chi^2_{t_1}$,

(2) 若 $\sigma_2^2 = 0$, 则 $(\mathrm{SS}_{e0} - \mathrm{SS}_e)/\sigma_e^2 \sim \chi^2_{t_2}$, 并且与 SS_e 相互独立,

(3) 当假设 $\sigma_2^2 = 0$ 为真时, 则 $F \sim F_{t_2,\,t_1}$.

证明 注意到

$$\mathrm{SS}_e = y'(I_n - P_{(X:U_1:U_2)})y = e'(I_n - P_{(X:U_1:U_2)})e\,, \tag{9.8.5}$$

利用定理 3.4.3, 立得 $\mathrm{SS}_e/\sigma_e^2 \sim \chi^2_{t_1}$. (1) 得证.

若 $\sigma_2^2 = 0$, 则模型 (9.8.1) 变为 $y = X\beta + U_1\xi_1 + e$, 因而

$$(\mathrm{SS}_{e0} - \mathrm{SS}_e) = y'(P_{(X:U_1:U_2)} - P_{(X:U_1)})y = e'(P_{(X:U_1:U_2)} - P_{(X:U_1)})e\,. \tag{9.8.6}$$

同样依定理 3.4.3, 可知 $(\mathrm{SS}_{e0} - \mathrm{SS}_e)/\sigma_e^2 \sim \chi^2_{t_2}$. 又由于 $((P_{(X:U_1:U_2)} - P_{(X:U_1)}))(I_n - P_{(X:U_1:U_2)}) = 0$, 由推论 3.4.4, 我们便可推得 $(\mathrm{SS}_{e0} - \mathrm{SS}_e)$ 与 SS_e 相互独立. (3) 是前面两条的直接结果, 定理证毕.

Wald 检验就是基于这个简单的事实得到的检验.

例 9.8.1 两级套分类随机模型

$$y_{ijk} = \mu + \alpha_i + \beta_{j\,(i)} + e_{ijk},$$
$$i = 1, \cdots, a, j = 1, \cdots, b, \quad k = 1, \cdots, c,$$

这里 α_i,$\beta_{j\,(i)}$ 皆随机效应, 假设 $\alpha_i \sim N(0, \sigma_\alpha^2)$, $\beta_{j\,(i)} \sim N(0, \sigma_\beta^2)$, $e_{ijk} \sim N(0, \sigma_e^2)$, 且都相互独立.

将该模型写成矩阵形式为

$$y = X\mu + U_1\alpha + U_2\beta + e,$$

这里 $X = \mathbf{1}_a \otimes \mathbf{1}_b \otimes \mathbf{1}_c$, $U_1 = I_a \otimes \mathbf{1}_b \otimes \mathbf{1}_c$, $U_2 = I_a \otimes I_b \otimes \mathbf{1}_c$. 由上面的假设, 我们有

$$\mathrm{Cov}(y) = \sigma_\alpha^2 U_1 U_1' + \sigma_\beta^2 U_2 U_2' + \sigma_e^2 I_{abc}\,.$$

现在我们欲考虑随机效应 $\beta_{j\,(i)}$ 是否存在，即检验假设 $\sigma_\beta^2=0$. 我们不难计算得

$$\begin{aligned}
\mathrm{SS}_e &= y'(I_{abc}-P_{(X:U_1:U_2)})y\\
&= y'(I_a\otimes I_b\otimes(I_c-\bar{J}_c))y=\sum_i\sum_j\sum_k(y_{ijk}-\overline{y}_{ij.})^2,\\
\mathrm{SS}_\beta &= y'(P_{(X:U_1:U_2)}-P_{(X:U_1)})y\\
&= y'(I_a\otimes(I_b-\bar{J}_b)\otimes\bar{J}_c)y=c\sum_i\sum_j(\overline{y}_{ij.}-\overline{y}_{i..})^2,
\end{aligned}$$

这里 $\bar{J}_m=\mathbf{1}_m\mathbf{1}_m'/m$. 易验证 $\mathrm{SS}_e/\sigma_e^2\sim\chi^2_{ab(c-1)}$, 当 $\sigma_\beta^2=0$ 成立时， $\mathrm{SS}_\beta/\sigma_e^2\sim\chi^2_{a(b-1)}$, 且与 SS_e 独立，由定理 9.8.1, 此检验的检验统计量为

$$F=\frac{c\sum\limits_i\sum\limits_j(\overline{y}_{ij.}-\overline{y}_{i..})^2/a(b-1)}{\sum\limits_i\sum\limits_j\sum\limits_k(y_{ijk}-\overline{y}_{ij.})^2/ab(c-1)},$$

在假设 $\sigma_\beta^2=0$ 下， $F\sim F_{a(b-1),\,ab(c-1)}$.

注 1 对于模型 (9.8.1), 若检验 $\sigma_1^2=0$ 是否成立，我们只需将 $U_1\xi_1$ 与 $U_2\,\xi_2$ 的地位对换即可得到其精确检验.

注 2 在定理 9.8.1 的证明过程中,我们可以看到若 ξ_1 的分布为 $\xi_1\sim n(0,R),R\geq 0$, 定理仍然成立，这便是 Seely 和 EL-Bassiouni[99] 所考虑的情形.

注 3 定理 9.8.1 仅考虑了 $t_2>0$ 即 $\mathcal{M}(X\,\vdots\,U_1\,\vdots\,U_2)\neq\mathcal{M}(X\,\vdots\,U_1)$ 的情形，当 $\mathcal{M}(X\,\vdots\,U_1\,\vdots\,U_2)=\mathcal{M}(X\,\vdots\,U_1)$, 由于 (9.8.4) 所定义 F 的分子变为 0/0 型，因而 Wald 检验不可用. 例如，在例 9.8.1 中对 $\sigma_\alpha^2=0$ 进行检验便属于这种情形，因为 $\mathcal{M}(X\,\vdots\,U_1\,\vdots\,U_2)=\mathcal{M}(X\,\vdots\,U_2)=\mathcal{M}(I_a\otimes I_b\otimes\mathbf{1}_c)$. 针对这种情况， öFversten 提出了另一种方法： öFversten 得分检验法. 感兴趣的读者可参见文献 [58].

关于方差分量的检验问题，近年有不少新的研究结果，文献 [72] 是这方面工作的一个总结.

习 题 九

9.1 对两向分类随机模型

$$y_{ij}=\mu+\alpha_i+\beta_j+e_{ij},\qquad i=1,\cdots,a,\quad j=1,\cdots,b,$$

这里 α_i 和 β_j 皆为随机效应， $\alpha_i\sim N(0,\sigma_\alpha^2)$, $\beta_j\sim N(0,\sigma_\beta^2)$,$e_{ij}\sim N(0,\sigma_e^2)$, α_i,β_j, e_{ij} 相互独立. 证明

(1) $y'y$ 有分解式

$$\begin{aligned} y'y &= \bar{y}_{..}^2/(ab)+b\sum_{i=1}^{a}(\bar{y}_{i.}-\bar{y}_{..})^2+a\sum_{j=1}^{b}(\bar{y}_{.j}-\bar{y}_{..})^2 \\ &\quad +\sum_{i}\sum_{j}(y_{ij}-\bar{y}_{i.}-\bar{y}_{.j}+\bar{y}_{..})^2 \\ &\triangleq y'A_0y+y'A_1y+y'A_2y+y'A_3y\,; \end{aligned}$$

(2) 记 $Q_0=y'A_0y$, $Q_1=y'A_1y/(a-1)$, $Q_2=y'A_2y/(b-1)$, $Q_3=y'A_3y/(a-1)(b-1)$, 证明

$$\begin{aligned} E(Q_1) &\triangleq a_1^2=b\sigma_\alpha^2+\sigma_e^2, \\ E(Q_2) &\triangleq a_2^2=a\sigma_\beta^2+\sigma_e^2, \\ E(Q_3) &\triangleq a_3^2=\sigma_e^2\,; \end{aligned}$$

(3) 证明

$$\begin{aligned} (a-1)Q_1/a_1^2 &\sim \chi_{a-1}^2, \\ (b-1)Q_2/a_2^2 &\sim \chi_{b-1}^2, \\ (a-1)(b-1)Q_3/a_3^2 &\sim \chi_{(a-1)(b-1)}^2 \end{aligned}$$

且 $\bar{y}_{..}$,Q_1, Q_2 和 Q_3 相互独立. (提示: 可由拟合常数法得到相应的二次型, 类似于 (9.4.8).)

(4) 证明，方差分量 σ_α^2,σ_β^2,σ_e^2 的方差分析估计为:

$$\widehat{\sigma}_\alpha^2=(Q_1-Q_3)/b, \qquad \widehat{\sigma}_\beta^2=(Q_2-Q_3)/a, \qquad \widehat{\sigma}_e^2=Q_3,$$

并证明它们也为限制极大似然方程组 (9.6.6) 的解.

9.2 根据上例的结果，试导出假设 H_0: $\sigma_\beta^2=0 \longleftrightarrow H_1$: $\sigma_\beta^2\neq 0$ 的检验统计量，并证明此检验与 Wald 检验相同.

9.3 在例 9.4.1 中，假设 y 的分布为正态，证明均值 μ 的置信区间为

$$\left\{\bar{y}_{..}-t_{(a-1)}\sqrt{(a-1)Q_2/ab},\quad \bar{y}_{..}+t_{(a-1)}\sqrt{(a-1)Q_2/ab}\right\}.$$

9.4 在正态假设下，

(1) 计算例 9.4.2 中方差分量估计 $\widehat{\sigma}_\beta^2$ 和 $\widehat{\sigma}_\gamma^2$ 取负值的概率;

(2) 计算例 9.4.3 中各方差分量的估计方差，即计算 $\mathrm{Var}(\widehat{\sigma}_\alpha^2)$, $\mathrm{Var}(\widehat{\sigma}_\beta^2)$, $\mathrm{Var}(\widehat{\sigma}_\gamma^2)$ 和 $\mathrm{Var}(\widehat{\sigma}_e^2)$. (提示: 利用定理 3.4.1 : 若 $x\sim N(\mu,V)$, 则 $\mathrm{Cov}(x'Px)=2\mathrm{tr}(PVPV)+4\mu'PVP\mu$.)

9.5 证明在模型 (9.6.1) 中，对任意两个 $n\times(n-r)$ 的列满秩矩阵 B_1,B_2, 若有 $B_i'X=0$, $i=1,2$, 则 $B_1'y$ 与 $B_2'y$ 的对数似然函数最多差一个常数，即

$$l(\sigma^2\,|B_1'y)-l(\sigma^2\,|B_2'y)$$

为某个常数. 这从另一个角度证明了限制极大似然估计与 B 选择无关. (提示: 证明 $B_1'\Sigma(\sigma^2)B_1 = kB_2'\Sigma(\sigma^2)B_2$, $B_1(B_1'\Sigma(\sigma^2)B_1)^{-1}B_1 = B_2(B_2'\Sigma(\sigma^2)B_2)^{-1}B_2$, k 为常数.)

9.6 对于分块混合效应模型

$$y = X_1\beta_1 + X_2\beta_2 + U\xi + e, \qquad \xi \sim N(0, \sigma_1^2), \qquad e \sim N(0, \sigma_e^2),$$

这里 X 为 $n \times p$ 列满秩阵, $\mathcal{M}(X_1) \subset \mathcal{M}(U)$, $\mathcal{M}(X_2) \cap \mathcal{M}(U) = \{0\}$. 我们常常仅对模型中的 β_2 估计感兴趣.

(1) 试写出部分参数 β_2 的 BLU 估计 β_2^* 和 LS 估计 $\widehat{\beta}_2$.

(2) 用 $Q_u = I - U(U'U)^- U'$ 左乘该模型, 得简约模型

$$Q_u\, y = Q_u X_2 \beta_2 + \varepsilon, \quad \varepsilon \sim N(0, \sigma_e^2 Q_B)\,.$$

从而得到 β_2 另一简单估计

$$\widetilde{\beta}_2 = (X_2' Q_u X_2)^{-1} X_2' Q_u y,$$

试证明 $\widetilde{\beta}_2 = \beta_2^* \Longleftrightarrow \mathcal{M}(Q_B X_2) \subset \mathcal{M}(Q_1 X_2)\,.$

参 考 文 献

[1] 中国科学院数学所概率统计室. 方差分析. 北京: 科学出版社, 1977

[2] 方开泰, 马长兴. 正交与均匀试验设计. 北京: 科学出版社, 2001

[3] 王松桂. 线性回归系统回归系数的一种新估计. 中国科学, 1988, 10A: 1033~1040

[4] 王松桂. 线性模型的理论及其应用. 合肥: 安徽教育出版社, 1987

[5] 王松桂. EM 算法. 应用数学与计算数学, 1983, 6: 43~49

[6] 王松桂. 广义相关系数与估计效率. 科学通报, 1985, 19: 1521~1523

[7] 王松桂. 线性模型参数估计的新进展. 数学进展, 1985, 14: 193~204

[8] 王松桂. 可估子空间上线性模型的比较. 科学通报, 1984, 12: 710~713

[9] 王松桂. 主成分的最优性与广义主成分估计类. 应用概率统计, 1985, 1: 23~30

[10] 王松桂, 尹素菊. 线性混合模型参数的一种新估计. 中国科学 (A 辑), 2002, 32(5): 434~443

[11] 王松桂, 刘爱义. 两步估计的效率. 数学学报, 1989, 32: 42~50

[12] 王松桂, 邓永旭. 方差分量的改进估计. 应用数学学报, 1999, 22: 115~122

[13] 王松桂, 林春土. 主成分的最优性质. 科学通报, 1984, 8: 449~451

[14] 王松桂, 陈敏, 陈立萍. 线性统计模型. 北京: 高等教育出版社, 1999

[15] 王松桂, 杨虎.Pitman 准则下的线性估计. 科学通报, 1994, 39: 1444~1447

[16] 王松桂, 杨振海. 广义逆矩阵矩阵及其应用. 北京: 北京工业大学出版社, 1996

[17] 王松桂, 杨振海. 协方差改进估计的 Pitman 优良性. 科学通报, 1995, 40: 12~15

[18] 王松桂, 杨爱军. 协方差改进估计及其应用. 应用概率统计, 1998, 14: 99~07

[19] 王松桂, 范永辉. Panel 模型中两步估计的优良性. 应用概率统计, 1998, 14(2): 177~184

[20] 王松桂, 贾忠贞. 矩阵论中不等式. 合肥: 安徽教育出版社, 1987

[21] 王学仁, 王松桂. 实用多元统计分析. 上海: 上海科技出版社, 1990

[22] 刘金山. 半相依回归模型中 Zellner 估计的有限样本性质. 应用概率统计, 1998, 14: 289~296

[23] 刘爱义, 王松桂. 线性模型中最小二乘估计的一种新的相对效率. 应用概率统计, 1989, 5: 97

[24] 邓起荣, 陈建宝. 矩阵损失下不完全椭球线约束模型中线性估计的可容许性. 数学年刊, 1997,(15A): 1~8

[25] 陈希孺, 最小二乘估计相合性的若干结果. 科学通报, 1994, 39(13): 1164~1167

[26] 陈希孺. 高等数理统计学. 合肥: 中国科技大学出版社, 1999

[27] 陈希孺. 数理统计引论. 北京: 科学出版社, 1981

[28] 陈希孺, 王松桂. 近代回归分析. 合肥: 安徽教育出版社, 1987

[29] 陈希孺, 王松桂. 线性模型中的最小二乘法. 上海: 上海科技出版社, 2003

[30] 陈希孺, 赵林城. 线性模型中的 M 方法. 上海: 上海科技出版社, 1996

[31] 陈希孺，陈桂景，吴启光，赵林城．线性模型的参数估计理论．北京：科学出版社，1985

[32] 陈建宝，邓起荣．线性模型中的可容许性．昆明：云南大学出版社，1997

[33] 金明仲，陈希孺．线性回归估计相合性的新进展．数学进展，1996, (25): 389~392

[34] 吴启光，成平，李国英．线性模型中误差方差的二次型估计的可容许性问题．中国科学，1981, (7): 815~825

[35] 吴启光，成平，李国英．再论线性模型中误差方差的二次型估计的可容许性．系统科学与数学，1981, (1): 112~127

[36] 吴启光．二次损失下随机回归系数和参数的所有可容许性线性估计．系统科学与数学，1991, (11): 306~312

[37] 杨虎，王松桂．条件数，谱范数与估计精度．应用概率统计，1991, (7): 337~343

[38] 项可风，吴启光．试验设计与数据分析．上海：上海科技出版社，1989

[39] 茆诗松，丁元，周纪芗，吕乃刚．回归分析及其试验设计．上海：华东师范大学出版社，1981

[40] 徐兴忠．正态线性模型中误差方差的二次型估计的可容许性．数学学报，1996, (39): 609~618

[41] 徐兴忠．二次损失下方差分量模型中回归系数线性估计的可容许性．系统科学与数学，1993, (13): 363~369

[42] 张尧庭，方开泰．多元统计分析引论．北京：科学出版社，1983

[43] 鹿长余，李维新．带有不完全椭球线约束线性模型中线性估计的可容许性．数学学报，1994, (37): 289~295

[44] Aitken, A. C. On least squares and linear commbination of observations, Proc, Roy. Soc, Edited: 55, 1934, 42~48

[45] Anderson, D. A. The circular structural model. J. Roy. Statist. Soc. B. , 1981, 43: 131~141

[46] Anderson, T. W. Asymptotically efficient estimation of covariance matrices with linear structrue , Ann. Statist, 1973, Vol 1: 153~141

[47] Anderson. R. D. Estimating variance components from balanced data: Optimum properties of REML solutions and MIVQUE estimators, In Variance Components and Animal Breeding (L. D. Van Vleck and S. R. Searle, eds) . 205~216. Animal Science Department, Cornell University, 1979b

[48] Arnold, S. F. The theory of linear models and multivariate analysis. New York: John wiley & sons, 1981

[49] Atkinson, A. C. and Donev, A. N. Optimal Experimental Designs. Oxford: Oxford Science Publications, 1992

[50] Baksalary, J. K. A relationship between the star and minus ordering. Linear Algebra and its Applications, 1987, 82: 163~167

[51] Baltagi, B. H. Econometric Analysis of Panel Data, New York: John Wiley, 1995

[52] Baltagi, B. H. Incomplete panels: a comparative study of alternative estimators for the unbalanced one-way error component regression model. Journal of Econometrics, 1994, 62: 67～89

[53] Barnett, V. and Lewis, T. Outlier in Statistical Data, New York: John Wiley, 1978

[54] Beckman, R. J. and Cook, R. D. Outlier···s. Technometrics, 1983, 25: 119～163

[55] Bickel, P. J., Doksum, K. A. Mathematical Statistics. Holden Day, Inc., 1977

[56] Box,G.P, Hunter, W. G and Hunter, J. S. Statistics for Experimenters, New York: Wiley, 1978

[57] Chow, S. C, Wang, S. G. On the estimation of variance components in stability analysis. Commun. Statist. -Theory Meth., 1994, 23(1): 289～303

[58] Christensen R. Plane Answsers to Complex Quastions: the Theory of Linear Models ,(second edition), Springer, New York, 1996

[59] Cook, D. R. and Weisberg, S. Residuals and Inference in Regression. New York, 1982

[60] Communication in Statistics. Special issure on the annalysis of variance with unbalance data. 1980, Vol.9, No.2

[61] Dunn, O. J. Confidence interval for the means of dependent, normally distributed variables, J. Amer. Statist. Assoc., 1959, 54: 613～621

[62] Fedorov. Theory of Optimal Experiments. New York: Academic, 1972

[63] Greert Verbeke, Greert Molenberghs. Linear Mixed Models for Longitudinal Data. Springer, New York, 2000

[64] Hariville, C. D. Extension of the Gauss-Markov theorem to include the estimation of random effects. Ann. statist., 1976, 4: 384～395

[65] Hartley, H. o., Rao, J. N. K. Maximum likelihood estimation for variance model. Biometrika, 1967, Vol. 54: 93～108

[66] Henderson, C. R. Best linear unbiased estimation and prediction under a selection model. Biometrics, 1975, 31: 423～447

[67] Hoerl, A. E. and Kennard, R. W. Ridge regression: biased estimation for nonorthogonal problems, Technometrics, 1970, 12: 55～88

[68] Ip, W. C. and Wang S. G. (王松桂). Some properities of relative efficiency of estimators in the regression models for panel data. Far East Journal of Theoretical Statistics, 1999, (3): 341

[69] Kackar, R. N. and Harville, D. A. Unbiasedness of two-stage setimation and prediction procedures for mixed linear models. Communication in Statistics-Theory and Methods, 1981, Vol.10. 1249

[70] Kelly, R. J. and Mathew, T. Improved estimation of variance components in some mixed models with unbaladata. Technometrics, 1994, 36: 171～181

[71] Khatri, C. G. Some results for the singular normal multivariate regression models.

Sankhya, 1968, 30: 267~280

[72] Khuri, A. I, Mathew, T and Sinha, B. K. Statistical Tests for Mixed Linear Models. John Wiley & Sons, New York, 1998

[73] Kshirsagar, A. M. , Smith, W. B. Growth curves, New York: Marcel Dekker Inc., 1995

[74] Lieberman, G. J. Prediction regions for several predictions from a single regression line, Technometrics, 1961, 3: 21~27

[75] Liski, E. P., Mandal, N. K., Shah, K. R. and Sinha, B. K. Topics in Optimal Design. London: Springer, 2002

[76] Liski, E. P., Puntanen, S. and Wang S. G. (王松桂). Bounds of the trace of the difference of the covariance matrices of the OLSE and BLUE. Linear Algebra and Its Applications, 1992, (176): 121

[77] Liski, E. P. and Wang Song-Gui (王松桂). On the 2-inverse and some ordering properties of nonnegative definite matrices. Acta Mathe. Applicatae Sinica (English Series). 1996, 12: 22~28

[78] Liu, Jinshan (刘金山). MSEM dominance of estimators in two seemingly unrelated regressions Linear models. J. Statist. Plann. Inference 88 (2000), 255~266

[79] Liu, Jinshan (刘金山), Wang, Songgui (王松桂). Two-stage estimate of the parameters in seemingly unrelated regression model. Progr. Natur. Sci. (English Ed.) 9 (1999), 489~496

[80] Mallows, C. L. Some comments on C_p. Technometrics, 1973, 15: 661~675

[81] Mallows, C. L. Choosing variables in a linear regression: a graphical aid. Presented at the central regional meeting of the IMA, Manhan, Kansas, 1964

[82] Magnus, J. R. and Neudecker, H. Matrix Differential Calculus with Applications in Statistics and Econometrics, Wiley, Chichester, 1991

[83] Moore, E. H. general Analysis. Mem. Amer. Phil. Soc., 1935, 1: 197

[84] Muihead, R. J. Aspects of Multivariate Statistical Theory, New York: John Weiley, 1982

[85] Myers, R. Classical and Modern Regression with Application. Boston: PWS Publishers, 1986

[86] Patterson, H. D., Thompson, R. Maximum likelihood estimation of components of variance. In Proceeding of International Biometric Conference, 1973, 197~207

[87] Penrose, R. A generalized inverse for matrices. Proc. Canb. Phil. Soc.,1955, 51: 403~413

[88] Provost, S.B. On Crig's theorem and its generalization. Journal of Statistical Planning and Inference. 1996, 3: 311~321

[89] Pukelsheim, F. Optimal Design of Experiments. New York: Wiley, 1993

[90] Rao, C. R. Linear Statisticl Inferrence and Its Applications. 2nd ed. New York:

John Weiley, 1973

[91] Rao. C. R. Estimation of variance and covariance components in linear models. J, Amer. Stat. Assoc. 1972, 67: 112~115

[92] Rao, C. R. Least squares theory using an estimated dispersion matrix and its application to measurement of signals, In Proceedings of the Fifth Berkeley Symposium on Math. Statist & Prob. Eds. by Lecam, J and Neyman, J. Vol. 1. 1967: 355

[93] Rao. C. R. and Kleffe, J. Estimation of variance components and Applications, North-Holland, Amsterdam, 1988

[94] Rao. C. R. and Kleffe, J. Estimation of Variance Components, In Handbook of Statistics (ed, Krishnaiah, P. R.), 1980, Vol. 1~40, North-Holland

[95] Rao, J. N. K. and Wang S. G. (王松桂) On the power of F tests under regression models with nested error structure. Journal of Multivariate Analysis, 1995, (53): 237~246

[96] Searle. R. S. Variance Components, John Wiley & Sons, New York, 1992

[97] Searle. R. S. Best linear unbiased estimation in mixed linear models of the analysis of variance, In Probability and stiatistics: Essays in Honor of Franklin A. Graybill (J. Srivastava ed.), North-Holland, Amsterdam, 1988, 233~241

[98] Searle. R. S. Linear Models, John Wiley & Sons, New York, 1971

[99] Seely, J. F. and EL-Bassiouni, Y. Applying Wald's variance component test. Annals of Statistics, 11, 197~201

[100] Silvey, S. D. Optimal Design. London: Chapman and Hall, 1980

[101] Stepniak, c., Wang, S. G. (王松桂) and Wu C. F. J. (吴建福). Comparision of linear experiments with known variance. Ann. of Statistics, 12: 358~365

[102] Szatrowski, T. H., Miller, J. J. Explicit maximum likelihood estimates from balanced data in the mixed model of the analysis of variance, Ann. Statist., 1980, 8: 811~819

[103] Tong, Y. L. The Multivariate Normal Distribution. New York: Springer, 1990

[104] Toyooka Y. and Kariya T. An approach to upper bound problems for risks generalized least squares estimator. The Ann. Statist. 1986, 14: 679~85

[105] Vinod, H. D. and Ullah, A. Recent Advances in Regression Methods, Marcel, Dekker, 1981

[106] Wang, S. G. (王松桂) and Ip, W. C. A matrix version of the Wielandt inequality and its application to statistics. Linear Algebra and its Applications, 1999, 296: 171~181

[107] Wang Song-Gui(王松桂) and Liski, E. P., Small sample properties of the power function of of F tests in two-way error component regression, Acta Math. Applicatae Sinica (English Series), 15: 287~296

[108] Wang Song-Gui (王松桂) and Wu C. F. J. (吴建福). Further results on the con-

sistent directions of least squares estimators. Ann. Statist. 11(1983): 1257~1263

[109] Wang Song-Gui (王松桂) and Wu C. F. J. (吴建福). Consistent directions of the least squares estimators in linear models. In Statistical Theory and Data Analysis,(ed. Matusita) North-Holland, 1985, 763~782

[110] Wang Song-Gui (王松桂). On biased linear estimators in a linear model with arbitrary rank. Commu. Statist. A11(1982): 1571~1581

[111] Wang Song-Gui (王松桂) and Sin-Keung Tse and Shein~Chung Chow. On the measures of multicollinearity in least squares regression. Statistics and Probability Letter, 1992, 9: 347~355

[112] Wang Song-Gui (王松桂) and Yang Hu (杨虎). Kantorovich-type inequalities and the measures of inffiency of the GLSE. Acta Mathematicae Aplicate Sinica, (1989) 5: 372~381

[113] Wang, S. G. (王松桂) and Shao, J. Constrained Kantorovich inequation and relatived efficienciency of least squares. Journal of multivariate Analysis, 1992, (42): 284

[114] Wang, S. G. (王松桂) and Chow, S. C. Advanced Linear Models. New York:Marcel Dekker Inc.,1994

[115] Wang, S. G. (王松桂), Wu, M. X. (吴密霞) and Ma, W. Q. (马文卿). Comparison of MINQUE and simple estimate of the error variance in the general linear models. Acta Mathematicae Aplicate Sinica, (English series), 2003, (19): 13~18

[116] Wu, Chien-Fu. On some ordering properties of the generalizedinverses of nonnegative difinite matrices. Linear Algebra and its Applications, 1980, (32): 49~60

[117] Wu, M. X. (吴密霞), Wang, S. G.(王松桂). Parameter estimation in a partitioned mixed-effects model, 工程数学学报, 2002, 19(2): 31~38

[118] Wu, M. X. (吴密霞), Wang, S. G. (王松桂). On estimation of variance components in the mixed-effects models for longitudinal data. Proceedings of East Asian Symposium on Statistics, 2002, 27~38

[119] Wynn, H. P. and Bloomfieldl, P. Simultaneous confidence bands in regression analysis. J. Roy. Stat. Soc. B, 1971, (33): 202~217

[120] Pearson, E. S., H. O. Hartley. Biometrika Tables for Statistic, Vol. 1 (3rd ed.). Cambridge, 1966, Table 31

《大学数学科学丛书》已出版书目

(按初版时间排序)

1. 代数导引　万哲先　著　2004 年 8 月
2. 代数几何初步　李克正　著　2004 年 5 月
3. 线性模型引论　王松桂等　编著　2004 年 5 月
4. 抽象代数　张勤海　著　2004 年 8 月
5. 变分迭代法　曹志浩　编著　2005 年 2 月
6. 现代偏微分方程导论　陈恕行　著　2005 年 3 月
7. 抽象空间引论　胡适耕　张显文　编著　2005 年 7 月
8. 近代分析基础　陈志华　编著　2005 年 7 月
9. 抽象代数——理论、问题与方法　张广祥　著　2005 年 8 月
10. 混合有限元法基础及其应用　罗振东　著　2006 年 3 月
11. 孤子引论　陈登远　编著　2006 年 4 月
12. 矩阵不等式　王松桂等　编著　2006 年 5 月
13. 算子半群与发展方程　王明新　编著　2006 年 8 月
14. Maple 教程　何青　王丽芬　编著　2006 年 8 月
15. 有限群表示论　孟道骥　朱萍　著　2006 年 8 月
16. 遗传学中的统计方法　李照海　覃　红　张　洪　编著　2006 年 9 月
17. 广义最小二乘问题的理论和计算　魏木生　著　2006 年 9 月
18. 多元统计分析　张润楚　2006 年 9 月
19. 几何与代数导引　胡国权　编著　2006 年 10 月
20. 特殊矩阵分析及应用　黄廷祝等　编著　2007 年 6 月
21. 泛函分析新讲　定光桂　著　2007 年 8 月
22. 随机微分方程　胡适耕　黄乘明　吴付科　著　2008 年 5 月
23. 有限维半单李代数简明教程　苏育才　卢才辉　崔一敏　著　2008 年 5 月
24. 积分方程　李星　编著　2008 年 8 月
25. 代数学　游宏　刘文德　编著　2009 年 6 月
26. 代数导引（第二版）　万哲先　著　2010 年 2 月
27. 常微分方程简明教程　王玉文　史峻平　侍述军　刘　萍　编著　2010 年 9 月
28. 有限元方法的数学理论　杜其奎　陈金如　编著　2012 年 1 月
29. 近代分析基础（第二版）　陈志华　编著　2012 年 4 月
30. 线性代数核心思想及应用　王　卿文　编著　2012 年 4 月
31. 一般拓扑学基础　张德学　编著　2012 年 9 月
32. 公钥密码学的数学基础　王小云　王明强　孟宪萌　著　2013 年 1 月